21世纪高等院校信息与通信工程规划教材
21st Century University Planned Textbooks of Information and Communication Engineering

接入网技术（第3版）

张中荃 主编

Access Network Technology (3rd Edition)

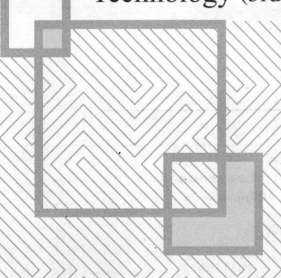

人民邮电出版社
北京

精品系列

图书在版编目（CIP）数据

接入网技术 / 张中荃主编. -- 3版. -- 北京 : 人民邮电出版社, 2013.7（2015.11重印）
21世纪高等院校信息与通信工程规划教材
ISBN 978-7-115-31794-0

Ⅰ. ①接… Ⅱ. ①张… Ⅲ. ①接入网－高等学校－教材 Ⅳ. ①TN915.6

中国版本图书馆CIP数据核字(2013)第118390号

内 容 提 要

接入网是电信网的重要组成部分。接入网技术的发展、应用和普及令人瞩目，深受世界各国的广泛重视。本书全面介绍了各种接入网技术。全书共分 8 章，分别介绍了接入网基本知识、铜线接入技术、电缆调制解调器接入技术、以太网接入技术、光纤接入技术、无线接入技术、接入网接口技术、接入网网管技术等内容。

本书力求做到内容新颖、知识全面、由浅入深、通俗易懂，注重基本概念和基本原理。本书适合作为通信工程专业的本科教材和从事相关专业的技术人员培训用书，也可供相关专业的硕士研究生学习参考。

◆ 主　　编　张中荃
　责任编辑　滑　玉
　责任印制　彭志环　杨林杰
◆ 人民邮电出版社出版发行　　北京市丰台区成寿寺路 11 号
　邮编　100164　　电子邮件　315@ptpress.com.cn
　网址　http://www.ptpress.com.cn
　北京艺辉印刷有限公司印刷
◆ 开本：787×1092　1/16
　印张：19.5　　　　2013年7月第3版
　字数：490千字　　　　2015年11月北京第3次印刷

定价：45.00 元

前　言

信息产业是当今世界最有活力和竞争力的产业之一，它直接影响着人们的生活方式和生活质量。现代电信技术的发展、应用和普及令人瞩目，深受世界各国的广泛重视。当代电信业务的迅猛发展和激烈竞争，使得电信运营部门必须对电信网络进行优化以提高运营效率，并不断应用新技术和开发各种新业务。因此，连接公共电信网和用户之间的各种接入网应运而生，它代替了传统的用户端分布网络，以满足人们对语音、数据及交互式视频同时传送的业务需要。为使通信工程专业的读者全面掌握接入网技术，提高解决实际问题的能力，特编写了本书。

本书是在原《接入网技术（第2版）》教材多年教学应用的基础上，通过补充、修改和完善教材部分章节内容，将新技术成果融入到各相关章节中，并结合作者多年教学的心得和体会编写而成的，使教材内容更加优化。考虑接入网技术知识的完整性和教材篇幅，主要修订思路如下：在修改完善其他各相关章节内容的基础上，第5章的光纤接入技术中增加GPON接入技术，第6章的无线接入技术中增加WCDMA接入技术，并把无线接入新技术的内容改为无线Mesh网络、Wi-Fi、WiMAX、Ad hoc、ZigBee等新型无线接入技术的介绍。

本书共分8章，第1章介绍了接入网的基本知识，第2、第3、第4、第5、第6章分别介绍了铜线接入技术、电缆调制解调器接入技术、以太网接入技术、光纤接入技术和无线接入技术，第7、第8章介绍接入网接口技术和接入网网管技术。

接入网（AN）是由业务节点接口（SNI）和相关用户-网络接口（UNI）之间的一系列传送实体（诸如线路设施和传输设施）所组成的；是为传送电信业务提供所需传送承载能力的实施系统。第1章就从接入网的定义、定界等基本概念入手，介绍接入网的功能结构及拓扑结构、接入网的分类和接入网的综合接入业务。

由于我国现有的接入网用户线路大部分由双绞铜线组成，如果把现有的全部铜缆改换为光纤（缆），投资会很大，实际上也没有这样的必要。因此，首先充分利用现有的铜缆用户网，发挥铜线容量的潜力，然后逐步过渡到光纤接入网，这是改造和建设我国用户接入网的方针。数字用户线（DSL）技术，是在PSTN引入线（铜线）上采用不同调制方式实现信息全双工传输的技术，是最现实经济的宽带接入技术。第2章就对数字用户线中较有前途的几种技术进行了介绍。

电缆调制解调器（Cable Modem）技术是在有线电视公司推出的混合光纤同轴电缆

（HFC）网上发展起来的。只要在有线电视（CATV）网络内添置电缆调制解调器（Cable Modem）后，就建立了强大的数据接入网，不仅可以提供高速数据业务，还能支持电话业务。第3章将从Cable Modem技术特点入手，介绍Cable Modem的工作原理、体系结构和应用。

以太网接入是指将以太网技术与综合布线相结合，作为公用电信网的接入网，直接向用户提供基于IP的多种业务的传送通道。吉比特以太网和万兆以太网标准是两个比较重要的标准，以太网技术通过这两个标准，从桌面的局域网技术延伸到校园网以及城域网的汇聚和骨干。第4章将从以太网技术在宽带接入领域的应用入手，介绍以太网接入的主要技术问题，重点介绍吉比特以太网和万兆以太网技术及其应用。

从接入网建设的发展趋势来看，光纤接入是最理想的接入技术，是实现数字化、宽带化、智能化和综合化的基础。第5章重点介绍光纤接入中的PON、APON、EPON、GPON和AON等关键技术。

无线接入技术是正在迅速发展的新技术领域，它在本地网中的重要性日益增长。作为一种先进手段，无线接入实施接入网的部分或全部功能，已成为有线接入的有效支持、补充与延伸。与有线接入方式相比，无线接入具有独特的优势。第6章首先介绍关于无线信道传播特性的知识，然后讲述无线接入系统所涉及的各项基本技术、3.5G固定无线接入技术、无线ATM接入技术和宽带码分多址接入技术，最后介绍无线接入领域涌现出的新技术。

V5 接口是一种标准化的、完全开放的接口，是专为接入网发展而提出的本地交换局（LE）和接入网（AN）之间的接口。因此，了解V5接口是十分必要的。第7章首先介绍了V5接口的构成、体系结构、硬件设计实现和V5接口软件设计等内容，然后简要介绍了宽带业务节点中的VB5接口技术。

电信管理网（TMN）是国际电信联盟电信标准化部（ITU-T）提出的网络管理系统化的概念，是用于电信网和电信业务管理的有组织的体系结构。而接入网作为通信业务网，是整个电信网的一部分，接入网的管理在TMN的管理范围之内。第8章首先介绍了TMN的基本概念，然后介绍接入网网管的概念和接入网网管的管理功能，最后简要介绍了接入网网管的应用。

本书内容全面，知识面广。各部分内容由浅入深，注重基本概念和基本原理。在相关技术的描述过程中，着重介绍设计思想和应用，并结合发展，介绍新技术、新概念。

本书由张中荃主编，参加编写的还有谢国益、崔玉萍、王凯、陈英梅、田八林、郝玉顺、王程锦等，全书由张中荃教授统稿和修改。在本书的编写过程中，得到了尹树华、镇桂勤等同志的大力帮助，在此表示衷心的感谢。由于编者水平有限，书中不当之处难以避免，敬请读者批评指正。

编　者

2013年4月

目 录

第 1 章 接入网概述

过去，电信网主要是以铜线双绞线方式连接用户和交换机，提供以电话为主的业务，用户接入部分的网络形式单一，界线不分明。近年来，由于用户业务规模和业务类型的剧增，需要有一个综合语音、数据及未来交互式视频的接入网络代替现有的铜线网络，接入网概念由此而产生。为适应接入网发展的需要，国内外对接入网技术的研究和应用大大加快。接入网已成为通信网发展的一个重点，其规模之大、影响面之广是前所未有的。本章首先介绍接入网的定义、定界等基本概念，然后介绍接入网的分类和接入网的综合接入业务。

1.1 接入网的基本概念

1.1.1 接入网的定义与定界

虽然接入网早已存在，但接入网一词的出现是近几年的事，人们对它的理解更是各不相同。国际电信联盟电信标准化部（International Telecommunications Union -Telecommunications standardization section，ITU-T）关于接入网的框架建议（G.902）和我国的接入网体制规定，描述了接入网功能结构、接入类型、业务节点及网络管理接口等相关内容，接入网有了一个较为公认的定义。

1. 接入网的定义

从整个电信网的角度，可以将全网划分为公用电信网和用户驻地网（Customer Premises Network，CPN）两大块，其中 CPN 属用户所有，故通常电信网指公用电信网部分。公用电信网又可划分为 3 部分，即长途网（长途端局以上部分）、中继网（即长途端局与市话局之间以及市话局之间的部分）和接入网（即端局至用户之间的部分）。目前国际上倾向于将长途网和中继网合在一起称为核心网（Core Network，CN）或转接网（Transit Network，TN），相对于核心网的其他部分则统称为接入网（Access Network，AN）。接入网主要完成将用户接入到核心网的任务。可见，接入网是相对核心网而言的，接入网是公用电信网中最大和最重要的组成部分。图 1-1 所示的是电信网的基本组成，从图中可清楚地看出接入网在整个电信网中的位置。

按照 ITU-T G.902 的定义，接入网（AN）是由业务节点接口（Service Node Interface，SNI）和相关用户网络接口（User Network Interface，UNI）之间的一系列传送实体（诸如线路设施和传输设施）组成的，它是一个为传送电信业务提供所需传送承载能力的实施系统。接入网可以经由 Q_3 接口进行配置和管理。

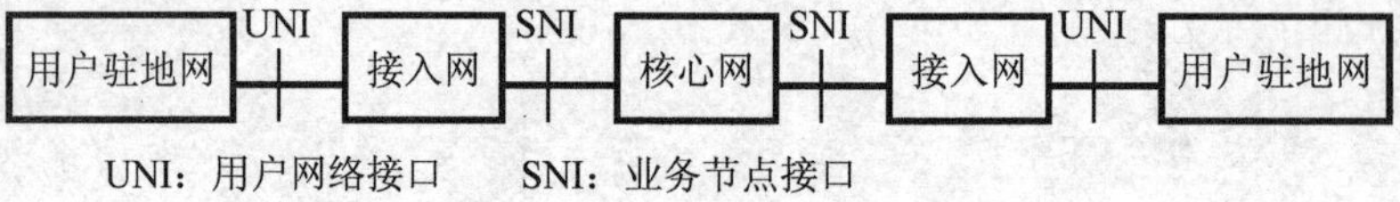

图 1–1　电信网的基本组成

2. 接入网的定界

在电信网中，接入网的定界如图 1-2 所示。接入网所覆盖的范围可由 3 个接口来定界，即网络侧经由 SNI 与业务节点（Service Node，SN）相连，用户侧经由 UNI 与用户相连，管理方面则经 Q_3 接口与电信管理网（Telecommunications Management Network，TMN）相连。

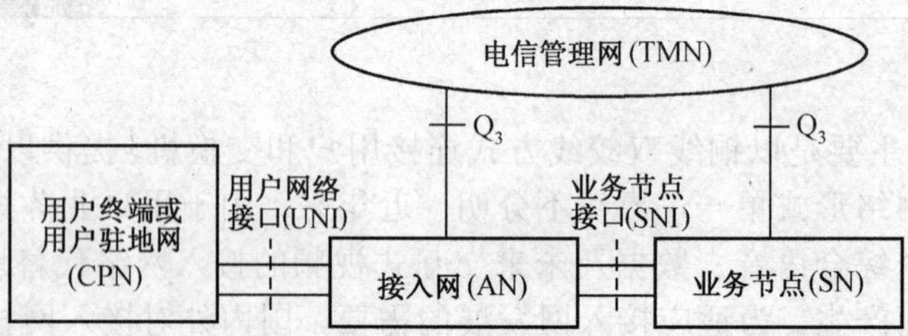

图 1–2　接入网的定界

业务节点（SN）是提供业务的实体，可提供规定业务的业务节点有本地交换机、租用线业务节点或特定配置的点播电视和广播电视业务节点等。

业务节点接口（SNI）是接入网（AN）和业务节点（SN）之间的接口。如果 AN-SNI 侧和 SN-SNI 侧不在同一地方，可以通过透明传送通道实现远端连接。通常，接入网（AN）需要支持大量的 SN 接入类型，SN 主要有下面 3 种情况：仅支持一种专用接入类型；可支持多种接入类型，但所有接入类型支持相同的接入承载能力；可支持多种接入类型，且每种接入类型支持不同的承载能力。按照特定 SN 类型所需要的能力，以及根据所选接入类型、接入承载能力和业务要求，可以规定合适的 SNI。支持单一接入的标准化接口主要有提供综合业务数字网（Integrated Service Digital Network，ISDN）基本速率（2B+D）的 V1 接口和一次群速率（30B+D）的 V3 接口。支持综合接入的接口目前有 V5 接口，包括 V5.1 和 V5.2 接口。

用户网络接口（UNI）是用户和网络之间的接口。在单个 UNI 的情况下，ITU-T 所规定的 UNI（包括各种类型的公用电话网和 ISDN 的 UNI）应该用于 AN 中，以便支持目前所提供的接入类型和业务。

接入网与用户间的 UNI 能够支持目前网络所能提供的各种接入类型和业务，但接入网的发展不应限制在现有的业务和接入类型。通常，接入网对用户信令是透明的，不做处理，可以看做是一个与业务和应用无关的传送网。通俗地看，接入网可以认为是网路侧 V（或 Z）参考点与用户侧 T（或 Z）参考点之间的机线设施的总和，其主要功能是复用、交叉连接和传输，一般不含交换功能（或含有限交换功能），而且应独立于交换机。

接入网的管理应纳入电信管理网（TMN）范畴，以便统一协调管理不同的网元。接入网的管理不但要完成接入网各功能块的管理，而且要完成用户线的测试和故障定位。

1.1.2 接入网的功能结构

1. 通用协议参考模型

接入网的功能结构是以 ITU-T 建议 G.803 的分层模型为基础的，利用该分层模型可以对

AN 内同等层实体间的交互做明确的规定。G.803 的分层模型将网络划分为电路层（Circuit Layer，CL）、传输通道（Transmission Path，TP）层和传输介质（Transmission Media，TM）层，其中 TM 又可以进一步划分为段层和物理介质层。

最新建议规定传送网只包含 TP 和 TM 层，电路层将不包含在传送网范畴内，而 AN 目前仍将电路层包含在内。

电路层是面向公用交换业务的，按照提供业务的不同可以区分不同的电路层。电路层的设备包括用于各种交换业务的交换机和用于租用线业务的交叉连接设备。传输通道层为电路层节点（如交换机）提供透明的通道（即电路群），通道的建立由交叉连接设备负责。传输介质层与传输介质（光缆或无线）有关，主要面向跨越线路系统的点到点传送。3 层之间相互独立，相邻层之间符合客户/服务者关系。

对于接入网而言，电路层上面还应有接入网特有的接入承载处理功能。再考虑层管理和系统管理功能后，整个接入网的通用协议参考模型可以用图 1-3 来描述，该图清楚地描述了各个层面及其相互关系。

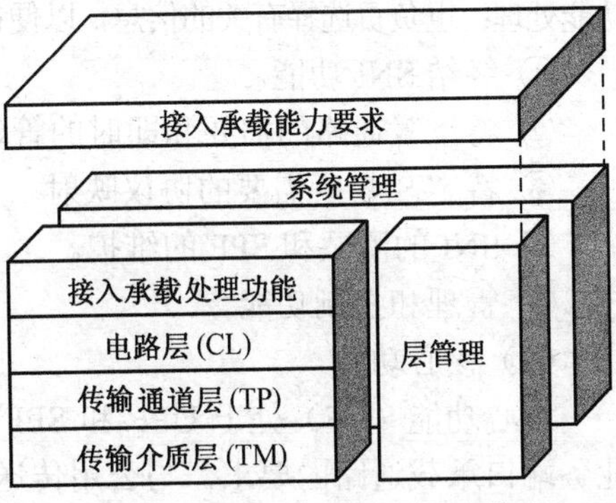

图 1-3 接入网的通用协议参考模型

根据接入网框架结构和体制要求，接入网的重要特征可归纳为如下几点。

（1）接入网对于所接入的业务提供承载能力，实现业务的透明传送。

（2）接入网对用户信令是透明的，除了一些用户信令格式转换外，信令和业务处理的功能依然在业务节点中。

（3）接入网的引入不应限制现有的各种接入类型和业务，接入网应通过有限个标准化的接口与业务节点相连。

（4）接入网有独立于业务节点的网络管理系统（简称网管系统），该网管系统通过标准化接口连接电信管理网（TMN）。TMN 实施对接入网的操作、维护和管理。

2. 主要功能

如图 1-4 所示，接入网主要有 5 项功能，即用户端口功能（User Port Function，UPF）、业务端口功能（Service Port Function，SPF）、核心功能（Core Function，CF）、传送功能（Transfer Function，TF）和 AN 系统管理功能（System Management Function，SMF）。

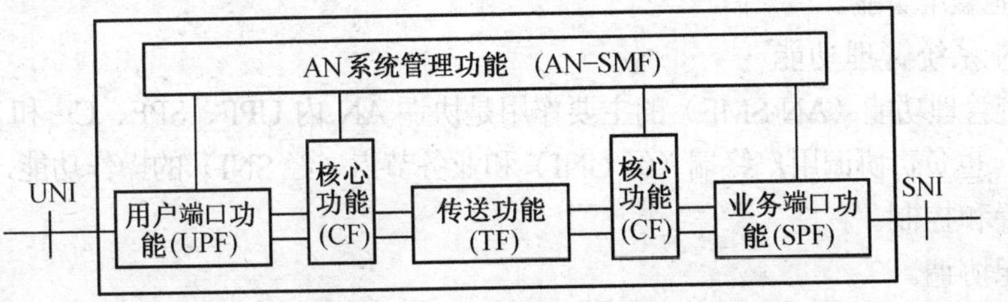

图 1-4 接入网功能结构

（1）用户端口功能

用户端口功能（UPF）的主要作用是将特定的 UNI 要求与核心功能和管理功能相适配，主要功能有如下几点。

① 终结UNI功能。

② A/D转换和信令转换。

③ UNI的激活/去激活。

④ 处理UNI承载通路/容量。

⑤ UNI的测试和UPF的维护。

⑥ 管理和控制功能。

（2）业务端口功能

业务端口功能（SPF）的主要作用是将特定SNI规定的要求与公用承载通路相适配，以便于核心功能处理；也负责选择有关的信息，以便在AN系统管理功能中进行处理。业务端口主要功能如下。

① 终结SNI功能。

② 将承载通路的需要和即时的管理以及操作需要，映射进核心功能。

③ 特定SNI所需要的协议映射。

④ SNI的测试和SPF的维护。

⑤ 管理和控制功能。

（3）核心功能

核心功能（CF）处于UPF和SPF之间，其主要作用是负责将个别用户端口承载通路或业务端口承载通路的要求，与公用传送承载通路相适配，还包括为了通过AN传送所需要的协议适配和复用所进行的协议承载通路处理。核心功能可以在AN内分配，其主要功能如下。

① 接入承载通路处理。

② 承载通路集中。

③ 信令和分组信息复用。

④ ATM传送承载通路的电路模拟。

⑤ 管理和控制功能。

（4）传送功能

传送功能（TF）为AN中不同地点之间公用承载通路的传送提供通道，也为所用传输介质提供介质适配功能，主要功能如下。

① 复用功能。

② 交叉连接功能（包括疏导和配置）。

③ 管理功能。

④ 物理媒介功能。

（5）AN系统管理功能

AN系统管理功能（AN-SMF）的主要作用是协调AN内UPF、SPF、CF和TF的指配，以及操作和维护；也负责协调用户终端（经UNI）和业务节点（经SNI）的操作功能，主要功能如下。

① 配置和控制。

② 指配协调。

③ 故障检测和指示。

④ 用户信息和性能数据收集。

⑤ 安全控制。

⑥ 协调UPF和SN（经SNI）的即时管理和操作功能。

⑦ 资源管理。

AN-SMF 经 Q3 接口与 TMN 通信，以便接受监视和/或接受控制；同时为了实时控制的需要，也经 SNI 与 SN-SMF 进行通信。

1.1.3　接入网的拓扑结构

网络的拓扑结构是指组成网络的物理的或逻辑的布局形状和结构构成，可以进一步分为物理配置结构和逻辑配置结构。物理配置结构指实际网络节点和传输链路的布局或几何排列，反映了网络的物理形状和物理上的连接性。逻辑配置结构指各种信号通道，诸如光波长、信元位置、时隙和频率等在光纤中使用的方式，反映了网络的逻辑形状和逻辑上的连接性。在接入网环境，网络的拓扑结构直接与网络的效能、可靠性、经济性和提供的业务有关，具有至关重要的作用。

接入网环境下的基本网络拓扑结构有 5 种类型，即星型结构、双星型结构、总线结构、环型结构和树型结构。

1. *星型结构*

当涉及通信的所有点中有一个特殊点（即枢纽点）与其他所有点直接相连，而其余点之间不能直接相连时，就构成了星型结构，又称单星型或大星型结构，如图 1-5 所示。

在接入网环境，各个用户都最终要与本地交换机相连，业务量最终都集中在本地交换机这个特殊点上，因而星型结构似乎是一种自然的选择。传统的电缆接入网就是这样配置的，在光缆接入网中星型结构仍然具有相当的应用价值。由于本地交换机成了各个用户业务量的集中点（即枢纽点），因而星型结构又称枢纽结构。

星型结构具有优质服务和成本高的特点，适合于传输成本相对交换成本较低的应用场合，例如，几十线以上的大企事业用户就是这种结构的最佳服务对象。灵活接入复用器就是一种适合这种应用场合的系统。

2. *双星型结构*

在光纤接入网环境中，将传统电缆接入网的交接箱换成远端节点或远端机（Remote Node/Remote Terminal，RN/RT），将馈线电缆改用光缆后即成为双星型结构，有人称之为分布式星型结构。RN 可以为有源电子设备（即有源双星型结构）；也可以采用无源器件（例如星型耦合器）来完成选路、交接和测试功能，利用波分复用或时分复用方式来分离不同通路。不管是采用有源设备还是无源器件，两种方式在形式上类似，从端局到 RN 是星型配置，从 RN 到用户又是多个星型配置，如图 1-6 所示。

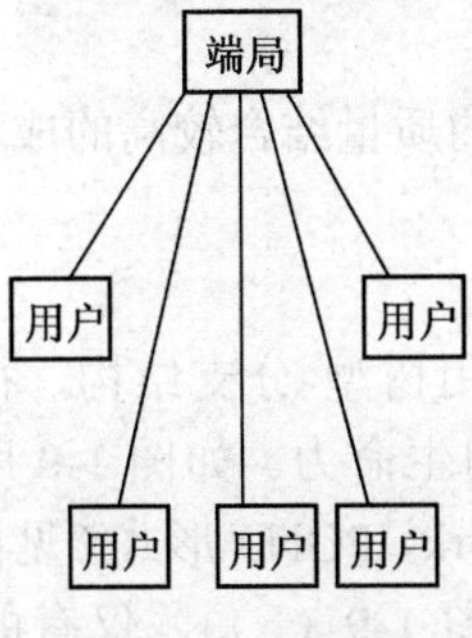

图 1-5　星型结构

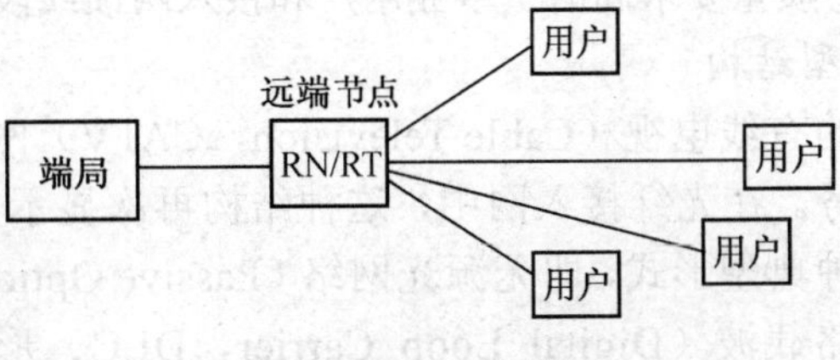

图 1-6　双星型结构

有源双星型结构继承了点到点星型结构的一些特点，诸如与原有网络和管道的兼容性、保密性，故障定位容易，用户设备较简单等。为了克服星型结构成本高的缺点，可以通过向新设的 RN/RT 分配一些复用功能（有时还附加一些有限的交换功能），以减少馈线段光纤的数量。由于馈线段长度最长，由多个用户共享后使系统成本大大降低。因此，双星型结构是一种经济的、演进的网络结构，很适于传输距离较远、用户密度较高的企事业用户和住宅居民用户区。特别是远端节点采用同步数字系列（Synchronous Digital Hierarchy，SDH）复用器的双星型结构不仅覆盖距离远，而且容易升级至高带宽。利用SDH特点，可以灵活地向用户单元分配所需的任意带宽。

3. 总线结构

当涉及通信的所有点串联起来并使首末两个点开放时就形成了链型结构；当中间各个点可以有上下业务时又称为总线结构，也称为链型或T型结构，如图1-7所示。总线结构具有遍及全网的公共设施，但RN多且信息保密性大大受损，较适于分配式业务。在传统准同步数字系列（Plesiochronous Digital Hierarchy，PDH）网中，由于中间点上下业务费用较高，这种结构用得不很多。当接入网引入SDH分插复用（Add-Drop Multiplexer，ADM）器后，具有了十分经济灵活的上下低速业务的能力，可以节省光纤并简化设备。因而，总线结构又开始受到重视和应用。

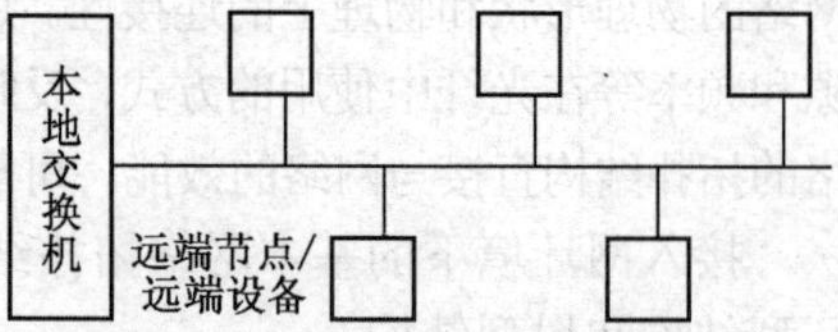

图1-7　总线结构

在总线结构中，中间一系列ADM作为RN串接在一起，每一个RN可以有上下各种速率的信号。目前的ADM所能上下的最低速率信号是2Mbit/s，因而，还需要再通过业务复用分路器才能分出多数用户所需的64kbit/s和N×64kbit/s信号。将来的ADM可直接提供上下N×64kbit/s信号给用户，十分方便。这种结构与星型结构恰好相反，全部传输设施可以为用户共享，从端局发出的信号可以为所有用户所接收，每个用户根据预先分配的时隙挑出属于自己的信号。因而，只要总线带宽足够高，不仅传送低速的双向通信业务没有问题，就是传送高速的分配型业务也没问题。

4. 环型结构

当涉及通信的所有点串联起来，而且首尾相连，没有任何点开放时就形成了环型结构，如图1-8所示。该结构与T型结构很类似，但没有开放点，因而有其宝贵的特点。

与T型结构类似，环型结构只是采用了ADM作为RN时，才开始受到重视。利用ADM可以构成各种可靠性很高的自愈环型网结构，其中，单向通道倒换环是最适用于像接入网这样业务量集中于端局的一种环型结构。

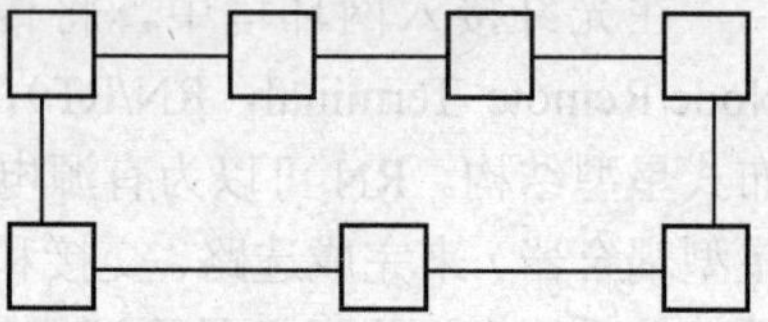
图1-8　环型结构

这种环型结构，特别是SDH自愈环型网结构，以其出色的质量结合较高的成本适合于带宽需求大、质量要求高的企事业用户和接入网馈线段应用。

5. 树型结构

传统的有线电视（Cable Television，CATV）网往往采用树型-分支结构，很适于单向广播式业务。在光纤接入网中，这种结构再次显示了很强的生命力。如图1-9所示的这种结构的两种典型形式，即无源光网络（Passive Optical Network，PON）形式（见图1-9（a））和数字环路载波（Digital Loop Carrier，DLC）形式（见图1-9（b）），仅有的差别是光分路器和复用器。无源光网络就是不允许在外部设施中出现有源电子设备，而是采用无源器件（例如无源光功率分路器）来代替传统电缆接入网的交接箱和/或分线盒，完成光信号的分路功能。所谓的无源双星型、无源三星型或树型一分支结构均可由这一类PON结构支持。

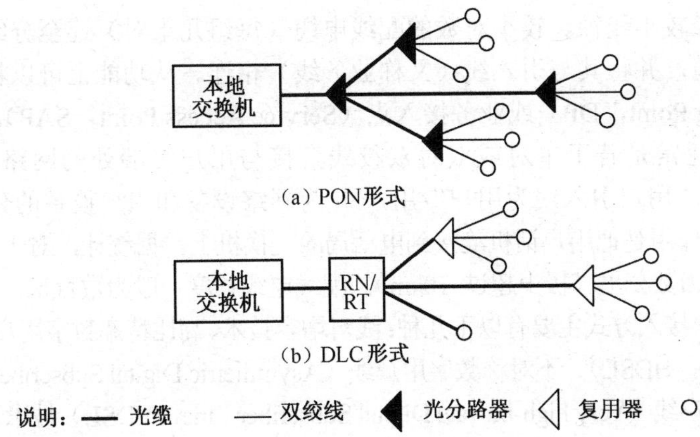

图 1-9 树型—分支结构

以 PON 为基础的树型—分支结构，十分适合那些目前仅有 4 线以上电话业务需求，而且是对双向宽带业务需求不迫切或不明朗的小企事业用户和住宅居民用户，特别是新建用户区。

1.2 接入网的分类

接入网通常是按其所用传输介质的不同来进行分类的。一般情况，接入网可分为有线接入网和无线接入网两大类。有线接入网又分为铜线接入网和光纤接入网两种；无线接入网分为固定无线接入网和移动无线接入网两种，包括蜂窝通信、地面微波通信和卫星通信等不同形式。在实际接入网中，有时会用到多种传输介质，如既用到铜线，又用到光纤，甚至还同时用到无线介质，这样就形成了混合接入网。

1.2.1 铜线接入网

图 1-10 所示的是一个典型的铜线接入网系统——市内铜缆用户环。图中，端局与交接箱之间可以有远程交换单元（Remote Switching Unit，RSU）或远端机（Remote Terminal，RT）。

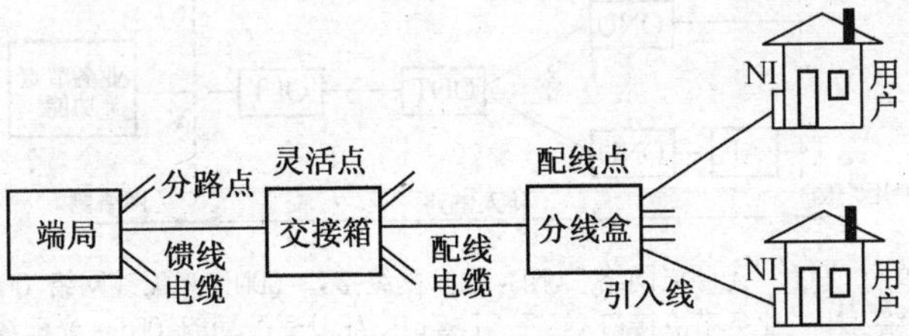

图 1-10 典型的铜线接入网系统

端局本地交换机的主配线架（Main Distribution Frame，MDF）经大线径、大对数的馈线电缆（数百至数千对）连至分路点转向不同方向。由分路点再经副馈线电缆连至交接箱，其作用是完成馈线或副馈线电缆中，双绞线与配线电缆中，双绞线之间的交叉连接。在北美，完成类似作用的装置称馈线分配接口（Feeded Distribution Interface，FDI），从功能上可称为灵活点（Flexible Point，FP），也有人称为接入点（Access Point，AP）。至于馈线和副馈线则常常不做区别，通称为馈线或馈线段。

由交接箱开始经较小线径、较小对数的配线电缆（每组几十对）连至分线盒。分线盒的作用是终结配线电缆，并将其与引入线（又称业务线）相连。从功能上可以将分线盒处称为配线点（Distributing Point，DP）或业务接入点（Service Access Point，SAP）。

由分线盒开始通常是若干单对或双对双绞线直接与用户终端处的网路接口（Network Interface，NI）相连，用户引入线为用户专用，NI为网络设备和用户设备的分界点。

铜线用户环路的作用是把用户话机连接到电话局的交换机上。据统计，对于市内用户环路，其主干电缆长度通常为数公里（极少超过 10km），配线电缆长度一般为数百米，用户引入线一般只有数十米。铜线用户接入方式主要有以下几种：线对增容技术、高比特率数字用户线（High-bit-rate Digital Subscriber Line，HDSL）、不对称数字用户线（Asymmetric Digital Subscriber Line，ADSL）和甚高比特率数字用户线（Very high-bit-rate Digital Subscriber Line，VDSL）技术。

1.2.2 光纤接入网

光纤接入网（或称光接入网）（Optical Access Network，OAN）是以光纤为传输介质，并利用光波作为光载波传送信号的接入网，泛指本地交换机或远程交换单元与用户之间采用光纤通信或部分采用光纤通信的系统。光纤接入网系统的基本配置如图 1-11 所示。光纤最重要的特点是：可以传输很高速率的数字信号，容量很大；可以采用波分复用（Wave-Division Multiplexing，WDM）、频分复用（Frequency-Division Multiplexing，FDM）、时分复用（Time- Division Multiplexing，TDM）、空分复用（Space-Division Multiplexing，SDM）和副载波复用（SubCarrier Multiplexing，SCM）等各种光的复用技术，来进一步提高光纤的利用率。

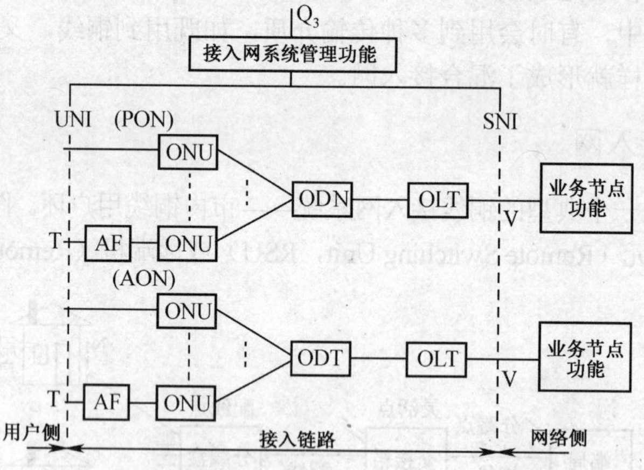

ONU：光网络单元　PON：无源光网络　UNI：用户网络接口　ODN：光配线网络　OLT：光线路终端
AON：有源光网络　SNI：业务节点接口　T：T接口　AF：适配功能　ODT：光配线终端　V：V接口
Q_3：Q_3接口

图 1-11　光纤接入网系统的基本配置

从图 1-11 中可以看出，从给定网络接口（V 接口）到单个用户接口（T 接口）之间的传输手段的总和称为接入链路。利用这一概念，可以方便地进行功能和规程的描述以及规定网络需求。通常，接入链路的用户侧和网络侧是不一样的，因而是非对称的。光接入传输系统可以看做是一种使用光纤的具体实现手段，用以支持接入链路。于是，光接入网可以定义为：共享同样网络侧接口且由光接入传输系统支持的一系列接入链路，由光线路终端（Optical Line Terminal，OLT）、光分配网/光分配终端（Optical Distribution Network/ Optical Distribution

Terminal，ODN/ODT)、光网络单元(Optical Network Unit，ONU)及相关适配功能(Adaptation Function，AF)设备组成，还可能包含若干个与同一 OLT 相连的 ODN。

OLT 的作用是为光接入网提供网络侧与本地交换机之间的接口，并经一个或多个 ODN 与用户侧的 ONU 通信。OLT 与 ONU 的关系为主从通信关系，OLT 可以分离交换和非交换业务，管理来自 ONU 的信令和监控信息，为 ONU 和本身提供维护和指配功能。OLT 可以直接设置在本地交换机接口处，也可以设置在远端，与远端集中器或复用器接口。OLT 在物理上可以是独立设备，也可以与其他功能集成在一个设备内。

ODN 为 OLT 与 ONU 之间提供光传输手段，其主要功能是完成光信号功率的分配任务。ODN 是由无源光元件（诸如光纤光缆、光连接器和光分路器等）组成的纯无源的光分配网，呈树型—分支结构。ODT 的作用与 ODN 相同，主要区别在于：ODT 是由光有源设备组成的。

ONU 的作用是为光接入网提供直接的或远端的用户侧接口，处于 ODN 的用户侧。ONU 的主要功能是终结来自 ODN 的光纤，处理光信号，并为多个小企事业用户和居民用户提供业务接口。ONU 的网络侧是光接口，而用户侧是电接口。因此，ONU 需要有光/电和电/光转换功能，还要完成对语声信号的数/模和模/数转换、复用信令处理和维护管理功能。ONU 的位置有很大灵活性，既可以设置在用户住宅处，也可设置在 DP（配线点）处，甚至 FP（灵活点）处。

AF 为 ONU 和用户设备提供适配功能，具体物理实现则既可以包含在 ONU 内，也可以完全独立。以光纤到路边（Fiber To The Curb，FTTC）为例，ONU 与基本速率 NT1（Network Termination 1，相当于 AF）在物理上就是分开的。当 ONU 与 AF 独立时，则 AF 还要提供在最后一段引入线上的业务传送功能。

随着信息传输向全数字化过渡，光接入方式必然成为宽带接入网的最终解决方法。目前，用户网光纤化主要有两个途径：一是基于现有电话铜缆用户网，引入光纤和光接入传输系统改造成光接入网；二是基于有线电视（CATV）同轴电缆网，引入光纤和光传输系统改造成混合光纤同轴电缆（Hybrid FiberCoaxial，HFC）网。光纤接入网中采用的接入方式主要有：光纤到家（Fiber To The Home，FTTH)、光纤到大楼（Fiber To The Building，FTTB)、光纤到路边（Fiber To The Curb，FTTC)、光纤到办公室（Fiber To The Office，FTTO)、光纤到小区（Fiber To The Zone，FTTZ）及光纤到节点（Fiber To The Node，FTTN）等。各种不同接入方式的主要区别在于 ONU 放置的位置不同，而其中最典型的方式是 FTTB、FTTC 和 FTTH。

1.2.3　混合接入网

混合接入网是指接入网的传输介质采用光纤和同轴电缆混合组成的。主要有 3 种方式，即混合光纤同轴电缆（HFC）方式、交换型数字视频（Switched Digital Video，SDV）方式以及综合数字通信和视频（Integrated Digital communication and Video，IDV）方式。

1. 混合光纤同轴电缆方式

(1) HFC 系统的组成与原理

混合光纤同轴电缆（HFC）方式是有线电视（CATV）网和电话网结合的产物，是目前将光纤逐渐推向用户的一种较经济的方式。20 世纪 80 年代以来，开始在共用天线的基础上，建起有线电视（CATV）系统，并在近年来得到了飞速的发展。CATV 系统的主干线路用的是光纤，在 ONU 之后，进入各家各户的最后一段线路大都利用原来共用天线电视系统的同轴电缆。但这种光纤加同轴电缆的 CATV 方式仍是单向分配型传输，不能传输双向业务。

HFC 技术的工作原理如图 1-12 所示。局端把视像信号和电信业务综合在一起，利用光载波，将信号从前端通过光纤馈线网传送至靠近用户的光节点上，光信号经过 ONU 恢复为原来的电信号，然后用同轴电缆分别送往各个住户的网络接口单元（Network Interface Unit，NIU），每个 NIU 服务于一个家庭。NIU 的作用是将整个电信号分解为电话、数据和视频信号后，再送到各个相应的终端设备。对模拟视频信号来说，用户可利用现有电视机而无需外加机顶盒就可以接收模拟电视信号了。

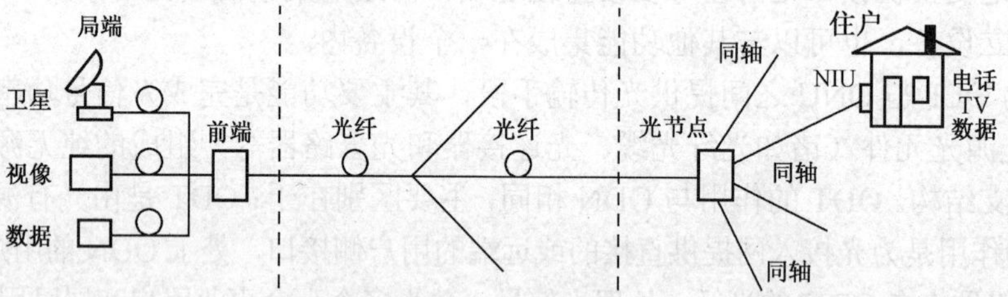

图 1-12　HFC 技术工作原理

HFC 是一种副载波调制（SCM）系统，是以（电的）副载波去调制光载波，然后将光载波送入光纤进行传输。HFC 的最大特点是技术上比较成熟，价格比较低廉，同时可实现宽带传输，能适应今后一段时间内的业务需求而逐步向光纤到家（FTTH）过渡。无论是数字信号还是模拟信号，只要经过适当的调制和解调，都可以在该透明通道中传输，有很好的兼容性。

（2）HFC 技术应用中要考虑的方面

在 HFC 上实现双向传输，需要从光纤通道和同轴通道这两方面来考虑。

① 从前端到光节点这一段光纤通道中，上行回传可采用空分复用（SDM）和波分复用（WDM）这两种方式。对于 WDM 来说，通常是采用 1 310nm 和 1 550nm 这两个波长，较为方便。

② 从光节点到住户这段同轴电缆通道，其上行回传信号要选择适当的频段。这个频段必须与下行的频段分开，各位于不同的频谱上，实行频分复用（FDM）方式。图 1-13 所示的是低分割方案中的一个例子，其上行信号占用 5～42MHz 频段。还有中分割方案，上行信号占用 5～108MHz 频段；高分割方案，上行信号占用 5～174MHz。

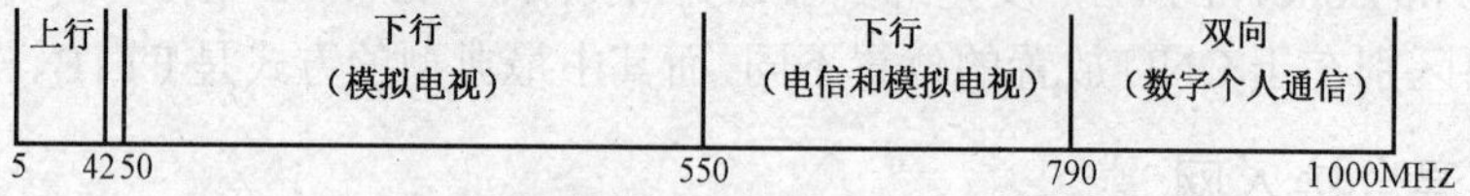

图 1-13　HFC 的频谱分配方案之一（低分割方式）

从通信的角度看，上行信号占用的频带太窄，不利于对称型双向传输。面对宽带综合信息越来越大的需求，特别是当 Internet 进入 HFC 时，突发式和长延时的上行信号增多，因此，拓展上行带宽就成了无法回避的需求。这时，可以考虑用以下两种对策解决。

① 频率搬移方法：比如接往同一光节点的 4 个分路，每个分路用户回传信号都是 5～42MHz 时，则除了其中一个分路的频谱为 5～42MHz 外，其他 3 个分路频谱可以分别为 50～100MHz、100～150MHz 和 150～200MHz。这就可以使 4 个分路的回传信号互不重叠。

② 采用 CDMA 技术：把来自用户的上行频道信号进行码分多址（CDMA）方式扩频编码，使各用户虽然共用 5～42MHz 频谱，但彼此用相应的不同编码来区分。

HFC 要进行数据传输，关键是通过电缆调制解调器（Cable Modem）来实现。Cable Modem 是专门为在 CATV 网上开发数据通信业务而设计的用户接入设备，是有线电视网络与用户终端之间的转接设备。Cable Modem 传输速率比传统的电话 Modem 传输速率可高出 100～1 000 倍。为适应各个层次的需要，Cable Modem 主要有 CMP、CMW 和 CMB 3 种类型。个人用户电缆调制解调器（Cable Modem Personal，CMP）是适用于个人用户的 Cable Modem，具有即插即用、全面的介质访问控制层（MAC）桥接功能、传送和接收数据功能等；小型企业电缆调制解调器（Cable Modem Workgroup，CMW）是适用于小型企业和多 PC 家庭的 Cable Modem，最多可支持 4 个用户，每个用户均具备 CMP 的功能；大型商务调制解调器（Cable Modem Business，CMB）是适用于企业网、学校系统及政府机关等的 Cable Modem，可连接成千上万个用户，每个用户均具有 CMP 的功能，并可根据不同的访问和操作安全性要求实现保护功能。

2. 交换型数字视频方式

HFC 接入网主要是为住宅用户提供视频（以模拟视像业务为主）宽带业务的一种接入网方式，特别适合于单向、模拟的有线电视传送。为了进一步适用于双向数字、通信等业务迅速发展的需要，出现了交换型数字视频（Switched Digital Video，SDV）方式。实际上，SDV 是将 HFC 与 FTTC 结合起来的一种组网方式。它是由一个 FTTC 数字系统与一个单向的 HFC 有线电视系统重叠而成。SDV 主干传输部分采用共缆分纤的 SDM（空分复用）方式分别传送双向数字信号（包括交换型数字视像和语音）和单向模拟视像信号。上述两种信号在设置于路边的 ONU 中分别恢复成各自的基带信号；从 ONU 出来以后，语音信号经双绞线送往用户，数字和模拟视像信号经同轴电缆送往用户；同时，ONU 由同轴电缆负责供电。

SDV 不是一种独立的系统结构，而仅是“FTTC + HFC”的一种合并起来应用的方式，其基本技术和系统结构是无源光网络（PON）；同时，SDV 也不是一种全数字化系统，而是数字和模拟兼容系统；SDV 也不单传送视像，还可以同时传送语音和数据。

在 SDV 中，用 FTTC 来传送所有交换式数字业务（包括语音、数据和视频），而用 HFC 来传送单向模拟视频节目，同时向 FTTC 和 HFC 供电。这种结合物实际上是由两套基本独立的网络基础设施所组成的。SDV 结构原理图如图 1-14 所示。

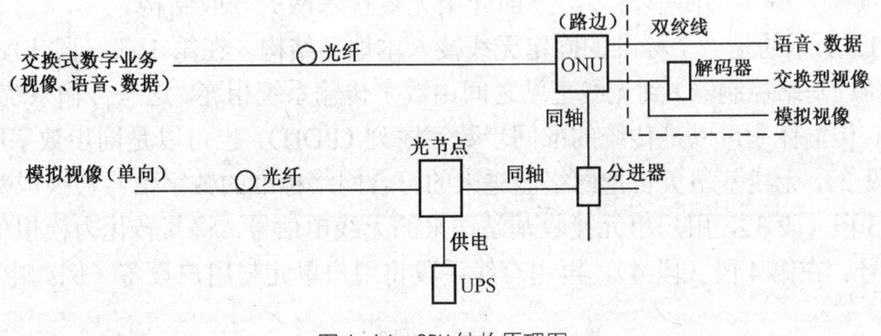

图 1-14　SDV 结构原理图

图 1-14 上面的光纤实际上是一个以 ATM 化的 BPON（Broadband PON）为基础的 FTTC。信号到达 ONU 后，与来自 HFC 网的模拟视频信号按频分复用方式结合在一起，其中，SDV 信号为基带调制信号（占低频段），模拟视频信号占高频段。上述这些频分复用信号经由同轴电缆传送给用户终端，其中模拟视频频射（Radio Frequency，RF）电视信号直接送往模拟电视接收机即可；SDV 信号需要经过解码器转换为标准模拟 RF 信号频谱后，才能为模拟电视接收机所接收。图 1-14 下面的光纤是单向 HFC，只用来传送模拟视频。这种结构的好处在于：一是可以免去传输双向视频业务所带来的一系列麻烦，网络大大简化；二是利用同轴电

缆总线给ONU提供RF模拟视频信号的同时，也解决了ONU供电问题。这两点恰好是一般FTTC结构所难以达到的。

3. 综合数字通信和视频方式

从上面的讨论可知，SDV技术是将电信、视频数字传输和视频模拟传输综合在一起，这既保持了数字传输质量高的优点，又保留了当前视频以模拟传输的现实情况，还可能适应将来交互式数字化视频发展，并具有交换等多种功能，是一种比较先进和有广泛应用前景的技术。根据我国国情，采用并推广综合数字通信和视频（IDV）全业务网接入系统是可行的。

IDV方式的基本原理与SDV方式的原理近似，它是在ATM技术还未成熟推广之前所采用的一种过渡方式。其中，CATV仍然是以模拟视频方式采用AM-VSB技术，通过光纤利用电/光（E/O）和光/电（O/E）变换器进行传输，其他数字信号工作过程与SDV相似。

这类可以传送59路以上模拟视频节目的AM-VSB接入系统和采用V5标准接口的数字环路载波（DLC）或无源光网络（PON）接入系统综合在两根光纤上组成全业务网（Full Service Network，FSN）。建成IDV全业务网以后，如果ATM技术已经成熟，可将IDV系统升级为SDV，原有的系统大部分设施仍可利用，很容易升级为最先进的全业务网接入，故IDV全业务网接入是未来先进网络的重要基础。

1.2.4 无线接入网

无线接入网是以无线电技术（包括移动通信、无绳电话、微波及卫星通信等）为传输手段，连接起端局至用户间的通信网。它可以向用户提供各种电信业务，用无线传播手段来代替接入网的部分甚至全部，从而达到降低成本、改进灵活性和扩展传输距离的目的。从广义看，无线接入是一个含义十分广泛的概念，只要能用于接入网的一部分，无论是固定式接入，还是移动式接入，也无论服务半径多大、服务用户数多少，皆可归入无线接入技术的范畴。

1. 无线接入网的一般结构

由于无线接入技术比传统的有线接入技术提供更多的自由度，因而，无线接入网结构要比传统的有线接入网结构简单得多，下面介绍无线接入网的一般结构。

如图1-15所示的是一个标准的固定无线接入本地环结构。在第1段（段1），从本地交换机（也可以经过基站控制器）到无线基站之间由数字传输系统相连。这些传输系统可以是光纤、微波或电缆，传输体制可以是传统的准同步数字序列（PDH），也可以是同步数字序列（SDH）。在第2段（段2），无线基站负责把网络侧进来的符合网络标准的数字信号转换成数字空中接口信号。在第3段（段3），用户单元接收基站送来的无线电信号，将其转化为模拟信号或网络标准的数字信号。在第4段（段4），再用有线手段将用户单元与用户设备（例如电话机）相连。

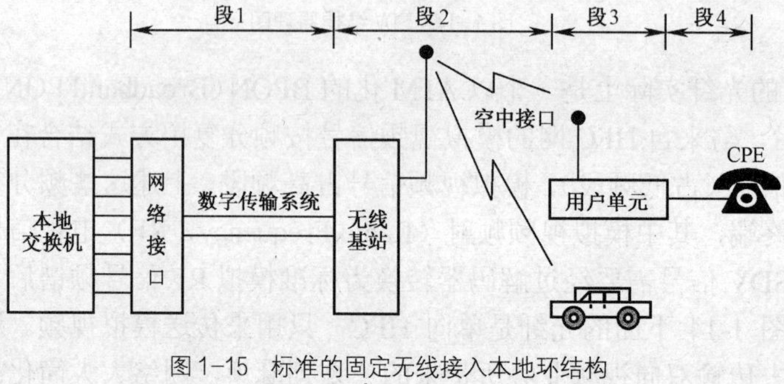

图1-15 标准的固定无线接入本地环结构

图 1-16 所示的是一个典型的移动通信系统结构（移动式接入），主要由移动台（Mobile Station，MS）、基站（Base Station，BS）、移动交换中心（Mobile Switching Center，MSC）和与公用固定通信网相连的中继线等构成。移动台（MS）是移动网的用户终端设备，它与最近的基站（BS）之间确立一个无线信道，并通过移动交换中心（MSC）建立与另一个移动用户通话，或者通过 MSC 及有线信道与市话用户通话。基站（BS）负责射频信号的发送、接收和无线信号至 MSC 的接入，还具有信道分配、信令转换及无线小区管理等控制功能，一个基站一般控制一个无线小区。移动交换中心（MSC）完成对本 MSC 控制区域内的移动用户进行通信控制与管理；通过标准接口与基站（BS）和其他 MSC 相连，完成越区切换、漫游及计费功能。

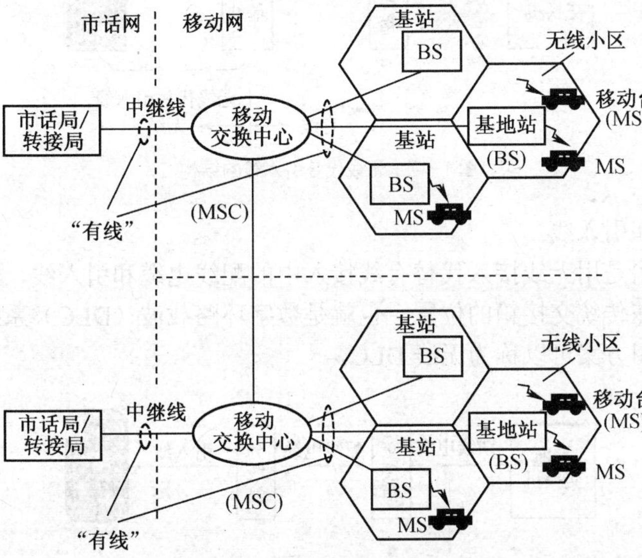

图 1-16 典型的移动通信系统结构

移动通信网接入公用固定通信网主要有用户线接入、市话中继线接入和移动电话汇接中心接入 3 种方式，目前主要采用移动电话汇接中心方式实现移动通信网与固定通信网的连接和联网互通。移动电话汇接中心接入方式就是将某个大区域或全国的各移动电话局汇接起来构成一个区域性的或全国性的移动电话汇接中心，然后与长途干线接续，以便形成地区性的或全国性的无线移动通信网。在一个区域内，可能有多个移动交换中心（即移动交换局），通过局间中继线和市话端局或汇接局连接。

2. 无线接入代替有线接入的方案

如果将无线接入作为代替有线接入的手段，那么根据不同情况，可以分别代替相应有线接入的任何一部分乃至全部，下面分别讨论不同的应用情况。

（1）代替引入线

最保守的应用是用无线接入代替有线接入中的引入线部分，如图 1-17 所示。此时，有线接入的馈线电缆和配线电缆不动，用无线基站代替分线盒。无线基站在这类应用中常称为无线端口（Radio Port，RP），装在电灯杆或电力杆上，辐射距离较短，覆盖区大致对应微区（50～500m）。

在市区，用户引入线很短，典型长度几十米，初始成本很低，因此采用无线手段的经济优势不明显。然而，如果综合考虑维护成本和生命期成本，则这种方案是有吸引力的，特别是受城市传播条件影响较小，容易实施。在农村网情况下，引入线有可能长达几百米至 1km

以上，此时在初始成本上，用无线手段也比有线手段具有优势。从长期看，用无线代替引入线的方案将是某些个人通信网（Personal Communication Network，PCN）配置所需要的。

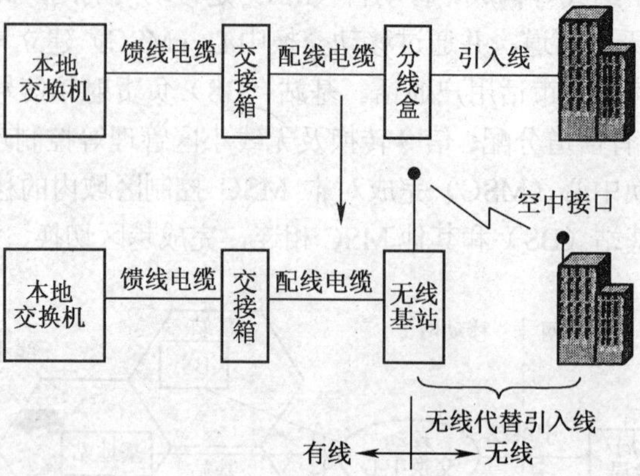

图1-17　无线代替引入线的结构

（2）代替配线和引入线

一种有效的应用是用无线接入代替有线接入中的配线电缆和引入线，如图1-18所示。此时无线基站将设置在传统交接箱的位置，也就是数字环路载波（DLC）系统的远端设备所设置的位置，这种应用方案可以称为无线DLC。

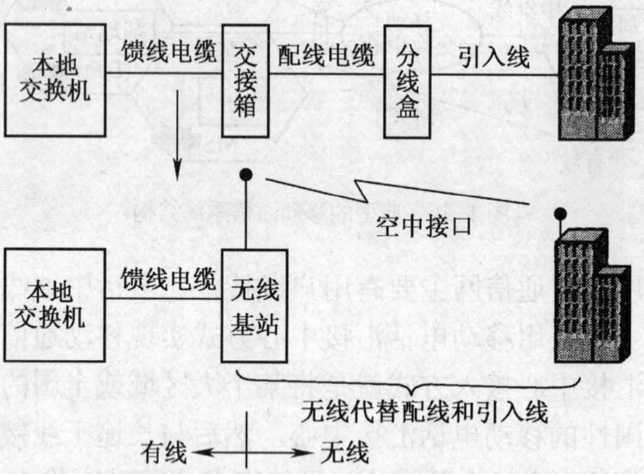

图1-18　无线代替配线和引入线的结构

无线DLC方案可以代替较长的有线接入部分，因此，经济上具有较明显优势。这种方案是典型的无线环路应用情况，多数蜂窝网也是以十分类似的方式组织的，此时无线基站通过主干路由（通常是DLC）与移动交换局相连。城市传播条件是这种方案的重要制约因素，因此，这种方案主要适用于大企事业用户、近郊区和新居民区环境，覆盖区大致对应于微区（500～5 000m）。

（3）代替全部有线接入

一种更经济的应用是用无线接入代替全部有线接入，即不仅代替配线电缆和引入线，也同样代替馈线电缆段，如图1-19所示。在这种情况下，单个无线系统可以代替交换区内的多个主干/配线系统，从而实现整个无线覆盖区内的接入，它也可以称为无线载波服务区（Radio Carrier Service Area，RCSA）。通常需要在本地交换局处设立高天线和大功率基站，覆盖区很大，相当于宏区（5 000～55 000m）。

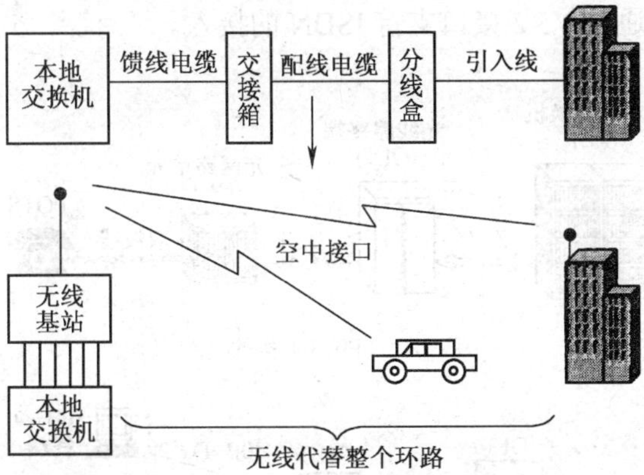

图 1-19 无线代替全部有线接入的结构

这种方案代替了交换区的全部外场设施（包括电缆设施和设备），经济上具有最明显的优势。同时，由于整个交换区实现了无线传输，彻底消除了其他部分代替方案所不可避免的规划设计限制，因而理论上似乎是一种最有效最基本的代替方案，而其他代替方案可以看作是一些特殊的有限的应用。然而，实际城市传播条件的限制将严重限制这种方案应用。再加上覆盖区太大，同一频带内用户数较少，因而这种方案主要适合远郊区和农村网环境。

（4）代替部分交换区

如果 RCSA 可以超过单个交换区，似乎没有理由限制 RCSA 只应用于单个交换区。这样 RCSA 有可能扩展至覆盖多个有线交换区和几十公里的范围，于是无线接入系统有可能代替多个交换区。此时无线接入系统不仅代替了多个交换区内的全部外场设备，而且也省掉了多个交换局。这种代替方案可以称为无线重叠网（Radio Overlapping Network，RON）。

理论上，RON 方案也是一种十分有效的代替方案，不仅经济上具有明显优势，而且在一定程度上扭转了向分布式交换的发展趋势，并提供了重叠式数字业务的可能性。然而，城市传播条件的限制将严重限制其实际应用。

1.3 接入网提供的综合接入业务

接入网可提供综合接入业务，即在同一个网络中同时实现语音、数据和图像 3 种业务，而这 3 种业务目前已基本覆盖了用户绝大部分的通信需求。

1. 普通电话业务的接入

接入网提供普通电话业务（Plain Old Telephone Service，POTS）接口，它既可支持模拟用户，又可以支持用户交换机的接入（见图 1-20），同时还支持虚拟用户交换机（Centrex）及 CID 等新业务。用户信令可以是双音多频信号或线路状态信号，用户附加业务不受限制。

2. 综合业务数字网业务的接入

接入网提供 ISDN BRI（2B+D）和 ISDN PRI（30B+D）接口，如图 1-21 所示。以“2B+D”和“30B+D”方式支持 N-ISDN（Narrow band-ISDN）业务，如可视会议电话、可视图文、G4 传真、电子邮箱、数据信息检索、局域网互连及 Internet 接入等多种业务；支持 ISDN 用户与模拟电话用户混合配置；支持 25 种 ISDN 补充业务，如直接拨入（Direct Dial In，DDI）、多用户号码（Multiple Subscriber Number，MSN）及主叫号码显示（Call Line Identity Presence，

CLIP）等业务。接入网通过 V5.2 接口支持 ISDN 的接入。

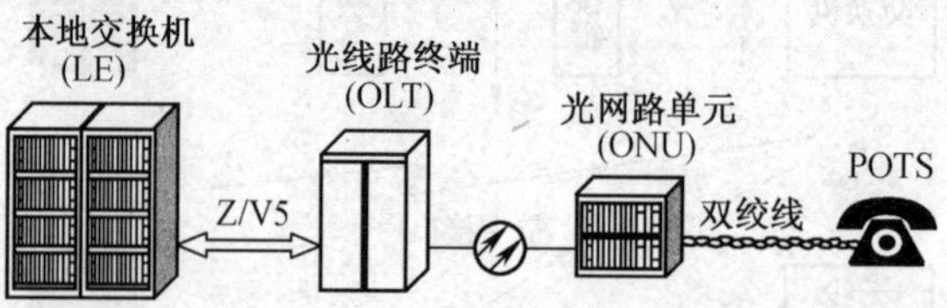

图 1-20　POTS 业务的接入

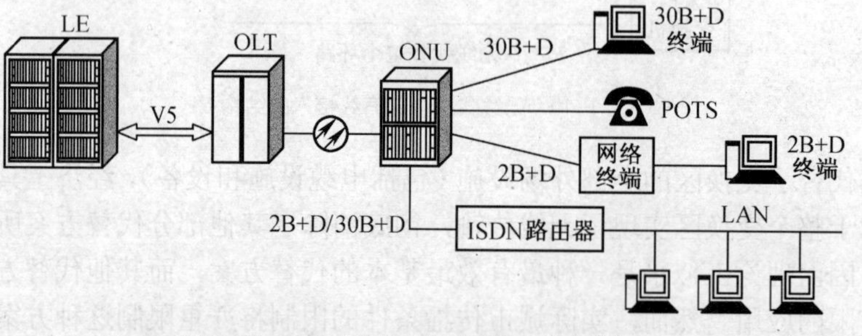

图 1-21　综合业务数字网（ISDN）业务的接入

3. 数字数据网络专线业务的接入

数字数据网络（Digital Data Network，DDN）是一个传输速率高、质量好、网络时延小和全透明的数字数据网络。接入网提供的数据接口包括 2 048kbit/s（G.703）、N × 64kbit/s（V.35/ V.24）、子速率（V.24）、2B1Q。具备基于 64kbit/s 时隙的交叉连接和丰富的数据接口，接入网可以满足任意的 DDN 接入方式。下面介绍 3 种实现 DDN 专线业务的接入方式。

方式一：如图 1-22 所示，在 DDN 节点机与 OLT 之间通过 E1 接口相连。在 ONU 侧，通过配置不同功能的单板和外设，可以提供 2Mbit/s、N×64kbit/s 以及 64kbit/s 的各种子速率的数据接口，并支持 V.24 和 V.35 多种接口标准。在 ONU 中，在某些数据终端设备距离较远的情况下，可采用 2B1Q 技术，利用接口设备提供 0.6～128kbit/s 速率的数据接口，实现与远离 ONU 长达 5km 的用户数据终端的连接。

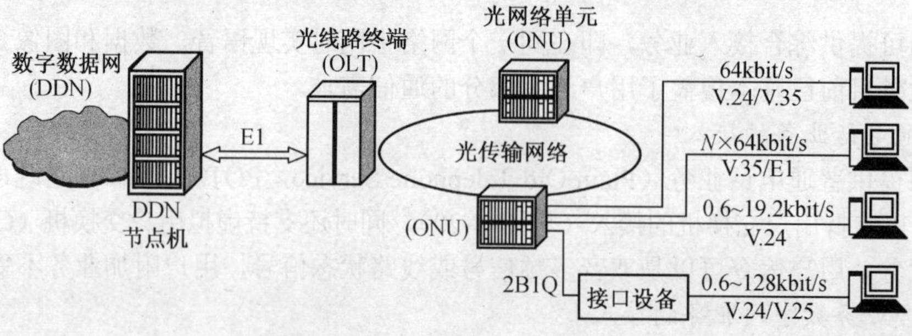

图 1-22　数字数据网（DDN）接入方式一

方式二：如图 1-23 所示，利用接入网将 DDN 节点机提供的 2B1Q 接口进行延伸，即在 DDN 节点机的 2B1Q 接口与接入网系统的 2B1Q 接口处相连。通过传输，在 ONU 侧提供 2B1Q 接口，可与提供 2B1Q 接口的 MUX 设备相连（例如新桥的 DTU 设备）实现 0.6～64kbit/s 速率数据的 DDN 接入。

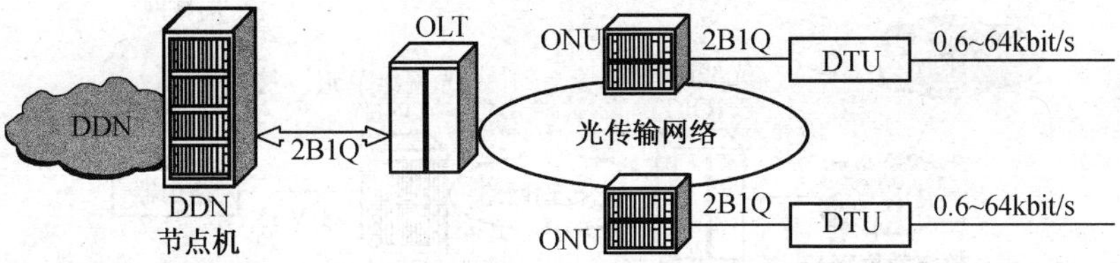

图1-23 数字数据网（DDN）接入方式二

方式三：如图1-24所示，在DDN节点机与OLT之间通过V.24或V.35接口相连。在ONU侧提供V.24或V.35接口，实现N×64kbit/s、64kbit/s等各种子速率的数据的DDN接入。

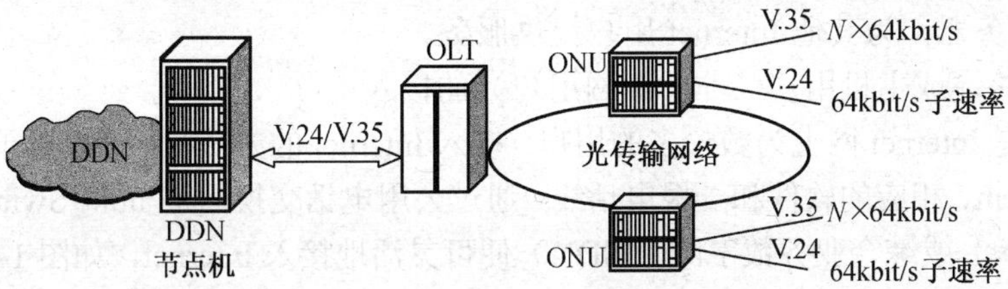

图1-24 数字数据网（DDN）接入方式三

4. 有线电视业务的接入

随着我国有线电视业务（CATV）的迅速普及，在用户接入网中引入CATV业务势在必行。可通过内置式光发射模块、光接收机模块等构成一个独立的CATV光纤传输系统，同时还将CATV单元纳入集中监控和网络管理，如图1-25所示（其中STB为提供数模转换的机顶盒）。

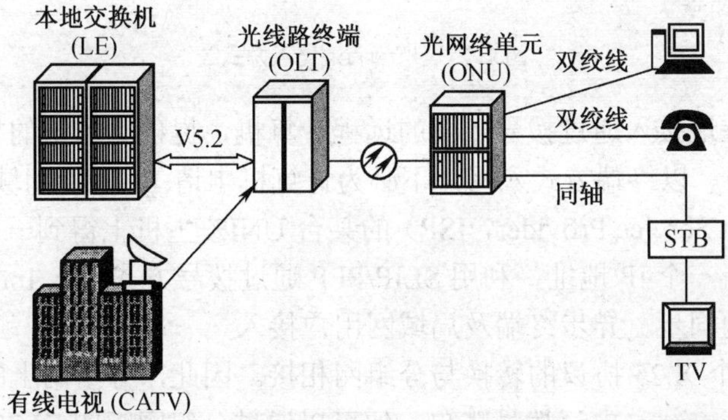

图1-25 有线电视（CATV）业务的接入

5. Internet业务的接入

Internet是世界上最大的互联网络，提供成千上万的信息资源，这些信息分布在世界各地的数百万台计算机上，Internet的用户可以方便地交换信息，共享资源。对于Internet这样一个面向社会公众的网络，任何人都可以参与使用Internet业务。

用户的Internet接入可归纳为电话拨号接入和数据专线接入两种方式。下面介绍接入网实现不同用户的Internet业务接入的各种方式。

（1）局域网用户（非分组网用户）的接入

有几个主机组成的局域网用户，需要配备路由器、租用数字专线（DDN专线），并申请一组IP地址及注册域名，以专线的方式接入Internet，如图1-26所示。

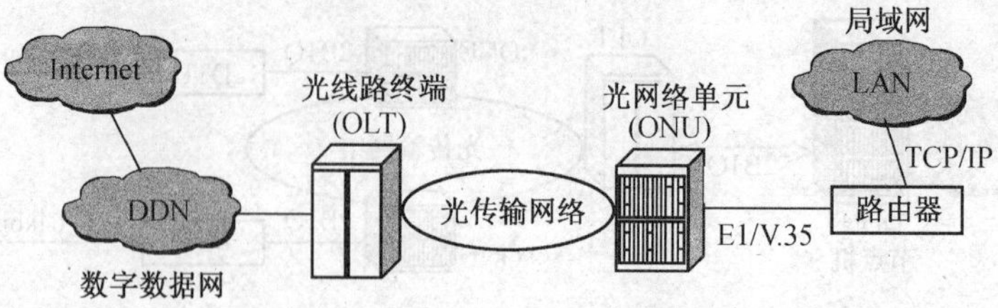

图 1-26　Internet 接入方式一

通过局域网入网，局域网上的每一台计算机都与 Internet 相通，成为 Internet 的主机，每台计算机都能得到完全的 Internet 服务。同时，也可在局域网上建立 FTP、Telnet、Gopher 及 WWW 等服务器，为其他 Internet 用户提供服务。

（2）一般终端或主机用户（非分组网用户）的接入

这类用户是 Internet 网上为数最多的用户，接入 Internet 的方法很简单。对于模拟线路，需配备一个 Modem、相应的软件和一根电话线，通过公用电话交换网（Public Switched Telephone Network，PSTN）或综合业务数字网（ISDN）便可灵活地接入 Internet，如图 1-27 所示。

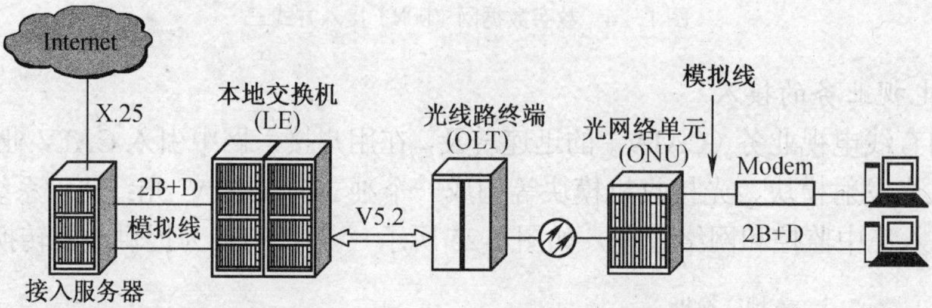

图 1-27　Internet 接入方式二

接入服务器动态地接入通过拨号入网的远程计算机，提供大容量的拨号接入服务，应用于 Internet 拨号上网。以终端方式入网，不必为计算机申请 IP 地址和域名，只需从 Internet 服务提供商（Internet Service Provider，ISP）的某台 UNIX 主机上得到一个账号即可。以主机方式入网，必须申请一个 IP 地址，利用 SLIP/PPP 通过拨号方式进入 Internet。

（3）分组网上的同步、异步终端及局域网用户接入

Internet 通过一个 X.25 协议的转换与分组网相接。因此，分组网上的同步、异步终端用户只需再申请一个 Internet 电话拨号账户，便可以通过分组网呼叫 X.25 网关地址直接接入 Internet。已经以专线方式接入分组网上的局域网用户，通过向电信部门申请一组 IP 地址，并注册域名，便可以方便地接入 Internet，如图 1-28 所示。

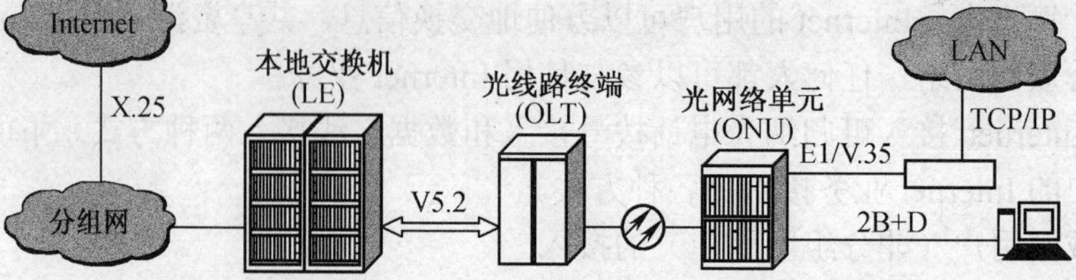

图 1-28　Internet 接入方式三

6. 其他业务的接入

（1）分组交换数据业务的接入

分组网可以在一条电路上同时开放多条虚电路，为多个用户同时使用，具有动态路由功能和较先进的误码纠错功能。分组网可以采用拨号呼叫建立虚电路来联通路由，还可以采用固定专线建立永久型虚电路，用户一开机，就可以固定建立起电路，不需每次通信时建立和释放。如图 1-29 所示，OLT 以专链形式通过 AU 设备（AU 完成通路速率适配）连接到分组交换公用数据网（Packet Switched Public Data Network，PSPDN），或利用交换机中的分组处理接口（Packet Handle Interface，PHI），通过 PHI 和分组处理器（Packet Handler，PH）相连，可以将分组终端接入 PSPDN 中。

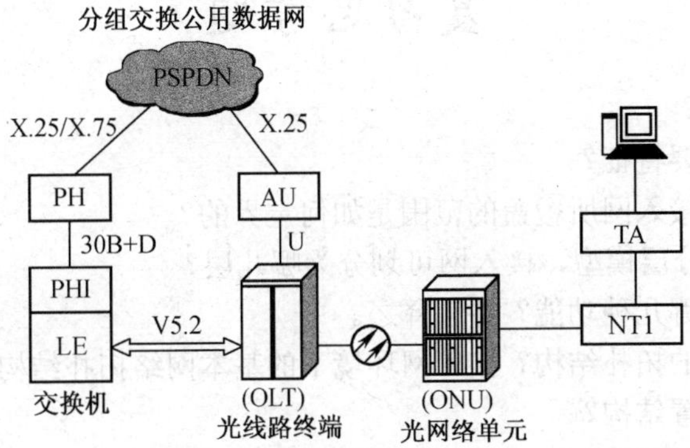

图 1-29 PSPDN 业务的接入

（2）E1 租用线业务

采用先进的区间通信功能，可在 ONU 和 OLT 之间、ONU 和 ONU 之间提供 E1 租用线业务，实现接入网系统内部租用线业务，如图 1-30 所示。

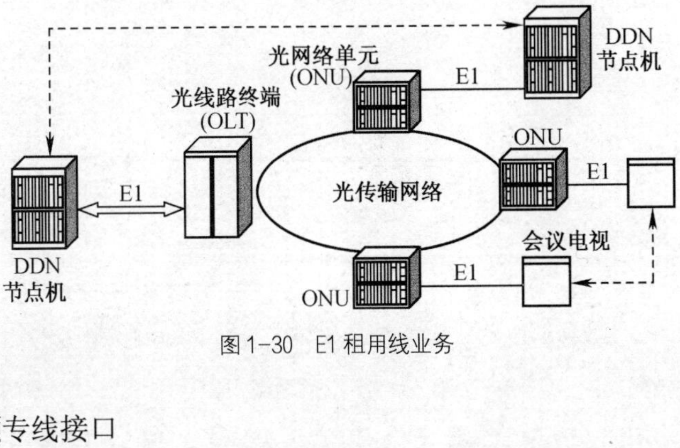

图 1-30 E1 租用线业务

（3）2/4 线音频专线接口

接入网系统可以为用户提供 2/4 线音频专线接口，如图 1-31 所示。2/4 线音频专线接口板为无变压器模拟接口板，通过软件实现 2/4 线转换和增益调整功能。

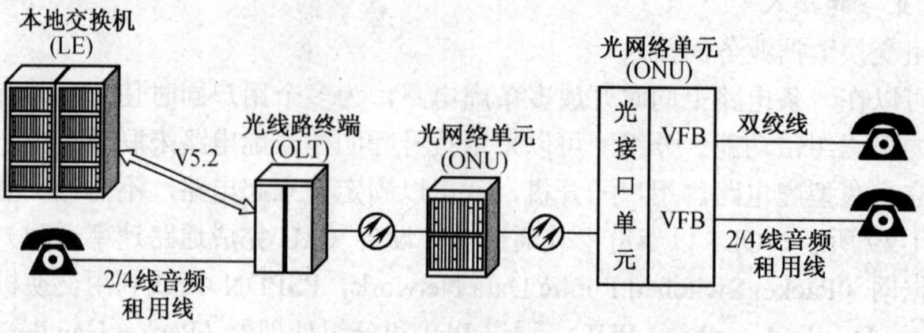

图1-31　2/4 线音频专线接口

复习思考题

1．什么是接入网？
2．接入网有何重要特征？
3．在电信网中，接入网所覆盖的范围是如何定界的？
4．根据 G.803 的分层模型，接入网可划分为哪几层？
5．接入网主要有哪几种功能？并解释之。
6．什么是接入网的拓扑结构？接入网环境下的基本网络拓扑结构有哪几种？
7．什么是物理配置结构？
8．什么是逻辑配置结构？
9．根据传输介质的不同，接入网是如何分类的？
10．简述铜线接入网的基本组成。
11．简述光纤接入网的基本组成。
12．简述无线接入网的基本组成。
13．接入网系统主要可提供哪些业务？

第2章 铜线接入技术

我国现有的接入网用户线路大部分由双绞铜线组成，如果把现有的全部铜缆改换为光纤（缆），投资很大。再从目前实际需求来看，由于当前需要开通宽带业务的用户还较少，也没必要一下子改换为光缆。因此，在充分利用现有的铜缆用户网、发挥其容量潜力的基础上，逐步过渡到光纤接入网，这应是改造和建设我国用户接入网的方针。数字用户线（Digital Subscriber Line，DSL）技术是20世纪80年代后期的产物，是采用不同调制方式将信息在现有的公用电话交换网（PSTN）引入线上高速传输的技术（包括HDSL、ADSL及VDSL等）。DSL技术主要用于综合业务数字网（ISDN）的基本速率业务，在一对双绞线上获得全双工传输，因而，它是最现实最经济的宽带接入技术。本章将对*x*DSL中较有前途的几种技术进行介绍。

2.1 高比特率数字用户线接入技术

高比特率数字用户线（HDSL）是ISDN编码技术研究的产物。1988年12月，Bellcore首次提出了HDSL的概念。1990年4月，电气与电子工程师协会（Institute of Electrical and Electronics Engineers，IEEE）TIEI.4工作组就该主题展开讨论，并列为研究项目。之后，Bellcore向400多家厂商发出技术支持的呼吁，从而展开了对HDSL的广泛研究。Bellcore于1991年制定了基于T1（1.544Mbit/s）的HDSL标准，欧洲电信标准学会（Europe Telecommunications Standards Institute，ETSI）也制定了基于E1（2 Mbit/s）的HDSL标准。

2.1.1 HDSL系统的基本构成

HDSL技术是一种基于现有铜线的技术，它采用了先进的数字信号自适应均衡技术和回波抵消技术，以消除传输线路中近端串音、脉冲噪声和波形噪声以及因线路阻抗不匹配而产生的回波对信号的干扰，从而能够在现有的电话双绞铜线（两对或三对）上提供准同步数字序列（PDH）一次群速率（T1或E1）的全双工数字连接。它的无中继传输距离可达3～5 km（使用0.4～0.5mm的铜线）。

HDSL系统构成如图2-1所示。图中所示规定了一个与业务和应用无关的HDSL接入系统的基本功能配置。它是由两台HDSL收发信机和两对（或三对）铜线构成。两台HDSL收发信机中的一台位于局端，另一台位于用户端，可提供2Mbit/s或1.5Mbit/s速率的透明传输能力。位于局端的HDSL 收发信机通过G.703 接口与交换机相连，提供系统网络侧与业务节点（交换机）的接口，并将来自交换机的E1（或T1）信号转变为两路或三路并行低速信号，再通过两对（或三对）铜线将信息流透明地传送给位于远端（用户端）的HDSL 收发信机。位于远端的HDSL 收发信机，则将收到来自交换机的两路（或三路）并行低速信号恢复为E1（或T1）信号送给用户。在实际应用中，远端机可能提供分接复用、集中或交叉连接的功能。同样，该系统也能提供从用户到交换机的同样速率的反向传输。因此，HDSL 系统在用户与交换机之间，建立起PDH一次群信号的透明传输信道。

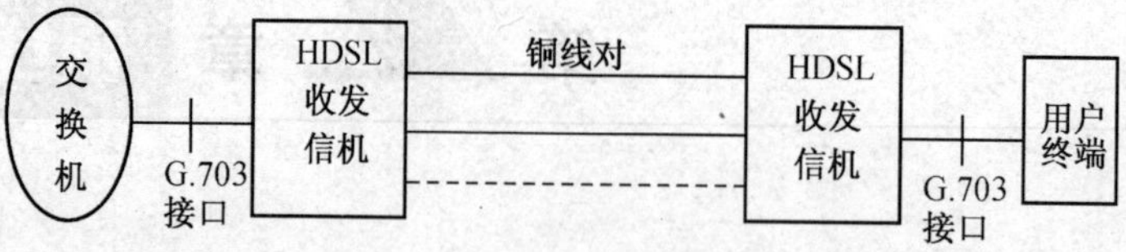

图2-1　HDSL系统构成

HDSL 系统由很多功能块组成，一个完整的系统参考配置如图2-2 所示。信息在局端机和远端机之间的传送过程如下。

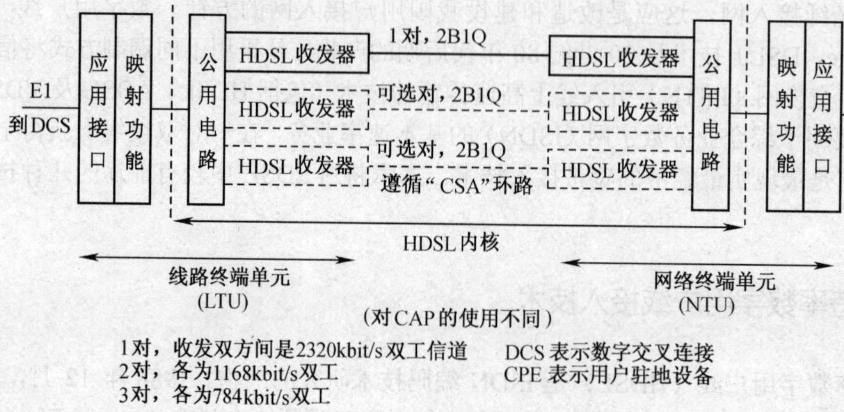

图2-2　HDSL系统的参考配置

从用户端发来的信息，首先进入应用接口，在应用接口，数据流集成在应用帧结构（G.704，32时隙帧结构）中。然后进入映射功能块，映射功能块将具有应用帧结构的数据流插入144字节的HDSL 帧结构中，发送端的核心帧被交给公用电路。在公用电路中，为了在HDSL 帧中透明地传送核心帧，需加上定位、维护和开销比特。最后由HDSL 收发器发送到线路上去。图2-2 中的线路传输部分可以根据需要配置可选功能块再生器（REGenerator，REG）。

在接收端，公用电路将HDSL 帧数据分解为帧，并交给映射功能块；映射功能块将数据恢复成应用信息，通过应用接口传送至网络侧。

HDSL 系统的核心是HDSL 收发信机，它是双向传输设备，如图2-3 所示的是其中一个方向的原理框图。下面以E1 信号传送为例来说明其原理。

发送机中的线路接口单元，对接收到的E1（2.048Mbit/s）信号进行时钟提取和整形。E1 控制器进行HDB3 解码和帧处理。HDSL 通信控制器将速率为2.048Mbit/s 串行信号分成两路（或三路），并加入必要的开销比特，再进行CRC-6 编码和扰码，每路码速为1 168kbit/s（或784kbit/s），各形成一个新的帧结构。HDSL 发送单元进行线路编码。数/模（D/A）变换器进行滤波处理以及预均衡处理。混合电路进行收发隔离和回波抵消处理，并将信号送到铜线对上。

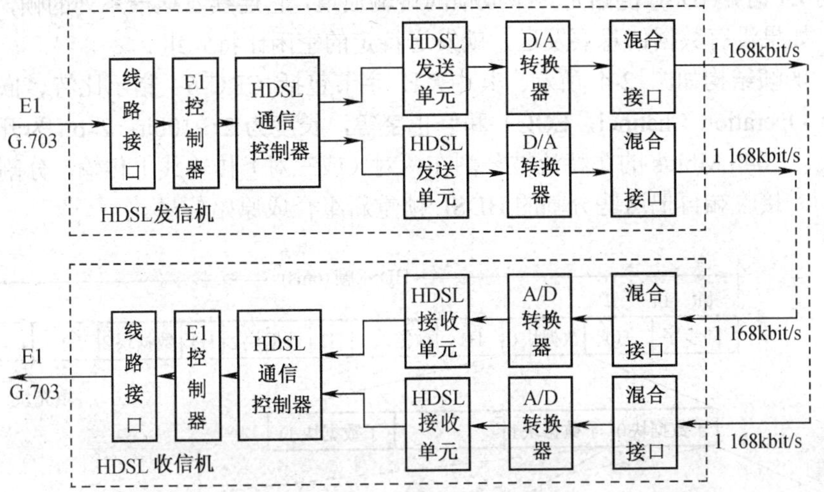

图 2-3 HDSL 收发信机原理框图

接收机中混合电路的作用与发送机中的相同。模/数（A/D）转换器进行自适应均衡处理和再生判决。HDSL 接收单元进行线路解码。HDSL 通信控制器进行解扰、CRC-6 解码和去除开销比特，并将两路（或三路）并行信号合并为一路串行信号。E1 控制器恢复 E1 帧结构并进行 HDB3 编码。线路接口按照 G.703 要求选出 E1 信号。

由于 HDSL 采用了高速自适应数字滤波技术和先进的信号处理器，因而，它可以自动处理环路中的近端串音、噪声对信号的干扰、桥接和其他损伤，能适应多种混合线路或桥接条件。在没有再生中继器的情况下，传输距离可达 3～5 km。而原来的 1.5 Mbit/s 或 2 Mbit/s 数字链路每隔 0.8～1.5km 就需要增设一个再生中继器，而且还要严格地选择测量线对。因此，HDSL 不仅提供了较长的无中继传输能力，而且简化了安装维护和设计工作，也降低了维护运行成本，可适用于所有加感环路。

关于 HDSL 系统的供电问题，通常这样处理：对于局端 HDSL 收发信机，采用本地供电；对于用户端的 HDSL 收发信机，可由用户端自行供电，也可由局端进行远供。目前，不少厂家已在 HDSL 系统中引入电源远供功能，从而方便了用户使用。

2.1.2 HDSL 的关键技术

HDSL 技术的应用具有相当大的灵活性，在基本核心技术的基础上，可根据用户需要改变系统组成。目前与具体应用无关的 HDSL 系统也有很多类型，按传输线对的数量分，常见的 HDSL 系统可分为两线对系统和三线对系统两种。在两线对系统中，每线对的传输速度为 1 168kbit/s；三线对系统中，每线对的传输速度为 784 kbit/s。三线对系统由于每线对的传输速率比两线对的低，因而，其传输距离相对较远（一般地，传输距离可增加 10%）。但是，由于三线对系统增加了一对收发信机，其成本也相对较高，并且该系统利用三线对传输，占用了更多的网络线路资源。综合比较，建议在一般情况下采用两线对 HDSL 传输。另外，HDSL 还有四线对和一线对系统，其应用不普遍。下面就 HDSL 系统的一些关键技术进行讨论。

1. HDSL 的帧结构

HDSL 既适合 T1，又适合 E1，这是因为 T1 和 E1 使用同样的 HDSL 帧结构。

当使用 E1 时，HDSL 链路是一个成帧的传输通道，它连续发送一系列的帧，每两帧之间没有间歇。如果没有数据信息要发送，就发送特定的空闲比特码组。

HDSL 的帧结构如图 2-4 所示。其中，H 字节包括 CRC-6、指示比特、嵌入操作信道（Embedded Operation Channel，EOC）和修正字等，长度为 2～10bit；Z-bit 为开销字节，目前尚未定义。2.048 Mbit/s 的比特流被分割在两对（或三对）传输线上传输，分割的信号映射入 HDSL 帧。接收端再把这些分割的 HDSL 帧重新组合成原始信号。

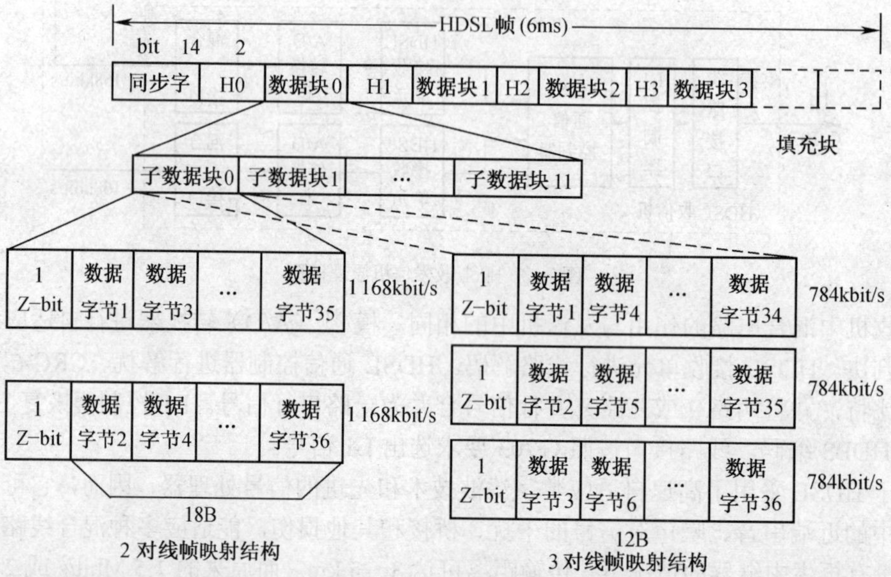

图 2-4 HDSL 帧结构

HDSL 帧包括开销字节和数据字节，其帧长为 6ms。开销字节是为 HDSL 操作目的而用的；数据字节用来传输 2.034Mbit/s 容量的数据，共分为 48 个 HDSL 有效载荷块。对于两对线全双工系统，传输速率为 $18 \times 64\text{kbit/s} + 16\text{kbit/s} = 1\,168\ \text{kbit/s}$；对于三对线全双工系统，传输速率为 $12 \times 64\text{kbit/s} + 16\text{kbit/s} = 784\text{kbit/s}$；对于一对线全双工系统的传输速率为 $36 \times 64\text{kbit/s} + 16\text{kbit/s} = 2.320\text{Mbit/s}$。

2. 线路编码

终端设备产生的数字信号通常是单极性不归零（NRZ）的二进制信码，这种信号一般不适于在二线用户环路上直接传送。这是因为单极性不归零（NRZ）信码与二线用户环路的传输特性不匹配。例如，二线用户环路上通常包含耦合变压器，直流分量不能通过。而单极性不归零（NRZ）信码中包含直流分量，如果直接将其通过二线用户环路传送，由于直流分量被隔除，接收信号就必然发生波形失真。因此，需要线路编码电路把这种单极性不归零（NRZ）二进制信码，变换为不含直流分量的适于线路传送的线路信码。

在二线用户环路的数字传输中，线路编码的目的主要有 3 个：其一，使线路信号与线路的传输特性相匹配，以使接收信号不失真或很少失真；其二，使接收端便于从收到的线路信号中提取定时信号；其三，尽量压缩线路信号的传输带宽，以便提高发送信码的速率。

在二线用户环路上，线路信号的常用码型有如下几种。

（1）HDB3 码

三阶高密度双极性（High Density Bilateral code with 3 level，HDB3）码，是 AMI 码的改进型。它克服了 AMI 码中连“0”个数不能控制的问题。在 HDB3 码流中连“0”个数最多不会超过 3 个。其编码规则是：当二进制信码中连“0”个数不超过 3 个时，其编码规则与 AMI 码的编码规则相同；当二进制信码中连“0”个数超过 3 个时，每遇到 4 个连“0”，则用一个取代节（“000V”或“B00V”）予以替代。取代节中的“B”码与其前邻的非“0”码元极性相反；取代节中的“V”码则与其前邻的非“0”码元极性相同。这样，接收端只要识别出破坏极性交替反转的“V”码，即可将 4 连“0”取代节予以恢复。为了使整个码流中不含直流分量，编码规则还要求相邻取代节中的“V”码极性也必须交替反转。这样，当两个 4 连“0”二进制码之间“1”的个数为偶数时，使用取代节“000V”；当两个 4 连“0”二进制码之间“1”的个数为奇数时，则使用取代节“B00V”。与 AMI 码相比，HDB3 码的编码较为复杂，但利于接收端定时提取。

（2）2B1Q 码

2B1Q 码是无冗余度的 4 电平脉冲幅度调制（Pulse Amplitude Modulation，PAM）码，属于基带型传输码，在一个码元符号内传送 2 bit 信息。

2B1Q 码是用 1 位四进制（Quaternary）码组，表示 2 位二进制（Binary）码组。1 位四进制码有四个不同电平，正好可以一一对应地表示 2 位二进制码组的 4 种不同组合。四进制码的四个不同电平分别是“−2”、“−1”、“+1”和“+2”。它与 2 位二进制码组的对应关系是：00→ −2，01→ −1，10→+1，11→+2。这是双极性四电平码，一般不含直流分量。2B1Q 码的码元周期是比特周期的两倍，其速率是比特速率的一半。

这种编码具有实现电路简单、使用经验成熟、与原有电话和 ISDN BRA 兼容性好以及成本低等优点，故应用较多，已批量生产。但采用这种编码的 HDSL 系统，与采用无载波幅度相位调制码（Carrierless Amplitude & Phase modulation，CAP）编码的系统相比，其线路信号的功率谱较宽，故信号的时延失真较大，引起的码间干扰较大，同时近端串话也较大，因此，需要使用设计良好的均衡器和回波抵消器，来消除码间干扰和近端串话的影响。

（3）CAP 码

CAP 码是一种有冗余的无载波幅度相位调制码。目前的 CAP 码系统可分为二维八状态码和四维十六状态码两种。在 HDSL 系统中，广泛应用的是二维八状态格栅编码调制（Trellis Code Modulation，TCM），将数据组（5bit）与 1bit 的冗余位一起进行编码。

从理论上讲，CAP 信号的功率谱是带通型，与 2B1Q 码相比，CAP 码的带宽减少了一半，传输效率提高一倍。CAP 信号的传输性能比 2B1Q 码好，比如，由群时延失真引起的码间干扰较小，受低频能量丰富的脉冲噪声及高频的近端串音等的干扰程度也小得多。从实验室条件下的测试表明，在 0.4mm 线径上，2B1Q 码系统最远传输距离为 3.5 km，CAP 码系统最远传输距离为 4.4km。

CAP 码是 HDSL 系统中使用的第二种主要码型。它的编码原理是：将输入码流经串并变换分为两路，分别通过两个数字带通滤波器，然后相加即得到 CAP 码。这两个数字带通滤波器的幅频特性相同，但相频特性相差 90°，因此 CAP 码与正交幅度调制（Quadrature Amplitude Modulation，QAM）信号相同。如果将两路信号分别调制同一个载波，然后用两个滤波器把它们的相位移开 90°，再叠加到一起即得到 QAM 信号。CAP 编码与 QAM 的唯一区别是：QAM 使用了载波，而 CAP 编码不使用载波。

在 HDSL 系统中，CAP 码常与格栅编码调制（TCM）结合应用，例如，TCM8-CAP64 编码的信号星座图与 QAM64 相同，但它的每个码元只包含 4bit 信息（另外 2bit 是 TCM 引入的用于纠错的冗余位）。采用这种编码的 HDSL 系统在两对双绞线上传输时，其传输性能优于 2B1Q HDSL 系统在三对双绞线上的传输性能。在 24h 内统计的平均误码率可达 1×10^{-11}，传输质量接近光纤的传输质量。在 0.4mm、0.8mm 和 0.9mm 线径的线路上传输距离，分别大于 4km、10km 和 11km。各种 HDSL 系统的比较如表 2-1 所示。

表 2-1　　　各种 HDSL 系统的比较

		传输距离（0.4mm）	对信号要求	性能（误比特率）
2B1Q 码	二线对	3.2km	成帧/不成帧	1×10^{-7}
	三线对	3.8km	成帧/不成帧	1×10^{-7}
CAP 码（二线对）		4.0km	成帧/不成帧	1×10^{-9}

CAP 码系统有着比 2B1Q 码系统更好的性能，但 CAP 码系统在价格上相对较贵。因此，2B1Q 系统和 CAP 系统各有各的优势，在接入网中，应根据实际情况灵活地采用。

3. 回波抵消

回波抵消技术已经成功地应用在线对增容系统中，它实现了在一对双绞线上进行 ISDN BRA 双工传输。在 HDSL 系统中，回波抵消技术仍然是一个不能缺少的关键技术。由于 HDSL 系统中的线路传输速率提高，要求回波抵消器中的数字信号处理器（Digital Signal Processor，DSP）的处理速度更快，以适应信号的快速变化。同时，由于线路特性引起信号拖尾较长，要求回波抵消器具有更多的抽头。

4. 码间干扰与均衡

由于用户线路的传输带宽限制和传输特性较差，会使接收信号发生波形失真。从发送端发出的一个脉冲到达接收端时，其波形常常被扩散为几个脉冲周期的宽度，从而干扰到相邻的码元，形成所谓码间干扰，如图 2-5 所示。如果线路特性是已知的，这种码间干扰可以用均衡器来消除。均衡器能够对线路的衰减频率失真和时延频率失真予以校正，也就是说，将线路的非平直衰减频率特性和非平直时延频率特性分别校正为平直的，从而消除所产生的码间干扰。当线路的频率特性固定不变时，采用固定均衡器就可以了；当线路的频率特性随机变化时，则需要采用自适应可变均衡器。

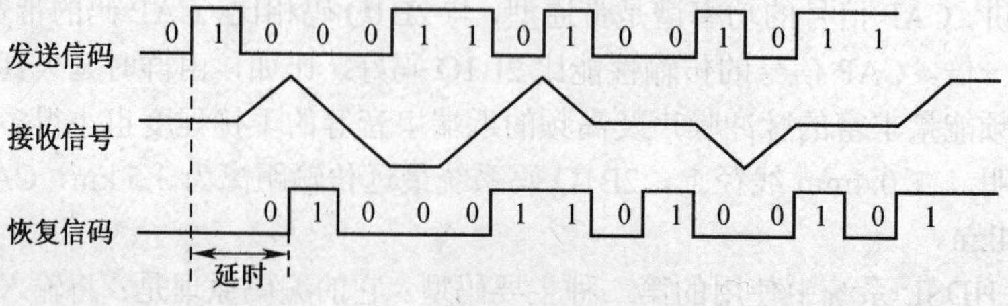

图 2-5　码间干扰与均衡波形

一种常用的自适应可变均衡器是判决反馈均衡器，其工作原理与回波抵消器的工作原理相似。它是将接收信号的判决结果反馈回去，根据信道传输特性估计其拖尾，并把它从其后跟随的接收信号中减去，来达到消除码间干扰的目的。

5. 性能损伤

影响 HDSL 系统性能的主要因素有两个：一是 HDSL 系统内部两对双绞线之间产生的近端串话，它将随线路频率的增高而增大；二是邻近线对上的 PSTN 信令产生的脉冲噪声，这种噪声有时较大，甚至会使耦合变压器出现饱和失真，从而产生非线性效应。

对于 HDSL 系统内部两对双绞线之间产生的近端串话，可以用回波抵消技术予以消除。对于脉冲噪声干扰，则需要采用纠错编码技术来对抗，不过采用纠错编码会引入附加时延。

6. 传输标准

关于 HDSL 系统的传输标准，目前主要有两种不同规定：一种是美国国家标准学会（American National Standard Institute，ANSI）制定的；另一种是欧洲电信标准学会（ETSI）制定的。我国目前主要参考欧洲电信标准学会（ETSI）标准。

ETSI 标准规定了两种版本的 HDSL 系统标准：一种是使用三线对传输 E1，每线对传输速率为 784kbit/s；另一种是使用两线对传输 E1，每线对传输速率为 1 168kbit/s。ETSI 之所以提出使用三对双绞线传输 E1 的方案，主要是考虑到两个因素：一是可利用美国已开发的超大规模集成电路；二是可以满足运营公司未来的需要。

评价 HDSL 系统性能质量的主要指标如下。

① 比特差错率（Bit Error Ratio，BER）。

② 允许的传输距离。

③ 不出现误码条件下，系统能承受的线路劣化程度。

HDSL 是一种双向传输的系统，其最本质的特征是提供 2Mbit/s 数据的透明传输，它支持净负荷速率为 2Mbit/s 以下的业务。目前，HDSL 还不具备提供 2Mbit/s 以上宽带业务的能力，因此，HDSL 系统的传输能力是十分有限的。

HDSL 最大的优点是充分利用现有的铜线资源实现扩容，以及在一定范围内解决部分用户对宽带信号的需求。首先，最简单的 HDSL 服务形式只需要本地交换卡（对于 T1 是 HTU-C，对于 E1 是 LTU）和用户卡（对于 T1 是 HTU-R，对于 E1 是 NTU）。其次，用户环路不需要每隔 0.8km 就设置一个再生中继器。按美国线规（American Wire Gauge，AWG），HDSL 允许 24 AWG（0.5mm）铜线在不超过 3.6km 的距离上提供服务；在 26 AWG（0.4mm）铜线上，服务范围可到达 2.7km（如果桥接抽头的长度小于 1.525km 的话，可以使用两个桥接抽头）；通过使用更重规格的铜线或 22AWG（0.63mm）或 HDSL 倍增器（doubler），HDSL 的服务范围可以延伸到 7.93km。另一个优点是，HDSL 几乎可以用在任何地方，大约 80%～90%的铜缆设备可用于 HDSL，不管是基于 CAP 还是基于 2B1Q（PAM）线路码都可以使用。HDSL 还有一个重要优点是，可以使用原来的操作系统支持设备和软件。

HDSL 可提供接近于光纤用户线的传输误码性能。采用 2B1Q 码，可保证误码率低于 1×10^{-7}，加上特殊外围电路，其误码率可达 1×10^{-9}；采用 CAP 码的 HDSL 系统性能更好。另外，当 HDSL 的部分传输线路出现故障时，系统仍然可以利用剩余的线路实现较低速率的传输，其传输可靠性比采用中继设备的线路有很大提高，并减小了网络的损失。

2.1.3　HDSL 的应用特点

HDSL 技术能在两对双绞铜线上透明地传输 E1 信号达 3～5km。鉴于我国大中城市用户线平均长度为 3.4 km 左右，因此，在接入网中可广泛地应用基于铜缆技术的 HDSL。

HDSL 系统既适合点对点通信，也适合点对多点通信。其最基本的应用是构成无中继的 E1 线路，它可充当用户的主干传输部分。HDSL 主要应用在访问 Internet 服务器、装有铜缆设备的大学校园网、将中心 PBX（Public Branch eXchange）延伸到其他的办公场所、局域网扩展和连接光纤环、视频会议和远程教学应用、连接无线基站系统以及 ISDN 基群速率接入（Primary Rate Access，PRA）等方面。

HDSL 系统可以认为是铜线接入业务（包括语音、数据及图像）的一个通用平台。目前，HDSL 系统具有多种应用接口。例如：G.703 与 G.704 平衡与不平衡接口，V.35、X.21 及 EIA503 等接口，以及会议电视视频接口。另外，HDSL 系统还有与计算机相连的 RS 232、RS 449 串行口，便于用计算机进行集中监控；还有 E1/T1 基群信号监测口，便于进行在线监测。在局端和远端设备上，可以进行多级环测和状态监视。状态显示有的采用发光二极管，有的采用液晶显示屏，这给维护工作带来较大方便。在实际使用中，这种具有多种应用接口的 HDSL 传输系统更适合于业务需求多样化的商业地区及一些小型企业。当然，这种系统成本相对较高。

较经济的 HDSL 接入方式将用于现有的 PSTN 网，具有初期投资少，安装维护方便，使用灵活等特点。HDSL 局端设备放在交换局内，用户侧 HDSL 端机安放在 DP 点（用户分线盒）处，可为 30 个用户提供每户 64kbit/s 的语音业务。配线部分使用双绞引入线，不需要加装中继器及其他相应的设备，也不必拆除线对原有的桥接配线，无需进行电缆改造和大规模的工程设计工作。但是，该接入方案由于提供的业务类型较单一，只是对于业务需求量较少的用户（如不太密集的普通住宅）较为适合。

HDSL 技术的一个重要发展是延长其传输距离和提高传输速率。例如，PalriGain 公司和 ORCKIT 公司提出另外一种增配 HDSL 再生中继器的系统。该系统利用增配的再生中继器，可以将传输距离增加 2～3 倍，这显然会增大 HDSL 系统的服务范围。根据应用需要，HDSL 系统还可用于一点对多点的星型连接，以实现对高速数据业务使用的灵活分配。在这种连接中，每一方向以单线对传输的速率最大可达 784bit/s。另外，在短距离内（百米数量级），利用 HDSL 技术还可以再提高线路的传输比特率。甚高数字用户线（VHDSL）可以在 0.5mm 线径的线路上，能将速率为 13Mbit/s、26Mbit/s 或 52Mbit/s 的信号，甚至能将速率为 155Mbit/s 的 SDH 信号，或者 125Mbit/s 的 FDDI（Fiber Distributed Data Interface）信号传送数百米远。因此，它可以作为宽带 ATM 的传输介质，给用户开通图像业务和高速数据业务。

尽管 HDSL 具备巨大的吸引力，并有益于服务提供商及用户，但仍有一些制约因素，使其在有些情况下还不能使用。制约因素主要包括：一是 HDSL 不论用于 T1 还是用于 E1，必须使用两对线或三对线，使得某个地区获得 T1 和 E1 服务至少减小了一半，在某些情况下甚至减小了三分之二；二是由于各个生产商的产品之间的特性也还不兼容，使得互操作性无法实现，这就限制了 HDSL 产品的推广；三是用户无法得到更多的增值业务；四是如果 HDSL 仍然使用 2B1Q 线路码，这就限制了带宽利用率和传输距离，HDSL 在长度超过 3.6km 的用户线上运行时仍然需要中继器（有些 HDSL 的变种可以达到 5.49km），但是，Bellcore 希望在这些更长的用户线上使用中继器。

2.2 第二代高比特率数字用户线接入技术

HDSL2 代表“第二代高比特数字用户线”技术，HDSL2 规范的产品在 1998 年生产。HDSL2

是继 HDSL 后的技术。本质上是在一对线上传送 T1 和 E1 速率信号。它主要是由美国 ANSI TIEI1.4 委员会在 ADC 通信公司、Adtran 公司、Levelone 公司和 PairGain 技术公司等设备商的支持下研制开发的。

2.2.1 HDSL2 的设计目标

HDSL2 的主要设计目标如下。

① 一对线上实现两线对 HDSL 的传输速率。

② 获得与两线对 HDSL 相等的传输距离。

③ 对环路损坏（衰减、桥接头及串音等）的容忍能力不能低于 HDSL。

④ 对现有业务造成的损害不能超过两线对 HDSL。

⑤ 能够在实际环路上可靠地运行。

⑥ 价格要比传统 HDSL 低。

实质上，HDSL2 的设计目标是一种能够传送 1.544Mbit/s T1 数据的单线对对称 DSL 技术。要达到这个设计目标是非常困难的，因为本地环路的传输环境极为苛刻，传输线路上的混合电缆规格和桥接头的阻抗不匹配，还有各种各样的业务带来的串音干扰，形成了一个很差的噪声环境。因此，要在一对双绞线上达到和两对铜线 HDSL 技术相同的传输性能，必须采用先进的编码和数字信号处理（DSP）技术。

另外，与 HDSL 一样，HDSL2 的端到端延时必须小于 500μs。换句话说，带宽和延迟效应（导线的传播延迟和 HDSL 成帧的处理延迟）加在一起必须小于 0.5ms。这为了减小延迟，可通过减小 HDSL2 语音通信时的远端回波来实现。

正在开发的技术，特别是新技术，是为实际工程研究的。例如，高速率意味着小的比特周期，这样做差错就会增多。而 T1 和 E1 规范又限制了误码率。如果需要在“普通”HDSL 中的一对线上运行全速率的 T1 或 E1，可以采用的一种方法就是在 HDSL 帧中加入一些前向差错（Forward Error Correction，FEC）控制。这些额外的比特既可以在 HDSL 帧中检测到一些错误，也可以纠正一些错误。然而，在 HDSL2 设备中加入 FEC 功能会增加端到端延时。

如果在同一捆电缆中 HDSL2 使用其他的线路码，它们将比 2B1Q T1 和 E1 线路、HDSL T1 和 E1 线路更容易受到串扰的影响。

2.2.2 HDSL2 的线路编码

关于 HDSL2 的许多争论都是集中于 HDSL2 线路码的选择上。如果用于 E1 速率，脉冲幅度调制（Pulse Amplitude Modulation，PAM）线路码（例如 2B1Q）需要三对线，并且不要带通滤波器。带通滤波器的主要作用是将线路上某一频率范围内的成分去除。如果带通滤波器上的其他业务（例如模拟语音）需要共享导线，那么它的优点将更加突出。但是，它增加了电路成本和复杂度。

在 HDSL 出现之初，PAM 码（例如 2B1Q）被认为对串扰具有极大的阻抗，实现 2B1Q 较简单，且与 ISDN 类似。另外，它也不需要带通滤波器。

无载波幅度相位调制（CAP）码与 PAM 码（2B1Q）是被选择的两种码型。2B1Q 在某些文档中也称为“四电平 PAM”，图 2-6 显示了两个 HDSL2 线路码标准之间的差别。在图中，PAM（2B1Q）使用了全部可用的频段，有用的频段在大约 400kHz 处结束，但在 400kHz 之外还有信号（没有使用带通滤波器去除这些频率成分）。而 CAP 信号在 0～30Hz 和 200～230Hz 频段呈下降趋势。

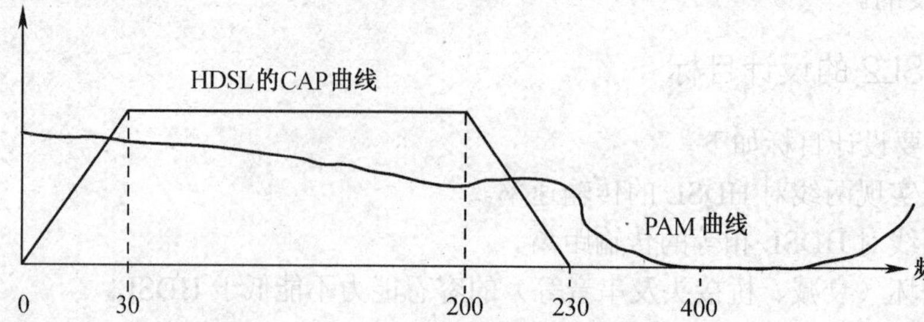

图 2-6 CAP 与 PAM 的差别

2.2.3 HDSL2 中的 FDM 和回波抵消

有一些系统只是简单地把 HDSL 系统中 2B1Q 收发器的波特率加倍，这种方案不能完全满足标准规定的传输距离、性能和频谱兼容性要求。2B1Q 系统速率加倍以后的频谱会延伸进入下行数据的频谱范围内。要满足性能和频谱兼容性，需要开发一种新的传输技术，而不是简单地采用 2B1Q 线路码。HDSL2 采用了先进的频谱形成和编码技术，获得了接近信道理论极限的良好性能。

最初的 HDSL2 规范是基于 PAM 的。在将来的 HDSL 产品中 CAP 的性能肯定有望超过 2B1Q。也就是说，一个使用 PAM 的传输距离为 2.7km 的 HDSL2 系统，现在可以使用 CAP 在同一信号电平下传输距离达到 3.6km。这是 CAP 的最大优点，但 CAP 不如 PAM 编码简单和高效。

如何在一对线上进行复用操作，即两个相反方向上的信号如何在同一对线上传输，是一个重要技术问题。为了做到这一点，上行流和下行流的频段可以是共享的，也可以是分离的。要使上行流和下行流信号共享同一频段，就必须使用回波抵消（Echo Cancellation，EC）来消除电路中的“自串扰”效应，这就增加了成本和复杂度。

上行流和下行流信号使用不同的频段将会简单一些，这就是 HDSL2 中采用频分复用（FDM）技术的原因，它消除了自串扰的问题，但要求使用带通滤波器去除有用频段之外的信号。CAP 能很容易地做到这一点，但 PAM（2B1Q）却不能。PAM 需要优化才能在带通环境下工作。

图 2-7 所示描述了上述概念，图的上半部分显示了不同频段范围内的上行流和下行流使用的线路码，这就是 FDM。上行频段首先得益于低频处的小的衰减效应。上行和下行频段的同样带宽反映了 HDSL2 和通用 HDSL 的对称性。图的下半部分显示了两方向上使用同一频段，这种情况需要回波抵消。但是，这种方案占用的带宽小。出于这一简单理由，HDSL2 将使用回波抵消，而不是 FDM。

HDSL2 与 HDSL 的兼容性是最主要的挑战。对 HDSL 最早的兼容性是采用了理论计算的方法得出的，计算结果表明频谱互锁重叠的 PAM 传输（Overlapped PAM Transmission with Interlocking Spectra，OPTIS）不会带来太大的性能降低。这是由 ADC 公司、Level One 公司和 Pair Gain 技术实验室合作开发的，并被 ANSI TIEI1.4 采用，成为 HDSL2 的线路编码技术标准。但是，实际的测量表明，一些早期的 HDSL 会在 OPTIS 频谱中降低 2dB 还多。对于这个问题，ANSI 进行了分析，对 OPTIS 功率谱密度模板做了改动，将性能裕量要求从 6dB 减小到 5dB，这样做使老式的 HDSL 系统的损害降到了 2dB 以下。需要注意，这只是一种非常特殊的情况，对于成熟的 HDSL，OPTIS 引起的损害将小于 1.0 dB。

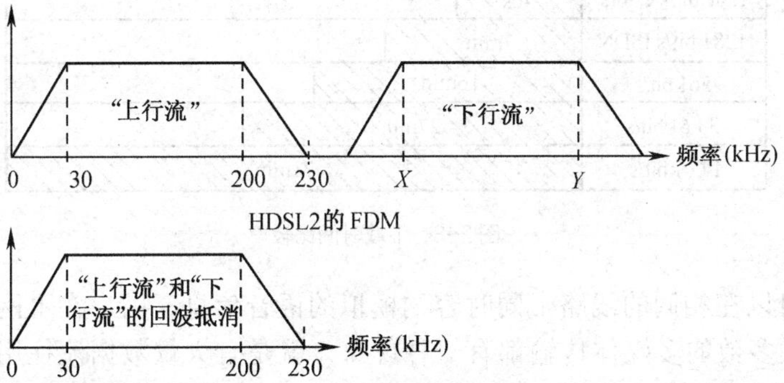

图 2-7 HDSL2 的回波抵消

尽管 HDSL 的价格和性能都可以用 HDSL2 单线对系统达到，但是这并不意味着 HDSL 会被完全淘汰。这是由于 HDSL2 更复杂，消耗的功率是 2B1Q 收发器的 2.5 倍，而许多应用需要远端供电；再加上 HDSL2 功率大，又只能在单线对上供电，严重限制了 HDSL2 在有中继器和需要远端供电环路上的应用。HDSL2 最好只支持一个中继器段。对于 5.5km 的环路来讲，传统 HDSL 仍然是传输对称 1.544Mbit/s 业务的最佳方案。对于一般速率要求较低系统，单线对 2B1Q 的收发器的低于 784kbit/s 的数据速率也足够了。

2.3 不对称数字用户线接入技术

不对称数字用户线（Asymmetric Digital Subscriber Line，ADSL）是一种利用现有的传统电话线路高速传输数字信息的技术。ADSL 技术是由 Bellcore 的 Joe Lechleder 于 20 世纪 80 年代末首先提出的。该技术将大部分带宽用来传输下行信号（即用户从网上下载信息），而只使用一小部分带宽来传输上行信号（即接收用户上传的信息），这样就出现了所谓不对称的传输模式。

2.3.1 ADSL 的技术特点

与传统传输技术相比，ADSL 是一种宽带调制解调器技术。这种技术能把一般的电话线路转换成高速的数字传输通路，供互联网络及公司网络高速接收/发送信息使用，同时还可提供各种实时的多媒体服务，特别是丰富的影音服务。ADSL 系统可提供 3 条信息通道：高速下行信道、中速双工信道和普通电话业务信道。ADSL 将高速数字信号安排在普通电话频段的高频段，再用滤波器滤除如环路不连续点和振铃引起的瞬态干扰后，即可与传统电话信号在同一对双绞线共存而互不影响。目前使用的一般模拟调制解调器传输速度均无法与 ADSL 相抗衡，如 ADSL 下行速率为 8Mbit/s，约为 28.8kbit/s 调制解调器的 300 倍，33.6kbit/s 调制解调器的 270 倍，是 128kbit/s ISDN 的 70 倍。而且，ADSL 这种不对称的传输技术符合 Internet 业务下行数据量大，上行数据量小的特点。如图 2-8 所示的是依据 ADSL 论坛所公布的文件资料，一部 7.5MB 影片用各种不同传输速度所用的下载时间的比较。

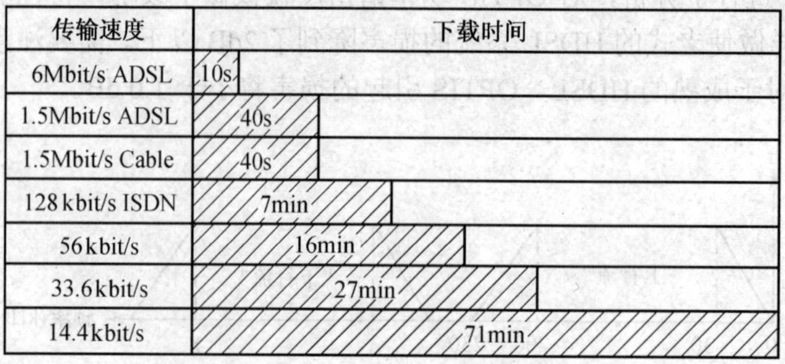

传输速度
下载时间
6Mbit/s ADSL
10s
1.5Mbit/s ADSL
40s
1.5Mbit/s Cable
40s
128 kbit/s ISDN
7min
56 kbit/s
16min
33.6 kbit/s
27min
14.4 kbit/s
71min

图 2-8　下载时间比较

ADSL 也可以在相同的线路上同时容纳模拟的语音信息，用户在上网时仍然可以使用电话。网络上大多数的多媒体传输都有一种现象，就是有大量数据流往用户，但却只有极少量的交互控制信息上传。ADSL 就是针对这种现象而设计的。目前，公用电话交换网（PSTN）的带宽限制成了信息高速公路的路障。尽管极高速的光缆铺设成的主干网已经将全球多数国家交叉连接，但直通用户的最后一段接入线路仍存在着瓶颈问题。为了适应电信网传输高速信息的需要，同时也为了向用户提供多种业务，特别是宽带业务，必须拓宽用户环路，打破其“瓶颈”限制。就网络拥塞而言，不对称数字用户线（ADSL）显然是一个有效的解决方案。

根据较保守的统计，全世界目前大约有十几亿条固定电话线路。建设 ADSL 的成本较 FTTC 低得多，而且商家可以只为申请安装的用户安装。相关的报告显示，即使没有成本问题，仅就施工方面来加以讨论，要完全改变传统电话线路的基本结构，大约得要 20 年的时间才能完成 FTTC。但是，如果建设 ADSL 的话，可以沿着现有的电话线路发展，也就是说，ADSL 铜质电话线路接入至少会使用 20 年。目前，ADSL 调制解调器唯一的竞争对手只有 CATV 经营者的电缆调制解调器。事实上，综观全球电子商务的趋势，网络的宽带化绝对是必然的，以宽带调制解调器高速上网会很普遍。

严格说来，ADSL 本身只是一种从铜质电话线路的一端传送数据位流到另一端的技术而已，相当于 OSI 网络七层的第一层物理层。ADSL 系统除了能向用户提供原有的电话业务外，还能向用户提供多种多样的宽带业务，如广播电视、影视点播、居家购物、远程医疗、远程教学、会议电视、多方可视游戏、Internet 接入、多媒体接入及多媒体分配等。

ADSL 系统的主要特点是“不对称”。这正好与接入网中图像业务和数据业务的固有不对称性相适应。图像业务主要是从网络流向用户的；数据业务本身也具有不对称性，对 Internet 业务量的统计分析表明，不对称性至少为 10∶1 以上。因此，ADSL 系统正好适应这些不对称业务。

ADSL 技术的主要优点如下。

① 可以充分利用现有铜线网路，只要在用户线路两端加装 ADSL 设备即可为用户提供服务。

② ADSL 设备随用随装，无需进行严格业务预测和网路规划，施工简单，时间短，系统初期投资小。

③ ADSL 设备拆装容易、灵活，方便用户转移，较适合流动性强的家庭用户。

④ 充分利用双绞线上的带宽，ADSL 将一般电话线路上未用到的频谱容量，以先进的调制技术，产生更大、更快的数字通路，提供高速远程接收或发送信息。

⑤ 双绞铜线可同时供普通电话业务(Plain Old Telephone Service，POTS)的声音和 ADSL 数字线路使用。因此，在一条 ADSL 线路上可以同时提供个人计算机、电视和电话频道。

2.3.2 ADSL 的系统结构

1. 系统构成

ADSL 系统构成如图 2-9 所示，它是在一对普通铜线两端，各加装一台 ADSL 局端设备和远端设备而构成。它除了向用户提供一路普通电话业务外，还能向用户提供一个中速双工数据通信通道（速率可达 576kbit/s）和一个高速单工下行数据传送通道（速率可达 6～8Mbit/s）。

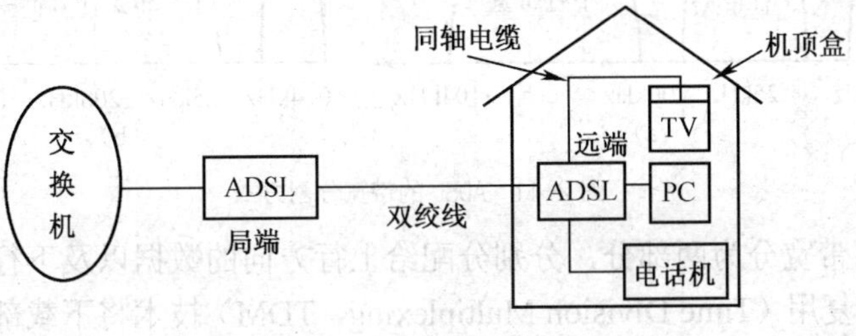

图 2-9 ADSL 系统结构

ADSL 系统的核心是 ADSL 收发信机（即局端机和远端机），其原理框图如图 2-10 所示。应当注意，局端的 ADSL 收发信机结构与用户端的不同。局端 ADSL 收发信机中的复用器（MULtiplexer，MUL）将下行高速数据与中速数据进行复接，经前向纠错（Forward Error Correction，FEC）编码后送发送单元进行调制处理，最后经线路耦合器送到铜线上；线路耦合器将来自铜线的上行数据信号分离出来，经接收单元解调和 FEC 解码处理，恢复上行中速数据；线路耦合器还完成普通电话业务（POTS）信号的收、发耦合。用户端 ADSL 收发信机中的线路耦合器将来自铜线的下行数据信号分离出来，经接收单元解调和 FEC 解码处理，送分路器（DeMULtiplexer，DMUL）进行分路处理，恢复出下行高速数据和中速数据，分别送给不同的终端设备。来自用户终端设备的上行数据经 FEC 编码和发送单元的调制处理，通过线路耦合器送到铜线上。普通电话业务经线路耦合器进、出铜线。

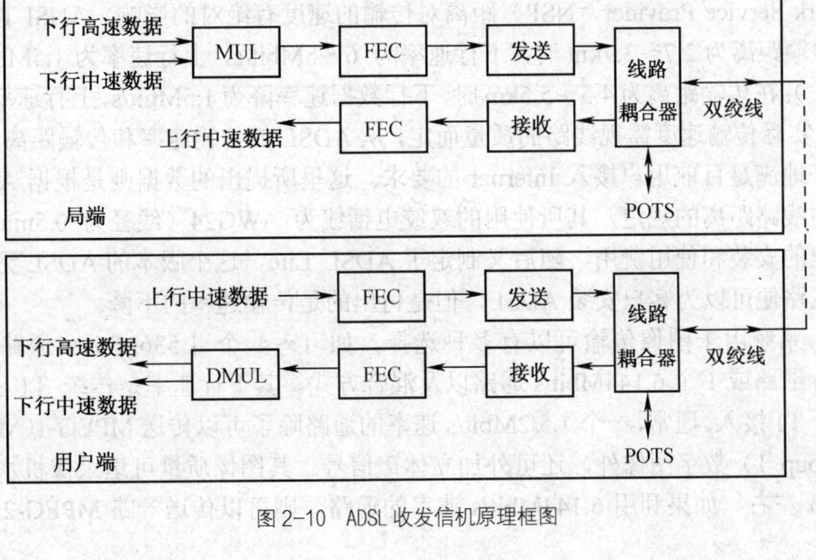

图 2-10 ADSL 收发信机原理框图

2. 传输带宽

ADSL 基本上是运用频分复用（FDM）或是回波抵消（EC）技术，将 ADSL 信号分割为多重信道。简单地说，一条 ADSL 线路（一条 ADSL 物理信道）可以分割为多条逻辑信道。图 2-11 所示为这两种技术对带宽的处理。由图 2-11（a）可知，ADSL 系统是按 FDM 方式工作的。POTS 信道占据原来 4kHz 以下的电话频段，上行数字信道占据 25～200kHz 的中间频段（约 175 kHz），下行数字信道占据 200kHz～1.1MHz 的高端频段。

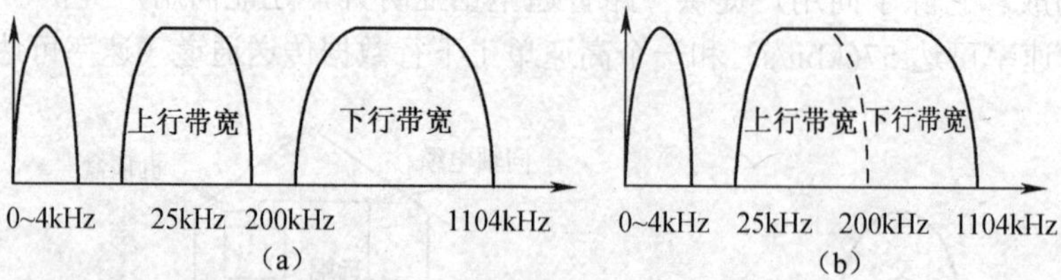

图 2-11 ADSL 的带宽分割方式

频分复用法将带宽分为两部分，分别分配给上行方向的数据以及下行方向的数据使用。然后，再运用时分复用（Time Division Multiplexing，TDM）技术将下载部分的带宽分为一个以上的高速次信道（AS0、AS1、AS2、AS3）和一个以上的低速次信道（LS0、LS1、LS2），上传部分的带宽分割为一个以上的低速信道（LS0、LS1、LS2，对应于下行方向），这些次信道的数目最多为 7 个。FDM 方式的缺点是下行信号占据的频带较宽，而铜线的衰减随频率的升高迅速增大，因此，其传输距离有较大局限性。为了延长传输距离，需要压缩信号带宽。一种常用的方法是将高速下行数字信道与上行数字信道的频段重叠使用，两者之间的干扰用非对称回波抵消器予以消除。由图 2-11（b）可见，回波抵消技术是将上行带宽与下行带宽产生重叠，再以局部回波消除的方法将两个不同方向的传输带宽分离，这种技术也用在一些模拟调制解调器上。

美国国家标准学会（ANSI）TI.413—1998 规定，ADSL 的下行（载）速度需支持 32kbit/s 的倍数，从 32kbit/s～6.144 Mbit/s，上行（传）速度需支持 16kbit/s 以及 32kbit/s 的倍数，从 32～640kbit/s。但现实的 ADSL 最高则可提供约 1.5～9Mbit/s 的下载传输速度，以及 640kbit/s～1.536Mbit/s 的上传传输速度，视线路的长度而定，也就是从用户到网络服务提供商（Network Service Provider，NSP）距离对传输的速度有绝对的影响。ANSI TI.413 规定，ADSL 在传输距离为 2.7～3.7km 时，下行速率为 6～8Mbit/s，上行速率为 1.5Mbit/s（和铜线的规格有关）；在传输距离为 4.5～5.5km 时，下行数据速率降为 1.5Mbit/s，上行速率为 64kbit/s。换句话说，实际传输速度需视线路的质量而定，从 ADSL 的传输速率和传输距离上看，ADSL 都能够较好地满足目前用户接入 Internet 的要求。这里所提出的数据则是根据 ADSL 论坛对传输速度与线路距离的规定，其所使用的双绞电话线为 AWG24（线径为 0.5mm）铜线。为了降低用户的安装和使用费用，随后又制定了 ADSL Lite，这个版本的 ADSL 无需修改客户端的电话线路便可以为客户安装 ADSL，但是付出的是传输速率的下降。

ADSL 系统用于图像传输可以有多种选择，如 1～4 个 1.536Mbit/s 通路或 1～2 个 3.072Mbit/s 通路或 1 个 6.144Mbit/s 通路以及混合方式。其下行速率是传统 T1 速率的 4 倍，成本也低于 T1 接入。通常，一个 1.5/2Mbit/s 速率的通路除了可以传送 MPEG-1（Motion Picture Experts Group 1）数字图像外，还可外加立体声信号。其图像质量可达录像机水平，传输距离可达 5km 左右。如果利用 6.144Mbit/s 速率的通路，则可以传送一路 MPEG-2 数字编码图像信号，其质量可达演播室水准，在 0.5mm 线径的铜线上传输距离可达 3.6km。有的厂家生产的 ADSL 系统，还能提供 8.192Mbit/s 下行速率通路和 640kbit/s 双向速率通路，从而可支持 2 个 4Mbit/s 广播级质量的图像信号传送。当然，传输距离要比 6.144Mbit/s 通路减少 15% 左右。

ADSL 可非常灵活地提供带宽，网络服务提供商（NSP）能以不同的配置包装销售 ADSL 服务，通常为 256 kbit/s 到 1.536 Mbit/s 之间。当然也可以提供更高的速率，但仍是以上述的速率为主。表 2-2 所示为某公司所推出的网易通的应用实例，总计有 5 种不同传输等级的选择方案。最低的带宽为 512 kbit/s 的下载速率，以及 64kbit/s 的双工信道速率；最高为 6.144Mbit/s 的下载速率以及 640kbit/s 的双工信道速率。事实上有很多厂商开发出来的 ADSL 调制解调器都已超过 8Mbit/s 的下载速率以及 1Mbit/s 的上传速率。但无论如何，这些都是在一种理想的条件下测得的数据，实际上需要根据用户的电话线路质量而定，不过至少必须满足前面列出的标准才行。

表 2-2　ADSL 的传输分级

传输分级	一	二	三	四	五
下载速率	512kbit/s	768kbit/s	1 536kbit/s	3.072Mbit/s	6.144Mbit/s
上传速率	64kbit/s	128kbit/s	384kbit/s	512kbit/s	640kbit/s

2.3.3 ADSL 的关键技术

1. ADSL 系统模型

（1）ADSL 系统参考模型

图 2-12 所示为 ADSL 系统参考模型。图中显示了 ADSL 各元素的基本关系及重要元素间的标准接口。在这些接口中，每个功能组的定义是设备提供商提供的设备的各种功能集合，其中有必要的选项或增强的功能。

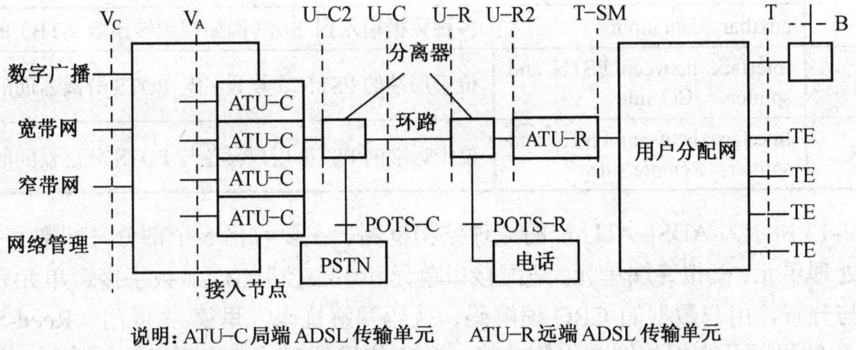

图 2-12　ADSL 系统参考模型

在图 2-12 中，宽带网是指速率在 1.5Mbit/s/2.0Mbit/s（相当于 T1/E1）以上的交换系统；窄带网是指速率在 1.5Mbit/s/2.0Mbit/s（相当于 T1/E1）以下的交换系统。ATU-C（ADSL transceiver unit-Central office side）为 ADSL 网络端（局端）的 ADSL 传输单元，可执行同步转移模式（Synchronous Transfer Mode，STM）的位同步传输，也可执行异步转移模式（Asynchronous Transfer Mode，ATM）的信元传输，或二者兼备。ATU-R（ADSL transceiver unit-Remote side）为远端（用户端）的ADSL传输单元（也称为ADSL远程单元），与ATU-C功能相似，可集成到服务模块（Serviec Module，SM）中。分离器是将频率较高的ADSL信号与频率较低的POTS信号分离的一种信号过滤器，ANSI TI.413中规定网络端和客户端都必须使用分离器。有关接口说明如表2-3所示。

表2-3　有关接口说明

接口缩写	接口名称	功能说明
U-C	U interface，CO side	位于网络端介于环路与POTS分离器间的接口。由于环路两端的信号为非对称，因此此接口须分别定义
U-C2	U interface，CO side	POTS分离器与ATU-C之间的接口，是一种高通滤波器，属于POTS分离器的一部分，可集成到ATU-C中，整合后的U-C2与U-C接口相同
U-R	U interface，Remote side	用户端POTS分离器与环路间的接口
U-R2	U interface，Remote side	POTS分离器与ATU-R之间的接口，是一种高通滤波器，属于POTS分离器的一部分，可集成到ATU-R中，整合后的U-R2与U-R接口相同
T-SM	T-interface for Service Module	ATU-R与用户分配网之间的接口，在某些情况下与T接口相同
V_A	V interface，access Node side from ATU-C to access Node	在ATU-C与接入节点之间的逻辑接口。V接口可包含STM和ATM，或兼有两者的传输模式。在先前的交换机端口与ATU-C间点对点连接的例子中，V_A及V_C接口则相同
V_C	V interface，CO side from Access Node to Network service	位于接入节点与网络间的接口。可以有多个物理连接，也可在通过单一物理连接的时候携带所有信号。V_C接口的宽带网段部分可以是STM交换、ATM交换或专用线路形式的连接。当接入节点与ATU-C位于局机房以外的远程场所时，数字载波（例如SONET或SDH等）可插入V_C接口中
T	T-interface	用户分配网（PDN）与服务模块（SM）之间的接口。当ATU-R与SM集成以后，T接口可不要
B	auxiliary data input	各种数据输入到SM（例如视频转换器STB）的辅助接口
POTS-C	Interface between PSTN and splitter，CO side	位于局端的PSTN交换设备与POTS分离器间的接口
POTS-R	Interface between PSTN and splitter，Remote side	位于远端的PSTN用户设备与POTS分离器间的接口

如图2-13所示为ADSL ATU-C的原理结构框图，主要包括5个部分，即数字接口单元、数字信号处理单元、模拟终端单元、适配接口单元和中心控制单元。数字接口单元完成ADSL帧的组成与分解，用户数据的CRC编解码、扰码和解扰码，里德-索罗门（Reed-Solomon，RS）编码和解码以及交织与解交织等功能。数字信号处理单元完成IFFT/FFT、线性均衡、回波抵消及数字滤波等功能。模拟终端单元完成D/A与A/D转换、自动增益控制、线路驱动、2-4线转换及POTS分离等作用。适配接口单元完成ADSL物理层与各数据业务层（如ATM层）之间的连接，以适应不同数据传输的速率变化，具有速率调节的能力。中心控制单元由微处理器（MCU）、内存子系统及串口控制器和网口控制器等构成，用于控制多个局端线路卡，通过地址/数据总线与数字信号处理单元实时交换数据，完成ADSL Modem的配置和监控，利用串行口提供本地接口管理。

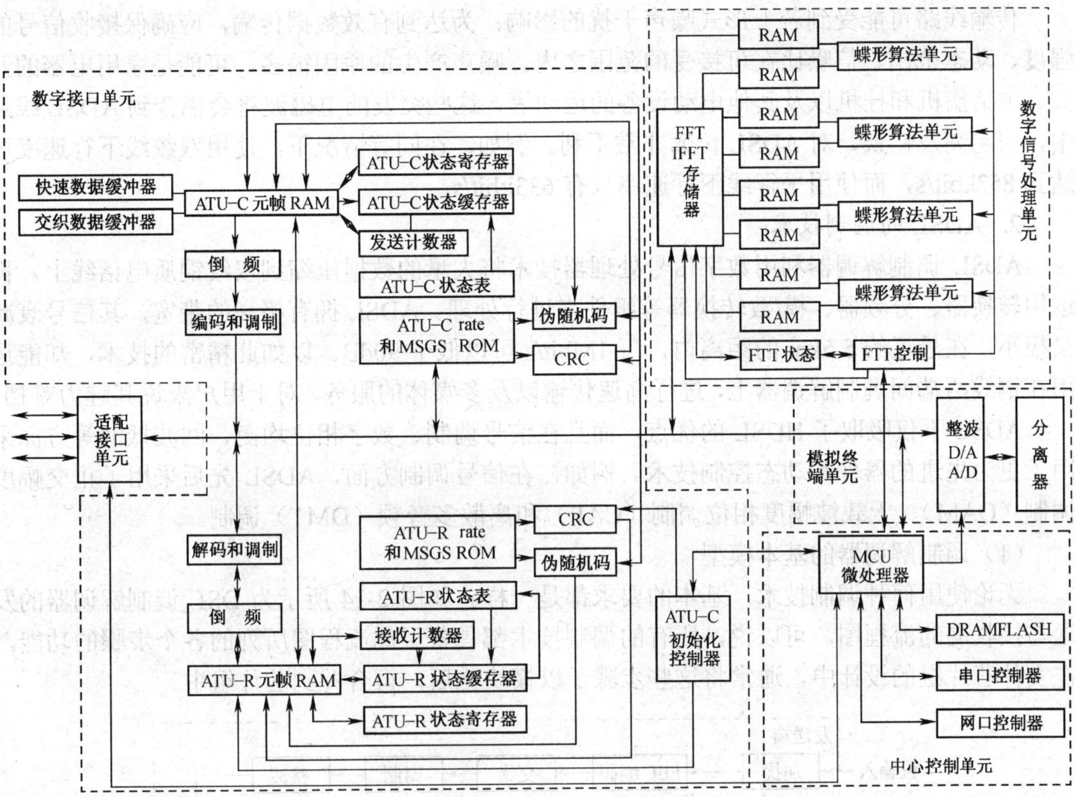

图 2-13 ADSL ATU-C 原理结构框图

（2）影响 ADSL 性能的因素

影响 ADSL 系统性能的因素主要有以下几点。

① 衰耗

衰耗是指在传输系统中，发射端发出的信号经过一定距离的传输后，其信号强度都会减弱。ADSL 传输信号的高频分量通过用户线时，衰减更为严重。如一个 2.5V 的发送信号到达 ADSL 接收机时，幅度仅能达到毫伏级。

② 反射干扰

桥接抽头是一种伸向某处的短线，非终接的抽头发射能量，降低信号的强度，并成为一个噪声源。从局端设备到用户，至少有二个接头（桥节点），每个接头的线径也会相应改变，再加上电缆损失等造成阻抗的突变会引起功率反射或反射波损耗。目前大多数都采用回波抵消技术来消除反射信号的干扰，但当信号经过多处反射后，回波抵消就变得几乎无效了。

③ 串音干扰

由于电容和电感的耦合，处于同一主干电缆中的双绞线发送器的发送信号可能会串入其他发送端或接收器，造成串音。一般分为近端串音和远端串音。串音干扰发生于缠绕在一个束群中的线对间干扰。传输距离较长时，远端串音经过信道传输将产生较大的衰减，对线路影响较小，而近端串音一开始就干扰发送端，对线路影响较大。但传输距离较短时，远端串音造成的失真也很大。在同一个主干上，最好不要有多条 ADSL 线路或频率差不多的线路。

④ 噪声干扰

传输线路可能受到若干形式噪声干扰的影响，为达到有效数据传输，应确保接收信号的强度、动态范围、信噪比在可接受的范围之内。噪声产生的原因很多，可能是家用电器的开关、电话摘机和挂机以及其他电动设备的运动等，这些突发的电磁波将会耦合到ADSL线路中，引起突发错误，对ADSL传输非常不利。例如，在同等情况下，使用双绞线下行速率可达到852kbit/s，而使用平行线下行速率只有633kbit/s。

2. ADSL的调制技术

ADSL调制解调器利用数字信号处理器技术将大量的数据压缩到双绞铜质电话线上，再运用转换器、分频器、模/数转换器等组件来进行处理。ADSL拥有极高的带宽，其信号衰减又极小，在最远约5.5km的距离内，每1Mbit/s可以低于90dB。以如此精密的技术，却能运用在铜线两端间调制解调器上，进行高速传输以及多媒体的服务，对于用户来说其魅力难挡。

ADSL不仅吸取了HDSL的优点，而且在信号调制、数字相位均衡、回波抵消等方面采用了更为先进的器件和动态控制技术。例如，在信号调制方面，ADSL先后采用了正交幅度调制（QAM）、无载波幅度相位调制（CAP）和离散多音频（DMT）调制。

（1）调制解调器的基本模型

无论使用何种调制技术，基本的要求都是一样。如图2-14所示为DSL调制解调器的发送与接收端的流程图。可以说，所有的调制技术都具备了此流程图所列的各个步骤的功能，在实体芯片组的设计中，通常将这些步骤予以模块化后，再合并到芯片组中。

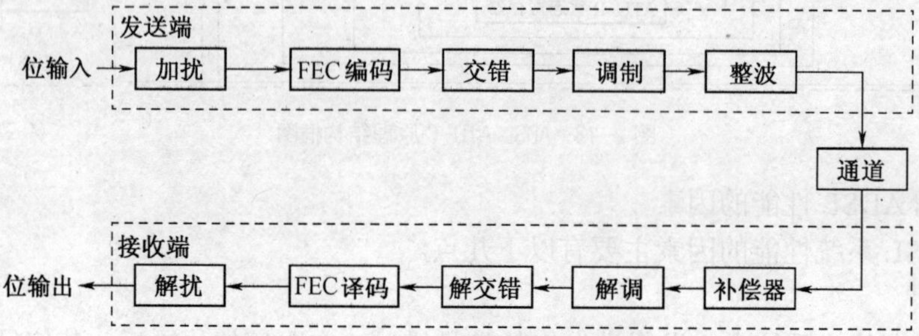

图2-14 简化的调制/解调流程

发送端输入位经过调制以后，转换成为波形送入信道中；接收端接收了从信道送来的波形，经解调后将波形还原成为先前的位。其间经过加扰、FEC编码、交错、调制、整波、补偿、解调、解交错、FEC译码以及解扰。

① 加扰及解扰

多数DSL在发送端及接收端都有加扰以及解扰功能。以包为基础的系统或是ATM系统，当传输过程中没有包或ATM信元传送时，发送器的输入端信号会维持在高位或是低位，也就是会输入一连串的1或者是0，加扰的作用就是将包或是信元的数据大小随机化以避免该现象的发生，再利用解扰的功能将被加扰的位还原。

② FEC编译码

FEC（前向纠错控制）是一种极重要的差错控制技术，它比循环冗余检查（Cyclical Redundancy Check，CRC）更重要也更复杂。CRC只能用来做数据的核对检查。FEC则除了具备上述功能外，还拥有数据校正的能力，可以保护传输中的数据避免遭受噪声及干扰。一般是将大约是传输数据的几个百分点的冗余，经过复杂的演算和精确的编码后，加到传输的位中，接收端可以检测并校正传输中的多位错误，而不必再进行重传操作。这种技术在实时传输中的运用尤其重要，例如视频会议等。FEC 为一种编码增益的概念，在 DSL 中，合理的编码增益在比特误码率（BER）为 10^{-7} 时，约为 3dB。也就是说，FEC 可以增加信道的带宽。

③ 交错

DSL 在数据传输中常会发生一长串的错误，FEC 较难实施对这种长串错误的校正。交错（Interleaving）作用通常介于 FEC 模块与调制模块之间，是将一个代码字平均展开，通过这种展开的动作同时将储存在数据中的长串错误也展开，经过展开以后的错误才能由 FEC 来处理。解交错的作用则是将展开的数据还原。

④ 整波

整波（shaping）就是维持传输数据适当的输出波形。整波通常置于调制模块的输出端。整波的困难之处在于，整波作用必须将外频噪声给予恰当的衰减，但对于内频信号的衰减则必须达到最低的程度。

⑤ 补偿

当通信系统在接近理论阈值运行时，通常在其发送端及接收端都会采用补偿器，以获得最佳传输。在不同速率的信道以及多变的噪声环境中，运用这种方法可使系统在信号的传输方面显得更加灵活。

（2）QAM 调制技术

正交波幅调制（Quadrature Amplitude Modulation，QAM）是一种对无线、有线或光纤传输链路上的数字信息进行编码，并结合振幅和相位两种调制方法的非专用的调制方式。

如图 2-15 所示，QAM 使用带有相同频率成分的一条正弦和一条余弦波来传递信息，携带余弦（cosine）波幅的分支称为同相（in phase，I）分支，携带正弦波幅的分支称为正交（quadrature，Q）分支。当 QAM 以正弦波和余弦波两个分支信号输入传输位时，输入的位会先转换成正弦波幅和余弦波幅，再送入到信道中去，每次最少要送出一组波形。

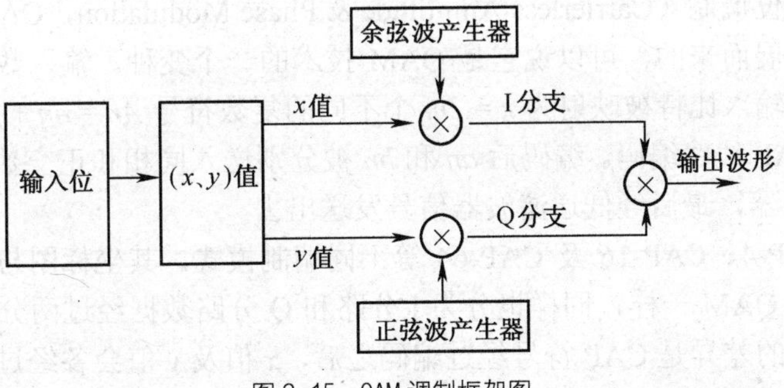

图 2-15　QAM 调制框架图

以 QAM-16 为例，每个 QAM 符号送出 4bit，此 4bit 可映射到 QAM-16 坐标图中 16 个点中的一个对应点（16 个点的星座图使得每种比特组合都可以由一个唯一的点来表示）。如图 2-16 所示，QAM 的工作机理可解释如下。

在发送端（图 2-16 左侧），比特流被映射的每个点的 x 和 y 成分指定了将要在信道上发送的正弦波和余弦波幅度。发射机和接收机都具有预定义的在比特和点之间进行映射的方法。此点的 x 及 y 值标识余弦波及正弦波的波幅，再通过信道送到接收端去。

在接收端（图 2-16 右侧），余弦波和正弦波通过信道传送出去以后，接收机恢复并估计每种波形的振幅。这些幅度值被投影到一个星座图上，该星座图和发射机所使用的星座图相同。将接收到的余弦波及正弦波投射到解调坐标图中，采用与发射机相同的映射方法（但是映射的方向正好相反）再度将余弦波及正弦波分别复原为 x 及 y 值。

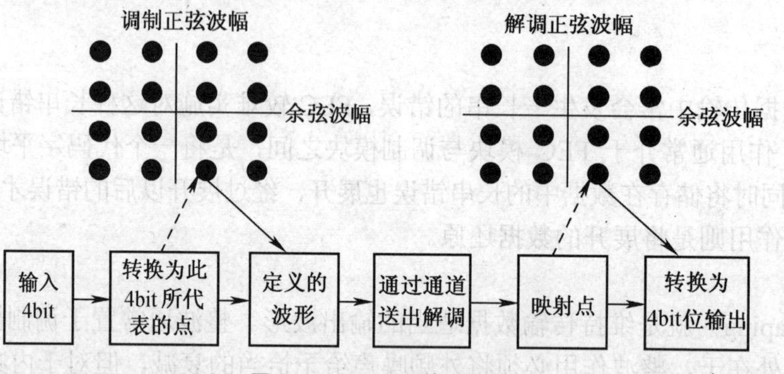

图 2-16　QAM-16 的坐标图

通常，由于信道中的噪声失真以及在发射机和接收机中暴露的电子，使得在接收机图上所映射的点无法直接落在“真实”点上。然而，接收机选择离所映射的点最近的“真实”点作为发射机最有可能用来产生 QAM 码元的点。如果在接收机上存在过多的噪声，那么被映射到星座图上的点就将会离错误的点比离正确的已知点更近一些，这就导致码元的估计和恢复发生错误。

上例所列出的 QAM-16 是因为其坐标图有 16 个点（每个象限 4 个点），每个 QAM 符号采用 4bit 表示，因此称为 QAM-16；若每个 QAM 符号仅采用 2bit，便为 4 个点的坐标图（每个象限一个点）的 QAM-4。QAM 技术具有频谱利用率高，并可具有任意数量的离散数字等级，常见的级别有：QAM-4、QAM-16、QAM-64 和 QAM-256。与其他调制技术相比，QAM 编码具有能充分利用带宽、抗噪声能力强等优点。这种调制技术已被广泛应用。

（3）CAP 调制技术

无载波幅度相位调制（Carrierless Amplitude & Phase Modulation，CAP）技术是以 QAM 调制技术为基础发展而来的，可以说它是 QAM 技术的一个变种。输入数据被送入编码器，在编码器内，m 位输入比特被映射为 $k = 2m$ 个不同的复数符号 $An = an + jbn$，由 k 个不同的复数符号构成 k-CAP 线路编码。编码后 an 和 bn 被分别送入同相和正交数字整形滤波器，求和后送入 D/A 转换器，最后经低通滤波器信号发送出去。

CAP 也有 CAP-4、CAP-16 及 CAP-64 等不同调制模式，其坐标图与 QAM 相似。CAP 调制的基本原理与 QAM 一样，同样也分为 I 分路和 Q 分路数据经过两分支正交信号分别调制后叠加。较明显的差异是 CAP 符号经过编码之后，x 值及 y 值会各经过一个数字滤波器，然后才合并输出。CAP 中的“carrierless（无载波）”是指生成载波（carrier）的部分（电路和 DSP 的固件模块）不独立，它与调制/解调部分合为一体，使结构更加紧凑。

（4）DMT 调制技术

离散多音频（Discrete MultiTone，DMT）是一种多载波调制技术，其核心思想是将整个传输频带分成若干子信道，每个子信道对应不同频率的载波，在不同载波上分别进行 QAM 调制，不同信道上传输的信息容量（即每个载波调制的数据信号）根据当前子信道的传输性能决定。

DMT 调制技术的实现过程是：首先将频带 0～1.104MHz 分割为 256 个由频率指示的正

交子信道（每个子信道占用 4kHz 带宽），输入信号经过比特分配和缓存，将输入数据划分为比特块；经格栅编码调制（TCM）后，再进行 512 点离散傅立叶反变换将信号变换到时域，这时的比特块将转换成 256 个 QAM 子字符；随后对每个比特块加上循环前缀（用于消除码间干扰），经数/模变换（D/A）和发送滤波器将信号送入信道。在接收端则按相反的次序进行接收解码。

DMT 发送器的原理图如图 2-17 所示，铜缆线路的 0～1.104MHz 频带，其中，0～4kHz 为语音频段，用于普通电话业务的传输；ADSL 的 DMT 调制将其他的频带分成 255 个子载波，子载波之间频率间隔为 4.312 5 kHz，容限为 50×10^{-7}。在每个子载波上分别进行 QAM 调制形成一个子信道，其中低频部分子载波用于上行数据的传输，其余子载波用于下行信号传输，上下行载波的分离点由具体设备设定（如果设备采用回波抵消法，则上下行信号可共用部分子载波）。

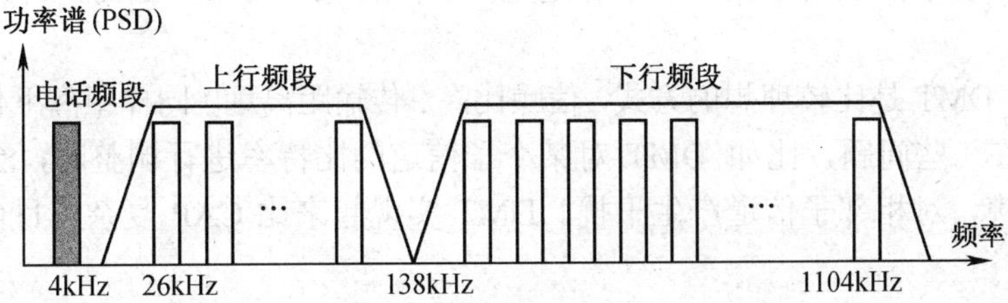

图 2-17　ADSL 的 DMT 发送器原理图（FDM 方式）

与 QAM 技术不同的是，DMT 使用多个坐标编码器，理论上，每个坐标编码器均对应一个子信道。而坐标图所使用的点数则视输入的数据位数而定（每个坐标图的点数不一定相同），最多可一次将 15 个位长的数据编码和译码。输入的位数据先经过加扰之后，再分配给发送端的各坐标编码器，经过编码后取得各个星座的 x 及 y 值，再合并送往接收端解调，还原成位数据再输出。图 2-18 所示为 DMT 调制的示意图。

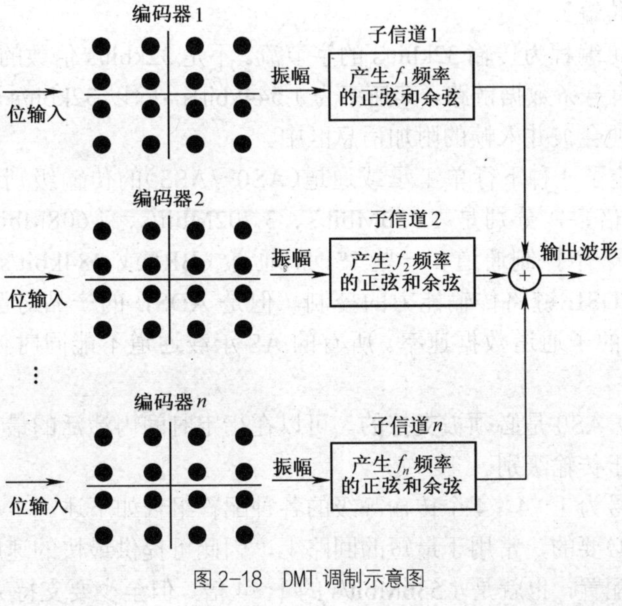

图 2-18　DMT 调制示意图

在 ADSL 的标准化进程中，DMT 调制方式比 CAP 方式获得了更广泛的支持。与 CAP

方式相比，DMT具有以下优点。

① 带宽利用率更高

DMT技术可以自适应地调整各个子信道的比特率，可以达到比单频调制高得多的信道速率。

② 可实现动态带宽分配

DMT技术将总的传输带宽分成大量的子信道，这就有可能根据特定业务的带宽需求，灵活地选取子信道的数目，从而达到按需分配带宽的目的。

③ 抗窄带噪声能力强

在DMT方式下，如果线路中出现窄带噪声干扰，可以直接关闭被窄带噪声覆盖的几个子信道，系统传送性能不会受到太大影响。

④ 抗脉冲噪声能力强

根据傅立叶分析理论，频域中越窄的信号其时域延续时间越长。DMT方式下各子信道的频带都非常窄，各子信道信号在时域中都是延续时间较长的符号，因而，可以抵御短时脉冲的干扰。

从性能看，DMT是比较理想的方式，信噪比高、传输距离远（同样距离下传输速率较高）。但DMT也存在一些问题，比如DMT对某个子信道的比特率进行调整时，会在该子信道的频带上引起噪声，对相邻子信道产生干扰。DMT实现起来比CAP复杂。目前DMT产品已较为成熟。

3. ADSL的传输方式

像其他传输方式一样，ADSL也是一个"按帧传输方式"。与其他帧不同的是，ADSL帧中的位流可以分割，一个ADSL物理信道最多可同时支持7个承载通道，其中4个是只能供下行方向使用的单工信道（AS0～AS3），3个是可以传输上行与下行数据流的双向（双工）承载通道（LS0～LS2），它们在ADSL物理层标准中定义为次信道。

需要注意的是，这7个次信道只是逻辑上的信道而非物理信道，实际的ADSL信道是指ADSL链路。在ADSL链路上，这些次信道可配置成不同的带宽传输信息。

（1）下行方向传输

任何承载通道可编程为传输32kbit/s的字节流。不是32kbit/s倍数的余数，则并入帧的附加信息区中。假如有一条数据链路，其速率为1.544kbit/s，除以32kbit/s的整数倍后的余数为8kbit/s，这8kbit/s便会被并入帧的附加信息区中。

ADSL规范指定了4种下行单工承载通道（AS0～AS3）的传输级别，它们是1.536Mbit/s（T1速率）的简单倍数，分别是1.536Mbit/s、3.702Mbit/s、4.608Mbit/s和6.144Mbit/s。双工通道可以包含一个控制通道和一些ISDN通道（BRI或384kbit/s）。承载通道的最高速率的上限仅受ADSL链路传输能力的控制。但是ADSL的产品对已经默认的承载通道比特流实现了不同的子通道数据速率。所有的AS承载通道不能同时使用最大的传输级别速率6.144Mbit/s。

子频带（子带）AS0是必须被支持的。可以在指定时间内激活的最大子带数目和传输的承载通道数目依赖于传输级别。

传输级别被编号为1～4，4个传输等级的各种配置组合如下述。

传输级别1是必要的，常用于最短的回路上，因此可提供最快的速度。它可以以任意一种组合作为选择性配置，也就是1.536Mbit/s的1～4倍，但至少要支持AS0这一个子带的使用。例如4个1.536Mbit/s的次信道组合，或是一个1.536Mbit/s的次信道和一个4.608Mbit/s

次信道的组合，依此类推。

传输级别 2 是可选择的，传输速率为 4.608Mbit/s。其配置组合的原则和级别 1 相同，系统可以按任一种或是所有的载体速率来组合成 4.608Mbit/s，传输级别 2 不使用 AS3。

传输级别 3 也是可选择的，其速率为 3.072Mbit/s。系统可以按任一种或是所有的载体速率来组合成 3.072Mbit/s。

传输级别 4 是必要的，常用于最长的环路上传输，因此只能支持最低的 1.536Mbit/s 的速度，而且只能在 AS0 次信道上运行。承载信道是 1.536Mbit/s 的 AS0。

ADSL 也定义了以相当于 E1 的 2.048Mbit/s 速率为基数的 2M-1、2M-2 和 2M-3 3 个传输等级，支持 AS0、AS1 和 AS2 3 个次信道供下行传输。3 个传输等级都是选择性的，系统可以任一种或是所有的载体速率来组合成各不同传输等级。但 ADSL 子信道的速率应匹配承载通路的速率，承载通路传送应服从表 2-4 所示的限制。

表 2-4　ADSL 子频带对 2.048Mbit/s 的速率限制（可选）

子 频 带	子频带数据速率（Mbit/s）	N_x 的可能值
AS0	$N_0 \times 2.048$	$N_0 = 0$，1，2 或 3
AS1	$N_1 \times 2.048$	$N_1 = 0$，1 或 2
AS2	$N_2 \times 2.048$	$N_2 = 0$ 或 1

传输级别 2M-1 为 6.144Mbit/s，可以按以下可选的配置运行：一个 6.144Mbit/s、一个 4.096Mbit/s 加一个 2.048Mbit/s 或 3 个 2.048 Mbit/s 的承载通道。其总和都是 6.144Mbit/s，2M-2 及 2M-3 分别为 4.096Mbit/s 及 2.048Mbit/s，可按同样的原则来组合。

（2）上行方向传输

ADSL 系统最多可同时支持 3 个双工承载信道，即 LS0～LS2，其中，LS0 固定作为以 1.536 Mbit/s 为基数（或以 2.048Mbit/s 为基数）的传输等级的控制信道，ATM 则使用 LS2 作为控制信道。控制信道也称为 C 信道，C 信道携带服务选择以及呼叫建立信号信息，所有的单向下行链路的用户网络信令都是通过它传输的。如果需要，C 信道实际上可以携带单向及双向信号通道信令。在传输级别 4 和 2M-3，C 信道的速率是 16kbit/s。C 信道信令一般是在 ADSL 帧的特殊的帧头部分传输的。其他传输级别使用 64 kbit/s 的 C 信道，消息是在双向承载信道 LS0 中传输的。

除了 C 信道，ADSL 系统可以有两个可选的双向承载信道：一个是 160kbit/s 的 LS1，另一个是 384kbit/s 或 576kbit/s 的 LS2。因为双向通道的结构随单向通道中定义的传输级别的不同而不同。与单向传输一样，双向传输也必须考虑到传输等级，前述的最低等级——第 4 级和 2M-3，其 C 信道的速率为 16 kbit/s，该等级的 C 信道必须一直保持在起作用状态。其余各个传输等级的 C 信道速率都是 64kbit/s。LS1 的速度为 160kbit/s，LS2 的速度为 384kbit/s 或 576kbit/s。

ANSI TI.413.1998 标准中规定，ADSL 的 ATM 上行方向之数据传输必须支持单等待时间模式，也就是说，只能选择快速或者交错路径中的一种进行传输，并且只能使用 LS0 次信道。若使用双等待时间模式（同时使用快速及交错路径），则必须使用 LS0 及 LS1 次信道进行上行方向的传输，并分别配置这两个次信道供不同路径使用。ADSL 系统至少需支持 AS0 单向载体次信道和 LS0 双向载体次信道，其数据速率须支持以 32kbit/s 为基数，从 32kbit/s 到 640 kbit/s 的速率。不同传输等级所支持的双向次信道速率如表 2-5 所示。

表 2-5　　各传输级别支持的双工承载频带最大的可选项

传输级别	可传输的双工承载信道的可选项（kbit/s）	ADSL 子频带
1 或 2M-1（最短距离）	配置 1：160+384	LS1，LS2
	配置 2：576	LS2
2，3 或 2M-2（中距离）	配置 1：160	LS1
	配置 1：384	LS2
4 或 2M-3	配置 1：160	LS1

如果双向信道用来支持 ATM 信元的传输，则只使用 LS2 次信道，其速率为 448kbit/s 或 672 kbit/s，4 个传输等级的 C 信道速率均为 64 kbit/s。

ATM 规范将 AS 通道结构与 LS 通道结构以一种标准化同时又有意义的方式结合起来。每一条 ADSL 的下行次信道和上行次信道都可以独立配置其速率，用来符合现实中不同回路长度对不同带宽的需求。

4. ADSL 帧结构

（1）ADSL 超帧结构

现代的协议功能都是分层的，ADSL 也不例外。在协议的最低层，是以 DMT 或者 CAP 的线路码形式出现的比特。比特组成帧再集合成 ADSL 所称的超帧。帧是第一个有组织的比特结构，也是比特发送前形成的最终结构，接收到的比特也是最先转换成帧。要了解 ADSL 在环路传输中不同的逻辑子信道之间是如何合并或分割的，就必须先了解 ADSL 的帧结构。

总体的 ADSL 超帧结构如图 2-19 所示。上半部为一个 ADSL 超帧，下半部为一个 ADSL 帧。每个超帧由 68 个数据帧以及一个同步帧（Sync）所组成。ADSL 约每 246μs 送出一个帧，69 个帧为 17ms，也就是每 17ms 送出一个超帧。有的帧有特殊的功能，例如，帧 0 和帧 1 携带错误控制信息即循环冗余校验（CRC）和管理链路的指示比特（ib），其他指示比特在 34 和 35 帧中传送。因为 ADSL 链路是点到点的，因此，在 ADSL 的这一层帧中没有地址和连接的标识符。不论是上行方向或下行方向，ADSL 超帧的结构都相同。ADSL 帧主要由下述两部分组成。

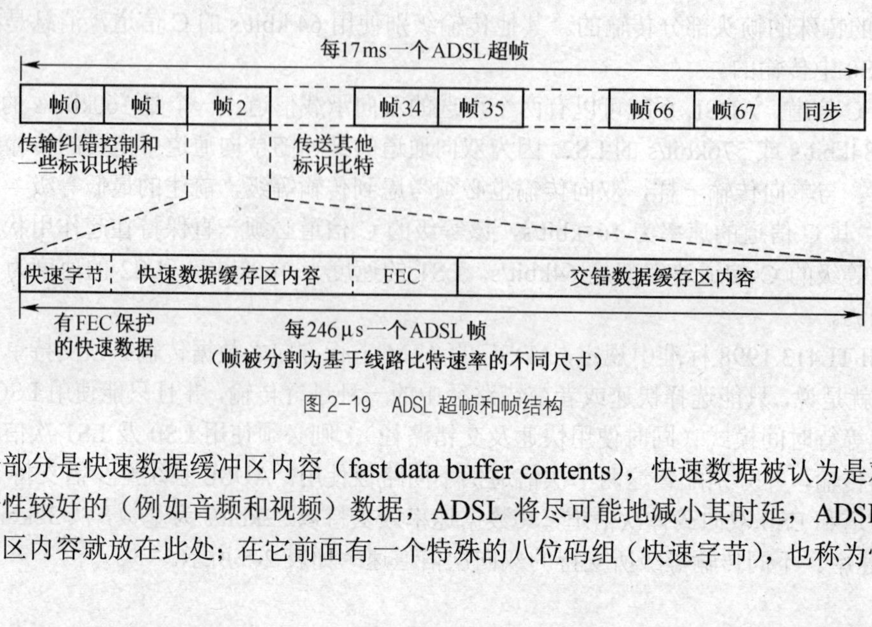

图 2-19　ADSL 超帧和帧结构

第一部分是快速数据缓冲区内容（fast data buffer contents），快速数据被认为是对时延敏感而容错性较好的（例如音频和视频）数据，ADSL 将尽可能地减小其时延，ADSL 的快速数据缓冲区内容就放在此处；在它前面有一个特殊的八位码组（快速字节），也称为快速数据比特，需要时它可以携带循环校验码（CRC）和指示比特；快速数据利用前向纠错控制（FEC）进行纠错。

第二部分是交错数据缓冲区内容（interleaved data buffer contents），交错数据被封装成尽量没有噪声的数据，但这样做付出的代价是处理速度变慢和时延增加；交错数据比特使得数据不容易受噪声的影响，其主要用于纯数据应用，如高速的 Internet 接入。

ADSL 的发送端及接收端都各有两条相关联的路径，其中一条称为快速路径，另一条称为交错路径。这两条路径拥有各自的 CRC、加扰及 FEC 等流程，它们的主要差别在于交错路径在发送端和接收端分别有交错和解交错功能，而快速路径则没有。因而又延伸出如图 2-20 所示的 ADSL 数据帧结构图。从图中显示，ADSL 数据帧是由两部分所组成：一是流经快速路径的快速附加信息位（fast overhead）及快速数据（fast data）；二是流经交错信道的交错附加信息位（interleaved overhead）及交错数据（interleaved data）。不论是哪一种数据，所有帧内容都先被加扰以后再传输，以避免过长的数据造成超帧同步的错误，而影响到整个系统的运行。

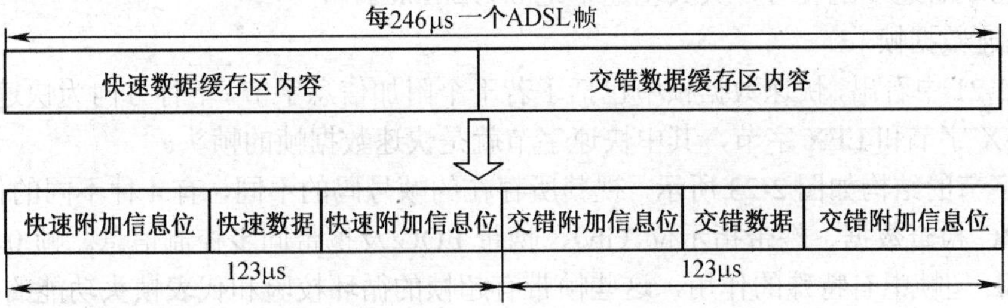

图 2-20 ADSL 数据帧结构图

ADSL 超帧中的帧并没有绝对长度（数据位数不是固定的），这是因为 ADSL 线路的速率以及其非对称特性，使得帧本身的长度会随着变化。正如前面曾提过，ADSL 是以每 246μs 的周期送出一个帧（其中快速数据及交错数据各占 123μs），也就是说，ADSL 最大的帧长度是由最高的信道速率所决定的。

上行方向和下行方向 ADSL 快速数据的结构图如图 2-21 和图 2-22 所示。下行方向有 7 字节是供 AS0～AS3 以及 LS0～LS2 这 7 个载体次信道用的；上行方向只提供给 LS0～LS2 这 3 个双向次信道使用的 3 个字节的空间，这是因为下行方向可使用所有的 AS 及 LS 次信道，而上行方向则只能使用 LS 次信道的缘故。任何一个次信道，如果没有用到快速路径，则相对应的字节为 0，并且不会在帧中占用任何空间。

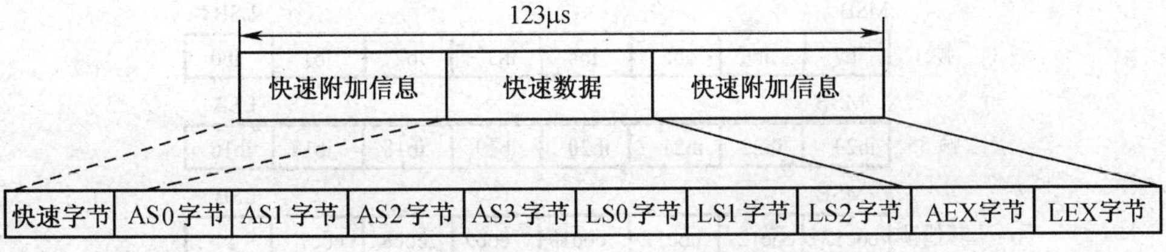

图 2-21 下行方向 ADSL 的快速数据结构

图 2-22 上行方向 ADSL 的快速数据结构

（2）ADSL 的帧头

ADSL 是使用帧头来同步承载通道的。有了 ADSL 帧头，链路两端的设备才能知道链路是如何配置（AS 和 LS）的，它们的速率是多少，以及如何在 ADSL 帧流中对其进行定位。ADSL 帧头的其他功能包括远程控制和速率适配、循环冗余校验（CRC）检错、前向纠错（FEC）、操作管理与维护（Operation Aminiстration and Maintenance，OAM）。

ADSL 帧头的所有比特都同时在上行和下行方向传输。多数情况下，帧头比特作为 32kbit/s 比特流传输，但也有例外。对于高速通道结构，下行流最大比特率是 128kbit/s，最小是 64kbit/s，缺省值为 96kbit/s。上行流最大比特率是 64kbit/s，最小是 32kbit/s，缺省值为 64kbit/s。

某些情况下，帧头比特嵌在 ADSL 帧的所有比特码内，不再占用另外的带宽。而除此以外的其他情况下，帧头比特加在所有比特码的边界一端或另一端。例如，具有传输级别 1 的 6.144Mbit/s 下行流的总比特率最多增加 192kbit/s，最少增加 128kbit/s，加上双工通道的最大帧头速率，传输级别 1 的线速率由 6.144Mbit/s 增加至最多 6.976Mbit/s、最少 6.336Mbit/s，按照帧头的缺省速率配置时，其典型速率是 6.192Mbit/s。

① 快速数据帧

从图 2-21 中看出，快速数据帧中包括了若干个附加信息字节，下行方向为快速字节（Fast byte）、AEX 字节和 LEX 字节，其中快速字节就是快速数据帧的帧头。

快速字节的结构如图 2-23 所示，视其所存在的帧号码的不同，有 4 种不同的作用：携带超帧的 CRC 检查数据、携带指示位（ib）、携带 EOC 及携带同步控制信息。帧 0、1、34 和 35 在 ADSL 超帧中有特殊的作用，这些帧带有超帧的循环校验和代表帧头功能的指示比特。其他 2～33、36～67 帧，同样也含有帧头信息，但是只包括代表嵌入操作信道（EOC）和同步控制（SC）的帧头。这些信息都是在 ADSL 帧的快速数据字节上传输的。具体如下。

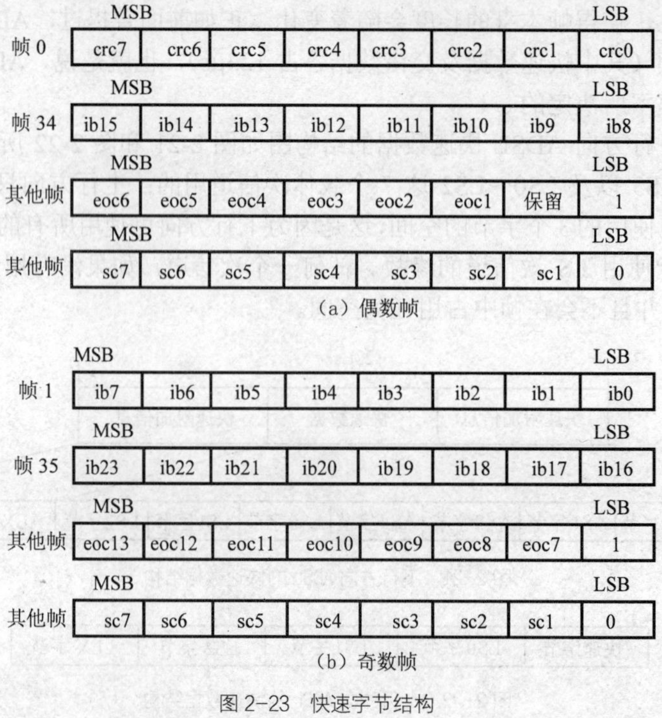

图 2-23 快速字节结构

a．帧 0 中的快速字节，所携带的是上一个超帧中快速数据的 8 位 CRC 检查数据。

b．帧 1、34 和 35 中的快速字节，携带有用来管理连接的指示位（ib），ib 为与其链接的收发器通信提供有关的状态或指示信息。ib 共有 24 位。

c．帧 2～33 以及 36～67 中的快速字节，携有嵌入操作信道（Embedded Operation Channel，EOC）及同步控制（Synchronization Control，SC）的附加信息位。EOC 及 SC 的长度均为 2 字节。要注意的是，这两个字节中的第一个字节必须放在偶数帧中的快速字节的位置，第二个字节必须放个随后的奇数帧中的快速字节的位置。EOC 与 SC 之间明显的区别是：所有的 EOC Byte 最小有效位（LSB）为 1，而所有的 SC Byte 的最小有效位（LSB）为 0。AEX 及 LEX 的作用是作为额外的字节来填入 AS 及 LS 信道。AS 次信道使用到快速路径时，才能以 AEX 字节填入；LS 次信道只能以 LEX 字节来填入。至于字节是否要填入，以及哪一个字节要填入到哪一个次信道，则是由快速字节的同步控制数据（SC）来决定。

图 2-23 显示了 4 个主要的帧头功能。帧 0 和帧 1 中有错误检验（CRC）和用于 OAM 的指示比特（IB）。帧 34 和帧 35 中是用于其他 OAM 功能的比特。其他帧携带配置比特（EOC）和同步控制比特（SC）以决定承载信道的结构等。

ib8～ib11 这 4 个指示比特代表的是远端的错误状况，也就是 ADSL 链路另一端的设备的错误状况。在 ADSL 的复帧中，ib8 称为 febe-i，意思是交错数据的远端块错误，这个比特用来指示接收到的复帧中交错数据的循环冗余校验（crc-i）与本地的计算结果是否匹配，结果正确时这个比特置 1，否则置 0。ib10 称为 febe-ni，对非交错（快速）数据执行同样的功能，赋值方式也相同。ib9 称为 fecc-i，意思是交错数据的前向监测码，这个比特用来指示在接收的数据中是否需要使用前向纠错码（FEC）来纠错，没有错误需要纠正时这个比特置 1，否则置 0。ib11 称为 fecc-ni，对非交错（快速）数据执行同样的功能，赋值方式也相同。

ADSL 规范在超帧内一直对“快速”数据缓冲区使用 FEC 纠错，对交错数据缓冲区使用 CRC。然而，这个指示比特则表明交错和快速数据中都使用了这两种方法。事实上，在快速数据缓冲区内也计算 CRC。在交错数据中，一个特殊的 FEC 码将由一连串的数据帧产生。然而单个数据帧并不产生。

② 交错数据帧

ADSL 交错数据帧的结构图如图 2-24 和图 2-25 所示。交错路径上的 ADSL 交错帧为 mux 数据帧。交错帧与快速路径的快速帧结构极相似，同样拥有 AEX 及 LEX 字节。AEX 及 LEX 的作用同样是作为额外的字节来填入 AS 及 LS 信道。同样，只有当 AS 次信道使用到交错路径时，才能以 AEX 字节来填入；LS 次信道只能以 LEX 字节来填入。与快速帧不同的是交错帧并没有快速字节，而是以同步字节（Sync Byte）代替，同步字节就是交错数据帧的帧头。

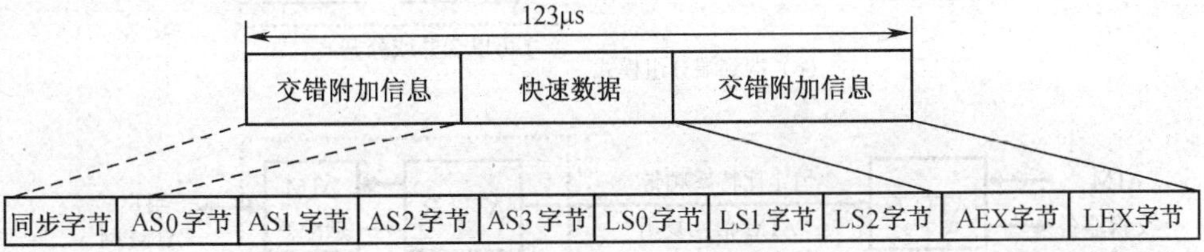

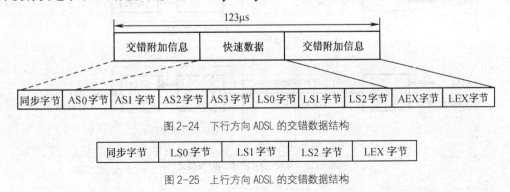

图 2-24　下行方向 ADSL 的交错数据结构

同步字节	LS0 字节	LS1 字节	LS2 字节	LEX 字节

图 2-25　上行方向 ADSL 的交错数据结构

同步字节视其所存在的帧号的不同，有4种不同的作用，这4种作用与快速字节稍有不同：携带超帧中交错路径部分的CRC检查资料；当没有载体次信道使用交错路径时，同步字节携带AOC信道；当交错路径的LEX字节用来携带一个字节的ADSL附加信息信道（ADSL Overhead Channel，AOC）数据时，同步字节会送出信号；携带同步控制信息以便在需要时将字节填入或删除来提供同步作用。

类似于快速字节，帧0中的同步字节所携带的是前一个超帧中交错数据的8位CRC检查数据。其余的帧1~67中，只要有一个载体次信道（AS或LS）使用交错路径，就要用CRC来追踪含有错误的超帧，而这部分的工作是FEC无法执行的。无论是快速路径还是交错路径，CRC的长度均为8位，此8位数据是在下一个超帧的第一个帧，也就是在帧0时送出，供给整个超帧使用。快速路径的CRC通过快速字节送出，交错路径的CRC是通过同步字节送出。各路径所流经的位，除了FEC字节、前一帧的CRC以及第68帧中的同步作用符号以外，全都包含在此CRC的作用中。

2.3.4 ADSL的分布模型及其应用

1. 分布模型

分布模型决定了ADSL帧内比特传送时采用哪种形式。ADSL的分布模型有4种：比特同步模式、分组适应模式、端到端分组模式和ATM模式。这四种分布模型的主要特征如图2-26所示。在这4种模式中有许多相同之处，也有不同之处。只有掌握了它们的特点才能更好地在ADSL中应用，同时也能了解ADSL能够做什么、ADSL需要哪些网络元件为用户提供服务。

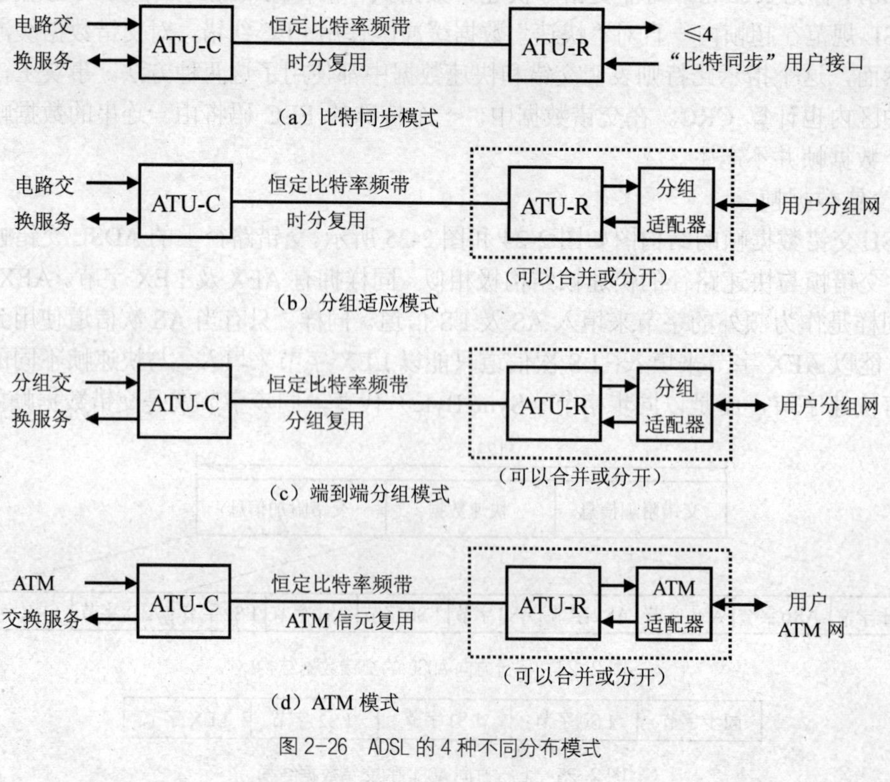

图2-26 ADSL的4种不同分布模式

（1）比特同步模式

ADSL最简单的分布模型称为比特同步模式，如图2-26（a）所示。它的基本含义是指链路的远端（ATU-R）缓冲区内的任何比特（快速数据或交错数据）会在局端（ATU-C）的缓冲区内弹出。根据用户需求，在比特同步模式中，最多有4个“比特同步”的用户设备可以连在一个ATU-R上，这是因为ADSL有4个下行比特流（AS0～AS3）。如果ADSL链路仅提供AS0，那么ATU-R上也就只有一个比特流可用，也就只能连接一个设备。用户设备可能是一个电视机机顶盒或一台PC，但所有用户数据必须递交到所连接的设备上进行处理。上行和双向链路必须至少构成C信道，也可以包括LS结构。

在比特同步模式中，ADSL接入节点的ATU-C可以将由LS或C信道传输来的用户数据交付给业务节点的电路交换服务。在这种方式下，ADSL链路只是固定终端的数据管道（就像租用线一样）。ADSL总是以线速率运行，可以直接用时分复用（TDM）的方法在ADSL帧内为比特建立时隙。ATU-C也可以连接到Internet的IP路由器，给用户提供Internet服务。这样做可以消除用户通过PSTN拨号到Internet服务提供者中心而形成的瓶颈，使用户获得只有大企业或公司才能得到的Internet速率。

（2）分组适应模式

第2种分布模式是分组适应模式，如图2-26（b）所示。这种模式只是改变了用户的预设，与比特同步模式主要的不同是：虽然在信道上数据仍然以比特流的模式在TDM信道中传送，但用户预设的设备（分组适配器）要收发分组而不是比特流。分组适配器通过分组适配功能，将分组放到ADSL帧中去。分组适配器可以是一个独立设备，也可以内嵌在ATU-R中。注意，此模式要求接口有分组才能预设网络，而不仅仅是简单的产生和消耗比特的终端用户设备。

用户预设的所有源和终端的分组可以共享ADSL链路的一个LS1信道，ATU-R会将这些分组映射到ADSL链路的固定信道上。如果链路另一端的ATU-C和接入节点后面连接的是Internet路由器的话，接收和传送的分组就可以被高效地处理。

（3）端到端分组模式

第3种分布模式是端到端分组模式，如图2-26（c）所示。它与分组适应模式相似。端到端分组模式与分组适应模式主要不同是：端到端分组是被复用到ADSL链路上的。换句话说，在许多用户设备之间传输的分组不是被映射到AS或LS的一系列ADSL帧上，而是将分组全部送到一个以指定速率运行上行和下行信道的尚未划分频道的ADSL链路上。用户的分组必须与服务提供者的链路部分一样，用户设备从分组适应设备传送和接收分组。在端到端分组模式中，在链路的服务终点ATU-C，分组不是全部传送到LS信道所代表的终点；而是根据分组地址，分组被传送到适当的服务器上，这种分组交换服务网络可以基于X.25或TCP/IP。

在端到端分组模式下，IP分组可以在服务方的ADSL链路上复用和交换（路由）Internet，也可以同时使用比特同步和分组适应模式来收发数据。不同之处在于在比特同步和分组适应这两种模式中，ADSL系统内的分组对于ADSL系统而言是透明的，分组交换是ADSL网络的一部分，分组内的比特必须组织成与比特同步和分组适应模式不同的分组模式。在端到端分组模式ADSL中，ADSL链路在Internet接入上变得更像中介系统路由器和一个小办公室路由器。当然，在这种模式中也可以使用别的分组模式，如视频分组也可以和IP分组一样进行传送，只要客户与服务方都理解所传送的分组的类型就可以了。

（4）异步转移模式

第 4 种分布模式是异步转移模式（ATM），或者也可以说，是端到端 ATM 模式，如图 2-26（d）所示。ATM 从 ATM 适配器（在 ATU-R）复用并传送的是 ATM 信元，而不是 IP 分组（或其他分组）。在 ADSL 服务提供侧，ATU-C 将信元传送给 ATM 网络。这些 ATM 信元的内容仍然可能是 IP 分组。ADSL 网络处理 ATM 信元时必须将它组成 ADSL 帧。

在上述的这些分布模式中，ATM 模式将是较有发展前途的一种；ATU-C 设备可能是数字用户环路接入复用器（Digital Subscriber Loop Access Multiplexer，DSLAM）设备的一部分。

2. 基本应用

（1）ADSL for TCP/IP 适应模式

ADSL 分组允许以分组分布模式通过填充 ADSL 的帧和超帧进行传送。ADSL 最初的运用是让长时间等待的 Internet 和 Web 用户从 PSTN 转向它们自己的分组网，这个分组网有可能是基于 IP 的。随着 Internet 和 Web 的迅猛增长和流行，以及 Internet 和 Extranet 的不断变化，Internet 协议（IP）处于越来越重要的地位。

图 2-27 所示为 ADSL 链路用于支持 TCP/IP 分组传输的基本方案。网络由一个房屋分布网络（Premises Distribution Network，PDN），如一个 10 Base-T LAN（局域网）或客户电子总线（Customer Electrical Bus，CEBus）网构成。在服务提供者的交换局，DSL 接入复用器（DSLAM）被连接到 ATU-C 或作为 ATU-C 的组成部分。DSLAM 接入到一个宽带网，从而接入到许多提供宽带服务的服务器。

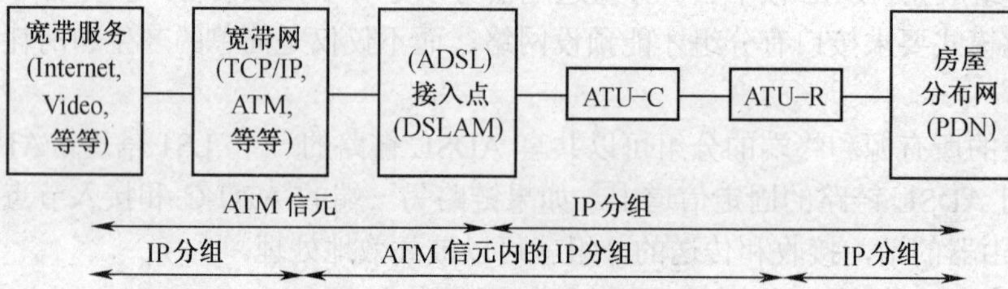

图 2-27 ADSL for TCP/IP 适应模式

ADSL 允许在 TCP/IP 适应模式使用两种不同类型的传输流。

第一种类型中，DSLAM 后面是 ATM 网络，而且，DSLAM 直接对 ATM 提供接口（或者 DSLAM 包含一些 ATM 交换功能）。在 DSLAM 的 ADSL 链路侧，ATM 信元的内容被适配到基于 IP 的分组流中去，其目的是给那些没有、不想或买不起 ATM 设备的用户提供基于 ATM 宽带服务。这个方案利用了 PC 上及其他平台上大量的 TCP/IP 软件。但是，不是所有提供视频及音频服务或其他类型宽带服务的服务器都可以应用 ATM，因为有许多视频、音频及图形服务是基于 TCP/IP 的，特别是考虑到 Web 时，在这种情况下不能应用 ATM。

第二种类型中，允许基于 TCP/IP 的服务可以被 ATM 访问，此时到 DSLAM 的传输仍然是以 ATM 信元的形式进行。TCP/IP 分组内容不是被翻译成 ATM 信元，而是在 ATM 信元流中传送（ATU-R 远端）。或者说，只是利用了 ATM 信元携带 IP 分组的能力，它被称作 ATM 适配层 5（AAL5）。在 ATU-R 中，TCP/IP 分组从 ATM 信元中释放出来，再通过 AAL5 适配，经过 PDN 传输给终端用户设备。

因而，服务提供者既可以利用像 ATM 这样的真正的宽带网络，也可以使信息被基于 TCP/IP 的服务器所利用，并且其所实施的任何 TCP/IP-to-ATM 的服务迁移可以更容易地进行。

（2）ADSL for TCP/IP 端到端模式

ADSL 论坛为 ATM 和 TCP/IP 协议部分定义了 ADSL 网络的 TCP/IP 适应模式。如果信息只是在 ATM 网络和服务器上可用，有了适应模式就会允许预设的 TCP/IP 去获取此信息。即使信息在通过 ATM 网络可达的 TCP/IP 服务器上，适应模式的变种也允许 TCP/IP 分组在 ATM 信元内传送。但是除了一些专门的应用和特殊的网络环境外，ATM 还是很少应用的。

为此，ADSL 论坛建立了对 TCP/IP 端到端模式的支持，它允许 TCP/IP 分组在所有的 ADSL 帧和超帧内，从服务器传输到 DSL 接入复用器（DSLAM），经过 ATU-R，再到达用户，然后再传输回来。这种方法如图 2-28 所示。

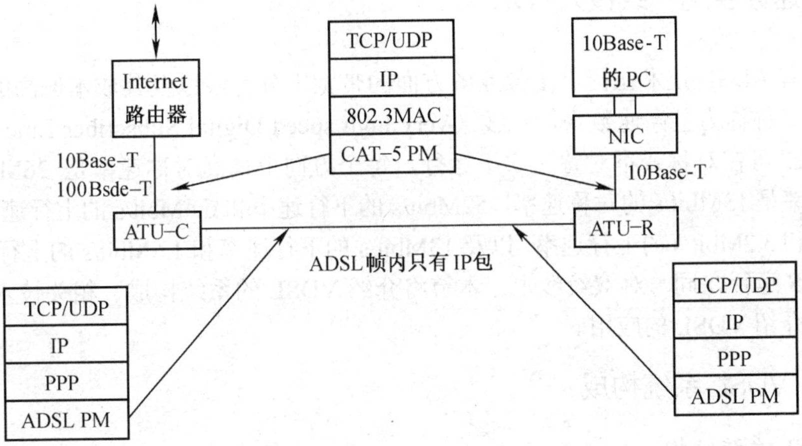

图 2-28 ADSL for TCP/IP 端到端模式

在 TCP/IP 端到端模式中，所有的宽带服务（由网络的带宽和时延决定）都是基于 Internet 的，所有的服务都可以通过运行 TCP/IP 的 Internet 路由器到达。这样，到 ATU-C 的接入（技术上是通过 DSLAM 或 ADSL 接入点）就可以采用更为普遍的方式，如 10Base-T 或 100Base-T，也许不久将用 1 000Mbit/s 的吉比特以太网来代替 ATM。

从 IP 服务器到用户的下行流，ADSL 链路由一系列 ADSL 复帧的流组成。ADSL 复帧又由一系列的 ADSL 帧组成，ADSL 链路最少也应该由 AS0 和 LS0 或 C 信道组成。在固定不变的线速率的情况下，帧又是由固定数目的 AS0 内的快速或间隔比特加上固定数目的 LS0 或 C 信道缓冲区的快速或间隔比特组成的。当缓冲区内没有用户信息可放入帧内时，它会不停地产生空的比特形式。这种空的比特形式是重复的 8bit 码 01111110，它被称为同步操作符。

在图 2-28 中，IP 包内的传输控制协议（Transmission Control Protocol，TCP）和用户报文协议（User Datagram Protocol，UDP）消息被放在点到点协议（Point to Point Protocol，PPP）帧中，从而在以太网（IEEE 802.3）帧内通过五类双绞线（Cat-5）传输。ATU-C 在 ADSL 接入点或 DSLAM 内，它含有一个 10Base-T 或 100Base-T 的接口。DSLAM 或 ATU-C 将 IP 分组拆包后将它传递到 ADSL 的物理介质层，将其组成 ADSL 帧和复帧内的 PPP 帧（因为它有自己的链路控制和纠错协议）。帧内根据所配置的信道为固定数目的比特，帧内比特数一般情况下是相同的。由于等待用户信息，在内部信道很大一部分时间只是传送 01111110 比特。一旦 01111110 比特被打断，则这个被打断的比特间隔代表一个 PPP 帧。因此，PPP 帧是包含在 ADSL 帧中的，即传输帧（ADSL）包含了另一个是数据链路帧（PPP）。PPP 帧内是 IP 包，其内是 TCP 段，它形成需要传送的这个信息的一部分，包括语音、视频以及 E-mail 等。

在ATU-R中，IP包从ADSL帧内的PPP帧中取出，因此ADSL可能一直是1.536Mbit/s的线速率。IP包被放在以太网帧内通过另一个10 Base-T的五类双绞线传输到PC上，信息和包的传输才最终结束。必须认识到，在TCP/IP端到端模式中，ADSL链路只传输IP帧。ATU-R的另一个10Base-T LAN通向一台PC（也可以是运行TCP/IP的电视或其他设备），该PC只需要配备低价的10Base-T网卡和适当的TCP/IP软件，就可以通过家用五类双绞线，传输包含有IP包和TCP/UDP信息的IEEE 802.3媒质访问控制（Media Access Control，MAC）LAN帧，而不是PPP帧。

2.4 甚高速数字用户线接入技术

鉴于现有ADSL技术在提供图像业务方面的带宽十分有限以及其成本偏高的缺点，人们又开发出了一种称为甚高速数字用户线（Very high speed Digital Subscriber Line，VDSL）的系统。VDSL可在对称或不对称速率下运行，每个方向上最高对称速率是26Mbit/s。VDSL其他典型速率是13Mbit/s的对称速率，52Mbit/s的下行速率和6.4Mbit/s的上行速率，26Mbit/s的下行速率和3.2Mbit/s的上行速率，以及13Mbit/s的下行速率和1.6Mbit/s的上行速率。VDSL可以和POTS运行在同一对双绞线上。本节将介绍VDSL的系统构成、相关技术以及存在的问题，最后介绍VDSL的应用。

2.4.1 VDSL系统构成

1. VDSL系统结构

VDSL的系统结构如图2-29所示。使用VDSL系统，普通模拟电话线仍不需改动（图中的双绞线），图像信号由局端的局用数字终端图像接口经馈线光纤送给远端，速率可以为STM-4（622Mbit/s）或更高。图像业务既可以是由ATM信元流所携带的MPEG-2信号，又可以是纯MPEG-2信息流。在远端，VDSL的线路卡可以读取信头或分组头，并将所要的信元或分组拷贝给下行方向的目的地用户双绞线。远端收发机模块带一个普通电话业务耦合器（实际为一个异频双工器，又称普通电话业务分路器），负责将各种信号耦合进入现有双绞线铜缆。在用户处，首先利用相同类型的耦合器将模拟电话信号分离出来送给话机，剩下其他信号再经VDSL收发机解调成25Mbit/s或52Mbit/s基带信号，并分送给不同终端（例如TV、VCR或PC等）。收发机同时调制上行1.5Mbit/s数字信号并送给双绞线。

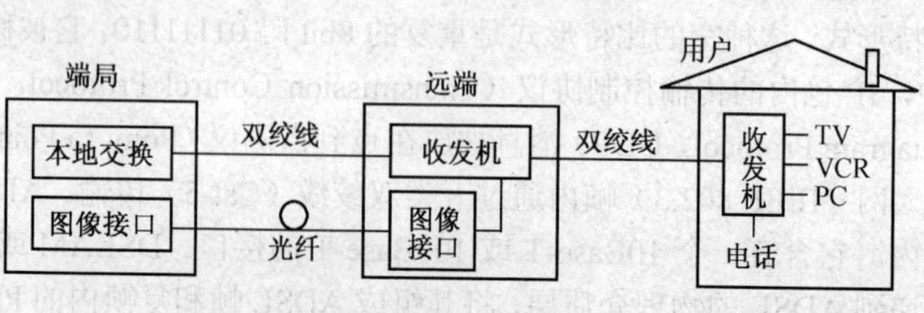

图2-29 VDSL系统结构

VDSL收发机通常采用离散多音频（DMT）调制（也可采用CAP调制），它具有很大的灵活性和优良的高频传送性能。在双绞线上，其上行传输速率可达1.5Mbit/s，而下行速率可以扩展至25Mbit/s，甚至达到52Mbit/s。能够容纳4～8个6Mbit/s的MPEG-2信号，同时允许普通电话业务继续工作于4kHz以下频段；通过频分复用方式将电话信号和25Mbit/s或

52Mbit/s 的数字信号结合在一起送往双绞线。VDSL 的传输距离分别缩短至 1km 或 300m 左右。由于传输距离的缩短，码间干扰大大减少，数字信号处理要求可以大为简化，每一收发机的晶体管数量可以比 6.144Mbit/s 速率的 ADSL 收发机减少一半，因而其成本降低一半。这种技术还可以使用户口接收不同的时钟，这样做就可以提供几种不同的传输速率和相应的资费，灵活性较好。

虽然，ADSL 可满足在双绞线上以高达 8Mbit/s 的速率传送数据的需求。但是，仍然不能满足更高速率发送数据的需求。VDSL 高达 50Mbit/s 的传送速率填补了这个空白。与 ADSL 不同的是，VDSL 同时提供了对称和非对称的两种配置。通常，VDSL 使用的带宽比 ADSL 宽得多；由于要支持较高的比特速率，VDSL 延伸的长度将比 ADSL 短得多。

2. VDSL 的体系结构

VDSL 计划用于光纤用户环路（FTTL）和光纤到路边（FTTC）网络的“最后一公里”的链接。FTTL 和 FTTC 网络需要有远离中心局（Central Office，CO）的小型接入节点。这些节点需要有高速宽带光纤传输。通常一个节点就在靠近住宅区的路边，为 10～50 户提供服务。这样，从节点到用户的环路长度就比从 CO 到用户的环路短。

图 2-30 所示为一种 VDSL 的体系结构。远端 VDSL 设备位于靠近住宅区的路边，它对光纤传来的宽带图像信号进行选择拷贝，并和铜线传来的数据信号与电话信号合成，通过铜线送给位于用户家里的 VDSL 设备。位于用户家里的 VDSL 设备，将铜线送来的电话信号、数据信号和图像信号分离送给不同终端设备；同时将上行电话信号与数据信号合成，通过铜线送给远端 VDSL 设备。远端 VDSL 设备将合成的上行信号送给交换局。在这种结构中，VDSL 系统与 FTTC 结合实现了到达用户的宽带接入。

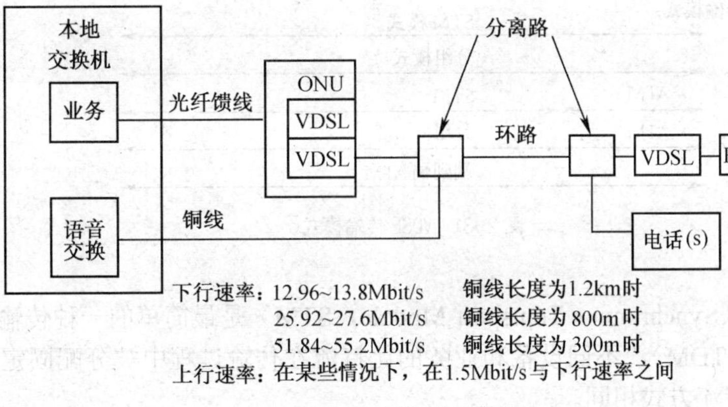

图 2-30　VDSL 的体系结构

值得注意的是，从某种形式上看 VDSL 是对称的。目前，VDSL 的线路信号采用频分复用方式传输，同时通过回波抵消达到对称传输或达到非常高的传输速率。

很明显，VDSL 与 ADSL 的区别在于 VDSL 有光纤网络单元（ONU）。光缆在这种结构中比其他结构更接近于普通用户，图中分离器的作用是为了在新的 ONU/DLC 结构中支持以前的模拟语音。如果网络完全数字化，VDSL 就不必保留模拟语音业务。图 2-30 中还标出了可行的 VDSL 上行/下行速率。当铜线长度为 1.2km 时，下行速率可为 12.96～13.5Mbit/s；铜线长度 800m 时，下行速率可为 25.92～27.6Mbit/s；铜线长度为 300m 时，下行速率可为 51.48～55.2Mbit/s。上行速率的变化范围可以在 1.5～26Mbit/s 之间。有些情况下上、下行速率也可能相等。以上只是一些设计参数，要想在 10Mbit/s 的传输速率和有限的距离长度内使用户端设备的造价最低且功能达到最优，还需要克服许多技术障碍。

目前，光纤系统的应用已相当广泛，VDSL 就是为这些系统而研究的。也就是说，采用 VDSL 系统的前提条件是：以光纤为主的数字环路系统必须占有主要地位，本地交换到用户的双绞铜线减到很少。当前 15%的本地环路是光纤数字本地环路系统，随着光纤价格的下降及城市的发展它将逐步扩大。现有的电信业务服务地区限制了本地数字环路的运行和铜线尺寸的变化。

VDSL 不仅仅是为了 Internet 的接入，它还将为 ATM 或 B-ISDN 业务的普及而发展。例如，类似于 ADSL 与 ATM 的服务关系，VDSL 也会通过 ATM 提供宽带业务。宽带业务包括多媒体业务和视频业务。压缩技术在 VDSL 中将起关键作用，将 ATM 技术和压缩技术相结合，将会消除线路带宽对业务的限制。

2.4.2 VDSL 的相关技术

1. 传输模式

VDSL 的设计目标是进一步利用现有的光纤满足居民对宽带业务的需求。ATM 将作为多种宽带业务的统一传输方式。除了 ATM 外，实现 VDSL 还有其他的几种方式。VDSL 标准中以铜线/光纤为线路方式定义了 5 种主要的传输模式，如图 2-31 所示。在这些传输模式中大部分的结构类似于 ADSL。

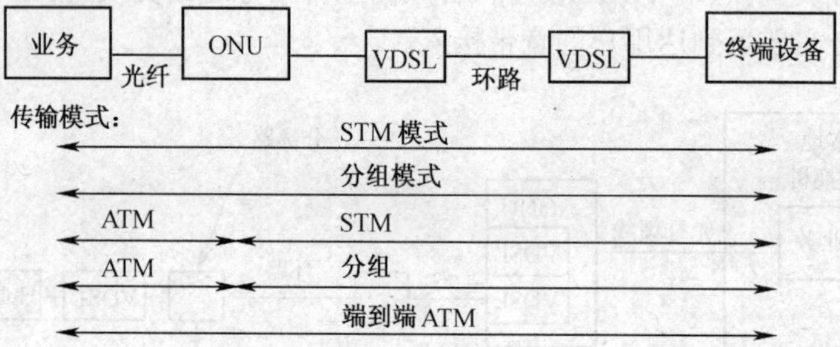

图 2-31　VDSL 传输模式

（1）STM 模式

同步转移模式（Synchronous Transport Module，STM）是最简单的一种传输方式，也称 STM 为时分复用（TDM），不同设备和业务的比特流在传输过程中被分配固定的带宽。与 ADSL 中支持的比特流方式相同。

（2）分组模式

在这种模式中，不同业务和设备间的比特流被分成不同长度、不同地址的分组包进行传输；所有的分组包在相同的“信道”上，以最大的带宽传输。

（3）ATM 模式

ATM 在 VDSL 网络中可以有 3 种形式。

第 1 种是 ATM 端到端模式，它与分组包类似，每个 ATM 信元都带有自身的地址，并通过非固定的线路传输，不同的是 ATM 信元长度比分组包小，且有固定的长度。

第 2、3 种分别是 ATM 与 STM 和 ATM 与分组模式的混合使用，这两种形式从逻辑上讲是 VDSL 在 ATM 设备间形成了一个端到端的传输通道。VDSL 在服务端提供 ATM 传输模式以配合原来环路上的光纤网络单元和 STM 传输模式。光纤网络单元用于实现各功能的转换。利用现在广泛使用的 IP 网络，VDSL 也支持 ATM 与光纤网络单元和分组模式的混合传输方式。

2. 传输速率与距离

由于将光纤直接与用户相连的造价太高，因此，光纤到家（FTTH）和光纤到大楼（FTTB）受到很多的争议。由此产生了各种变形，如光纤到路边（FTTC）及光纤到邻里（FTTN）（是指用一个光纤连接 10～100 个用户）。有了这些变形，就不必使光纤直接到用户了。许多模拟本地环路可由双绞线组成，这些双绞线从本地交换延伸到用户家中。

如图 2-32 所示为 VDSL 与 ADSL 的传输速率和传输距离的比较。由图可以看出，VDSL 实际上涉及的是 ADSL 没有涉及的部分。根据双绞线的传输距离，VDSL 可以和 ADSL 同时使用。许多标准化组织建议这两者的混合使用可以提供更广泛的业务范围，包括从以 PC 为主的业务到交互式电视业务都可以在一个系统上实现。

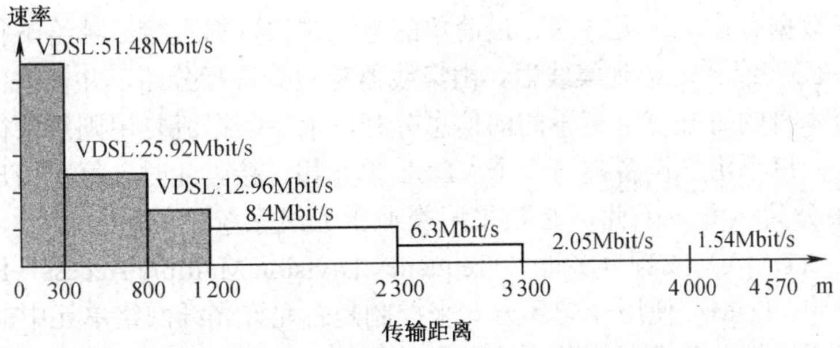

图 2-32 VDSL 与 ADSL 的传输速率和传输距离

从传输和资源的角度来考虑，VDSL 单元能够在各种速率上运行，并能够自动识别线路上新连接的设备或设备速率的变化。无源网络接口设备能够提供“热插入”的功能，即一个新用户单元接入线路时，并不影响其他调制解调器的工作。

3. 线路编码

VDSL 所用的技术在很大程度上与 ADSL 相类似。不同的是，ADSL 必须面对更大的动态范围要求，而 VDSL 相对要简单得多；VDSL 开销和功耗都比 ADSL 小；用户方 VDSL 单元需要完成物理层媒质访问（接入）控制及上行数据复用功能。从 HDSL 到 ADSL，再到 VDSL，xDSL 技术中的关键部分是线路编码。

在 VDSL 系统中经常使用的线路码技术主要有以下几种。

① 无载波调幅/调相技术（Carrierless Amplitude/Phase modulation，CAP）。

② 离散多音频技术（Discrete MultiTone，DMT）。

③ 离散小波多音频技术（Discrete Wavelet MultiTone，DWMT）。

④ 简单线路码（Simple Line Code，SLC），这是一种 4 电平基带信号，经基带滤波后送给接收端。

以上 4 种技术都曾经是 VDSL 线路编码的主要研究对象。但现在，只有 DMT 和 CAP/QAM 作为可行的技术仍在讨论中，DWMT 和 SLC 已经被排除。

4. 信道分配

早期的 VDSL 系统，使用频分复用技术来分离上、下行信道及模拟语音和 ISDN 信道。在后来的 VDSL 系统中，使用回波抵消技术来满足对称数据速率的传输要求。在频率上，最重要的就是要保持最低数据信道和模拟语音之间的距离，以便使模拟语音分离器简单而有效。

VDSL下行信道能够传输压缩的视频信号。压缩的视频信号要求有低时延和时延稳定的实时信号，这样的信号不适合用一般数据通信中的差错重发算法。为了得到压缩视频信号允许的差错率，VDSL采用带有交织的前向纠错编码，以纠正某一时刻由于脉冲噪声产生的所有错误，其结构与TI.413定义的ADSL中所使用的结构类似。值得注意的问题是，前向差错控制（FEC）的开销（约占8%）是占用负载信道容量还是利用带外信道传送，前者降低了负载信道容量，但能够保持同步；后者保持了负载信道的容量，却有可能产生前向差错控制开销与FEC码不同步的问题。

如果用户端的VDSL单元包含了有源网络终端，则将多个用户设备的上行数据单元或数据信道复用成一个单一的上行流，这项工作由用户端网络负责完成，而VDSL单元只简单地在两个方向送出原始数据流。有一种类型的用户端网络是星型结构，将各个用户设备连至交换机或共用的集线器，这种集线器可以集成到用户端的VDSL单元中。

VDSL下行数据有许多分配方法。最简单的方法是将数据直接广播给下行方向上的每一个用户设备（CPE），或者发送到集线器，由集线器把数据进行分路，并根据信元上的地址或直接利用信号流本身的时分复用将不同的信息分开。上行数据流复用则复杂得多，在无源网络终端的结构中，每个用户设备都与一个VDSL单元相连接。此时，每个用户设备的上行信道将要共享一条公共电缆。因此，必须采用类似于无线系统中的时分多址（Time Division Multiple Access，TDMA）或频分多址（Frequency Division Multiple Access，FDMA）将数据插入到本地环路中。TDMA使用令牌环方式来控制是否允许光纤网络单元中的VDSL传输部分向下行方向发送数据单元或以竞争方式发送数据单元，或者两者都有（对于未认可的设备采用竞争方式，对认可的设备采用令牌许可方式）。FDMA可以给每一个用户分配固定的信道，这样可以不必使许多用户共享一个上行信道。FDMA方法的优点是消除了媒质访问控制所用的开销，但是限制了提供给每个用户设备的数据速率，或者必须使用动态复用机制，以便使某个用户在需要时可以占用更多的频带。

2.4.3 VDSL存在的问题

VDSL存在的问题主要有以下几个方面。

（1）不能确定VDSL能可靠地传输数据的最大距离

在给定数据速率条件下，不能确定VDSL可靠传输数据的最大距离的主要原因有：一是由于短的桥接头和用户的非终端接入，虽然对电话、ISDN或ADSL不产生任何影响，但对某些结构的VDSL却造成很大影响。因而，在VDSL要求的频率下，其线路的特性（包括传输距离等）只能是推测出来的。二是VDSL占用业余无线电台的频率范围，每一条架空的电话线都相当于一根天线，可以发送和吸收业余无线电频带的能量。因此，如何均衡低信号电平（避免辐射干扰到业余无线电台）和高信号电平（抵抗业余无线电台的干扰），就成为确定线路性能的一个重要因素。

（2）业务环境问题

虽然上行和下行数据速率还没有完全确定下来，但是完全有理由相信未来的VDSL将使用ATM信元格式来载送视频及不对称数据信息。与其他下层协议类似，VDSL的下层协议也还不能完全独立于上层协议，特别是在上行方向，各个用户设备的数据复用需要知道链路层的格式（即ATM或非ATM信元格式）。

（3）用户设备分配及电话网络与用户设备之间的接口

从开销上考虑，可以使用无源网络接口器件，用户的 VDSL 单元可以置于用户网络设备中，上行复用的处理可以按照局域网总线接入方式进行。从系统的管理、可靠性、规章制度和升级等方面考虑，则希望与 ADSL 和 ISDN 中一样使用有源网络终端，它可以像集线器那样操作，进行点到点或共享媒质分配到独立的、在物理上与网络隔离的用户网络设备上。

（4）开销也是一个不能忽略的因素

与 ADSL 相比，VDSL 是直接与本地交换相连接的，因此 VDSL 的开销比 ADSL 小得多。通常用户要共同承担 ONU 设备的开销，如光纤线路、接口和设备箱等。无源网络接口器件（Network Interface Device，NID）的 VDSL 系统可能比有源 NID 的 VDSL 系统更昂贵。尽管如此，由于无源 NID 系统不需要其他用户网络器件，可以得到更为有效的开销方式，因此就更为吸引人。

下面主要对串音和干扰问题进行详细介绍。

（1）串音问题

VDSL 在较短的应用范围可能产生以下几种串音，图 2-33 和图 2-34 表示了 VDSL 技术在两种应用配置中的串音情况，其中，NEXT 代表近端串音，FEXT 代表远端串音，在用户端终止的 VDSL 端点调制解调器称为 VTU-R。

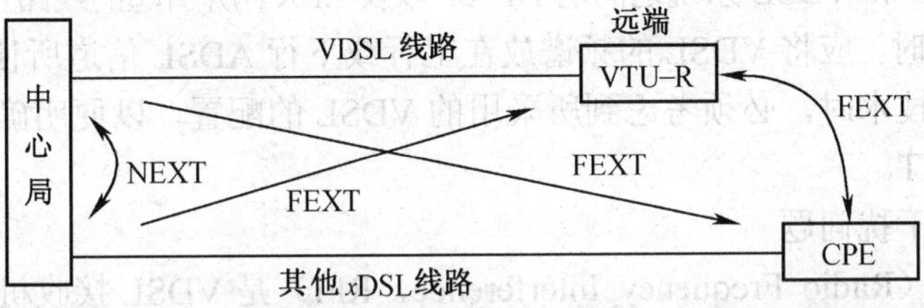

图 2-33　VDSL 及其他 xDSL 技术在 CO 中混合的串音说明图

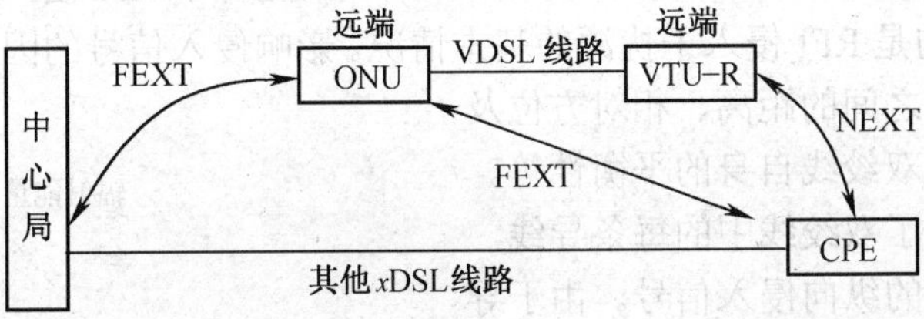

图 2-34　VDSL 及其他 xDSL 技术在用户单元（CP）中混合的串音说明图

在图 2-33 配置中，VDSL 和其他 xDSL 技术均由中心局（CO）提供，并且在中心局和其他一些 VDSL 端点之间共享缆芯（VDSL 可在该端点终止，或者可被路由到其他缆芯）。两个端点之间的远端串音（FEXT）通常不是主要因素。因为通常有足够长的距离来衰耗该干扰信号。然而，也存在着其他 FEXT 路径。这些 FEXT 信号是否重要，取决于两条信道的长度及上行和下行信道所使用的频率。

在图 2-34 配置中，VDSL 信号终止于远端 ONU，而其他 xDSL 信号则终止于 CO。在一点上，传送信号的双绞线段共享公共的缆芯。这种配置有时也称为用户单元（CP）混合。需要注意的是，VTU-R 和其他 *x*DSL CPE 调制解调器不必位于同一栋大楼，但用来传送它们的双绞线对在各自端点附近必须共享一段长度的缆芯。因此，该配置可能存在 NEXT 和 FEXT

路径。FEXT路径的重要性取决于ONU的位置及信道所使用的频率。VDSL电路端点与其他xDSL技术的端点间也产生NEXT或FEXT。这种随机性为分析串音增加了一定的难度。

特别要关注的是ADSL和VDSL的共存问题。在CO混合配置中ADSL和VDSL均由CO提供，并且在CO和VDSL的终止点之间共享缆芯。要使CO中的这些业务之间不存在NEXT，则必须满足下面两个条件。

① 下行VDSL信号不能与上行ADSL信号重叠（VDSL下行信号必须从高于138kHz的频率开始）。

② 下行ADSL信号不能与上行VDSL信号重叠（VDSL上行信号不能覆盖138kHz到1.1MHz之间的频率）。

此外，由于CO中ADSL发射机和VTU-R接收机之间的距离很小，下行ADSL信号对下行VDSL信号能产生一个合理能级的FEXT。同样，VDSL信号的FEXT对上行ADSL信号也会产生这样一个问题。

要使CP混合配置中ADSL和VDSL之间不存在NEXT，则使用这两种技术时各自的上、下行频谱不能重叠。此外，VDSL对下行ADSL信号将会产生FEXT，这个FEXT的大小取决于ONU的位置；ADSL对VDSL也会产生FEXT。虽然FEXT不如NEXT严重，但由于VDSL支持的环路长度较短，因此，FEXT对ADSL下行信号也会产生有害影响。

为了消除ADSL和VDSL系统之间的NEXT以及FEXT所引起的线路性能变坏，当ADSL和VDSL同时存在时，应将VDSL的频谱放在上行或下行ADSL信道所使用的频谱之上。此外，当涉及到其他技术时，必须考虑到所采用的VDSL的配置，以便明确哪个点会对其他点产生NEXT或FEXT。

（2）无线频率干扰问题

无线频率干扰（Radio Frequency Interference，RFI）是VDSL接收机必须解决的问题。RFI问题包括了侵入（噪声）和输出（噪声）。引起RFI侵入的是从附近天线入射到传送VDSL的双绞线的带内无线波。例如，一个业余的无线天线就是一个RFI侵入干扰源。

如图2-35所示的是RFI侵入干扰源的基本情况。影响侵入信号的因素包括了天线的功率输出、天线和双绞线之间的距离、相对方位及缆芯的屏蔽特性以及双绞线自身的平衡性等。通常，RFI侵入激发了双绞线中的每条导线，这样就产生了导线中的纵向侵入信号。由于导线平衡性的不理想（通常高频为30～35dB），一些侵入信号渗透到差分信号上。

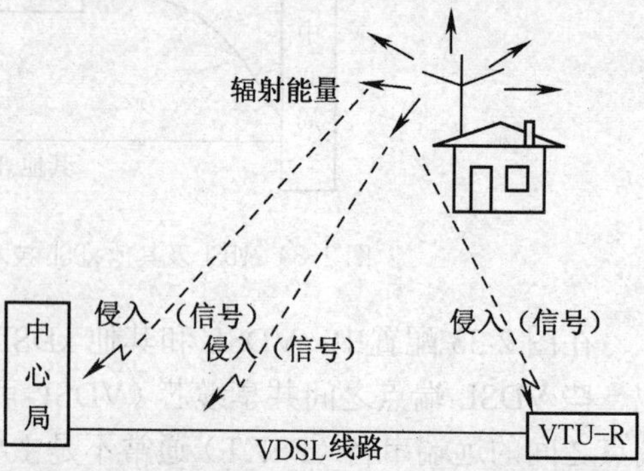

图2-35 由于本地发射机引起的到VDSL的RFI侵入

与VDSL信号相比，一方面，RFI侵入信号带宽通常很窄，只会影响一小部分的可用带宽；另一方面，侵入信号的能量非常大，其接收机的模拟前端必须精心设计才不致饱和，并需要采取一些措施使模/数转换器有合适的精度。这里的问题是大能量侵入信号将会覆盖转换器，从而使无用信号上（而不是接收到的VDSL信号上）占据了大量正确的比特。由于VDSL信号量比精确度较低，量化噪声或由于转化过程中不精确性的增加，大大地降低了信道可达到的比特速率。模/数转换器必须有足够的量程来处理侵入信号以及有足够的精确度来正确地量化VDSL所接收到的信号。即使在量化之后，为简化模/数转换器的设计，VDSL接收机模拟前端还可采用电路系统以减少 RFI 侵入。如图 2-36 所示的是利用纵向信号来减小侵入信号的方法。

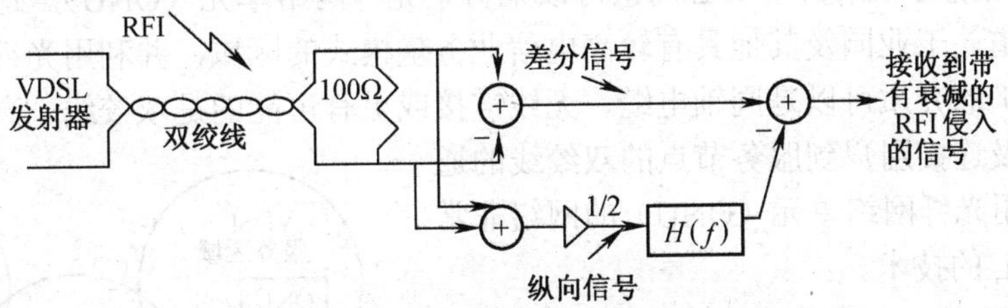

图 2-36　使用纵向信号来减小侵入信号的方法

滤波器试图匹配双绞线上的不平衡，本质上是将侵入信号转变为差分信号的过程。如果滤波器能很好地匹配这种不平衡，总的输出信号将只包含接收的 VDSL 信号（以及串音和背景噪声）。图 2-37 所示为 RFI 侵入消除电路的具体实施方案。

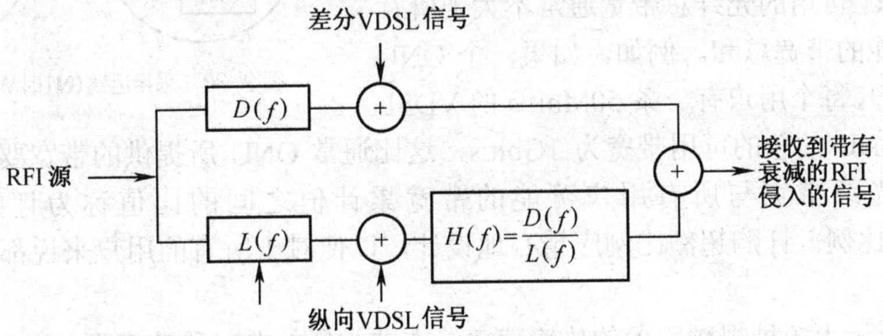

图 2-37　RFI 侵入消除电路的具体实施方案

RFI 输出也与 VDSL 有关。VDSL 信号从双绞线辐射出来，能够干扰本地天线接收到的信号（如果这些信号覆盖了 VDSL 频谱）。为了解决这个问题，必须使 VDSL 给无线或无线服务频域中的发射功率较低。通常，在这些区域中进行 20dB 的衰减就足以缓和由 VDSL RF 输出引起的干扰问题。

2.4.4 VDSL 的应用

1. VDSL 分布位置

与 ADSL 相同，VDSL 能在基带上进行频率分离，以便为传统电话业务（POTS）留下空间。同时传送 VDSL 和 POTS 的双绞线需要每个终端使用分离器来分开这两种信号。超高速率的 VDSL 需要在几种高速光纤网络中心点设置一排集中的 VDSL 调制解调器，该中心点可以是一些远距离光纤节点的中心局（CO）。因此，与 VTU-R 调制解调器相对应的调制解调器称为 VTU-O（与 VTU-C 相对，也与 ADSL 标记相似），它代表光纤馈线。当然也存在其他提供 VDSL 调制解调器排列的方法。

从中心点出发，VDSL 的范围和延伸距离分为以下几种情况：

① 对于 26Mbit/s 对称或 52Mbit/s/6.4Mbit/s 非对称，所覆盖服务区半径约为 300m；

② 对于 13Mbit/s 对称或 26Mbit/s/3.4Mbit/s 非对称，所覆盖服务区半径为 800m；

③ 对于 6.5Mbit/s 对称或 13.5Mbit/s/1.6Mbit/s 非对称，所覆盖服务区半径为 1.2km。

VDSL 实际应用的区域或者说覆盖区域，比中心局（CO）所提供服务的区域（3km）小得多。VDSL 所覆盖的服务区域被限制在整个服务区域较小的比例上，这严重地限制了 VDSL 的应用。

VDSL 应用既可以来自于中心局也可以来自于光纤网络单元（ONU）。这些节点通常应用并服务于街道、工业园及其他具有较高电信业务量模式的区域，并利用光纤进行连接。连接用户到 ONU 的介质可以是同轴电缆、无线链接或更有可能的是双绞线。高容量链接与服务节点的结合及连接用户到服务节点的双绞线的通用性，使得利用光纤网络单元（ONU）的网络非常适合采用 VDSL 的技术。

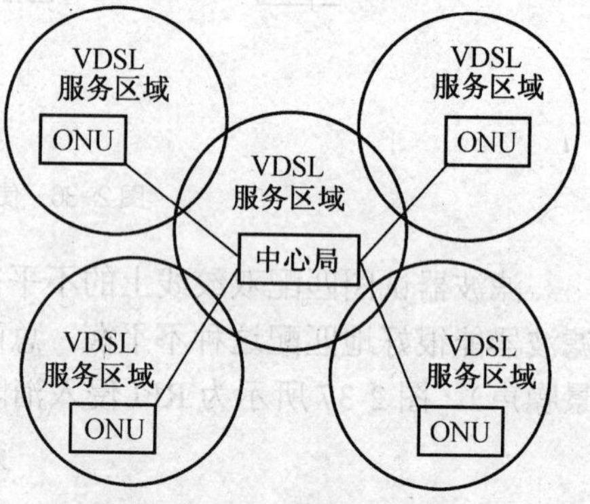

图 2-38 采用远端 ONU 时 VDSL 的覆盖区域

图 2-38 所示为一个采用 VDSL 的区域。该区域使用 ONU 来为更远距离的区域服务，而来自于中心局（CO）的 VDSL 则服务于较近的区域。图中，采用简单的光纤链接来为每个 ONU 服务。实际使用中，主要采用光纤环或其他类型的光纤分布。

一个 ONU 可用的光纤总带宽通常不大于所有 ONU 用户可能的带宽总和。例如，如果一个 ONU 服务 20 个用户，每个用户有一条 50Mbit/s 的 VDSL 链路，那么 ONU 的总的可用带宽为 1Gbit/s，这比通常 ONU 所提供的带宽要大得多。可用于 ONU 的光纤带宽与所有用户可能的带宽累计值之间的比值称为订购超额（over subscription）比例。订购超额比例应精心地设计，以便对于所有的用户来说都能得到合理的性能。

表 2-6 所示为各种视频服务的传输速率。在非常低的非对称速率下（6.5～0.8Mbit/s），VDSL 达到了 ADSL 的性能极限。虽然可为 VDSL 定义更低的速率，并且不干扰 ADSL，但是，这种方法使调制解调器变得复杂并影响到性价比。

表 2-6　VDSL 的非对称数据速率及可达到范围

长度分类	下行速率（Mbit/s）	上行速率（Mbit/s）	可达范围（km）
短	52	6.4	0.3048
中	26	3.2	0.9144
长	13	1.6	1.3716
长	6.5	0.8	1.8288

表 2-7 所示为对称 VDSL 运行的速率及可达到的范围。这些速率中有许多种速率主要是为了支持 ATM 接入系统（例如，26Mbit/s 将支持 25.6Mbit/s 的 ATM 适配器及其他开销）。随着 VDSL 标准化进程而发展，一些对称及非对称速率及可达到的范围目标有望被提高。

表 2-7　对称 VDSL 运行的速率及可达到范围目标

长度分类	下行速率（Mbit/s）	上行速率（Mbit/s）	可达范围（km）
短	26	26	0.3048
中	13	13	0.9144
长	6.5	6.5	1.3716

2. VDSL 在 WAN 网络的应用

VDSL 支持的速率使它适合许多类型的应用。现有的许多应用均可使用 VDSL 作为其传送机制，一些将要被开发的应用也可使用 VDSL。

（1）视频业务

VDSL 的高速方案选项使其成为用于视频点播（Video On Demand，VOD）的非常好的接入技术。图 2-39 所示的是使用 VDSL 的一个应用系统。其中，视频服务器基于 ATM 通过接入设备把数字视频送到 VDSL 环路；在用户端，特定类型的视频编解码器把数字视频变换为可在显示屏上显示的正确信号，数字视频如被压缩，编解码器还需要对其进行解压缩。

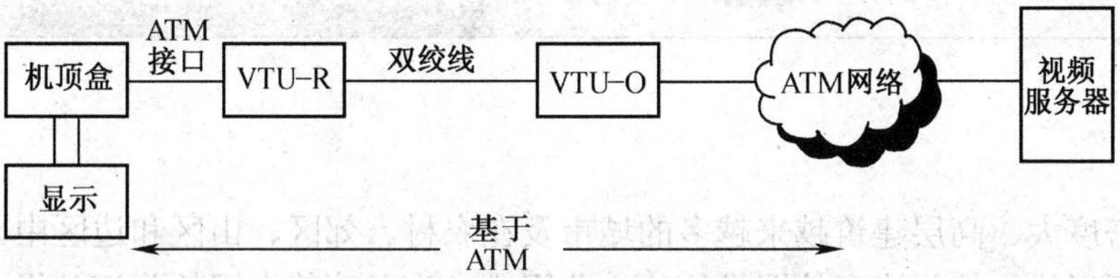

图 2-39 VDSL 在提供视频服务的网络中的应用

（2）数据业务

从目前来看，VDSL 的数据业务是很多的。在不远的将来，VDSL 将会占据整个住宅 Internet 接入和 Web 访问市场；可能用 VDSL 替代光纤连接，把较大的办公室和公司连到数据网络上。随着时间的推移，将会有越来越多的地方使用 VDSL 来传送数据。

（3）全服务网络

VDSL 支持高比特速率，因此，被认为是全业务网络（Full Service Network，FSN）的接入机制。这类网络将服务于用户的所有通信需求，包括语音、视频、数据应用。这种全包含的网络技术将代替今天的电话系统和有线电视，并且还会增加更多的功能，如视频电话。

复习思考题

1．请参照图 2-3，叙述 HDSL 收发信机的工作原理。
2．简述 HDSL 帧结构，并指出二对线和三对线全双工系统之间的差别？
3．HDSL 技术采用了哪几种编码技术？各有何特点？
4．HDSL 与 HDSL2 技术有什么不同？
5．请参照图 2-10，叙述 ADSL 收发信机的工作过程。
6．描述 ADSL 收发器局端设备（ATU-C）的基本组成，并指出各部分的主要功能。
7．影响 ADLS 性能的因素主要有哪些？
8．请参照图 2-14，叙述 ADSL 调制解调器的工作过程。
9．ADSL 中，主要有哪几种调制技术？请简述 QAM 调制技术的工作机理。
10．ADSL 的下行传输可以分为哪几个传输级别？各传输级别是如何进行配置组合的？
11．简述 ADSL 的帧结构，并指出帧头的主要作用。
12．ADSL 中主要有哪几种分布模式？各分布模式之间的主要区别是什么？
13．VDSL 与 ADSL 相比有什么不同？VDSL 存在的主要问题是什么？

第3章 电缆调制解调器接入技术

在人口密度大、高层建筑越来越多的城市及在农村、郊区、山区和边区中，依靠电视机上一般的电视天线，接收清晰的图像往往十分困难。为了改善电视的收视效果，曾经广泛采用共用天线系统，也就是多个用户共同安装一台高增益天线，从高增益天线中接收到的较强图像信号，经放大后，再用同轴电缆分别送往各家各户。20 世纪 80 年代以来，开始在共用天线的基础上，建起有线电缆（CATV）系统。有线电视（CATV）系统是从有线电视台前端，用同轴电缆直接向家庭发送清晰且强度相同的电视信号；高质量的天线塔接收来自空间波或卫星的电视频道，并将它们映射到电缆频带。电缆调制解调器（Cable Modem）技术是在有线电视公司推出的混合光纤同轴电缆（HFC）网上发展起来的。在有线电缆（CATV）网络内添置电缆调制解调器（Cable Modem）后，就建立了强大的数据接入网，不仅可以提供高速数据业务，还能支持电话业务。但是为提供双向通信，需要有线电视运营商付出高昂代价。因此，目前有线电视公司运营商已经放弃在混合光纤同轴电缆（HFC）网上传送传统语音业务，而转向 Cable Modem，在 HFC 上进行数据传输，提供 Internet 接入，争夺宽带接入市场。本章主要介绍 Cable Modem 的技术特点、工作原理、体系结构和应用。

3.1 Cable Modem 的技术特点

3.1.1 Cable Modem 与 ADSL Modem 的比较

1. Internet 接入应用比较

（1）Cable Modem 的典型 Internet 接入

图 3-1 所示为 Cable Modem/HFC 的典型 Internet 接入配置。Cable Modem 通过头端接入到 Internet，头端包含 IP 路由器、代理服务器或高速缓存器（Cache Memory）以及控制部分。对共享介质结构，头端集中所有 IP 业务量并将其发送到 IP 路由器。代理服务器或高速缓存器是可选的，它们存放有流行的 WWW 页面和文本的复制。这些复制可以按要求以快捷的速度发送给请求的 Cable Modem 用户。

（2）ADSL Modem 的典型 Internet 接入

图 3-2 所示为使用 ADSL Modem 接入时的一种典型结构。用户（个人计算机）通过现有的双绞电话铜线接入到 Internet。利用 ADSL Modem 将原先用于 POTS 的用户电话线的两端

连接起来，并将低于ADSL频率范围的模拟语音进行透明的转发。在接收端，ADSL Modem（用户家中）直接或通过本地以太网集线器连接到个人计算机的以太网端口。接入交换机（接入适配器）负责将接入线路集中起来连接到价格昂贵的IP路由器端口。

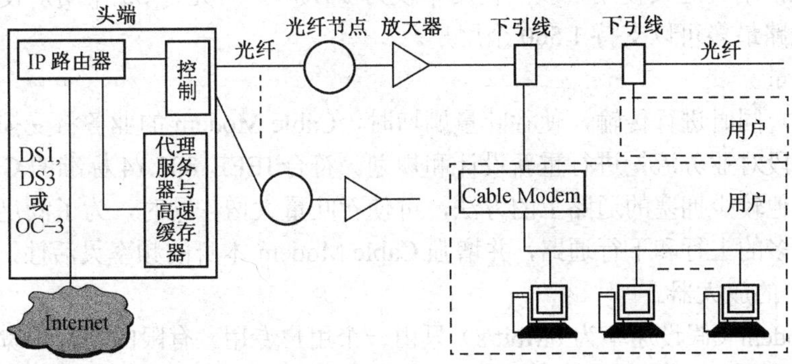

图3-1 Cable Modem/HFC的典型Internet接入

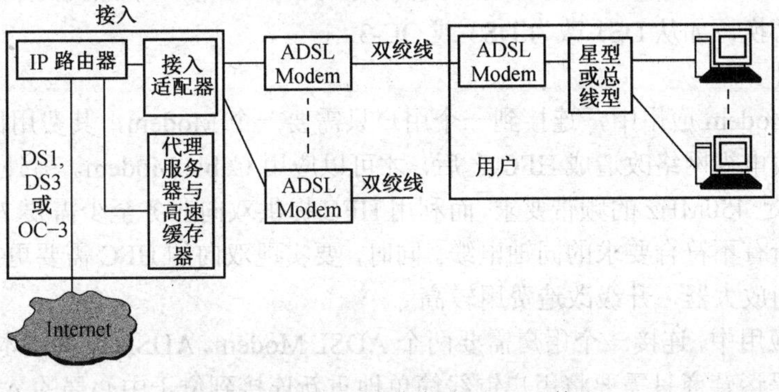

图3-2 ADSL Modem的典型Internet接入

2. 接入性能比较

（1）通路带宽

Cable Modem总体上说，其下行通路一般提供30Mbit/s以内的带宽，可以由500～2 000个用户共享此带宽。其上行通路的共享带宽约为2Mbit/s。对于所有的非对称应用，利用适当的流量工程，可以在不降低业务质量的情况下实现某些应用。

ADSL Modem工作在点对点的应用中，不能共享带宽。其传送比特率随着铜线质量和终点距离而变化，如表3-1所示。下行带宽可达1.5Mbit/s到6Mbit/s或9Mbit/s（除非ADSL用户居住在乡村地区，绝大多数用户可以达到6Mbit/s）。ADSL Modem可以动态调整其带宽以适应使用环境，即使在一次呼叫的持续期内也可如此。上行方向的非共享带宽范围为16～640kbit/s。对所有的非对称应用，ADSL均可工作而没有任何业务降级。

表3-1 ADSL线路容量

距　离	数据速率—下行/上行	导线规格（美国线规）
4.57km	1.7Mbit/s/176kbit/s	24
3.43km	1.7Mbit/s/176kbit/s	26
3.0km	6.8Mbit/s/640kbit/s	24
2.3km	6.8Mbit/s/640kbit/s	26

对于和 IP 有关的业务，绝大多数 Internet WWW 服务器工作于 56kbit/s，有一些工作在 1.5Mbit/s 的 T1 速率，短期内还将维持这种局面。因此，Cable Modem 或 ADSL 速度上的内在潜力不能得到充分的利用。从 IP 路由器连到 Internet 的一条 DS1（1.544Mbit/s）线路可以支持 5 个以上的用户连续使用，或当使用率仅为 10%时，可允许 55 个用户使用。一条 DS3（45Mbit/s）线路最多可以支持 1 500 个用户。

（2）吞吐量

当大量用户同时进行传输，使吞吐量剧增时，Cable Modem 的业务将受损。为此可利用流量工程的手段对业务流量进行重新设计和规划。符合 IEEE 802.14 标准的 Cable Modem，采用跳跃到其他较少拥塞的通路上的方法，可使吞吐量大增。同时，为了满足额外需要，在频谱上增加更多的上行和下行通路，并增强 Cable Modem 本身的频率灵活性，还应替换或改进 HFC 网络上的放大器。

ADSL Modem（假设速率为 6Mbit/s）只由一个用户专用，有限的上行带宽不能进行视频电话传输。如果用户不需要高质量的视频，随着可变比特率的 MPEG-2 和视频压缩技术的发展还可以使用 ADSL。为适应业务量增加的需求，从 ADSL 接入节点到网络，需要用更大容量的中继线来替换，如从 DS1 改为 DS3 或 OC-3。

（3）经济性

在 Cable Modem 应用中，连接到一个用户只需要一个 Modem，其费用比 ADSL 低。但只有在整个有线电视网络改造成 HFC 之后，才可以应用 Cable Modem。另外，目前我国大部分 HFC 只能满足 450MHz 的频带要求，而利用 HFC 提供双向业务至少需要 750MHz 的带宽，这就需要更换所有不符合要求的同轴电缆。同时，要实现双向的 HFC 需要更换目前有线电视网上使用的单向放大器，升级改造费用较高。

在 ADSL 应用中，连接一个用户需要两个 ADSL Modem，ADSL 设备成本显然高于 Cable Modem 的，但是运营商只需要将用户铜线简单地重新连接到位于中心局的 ADSL 接入盒，就可以向该铜线用户提供 ADSL 接入业务，升级费用较低。

（4）业务性能

标准的 Cable Modem 应该能够通过合理的流量工程来处理恒定比特率（Constant Bit Rate，CBR）、可变比特率（Variable Bit Rate，VBR）和可用比特率（Available Bit Rate，ABR）业务。如果 Cable Modem 本身要实现 ABR 业务的话，那么，来自所有激活的 Cable Modem 的资源管理（Resource Management，RM）信元会过度占用珍贵的共享上行带宽资源。解决方法是把头端作为所有激活的 ABR 连接的代理。

ADSL 也可以处理 CBR、VBR 和 ABR 业务。对 ABR 业务，连接是点对点的，因此不会有 Cable Modem 的那些限制。

（5）可靠性

在 Cable Modem 应用中，CATV 是一个树型网络，有线电视线路极容易造成单点故障，如电缆的损坏、放大器故障或传送器故障等，都会使这条线上用户的使用中断。共享总线上放大器的故障可能造成整个小区的业务中断。每个新加的用户都会在上行通路中产生噪声，从而降低可靠性。

在 ADSL 应用中，采用的是星型网络，ADSL Modem 按点对点的方式工作，其故障只影响一个用户。ADSL 本身不会因接入网络的用户数目或业务量的增加而导致性能降低。

（6）安全性

在 Cable Modem 应用中，由于共享同介质环境，所有信号进入所有的 Cable Modem 中，从而有可能产生严重的有意或无意的线路误用、窃听和业务盗窃现象。因而需要保护线缆，增强加密和认证功能。

在 ADSL 点对点体系结构中，用户驻地不大可能产生窃听现象。搭线窃听需要直接插入到线路上，同时还需要了解初始化期间建立的 Modem 设置。

3.1.2 HFC 网络对 Cable Modem 的要求

1. 上行/下行线缆频谱

根据频分复用（FDM）方案，在上行方向，Cable Modem 的上行数字传输速率采用 5～42MHz 的频率范围，由于此频率范围存在很多污染和噪声，而移相键控（QPSK）调制技术尽管发送数据的频带利用率较低，但在抗干扰方面性能比较强，因此利用 QPSK 调制技术对数据进行调制，并将发送数据放入 5～42MHz 频带的一个 6MHz 频道内。在下行方向，由于数字数据被调制后放入 6MHz 带宽的频道内，Cable Modem 必须能够在 450～750MHz 的频率范围内对其接收器进行调谐，以接收数字数据信号。

2. 数字线缆网络

虽然 HFC 网络在网络的光纤和同轴部分以模拟格式传输视频信号，但是只要调制后的信号符合电缆系统传输的带宽和功率限制要求，并将模拟放大器变为数字中继器，目前的电缆网络就可以不加修改地传送数字信号，在 6MHz 频带内与模拟电视信号共存。数字信号比模拟信号更健壮，可以改善受到噪声影响的信号质量，能更好地利用 CATV 频谱中高于 550MHz 的高衰减区。

以模拟格式传输视频信号时，在每个 6MHz 频道内必须保持 48～50dB 的信噪比（SNR），典型的电缆网络可以支持 50 个或更多的电视频道。如果用数字信号代替模拟电视信号进行传输，在相同的信噪比条件下，使用诸如 QAM 编码的调制技术可以在一个 6MHz 频道内获得 43Mbit/s 的容量；而按照 MPEG-2 标准中所用的视频业务压缩方案，3～6Mbit/s 的数字压缩视频信号可以传递高质量的广播视频。因此，单路模拟视频频道可以传输 6～10 个数字视频频道，现有的线缆带宽可以轻易地达到 500 个以上的数字视频频道。

HFC 的带宽容量是令人羡慕的。采用高性能 Cable Modem 的 HFC 网络，不仅可以提供双向数据传输，还可以支持用户需要的全部有线电视模拟频道、数字频道、高速 Internet 接入、语音和高质量交互式视频。

3. 抑制噪声

（1）HFC 网络中的噪声

在 HFC 网络中，分配给 Cable Modem 的频带位于十分不利的噪声环境中。一般来说，网络噪声问题来源于 3 个区域：用户家里（占 70%）、用户下引线（占 25%）、硬同轴设备（占 5%）。上行侵入噪声是 HFC 系统中传输损伤的主要原因，这些噪声具有不同的特点和严重性。

① 上行方向的噪声特性

在上行方向有些噪声源可以损害通信，主要包括以下几种。

侵入噪声（Ingress Noise）：它是外部窄带射频信号进入或泄漏到电缆分配系统中的结果，是不希望产生的窄带噪声。噪声进入的薄弱点通常是用户的下引线，不合适的连接器，松散的连接，破裂的屏蔽层，不良的设备接地措施，以及屏蔽不良的射频振荡器。

交流声调制（Hum Modulation）：50Hz 交流电源经过供电设备耦合到信号的包络中，产生的幅度调制。

冲击噪声：主要是由 50Hz 的高压线和其他电器的大量静电放电引起的，例如闪电雷击、交流电机启动等，松动的连接器也会产生冲击噪声。冲击噪声有电晕噪声（Corona noise）和间隙噪声（Gap noise）两种。电晕噪声是由高压线周围空气的电离作用产生的，温度和湿度起着重要作用。间隙噪声是由于绝缘体破裂或已腐蚀的连接器发生接触而产生的，这样的故障容易造成 100kV 的线路放电，并具有很短的持续时间（μs）和实跳式的上升与下降时间。

突发噪声：突发噪声和冲击噪声相似，只是持续时间更长。它是双向电缆系统的主要问题，也是最主要的峰值噪声源。

微反射（Micro-reflections）：发生在传输介质的不连续处，导致部分信号能量被反射。

共路失真（Common Path Distortion）：是由电缆设施中的无源器件和受腐蚀连接器的非线性造成的。

热噪声：也称白噪声，是由 75Ω 终端阻抗的随机热噪声（电缆和其他网络设备内的电子运动）产生的。

其他还有相位噪声和频率偏移噪声，以及来源于不理想的设备响应，放大器中的限幅效应，光纤节点的激光发射机非线性和头端的激光接收机非线性等引起的噪声。

② 下行方向的噪声特性

有些噪声源可以损害下行通信，并且这些噪声源是加性的。主要包括以下几种。

光缆噪声：由于光纤内信号的调制频率很高引起的群迟延，以及高斯白噪声迭加到电源中，都将影响数字信号。

设备的频率响应噪声：包括倾斜和波纹两种频率响应噪声。倾斜是幅度随着频率的线性变化，是网络中各部件频率响应的近似。波纹是位于倾斜顶部的许多按正弦规律变化的振幅变化的总和，是对网络中微反射效应的一种测度。

调幅/调频交流声调制（AM/FM Hum Modulation）：调幅/调频交流声调制是因交流电通过供电设备耦合到信号包络，或因频偏而产生的幅度/频率调制。

热噪声和互调：热噪声以高斯白噪声作为它的模型，但其功率由相对于设备输出的功率来确定。互调是由于系统的非线性而造成的，会导致在其他通路产生组合频率。

突发噪声：当所有下行通路信号的合成信号超过了激光器的信号容限时，就会发生激光限幅，进而产生突发噪声。

信道冲浪（Channel Surfing）：主要来源于靠近接收器，其频率响应会有大而缓慢变化的波纹出现和消失。信道冲浪引起微反射，时而出现时而消失。

（2）抑制噪声的方法

可以抑制或避免噪声侵入到 HFC 网络内的方法有很多。这些方法并不互相排斥，它们可以结合起来改善网络的性能。

① 在反方向合理地调整放大器。

② 在安装或更新线缆设备时，要确保系统在机械和电气方面都密封良好，以免在系统内部产生侵入噪声或脉冲噪声。

③ 所有供电设备和电缆设备都必须保证良好的接地。

④ 由于侵入噪声几乎有 70%都来源于下引线和用户家中，如用户下引线的放射状裂纹、屏蔽箔片的裂缝、使用老化、劣质连线或者连接松动等，都会造成系统泄漏而引入噪声。解决的有效方法是对住宅同轴线路进行适时升级，添加优质的连接器并使接地良好。但在许多情况下，现场技术人员只需要通过机械和电气方式加固电缆系统，就可以明显地增强视频信

号质量，并减小噪声。

⑤ 通过减小通路带宽的方法来减小群迟延失真，并允许使用频带利用率更高的调制方法，以便增强系统的健壮性。

⑥ 在多频载波中，使用频率灵活的 Cable Modem 来减小（或避开）噪声损害。用这种方法选择那些在返回路径上噪声最小的载波频率，以避免窄带的侵入噪声，但它不是解决脉冲噪声或放大器噪声的有效策略。

3.1.3 影响 Cable Modem 运作的因素

1. 放大器的双向问题

现代的具有双向通信能力的混合光纤同轴电缆（HFC）系统必须使用双向工作的放大器，因而不管是上行方向还是下行方向，有效信号将被滤波后放大。但需要注意的是，由于分支和树形拓扑结构，在上行信号放大的过程中，分离器输出变为输入，输入信号和噪声同时被放大；在下行方向，通过分离器的信号和噪声在分离器输出端同时被衰减。

2. 频率灵活性

具有频率灵活性的 Cable Modem 是指它可以调谐到任意一个上行或下行频率。在上行方向，Cable Modem 能够在它控制的任意频率上发送信号。在下行方向，信道内过度的侵入噪声可以通过重新将 Cable Modem 调谐到其他下行频道和相关的上行频道，而动态地隔离。这就为 HFC 运营商提供了改变其系统中上行和下行带宽频谱分配的手段，这些改变是适应流量需求的变化，不需要用户干预或改变终端设备。具有频率灵活性且超出 5～42MHz 范围的 Cable Modem 更灵活，但费用会较高。

3.2 Cable Modem 系统工作原理

近年来，我国各城市的有线电视网经过升级改造，已基本从传统的同轴电缆网升级到以光纤为主干的双向 HFC 网。利用 HFC 网络大大提高了网络传输的可靠性、稳定性和传输带宽。电缆调制解调器（Cable Modem）是 HFC 数据通信系统中的一个重要部件，它可以使人们获得高于电话 Modem 几百倍的接入速度。本节主要介绍 Cable Modem 的系统结构和工作原理。

3.2.1 系统结构

图 3-3 所示为 HFC 数据通信系统的基本构成，其中，Cable Modem 有外置式和内置式两种类型，一般放在用户的家中。用户计算机通过 10Base-T 接口与 Cable Modem 相连，然后经过 HFC 网连接到 CMTS（Cable Modem 前端系统）；CMTS 采用 10Base-T 和 100Base-T 等接口通过交换型 HUB 与外界设备相连，通过路由器与 Internet 连接，或者可以直接连接到本地服务器，享受本地业务。

1. Cable Modem 及其内部构成

电缆调制解调器（Cable Modem）是一种可以通过有线电视网络进行高速数据接入的装置。它一般有两个接口，一个用来接室内墙上的有线电视端口，另一个与计算机相联。Cable Modem 通过双向传输的电视频道进行接收和发送数据，它把上行数字信号转换成类似电视信号的模拟射频信号，在有线电视网上传送；把下行信号转换为数字信号进行接收，送交计算机处理。Cable Modem 的速率范围可以是 500kbit/s～10Mbit/s。它从网上下载信息的速度比现有的电话 Modem 快 1 000 倍。通过电话线下载需要 20min 完成的工作，使用 Cable Modem 只需要 1.2s。不同的用途，不同的范围和规模，就应该注意选择不同的传输模式和不同的产品。按不同的角度划分，Cable Modem 大概可以分为以下几种。

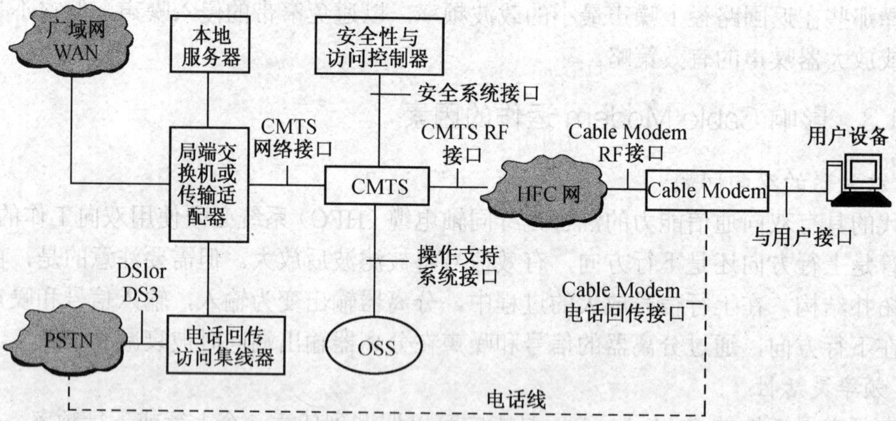

图 3-3 HFC 的数据通信系统

（1）从传输方式角度来看，可分为双向对称式传输和非对称式传输。所谓对称式传输是指上行/下行信号各占用一个普通频道 6MHz（或 8MHz）带宽，采用相同传输速率的传输模式，但可能采用不同的调制方法。对称式传输速率为 2～4Mbit/s，最高能达到 10Mbit/s。所谓非对称式传输是指上行与下行信号占用不同的传输带宽。由于用户上网发出请求的信息量远远小于信息下行量，非对称式传输既能满足客户信息传输的要求，又避开了上行通道带宽相对不足的问题。采用频分复用、时分复用和新的调制方法，每 6MHz（或 8MHz）带宽下行速率可达 30Mbit/s 以上（如 16QAM 下行数据传输速率为 10Mbit/s、64QAM 下行数据传输速率为 27Mbit/s、256QAM 下行数据传输速率为 36Mbit/s），上行传输速率为 512kbit/s～2.56Mbit/s。总体上讲，非对称式传输比对称式传输有更大的应用范围，它可以开展电话、高速数据传递、视频广播、交互式服务和娱乐等服务，能最大限度地利用可分离频谱，按客户需要提供带宽。

（2）从数据传输方向来看，有单向传输和双向传输之分。

（3）从网络通信角度来看，Modem 可分为同步（共享）和异步（交换）两种方式。同步（共享）类似以太网，网络用户共享同样的带宽。当用户增加到一定数量时，其速率急剧下降，碰撞增加，登录入网困难。而异步（交换）的 ATM 技术与非对称传输正在成为 Cable Modem 技术发展的主流趋势。

（4）从接入角度来看，可分为个人 Cable Modem 和宽带 Cable Modem（多用户），宽带 Modem 可以具有网桥的功能，可以将一个计算机局域网接入。

（5）从接口角度来看，可分为外置式、内置式和交互式机顶盒。外置 Cable Modem 的外形象一个小盒子，通过 10BASE-T 或 100BASE-T 网卡连接计算机，可以支持局域网上的多台计算机同时上网。Cable Modem 支持大多操作系统和硬件平台。内置 Cable Modem 是一块 PCI 插卡，是最便宜的解决方案，其缺点是只能在台式计算机上使用。交互式机顶盒是真正 Cable Modem 的伪装，其主要功能是在频率数量不变的情况下提供更多的电视频道，通过数字电视编码，使用户可以直接在电视屏幕上访问网络，收发 E-mail 等，利用电视机浏览网页。

图 3-4 所示为 Cable Modem 的内部结构原理图。其主要包括双工滤波器、调制器、解调器、FEC/交织模块、去交织/FEC 模块、数据成帧模块、MAC 处理器、数据编码模块、网卡、中央处理器、存储器。同时，在 Cable Modem 中还有一些扩展口，用于插入一些新的功能模块以支持多种应用，例如，用于工程和野外应用的维护模块，用于单项网络操作的电话恢复模块，以及支持二路电话线的二路电话模块。利用现有模块和扩展模块，Cable Modem 不仅可以对 Internet 进行高速访问，还可以提供音频服务、视频服务、访问 CD-ROM 服务器以及其他一些服务。Cable Modem 不仅包含调制解调部分，它还包括电视接收调谐、加密解密和协议适配等部分，还可以是一个桥接器、路由器、网络控制器或集线器。

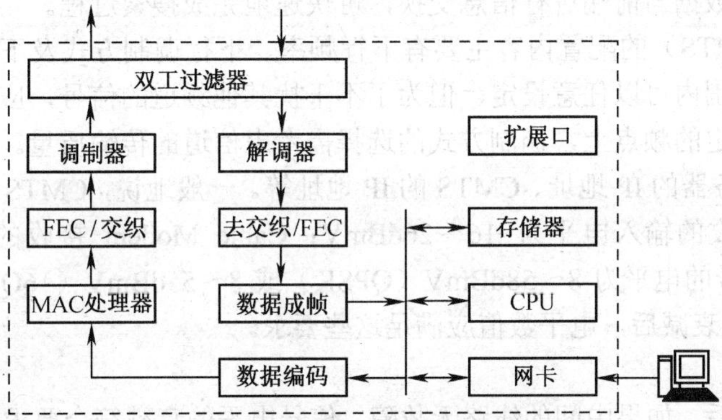

图 3-4　Cable Modem 的内部原理框图

2. Cable Modem 的工作配置

在系统的前端放置 Cable Modem 前端系统（CMTS），Cable Modem 置于用户端。CMTS 和 Cable Modem 间能够进行数据包双向传输，HFC 网络上的数据通信协议确保数据包的传输。HFC 网络是频分复用的，在某一频率上的信道是共享的，CMTS 与 Cable Modem 的通信是采用频分复用和时分复用的结合。CMTS 直接与本地服务器连接或者通过主干网与远端服务器相连。根据不同用户的要求，来安排是基于竞争还是基于专线的服务方式以及提供不同的服务质量；给每个通过 Cable Modem 上行请求的用户分配带宽；对用户 Cable Modem 进行授权。Cable Modem 与用户的计算机连接，通过 HFC 网上行信道与 CMTS 连接，接收 CMTS 传来的参数，自动地实现对自身的配置。

（1）配置方法和配置内容

Cable Modem 和前端设备的配置是分别进行的。Cable Modem 一般不需要人工配置和操作，它有用于配置的 Consol 接口，可通过 VT 终端或 Win9x 的超级终端程序进行设置。如果进行了设置，例如改变了上行电平数值，它会在信息交换过程中自动设置到 CMTS 指定的合适数值上。前端系统（CMTS）是管理控制 Cable Modem 的设备，其配置可通过 Consol 接口或以太网接口完成；通过 Consol 接口配置的过程与 Cable Modem 配置类似，以行命令的方式逐项进行。而通过以太网接口的配置，需使用厂家提供的专用软件，例如北电网络公司的 LCN 配置软件。

每一台 Cable Modem 在使用之前，都需在前端登记，在简单文件传送协议（Trivial File Transfer Protocol，TFTP）服务器上形成一个配置文件。一个配置文件对应一台 Cable Modem，其中含有设备的硬件地址，以便识别不同的设备。Cable Modem 的硬件地址标示在产品的外部，有 RF（射频）和以太网两个地址，TFTP 服务器的配置文件需要 RF 地址。有些产品的地址需要通过 Consol 接口联机后读出。对于只标示一个地址的产品，该地址为通用地址。

Cable Modem 加电工作后，首先自动扫描所有下行频率，捕捉 CMTS 为此 Cable Modem 发送的下行信息，下行信息中包含 CMTS 指定的上行频率。然后进行测距，测距后可以实现定时信息的同步和发射功率的控制。当用户发送/接收数据时，Cable Modem 在上行通道中发送申请 IP 地址的请求，前端的动态主机配置协议（Dynamic Host Configuration Protocol，DHCP）服务器收到请求后，向其返回一个 IP 地址。确定了上下行频率和 IP 地址后，就可以通过 Cable Modem 访问网络。Cable Modem 具有在线功能，即使用户不使用，只要不切断电源，则与前端始终保持信息交换，用户可随时上线；还具有记忆功能，断电后再次上电时，使用断电前存储的数据与前端进行信息交换，可快速地完成搜索过程。

前端系统（CMTS）的配置内容主要有下行频率、下行调制方式及下行电平等。下行频率在指定的频率范围内可以任意设定，但为了不干扰其他频道的信号，应参照有线电视的频道划分表选定在规定的频点上，调制方式的选择需考虑信道的传输质量。此外，还必须设置 DHCP 和 TFTP 服务器的 IP 地址、CMTS 的 IP 地址等。一般地说，CMTS 的下行输出电平为 50～61dBmV，接收的输入电平为-16～26dBmV；Cable Modem 接收的电平范围为-15～15dBmV，上行信号的电平为 8～58dBmV（QPSK）或 8～55dBmV（16QAM）。上下行信号经过 HFC 网络传输衰减后，电平数值应满足这些要求。

（2）通道管理

上述设置完成后，如果中间的线路无故障，信号电平的衰减符合要求，则启动 DHCP 和 TFTP 服务器，就可以在 CMTS 和 Cable Modem 间建立正常的通信通道。CMTS 设备中的上行通道接口和下行通道接口是分开的，使用时需经过高低通滤波器混合为一路信号，再送入同轴电缆。实际使用中，也可用分支分配器完成信号的混合，但对 CMTS 设备内部的上下行通道的干扰较大。

在 CMTS 和 Cable Modem 间的通道建立后，可使用简单网络管理协议（Simple Network Management Protocol，SNMP）进行网络管理。SNMP 是一个通用的网络管理程序，对于不同厂家的 CMTS 和 Cable Modem 设备，需要将厂家提供的管理信息库（Management Information Base，MIB）文件装入到 SNMP 中，才能管理相应的设备。也可使用行命令的方式进行管理，但操作不直观，容易出现错误。

（3）多台 CMTS 设备组成的网络结构

当用户数较多或传输的数据量较大时，必须考虑使用多个下行通道，可将多台 CMTS 设备连成网络。一个 CMTS 对应一个 Cable Modem 用户群，采用一对光纤连接。CMTS 间通过交换机实现全网的连接，各 CMTS 可使用相同或不同的下行频率。如果使用不同的下行频率，则可将多个 CMTS 的下行输出混合成一路信号，送入 HFC 网络，而在前端 TFTP 服务器的配置文件中，将同一个用户群内的 Cable Modem 编排分配在同一个网络内，并将其下行频率设成相同的数值。

在这种结构中，为减少用户对总中心的访问量，提高整个网络的访问速度，可在分中心配置一些服务器，例如视频服务器等。分中心可以将适合自己特点的信息源放入服务器，供本区用户访问。

在用户端，Cable Modem 通常接一台 PC，但考虑到价格因素和实际需要，也可通过一台以太网集线器（HUB）或交换机（Switch）连接多台 PC。多数 Cable Modem 具有带 16 个 PC 用户的能力，每个用户均可通过一条双绞线连到 HUB 的一个 RJ-45 接口。

3.2.2 工作原理

Cable Modem 中的数据传输过程如下所述。

在下行链路中，通过内部的双工滤波器接收来自 HFC 网络的射频信号，将其送至解调模块进行解调。HFC 网络的下行信号所采用的调制方式主要是 64QAM 或 256QAM 方式，用户端 Cable Modem 的解调电路通常兼容这两种方式。信号经解调后送至去交织/FEC 模块进行去交织和纠错处理，再送至数据成帧模块成帧。最后通过网络接口卡（Network Interface Card，NIC）到达用户终端。

在上行链路中，用户的访问请求先由介质访问控制（MAC）模块中的访问协议进行处理。系统前端接纳访问申请后，用户终端产生上行数据，并通过网络接口卡把数据送给电缆调制器。在电缆调制器中先对数据进行编码，再经交织/FEC 模块处理，送入调制模块进行调制。上行链路通常采用对噪声抑制能力较好的 QPSK 或 S-CDMA 调制方式，经过调制的信号通过双工滤波器送至 HFC 网络。

1. 基于 FDMA/TDMA 技术的 Cable Modem

Cable Modem 对上行/下行数据信号采用不同的接入方式。下行采用广播形式，Cable Modem 对数据信号进行调制解调和同步处理后传送给用户计算机。上行采用 FDMA/TDMA 接入方式，上行数据信号经过 Cable Modem 处理后送入 HFC 网络。FDMA 技术的使用不仅能增加上行信道的容量，又能够减弱上行数据的冲突，同时也避免信道资源的浪费。采用 TDMA 技术可以将信道划分成时隙，CMTS 集中控制 Cable Modem 处信道/时隙的选择，进行测距和同步，以确保 Cable Modem 能准确地将数据送入指定的时隙。

（1）上行信道访问方式

多媒体电缆网络系统（Media Cable Network System，MCNS）把每个上行信道看成是一个由小时隙（mini-slot）组成的流，Cable Modem 前端系统（CMTS）根据带宽分配算法可将一个小时隙定义为数据时隙（Data Slot，DS）或竞争时隙（Competition Slot，CS）。多个 Cable Modem 可以通过竞争获取竞争时隙（CS），并通过 CS 上传带宽请求信息；CMTS 通过控制各个 Cable Modem 对竞争时隙（CS）的访问进行上行带宽动态分配（即分配传输数据的 DS 时隙）。CMTS 进行带宽分配的基本机制是映射分配协议（Mirror Allocation Protocol，MAP）。MAP 是一个由 CMTS 发出的 MAC 管理报文，它描述了上行信道的小时隙如何使用。例如，一个 MAP 可以把一些时隙分配给一个特定的 Cable Modem，另外一些时隙用于竞争传输。每个 MAP 可以描述不同数量的时隙数，最小为一个时隙，最大可以持续几十 ms，所有的 MAP 要描述全部小时隙的使用方式。当 Cable Modem 使用竞争时隙（CS）传输带宽请求或数据时，有可能产生碰撞。若产生碰撞，Cable Modem 采用截断的二进制指数后退算法进行碰撞解析。MCNS 没有定义具体的带宽分配算法，只定义进行带宽请求和分配的协议机制，具体的带宽分配算法可由生产厂商自己实现。

（2）对服务类型的支持

与局域网络适配器物理地址一样，多媒体电缆网络系统（MCNS）给每个 Cable Modem 分配一个 48bit 的物理地址。MCNS 还给每个 Cable Modem 分配了至少一个服务标识（Service ID）。服务标识在 CMTS 与 Cable Modem 之间建立一个映射，CMTS 将基于该映射，给每个 Cable Modem 分配带宽。CMTS 通过给 Cable Modem 分配多个服务标识，来支持不同的服务类型，每个服务标识对应于一个服务类型。MCNS 采用服务类型的方式来实现服务质量（QoS）

管理。

（3）初始化过程描述

Cable Modem 在加电之后，必须先进行初始化，然后网络才能进行接收 CMTS 发送的数据及向 CMTS 传输数据。Cable Modem 的初始化是经过与 CMTS 的一系列交互过程来实现的，具体包括下述的一些过程。

① 获得上行信道参数

在这个阶段中，CMTS 向 Cable Modem 重复发送 3 种 MAC 信息：第 1 种是同步信息（SYNC），用以给所有 Cable Modem 提供一个时间基准；第 2 种是上行信道描述（Up Channel Description，UCD），Cable Modem 必须找到一个描述内容与 Cable Modem 本身上行信道特性相符的 UCD；第 3 种是由 UCD 所描述的上行信道的 MAP 信息，它包含了小时隙的信息，指出了 Cable Modem 何时可以发送数据和发送的持续时间，并由 SYNC 提供发送时间基准。

② 测距

由于各 Cable Modem 与 CMTS 之间距离的不同，每个 Cable Modem 对时间参考、频率和功率等相关参数的设置也不相同。测距（Ranging）就是完成时间参考精确调整、发送频率精确调整和发送功率精确调整的过程。测距过程可分为测距请求和测距响应两个阶段。

测距请求阶段是指测距开始直到 Cable Modem 收到测距响应信号的过程。Cable Modem 在初始维护时隙或周期性维护时隙中给 CMTS 发送一个测距请求信息，这个时隙的起始时刻是根据初步的时间同步与 Cable Modem 对 MAP（映射分配）的解释来确定得到的。CMTS 收到测距请求信息后，就给那个 Cable Modem 回送一个测距响应信号。如果在一个超时时间段中 Cable Modem 没有收到 CMTS 发来的测距响应信号，有两种可能的情况：一是由于初始维护时隙是提供给刚刚入网的所有 Cable Modem 的，来自各个 Cable Modem 的测距请求信息有可能发生碰撞；二是 Cable Modem 的输出电平太低，以至于 CMTS 没有正确地检测到。这样，如果 Cable Modem 没有收到测距响应信号，它将增加发送功率或等待一个随机时间段后再发送测距请求。

测距响应阶段是指 CMTS 回送测距响应信号以及 Cable Modem 接收后的处理过程。作为 CMTS 来说，在准备发送测距响应信号时，应获得以下信息：收到测距请求信息时刻与实际初始维护发送时隙起始时刻的时间差、Cable Modem 发送的确切频率和接收到的功率。在这些数据的基础上，CMTS 得到矫正数据并将这些数据在测距响应信息中发送给 Cable Modem。Cable Modem 根据这些数据调节自己的参数设置，并给 CMTS 发出第二个测距请求。如果有必要，CMTS 将再次返回一个测距响应，包含了时间、频率、功率等矫正数据，这个过程一直持续下去，直到 CMTS 对 Cable Modem 的时间参考、发送频率和功率设置满意为止。这个过程结束后，两者的定时误差将小于 1μs，发送、接收频率误差将小于 10Hz，功率误差将小于 0.25dB。

当 Cable Modem 刚入网时，测距过程发生在初始维护时隙中。当注册完毕后，测距过程发生在 CMTS 规定的周期性维护时隙中。Cable Modem 周期性地调整时间参考基准、发送频率和发送功率，以保证 Cable Modem 与 CMTS 的可靠通信。

③ 建立 IP 连接

Cable Modem 根据动态主机配置协议（DHCP）分配得到地址资源。当用户要求地址资源时，Cable Modem 在反向通道上发出一个特殊的广播信息包（DHCP 请求）。前端路由器收到 DHCP 请求后，将其转发给 DHCP 地址服务器；服务器向路由器回送一个 IP 地址，同时还包括一个包含配置参数文件的文件名、放置这些文件的TFTP服务器的IP地址及时间服务器的IP地址等信息。路由器把地址记录下来并通知用户。经过测距并确定上下行频率及分配IP地址后，Cable Modem就可以访问网络了。

④ 建立时间

Cable Modem和CMTS需要有当前的日期和时间。Cable Modem采用IETF定义的RFC868协议从时间服务器中获得当前的日期和时间。RFC868 定义了获得时间的两种方式：一种是面向连接的，一种是面向无连接的。多媒体电缆网络系统（MCNS）采用面向无连接的方式从时间服务器获得Cable Modem所需的时间。

⑤ 建立安全机制

如果有可拆卸安全模块（Removable Security Module，RSM）存在，并且没有建立安全协定，那么Cable Modem必须与安全服务器建立安全协定。安全服务器的IP地址可以从DHCP服务器的响应中获得。Cable Modem必须使用TFTP协议从TFTP服务器下载配置参数文件，获得所需的各种参数。在获得配置参数后，若RSM模块没有被检测到，Cable Modem将初始化基本保密（Baseline Privacy）机制。在完成初始化后，Cable Modem将使用下载的配置参数向CMTS申请注册，当Cable Modem接收到CMTS回送的注册响应后，Cable Modem就进入了正常工作状态。

2. 基于同步码分多址技术的Cable Modem

在现有树型结构的HFC网络中，用户端的噪声会在系统前端叠加，FDMA和TDMA技术容易受窄带噪声干扰。尽管通过HFC网络技术和上行模块进行设置可以抑制窄带干扰，但这不足以从根本上解决干扰性问题；同时HFC网络上行信道资源相对贫乏，这对网络容量有很大的限制。同步码分多址（Synchronous CDMA，S-CDMA）技术可以较完美地解决干扰性和容量问题。

S-CDMA应用了调节技术来适应电缆设备的动态噪声特征，通过减少调制方式产生的干扰和动态地调整各个Cable Modem发射器的功率电平，从而增加了系统的稳定性和可靠性。S-CDMA技术是利用相互正交的地址码，对已经被用户信息调制过的载波再次进行调制，使得载波频谱展宽；经过传输后，在接收端用本地产生的相同的地址码对载波进行筛选，把地址码与本地地址码一致的信号还原为窄带信号，其他与本地地址码不相关的信号略去。在HFC网络中，每个用户发送的上行信号由于经过的物理线路不同，信号到达前端接收机时会有不同的延时。为保持扩频码的互不相干性，S-CDMA系统通过同步工作机制对前端收到的扩频信号进行同步。在系统前端设立参考时钟，各用户的扩频信号与前端的扩频码不同步时，通过下行信道将信息送回用户端，用户端调整扩频码发生器的相位，以获取最佳的同步状态。

S-CDMA技术使用HFC网提供的上、下行对称6MHz带宽的独立传输通道。在6MHz带宽中下行的传输速率是14Mbit/s，使用扩频技术，使上行窄带干扰降低，不影响邻频传输，可与HFC网中其他调制方式的传输共存。在基于S-CDMA技术的系统中，采用并行多码扩频技术来传输用户的数据信息，由每个含有64kbit/s的多个数据码来组成净负载为14Mbit/s的数据总容量。每个数据流用自身扩展码进行编码、交织，并扩展到6MHz。把用户输入的数据信息（串行）经过转换分为多个码流比特率为64kbit/s的并行数据码流，分别进行扩频调制后相加送入上行通道，在前端解调后转换回原来的串行数据流输出。这样就可以根据用户数据速率的大小，按需分配信道。带宽的使用和分配由前端设备（CMTS等）控制，支持常码率、变码率和待用码率。根据用户的需求不仅可以提供固定带宽，而且，其余带宽还可以动态灵活分配运用，这样就可以针对不同用户提供不同种类、不同价位的服务，扩大了服务的层次。

众所周知，利用有线电视网进行双向传输有着一个令人十分头痛的问题（“漏斗”效应），即在信号的下行方向是由中心向四周分散，对于网络中的每一个终端而言所接受的噪声是单条线路的串入噪声，这些干扰不会影响正常的通信；而反之则不然，庞大的分配网络对于中心节点而言仿佛是一个“大漏斗”，网络中各个节点的噪声统统汇入中心节点，在中心节点迭加、混合。这些随机的、宽频谱无规律的噪声将对系统回传通道造成极其严重的损害，若系统抗干扰性能不好，完全可以使系统瘫痪。

基于S-CDMA技术的Cable Modem将无线通信中使用的扩频技术移植到电缆通信中，并采用码分多址技术，使得其对 HFC 网络上行信道的噪声和窄带干扰有很强的抑制能力，即使在上行频带中5～20MHz这个干扰较大的频率范围以及其他Cable Modem无法正常运行的范围内均能运行。基于S-CDMA技术的HFC网络上行通信方案可充分利用整个上行频带，由于采用了多址同步技术，用户之间的多址干扰大大降低，系统容量得到很大提高。

基于S-CDMA技术的Cable Modem的兼容性较差，系统扩展性不强，市场规模也很小。但由于S-CDMA具有极强的抗干扰性能，适合于任何有线电视电缆网络，无论是电缆网还是HFC网，甚至在极端噪声的条件下使用，从而降低了对网络改造的要求，可最大限度地利用现有的网络，也就降低了网络改造的成本。

3.3 Cable Modem 的体系结构

从体系结构和原理角度看，根据ATM和IP的相互竞争，Cable Modem也存在IEEE802和DOCSIS两种相互竞争的技术规范。实际上，IEEE 802和DOCSIS的Cable Modem是相似的，IEEE 802的物理层支持ITU Annex A、ITU Annex B、ITU Annex C以及64/256QAM，介质访问子层支持ATM；MCNS-DOCSIS的物理层支持ITU Annex B，协议访问层支持变长数据包机制。因此，两种Cable Modem的物理层是相同的，都是基于ITU J.83（北美地区有些例外）。IEEE 802和DOCSIS Cable Modem的基本区别是在介质访问控制（MAC）及其以上各层。基于ATM的Cable Modem的MAC层包括ATM端到端操作所需的分段和重装；对IP业务，IEEE规定IP over ATM使用AAL-5分段和重装。基于IP的Cable Modem，按照ISO 8802-3，DOCSIS使用可变长度IP分组作为传输机制。基于ATM的Cable Modem和基于IP的Cable Modem之间的其他区别在于高层业务和安全功能、维护和管理消息（例如，注册和初始化）。

3.3.1 基于 IEEE 802 的 Cable Modem

基于ATM的Cable Modem参考体系结构如图3-5所示，包括：物理（PHY）层、MAC层和上层（upper layers）。物理层和MAC层是对Cable Modem主要部件进行描述的两个基本层次，如图3-6所示，它们主要部分都嵌入在硬件内。Cable Modem内的软件将补充这两层，以使Modem具有业务特色。这些层和子层定义了头端和Cable Modem之间所需的对话。

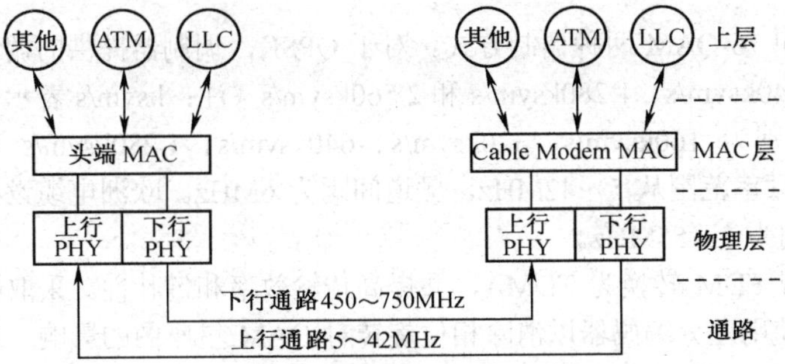

图 3-5 基于 ATM 的 Cable Modem 参考体系结构

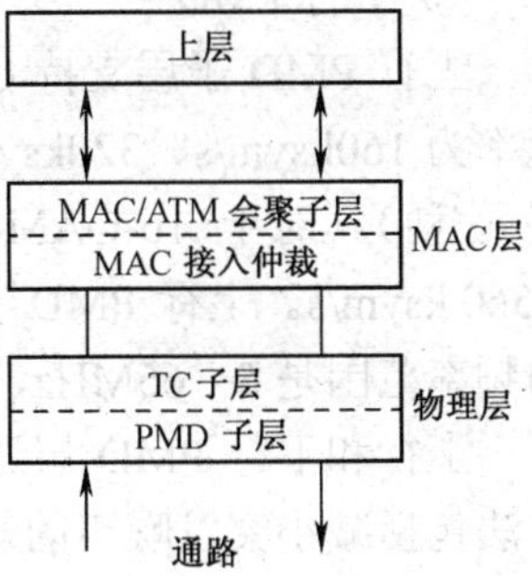

图 3-6 Cable Modem 的基本层次

1. 物理层

数字电缆系统的物理接口是普通的同轴电缆。该物理层包括上行和下行通路。电缆系统上行通路的特性使得上行传输比下行传输更为困难。这是由于共享介质存在接入冲突以及大量噪声源污染这一频率范围。噪声损害可以通过使用复杂的编码技术并以减小数据传输速率为代价得到一定程度的补偿。因此，数字电缆体系结构在头端只用一个下行发送器，同时包括几个相关的上行接收器。

由图 3-6 可见，物理层包括两个子层：物理介质关联（Physical Medium Dependent，PMD）子层和传输汇聚（Transmission Convergence，TC）子层。这两个子层根据相关的传输链路的特性，实现所需的比特传输、同步、定向和调制功能。图 3-7 显示了这两个子层的相关功能。

TC	符合ITU-T H.222.0的MPEG188字节 MPEG同步及恢复 MPEG PID复接/分接 PDU定界及扰码 控制、测距、功率控制及同步等	
PMD	下行	上行
	扰码器 RS编码器 交织器 差分编码器 符合ITU-J.83的射频 QAM调制器	数据到码字的转换 RS编码器 扰码器 前导产生器 脉冲整形 QPSK或16QAM调制器

图 3-7 Cable Modem 侧的物理层

（1）物理介质关联子层

物理介质关联（PMD）子层的主要功能是对模拟电缆网络上的射频（RF）载波进行调制/解调以获得数字比特流，并实现同步编码和差错校验。PMD 又分为下行 PMD 和上行 PMD。

① 下行 PMD

下行 PMD 采用正交振幅调制（QAM）技术对射频载波进行调制/解调。QAM 是通过无线电设备传输编码数字信息的一种方法。ITU-J.83 规定了 3 种类型的下行接口，分别是类型 A、B 和 C。本例中所示的是 ITUJ.83 的类型 B。Cable Modem 支持 64-QAM 和 256-QAM。对 256-QAM，标称码元速率为 5.360 537Msym/s（兆码元/秒，波特率）。对 64-QAM，标称码元速率为 5.056 941Msym/s。规定的频道间隔为 6MHz，中心频率为 91～857MHz。

② 上行 PMD

上行 PMD 子层支持 QPSK 和 16-QAM 两种调制方式。对于 QPSK，调制器提供的调制速率为 160ksym/s、320ksym/s、640ksym/s、1 280ksym/s 和 2 560ksym/s（注：ksym/s 表示千码元/秒）。对于 16-QAM，则分别为 160ksym/s、320ksym/s、640ksym/s、1 280ksym/s 和 2 560 ksym/s。上行 PMD 支持的频率范围从 5～42MHz，频道间隔为 6MHz。欧洲电缆设备的频率范围是 5～65MHz，日本则为 5～55MHz。

上行和下行 PMD 层还要实现 FDM 转换为 TDMA，并提高传输效率和健壮性。采取的方法包括减小突发噪声的影响、使用差分编码器以消除相位旋转对 QAM 星座图的影响、对传输的数据载荷进行随机化处理、纠正信息块（码字）内部的码元错误、同步以及建立 TDMA 结构。上行方向要实现脉冲整形和发送可变长度的经过调制的突发信号，该突发信号要具有精确定时，该定时起始于间隔为 6.25ms 的整数倍的边界处。

（2）传输汇聚子层

一旦比特流在 PMD 子层被处理后，就可以得到各帧以及更详细的信息。传输汇聚（TC）子层对上行比特流要做进一步的提炼，形成一定格式以供进一步的数据处理。在下行方向上，传输汇聚子层进一步对数据进行处理，许多比特经过组装形成一帧。传输会聚子层的主要功能如图 3-7 所示。

（3）传输帧结构

① 上行帧结构

上行帧的特性是头端产生一个时间参考用于标识时间域内的时隙容器。时隙容器允许 Cable Modem 向头端传送信息。依据该时间参考，进一步划分出以时间片（6.25μs）为单位表示的小时隙（mini-slot）。一个小时隙的持续时间等于传输 6 字节（可编程）数据所需的时间加上传输物理层开销所需的时间和保护时间。几个小时隙可以串接在一起形成一个分组，如图 3-8 所示。对于基于 ATM 的 Cable Modem，使用连续的小时隙构成一个 ATM 信元，并向头端传送。对基于 IP 的 Modem，分配连续的小时隙形成一个可变长度的分组进行传输。

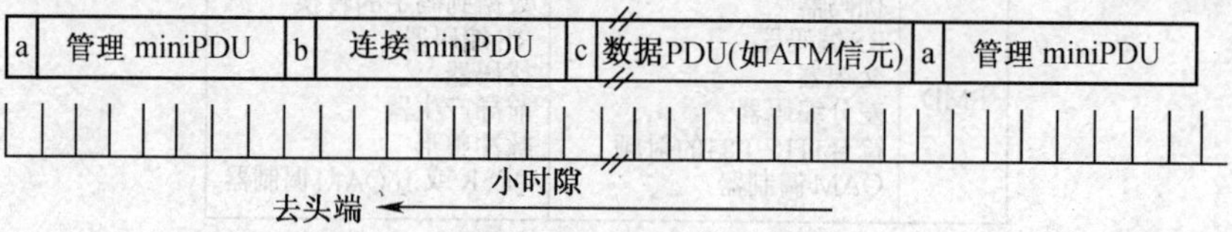

图 3-8 上行方向小时隙结构

MAC 层协议数据单元（PDU）占据单个小时隙，被称为 miniPDU。在定义每个 miniPDU 时有各种不同的特点（见图 3-8），miniPDU 内部的一个信息元素定义了分配的各种功能：一种 miniPDU 可以作为管理消息，用于头端和 Cable Modem 之间的测距或射频功率调整；另一种 miniPDU 可以作为连接消息，用于 Cable Modem 接入共享介质的请求；第三种 miniPDU 可以是数据 PDU 的载荷的一部分。上行结构可以被认为是一个小时隙流。小时隙被识别，并利用由头端分配的自由运行的计数器值进行标注，主时钟每经过一个时间片该计数值加 1。头端决定每个上行通路中每个小时隙的用途。这一信息以映射表的形式通过下行通路广播传送给各 Cable Modem。承载 ATM 信元所需的小时隙数目取决于物理开销的长度和上行物理层所需的保护时间（按照 miniPDU 突发情况）。对基于 ATM 的 Cable Modem，由头端分配整数个小时隙来传输 ATM 信元。

② 下行帧结构

根据 ITU-T H.222.0 标准，下行帧结构可称为 MPEG-2（Motion Picture Experts Group，MPEG）分组格式，包括 4 字节的标头和随后 184 字节的有效载荷，共计 188 字节。标头（PID 域)用于标识载荷是属于 DOCSIS 的 MAC 帧，还是基于 IEEE 802.14 的 MAC 帧。Cable Modem 的下行帧格式如图 3-9 所示。这些帧与载有其他数字信息的帧相交织。交织速率必须考虑到影响业务整体性能的抖动。建议的恒定交织率为 1∶*n*（每 *n* 个数字视频载荷插入一个 Cable Modem MAC 载荷）。

4字节（标头）	184字节（载荷）
PID=0X1FFD 基于ATM 的 Cable Modem PID=0X1FFE 基于 IP 的 Cable Modem	Cable Modem MAC 载荷
PID=数字视频	数字视频载荷
PID=数字视频	数字视频载荷
PID=数字视频	数字视频载荷
PID=0X1FFD 基于ATM的Cable Modem PID=0X1FFE 基于 IP 的 Cable Modem	Cable Modem MAC 载荷

图 3-9 下行帧格式

实现同步并识别 MPEG 帧边界是传输会聚（TC）子层的首要工作，由 Cable Modem 的 TC 硬件完成。当进入捕获状态（Hunt State）时，TC 中的硬件移位、计算和搜索 MPEG 载荷的正确 CRC。若 188 字节的校验和连续 5 次正确，则表明 MPEG 分组位于帧内，即达到“帧同步”。当收到 9 次连续不正确的校验和时，表明进入“帧失步”状态。

两种 Cable Modem 都支持协议数据单元（PDU）定界（某个 PDU 可从一个 MPEG 帧跨到下一个帧）。对于基于 ATM 的 Cable Modem，由信元标头差错控制（Header Error Control，HEC）的校验和负责标识信元边界。一旦进入捕获状态，连续 7 次收到正确的 HEC（在 5 个 ATM 标头字节上）标志着已确定帧内的信元边界，此时它宣布 PDU“在帧内”。当连续 5 次 HEC 发生错误时，宣布“帧失步”，此时，TC 会再次进入捕获状态以确定信元边界。

一旦确定了 MPEG 帧边界，TC 就可以从 MPEG 载荷中提取出 Cable Modem 分组数据。其格式如图 3-10 所示。基于 ATM 的 Cable Modem 和基于 IP 的 Cable Modem，它们虽然从理论上和基本功能上都是相似的，但是在数据解释和操作的方式上两者是不同的。对于基于 ATM 的 Cable Modem，MPEG 帧内每个 PDU 的长度是固定的。事实上，它就是 ATM 信元。对于基于 IP 的 Cable Modem，PDU 载荷的长度是可变的，符合 ISO8802-3 类型的 PDU。

图 3-10 嵌入在 MPEG 帧内的下行帧格式

基于 IP 的 Cable Modem 的 MAC PDU 边界使用了指针域（pointer_field）。指针域是 MPEG 载荷的第 1 个字节（在图 3-10 中未标出），用于指示下一个 MAC PDU 的起始位置。标头指明是否必须使用指针域。利用这种方法，MAC PDU 就可以从一个 MPEG 分组的任何位置开始，或者一个 MAC PDU 可以跨越 MPEG 分组，几个 MAC 帧可以存在于一个 MPEG 分组内。

（4）低层初始化

一旦确定了 PDU 划分和它们的格式，传输会聚（TC）便开始进行低层初始化工作，包括同步、测距和功率调整。

① 同步

当 Cable Modem 成功组装各帧后，它的时钟必须和头端时钟保持同步。因此，每个 Cable Modem 需要用到所有 Modem 的全局定时参考和定时偏移等基本信息，这些信息是通过头端周期地发送一个包含全局定时参考的管理消息来实现的。管理消息包含一个时间标记（timestamp），用于标识头端何时发送该参考时钟；Cable Modem 将它和自己的时间比较，并据此对本地时间做相应的调整。Cable Modem 总是周期性地调整其本地时钟。

② 测距

当同步建立后，Cable Modem 必须获得可用上行通路的信息（如正确的定时偏移量），以便可以向头端发送初始维护消息进行测距（Ranging），保证 Cable Modem 的传输和正确的小时隙边界对齐。初始维护（Initial Maintenance）区的时隙划分应足够大，以适应任何两个 Cable Modem 之间迟延的变化。当发送初始维护消息后，如果有机会，Cable Modem 就发送测距请求（Ranging Request）消息；头端响应并向指定的 Cable Modem 返回一个测距响应（Ranging Response）消息。

③ 功率调整

每个 Cable Modem 至头端的衰减都很可能和另一个至头端的衰减不同。因此，Cable Modem 必须适当地调整发送器的功率，以便使所有站点传输到头端的信号电平大致相等。测距响应消息中包含所需的射频功率调整、频率偏移以及任何定时偏移修正等信息，通过建立对话，就可以对 Cable Modem 的功率和定时偏移进行精细的调整和校正。

2. MAC 层

介质访问控制（MAC）层规范是最复杂的，其复杂性来自共享介质，以及需要保证每个用户应用的服务质量。任何 MAC 的基本功能是设计一种机制，实现网络的随机接入，分解竞争，并且还应做到当一个以上的站点同时发送时对资源进行仲裁；MAC 还需要保证某些特殊应用的服务质量。如果正在传送实时视频或语音，那么必须使迟延抖动达到最小并分配恒定比特率（CBR）的带宽。与数据分组不同，实时语音分组哪怕只有不大的迟延，也会成为无用。Cable Modem 的 MAC 需要很大带宽，能完成具有严格要求的交互式多媒体业务。

所有上行和下行通路运行同一个 MAC 分配和管理协议，其工作环境包括头端和所有连在网上的 Modem，头端服务于所有上行和下行通路。可以认为，MAC 协议是一些组件的集合，每个组件完成一定数量的功能。Cable Modem 的 MAC 协议分为以下组件集：捕获过程、消息格式、对高层业务类型的支持、带宽请求、带宽分配及竞争分解等机制。

（1）消息格式

MAC 消息格式定义了上行和下行消息定时，并对其内容进行描述。

（2）对高层业务的支持

根据前述可知，Cable Modem 的 MAC 层可包含子层。对基于 ATM 的 Cable Modem，其 MAC 子层包括分段和重装（Segmentation And Reassembly，SAR）；SAR 用于 ATM 信元的拆装以适配非 ATM 业务应用（例如，IP over ATM）。因此，它提供接口给高层业务（无论是基于 IP 的业务或是本原 ATM 业务）。MAC 的主要特点是它在支持分组传送的同时保持提供服务质量的能力。上行通路是宝贵的资源，因此，必须对冲突和数据流进行非常有效的管理。上行通路按照时间分为基本的小时隙单元。有几种类型的小时隙，它们的功能由头端定义，并通过下行控制消息传送给每个Cable Modem。为了构成一个数据PDU或ATM信元，可以把几个小时隙串接起来。在任意给定时间内没有固定的帧结构，小时隙的数目可变，因此可以把上行通路看成小时隙流。MAC层还包括负责信息处理和流量控制的控制规则。管理消息用于处理各种任务，主要是处理Cable Modem和头端之间有关Modem初始化、认证、配置和授权等的交互过程。为了完成这些任务，应该尽可能合理地采用即插即用方式。

（3）捕获过程

① 通路捕获

根据前面介绍可知，一旦Cable Modem完成同步、成帧，并和头端建立通信后，它就完成了通路捕获工作。头端扮演着交通警察的角色，可指示Cable Modem改变上行或下行通路。Cable Modem必须响应和重新初始化PMD和TC层，一经完成，就实现了通路捕获。

② 注册

如果通路捕获、测距、确定功率电平均已完成，为了使Cable Modem合法接入网络，Cable Modem和头端MAC之间要交换若干消息，此后它才可以正常使用。因此，Cable Modem必须首先向头端注册，启动MAC注册过程。Cable Modem被分配一个本地有效的临时业务标识（ID），该ID标识与IEEE 802规定的48bit Cable Modem MAC地址有关，该地址在Cable Modem生产过程中被指定。它在注册过程中使用，向各种提供安全保障的服务器标识Modem。

（4）安全和保密

HFC的安全和保密问题不同于传统的点到点有线网络。在电信网环境中，铜线由用户专用并直接连接到中心局的某个线路板上，电话线上的窃听不容易做到。在HFC网络环境中，安全问题比较难以解决，因为许多站点实际上是接到同一条线上的。

① MAC安全要求

Cable Modem中规定了接入安全机制以使共享介质接入网的安全性和非共享介质接入网的安全性相当。其基本工作过程是：在注册期间，由Cable Modem向头端发送独特的ID号（IEEE 802的48bit MAC地址），然后进行密钥交换。检验ID只作为密钥交换前的认证（如初始口令），如果头端不接受该ID，则注册失败；如果一个合法用户未曾首先注册，那么使用合法ID（不管是否非法获得密钥）的计算机黑客就可以进行注册。在这一过程中，ID信息是不加密发送的，黑客可以窃听某个成功的注册过程并记录下ID信息。

② 密钥交换

在注册阶段密钥交换使用Diffie-Hellman交换。认证阶段加入密钥是为了检验连接到头端的站的身份，某个获取了设备合法ID号的计算机黑客也必须获得正确的密钥。Diffie-Hellman密钥交换用于建立共同的密钥。IEEE 802.14采纳了Diffie-Hellman密钥交换规程。

③ 维护站密钥

Cable Modem通常配备一个以上独立的加密/解密密钥，这些密钥在注册期间利用辅助密钥（cookie）进行交换。当进入网络时或在网络运营商认为必要的任何时间，在注册/认证阶段这些辅助密钥在Cable Modem和头端之间进行交换。一个512bit的临时Diffie-Hellman密钥被用于主密钥交换，主密钥交换产生一个辅助密钥。

但是，这一处理程序不能区分新注册用户与那些还没有产生辅助密钥的用户。黑客利用复制的MAC地址在注册阶段可以很容易地建立网络连接。然而，当合法用户进行注册时，黑客将被拒绝接入网络。对合法用户的业务拒绝将提示操作员利用其他手段进行认证。例如，个人干预会因此暴露攻击者，并使这一问题得以解决。

（5）冲突分解的原理

从流控角度看，MAC 描述业务接入机制和各站的稳态操作行为。在共享介质环境下，通信是多对一的。各个用户竞争共享介质，以便引起头端的注意，从而能得到开始发送数据的许可。MAC 对希望接入网络的用户行为进行控制，并遵守应用和网络承诺的业务合约。因此，MAC 要对信道进行仲裁并分解发生的任何冲突。头端起着中心局的作用，它控制和调节与它相连的 Cable Modem 的所有通信。公共网和专用网上已经制定并规范了几种 MAC 协议，两种竞争分解机制是时分多址和冲突分解（Collision Resolution）协议（如竞争和冲突分解机制）。

① 时分多址

在时分多址（TDMA）方式中，给每个连接设备分配特定时间帧内的一个时隙。帧内包含确定数目的时隙，每个时隙专供某个连接设备使用。当某设备要发送数据时，它将使用它的专用时隙发送信息。这一机制的显著优点是：在共享介质上不会发生冲突；它非常适用于恒定比特率业务（如语音或可视电话）；所有连接用户具有公平的接入能力。TDMA 机制存在明显的缺点是空闲用户的时隙浪费了网络资源。

在绝大多数多媒体应用中，业务是突发性的和不可预计的，无论用户是在上 Internet，浏览 WWW，还是发送电子邮件。这种情况下，分配的时隙只是偶尔使用。在这样一个上行通路带宽有限的环境下，给各站提供全时接入是浪费的，并且非常昂贵。

② 竞争和冲突分解机制

竞争和冲突分解机制要求设备在每次发送数据时要竞争总线。MAC 负责仲裁接入、分解竞争和控制业务流量。共享的带宽只在需要时被使用，这样可以提高上行效率。冲突肯定会发生，尤其在交迭（folded）结构中，各设备必须退让，然后重试，直至可以接入。这一机制可以很好地服务于数据事务处理（对于非迟延敏感型业务），但是，没有充分体现服务质量（QoS）概念、公平性和资源使用的有效性。

（6）竞争分解算法

由于请求分组和数据分组可能在竞争条件下发送，故需要执行某种冲突分解算法。有多种算法可以使用，下面主要描述两种竞争分解算法。

① 基于树的竞争分解算法

基于树的竞争分解算法的原则是：当发生冲突时，冲突的所有有关各站被分为 n 个子集；每个子集按照某一次序随机选取 1～n 之间的一个数，首先重传第 1 个子集，子集 2～n 等待；可以把等待的各个子集看成是一个堆栈，堆栈中的位置代表各站在重传其请求以前必须等待的时隙数；如果发生第二次冲突，第 1 个子集再次被分割，已经在堆栈中等待的子集必须在栈中最多移动（n-1）个位置，从而为冲突的新站留出空间；如果没有冲突，占据堆栈中最低位置的站可以发送。

在 HFC 系统中，由于 Cable Modem 不能监视冲突，有关竞争请求的反馈信息需由头端提供，而且，算法还必须考虑对接收反馈信息迟延的补偿及公平性。因此，不能像原先定义那样，所有各站立即收到反馈；而是各站在从头端收到反馈并在可以重传之前必须要等待，至少要等到下一帧的开始。为了适应反馈的迟延，该算法需要进行如下修正。

例如，考虑包含 c（j－1）个冲突小时隙的第（j－1）帧。所有卷入第一个冲突时隙的各

站在前 n 个时隙发送，卷入第二个冲突时隙的各站将使用接下来的 n 个时隙，更一般地说，卷入第 i 个冲突时隙的各站选择第（$i \times n + 1$）到第（$(i+1) \times n$）个时隙之间的时隙子集。如果第 j 帧含有 p 个竞争时隙，前面的 p 个子集可以重传，其余子集在堆栈中等待。如果第 j 帧中出现 c（j）个新的冲突，正在等待的子集必须在堆栈中移动（$n \times c(j) - p$）个位置，从而为新的子集留出空间。一些文献中的研究表明，当 $n = 3$ 时，结果最优。

IEEE802.14 还考虑过其他的分解算法（如 p−坚持算法）。p−坚持算法是使 ALOHA 协议适配到具有多个冲突时隙的帧时使用的算法，该算法可改善 ALOHA 的稳定性。新的激活站和正在分解冲突的各站以相等的概率 p，坚持接入到一个帧内的竞争时隙。可以通过估计积压站的数目来确定坚持概率 p，这一计算由头端负责并在下行帧中发送给站。经过广泛的仿真得到的结论是，基于树的阻塞算法性能优于 p−坚持算法。

以 ATM 为中心的 Modem 选择这种竞争分解方案是基于接入迟延的概率密度函数，这里，接入迟延是测量从分组产生到它被头端接收所经历的时间。这一测量关系到 ATM 环境中的信元迟延变化（Cell Delay Variation，CDV），因此是非常重要的。

② 二进制指数退避竞争分解方法

MCNS/SCTE 采用这种竞争分解方法用于基于 IP 的 Cable Modem。头端通过反馈控制上行通路的分配，并确定哪些小时隙遭受冲突。这种竞争分解方法是基于截短的二进制指数退避算法，由头端控制初始的和最大的退避窗口。可以按照以下过程进行操作：当 Cable Modem 进入竞争分解阶段时（由于冲突），它将内部退避窗口设置为有效的传送值；Cable Modem 从其退避窗口中随机选择一个数，这个随机数表示 Cable Modem 发送之前推迟的竞争传输时隙数。在竞争发送后，如果请求没有被许可，Cable Modem 将它的退避窗口增大一倍，再一次从新的退避窗口中随机选择一个数并重复推迟发送过程。如果重试的次数达到最大，该协议数据单元（PDU）就必须被丢弃。

（7）MAC 带宽分配

从以上内容可以明显看出，TDMA 和预约/竞争机制两者的混合解决方案将满足多媒体应用的需要。无论是基于 IP 的 Cable Modem 还是基于 ATM 的 Cable Modem 都采用了这种技术，但是冲突分解算法不同。

头端的算法负责计算带宽分配和给请求以许可。至于请求时隙数与许可消息数的组合搭配是由制造商在实现时确定的。

MAC 协议集中描述了下列问题。

① 上行带宽控制格式定义请求的小时隙的类型和结构。

② 上行 PDU 格式描述 ATM 的协议数据单元格式，这些 ATM PDU 被分为长度可变的分片（fragment），以便有效传输 LLC（逻辑链路控制）业务类型。

③ 下行格式规定了下行数据流，它可以被视为一个分配单元流，每个单元长度为 6 字节。如前所述，ATM 信元可以通过将若干个基本小信元串接在一起传送。每个 ATM 信元可以承载很多信息元素，例如带宽信息元素、许可信息、分配信息（对请求小时隙的分配）和反馈信息（请求小时隙竞争的反馈）。

（8）上行带宽的请求

每个 Cable Modem 可以通过基于竞争上行通路的传输方式向头端申请带宽，为了满足多媒体应用的需要（一个会话可以含有多个不同 QoS 的连接），它可以有一个或多个逻辑队列参与共享传输资源的竞争。头端负责给 Cable Modem 分配上行通路的传输资源，一旦头端许可该请求，Cable Modem 就可以通过设置传输数据 PDU 的某个比特（在合适的域内）进一步申请带宽。这一方法称为“捎带（piggybacking）”请求，当竞争接入迟延较大时，这种方法是最有用的。Cable Modem 可以为一个逻辑队列申请用于恒定比特率（CBR）业务的永久性带宽分配，这样就可以在希望的频带上得到周期性的许可，直到 Cable Modem 发送 CBR 释放消息。

头端向 Cable Modem 分配上行通路内的请求小时隙（Request Mini-Slot，RMS），用于竞争接入。一个 RMS 许可消息标识许多 RMS，这些 RMS 在竞争的不同阶段划分为不同的组，归不同的 MAC 用户群使用。如果 MAC 需要对 ATM 提供支持，它还需要区分 ATM 所支持的不同业务类型，如恒定比特率（CBR）、可变比特率（VBR）和可用比特率（ABR）业务。带宽分配是 MAC 的基本部分，由头端控制对请求的许可。

典型的情况是，头端给每个 Cable Modem 分配多个 RMS，一个 RMS 可分配给多个 MAC 用户。为了预约上行通路的传输资源，MAC 用户从它可用的 RMS 组中随机选取一个 RMS，并在选取的 RMS 中尝试发送一个请求消息。该请求消息称为请求 miniPDU（RPDU），用于标识 MAC 用户和请求分配带宽的大小。因 MAC 用户不排除其他用户接入 RMS，故有可能发生冲突。当存在冲突时，就要求执行竞争分解算法以解决冲突问题。竞争分解机制是 MAC 最重要的方面，由退让阶段和重传阶段组成。

3. 上层

Cable Modem 应能操纵管理实体和业务接口，无论它们是 IP、本原 ATM 还是其他。

（1）IP 接口

目前大多数 Cable Modem 直接连接到计算机上处理 IP 业务。虽然将来其他接口（比如 USB 或 Firewire）有可能也很重要，但这一连接的物理层几乎总是以太网 10Base-T。尽管用内置计算机插卡实现 Cable Modem 可能比较便宜，但是这种方法要求不同的计算机使用不同的 Modem 卡。为了安装这种业务还需要打开用户的计算机，这对有线电视运营商来讲是很麻烦的，应该避免这样做。

（2）ATM 本原接口

采用 IEEE 802.14 标准的 Cable Modem 可以支持本原的 ATM 业务。这意味着需要开发 ATM 适配层，以处理 ATM 应用，包括 CBR、VBR 和 ABR 业务。

4. Cable Modem 的运行

加电以后，Cable Modem 工作在未注册状态，由物理介质关联（PMD）子层完成物理层同步。之后，由（TC）传输会聚子层完成同步和信息分组的成帧。下行格式为 MPEG-2。同时在上行方向由头端控制和编程的时隙中产生一个 miniPDU。然后，Cable Modem 通过搜索和注册加入到网络中，并和头端交换安全辅助密钥（cookie）及其他参数。经过测距，就出现了如图 3-11 所示的运行情况。多个 miniPDU 可以被串接，形成一个 ATM 信元（对于以 ATM 为中心的 Modem），或者形成一个 IP 分组（对于以 IP 为中心的 Modem）。利用现有的 HUNT（捕获）状态机技术实现 IP 分组或 ATM 信元的定界。

当 Cable Modem 需要发送 PDU 且没有分配时隙时，它通过在 miniPDU 中发送一个请求 PDU 来申请分配。如果竞争成功，头端将用许可的信息元素分配所申请的上行带宽，并用下行通路通知 Cable Modem，然后 Cable Modem 就可在分配的时隙中发送 PDU。如果发生了竞争，Cable Modem 或者可以利用树型分解和优先权机制（对基于 ATM 的 Modem），或者可以利用二进制指数退避机制（对基于 IP 的 Modem）。

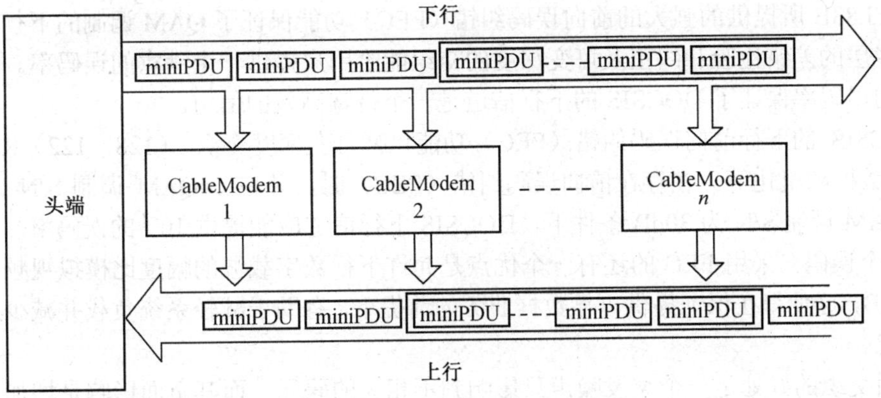

图 3-11 CableModem 的运行情况

在下行方向，Cable Modem 接收封装在 MPEG 帧内的 ATM 信元流或分组 PDU。管理 PDU 利用只在本地有效的标识符寻址某个特定的 Cable Modem。每个 Cable Modem 根据其标识符对进来的 PDU 进行过滤。对基于 IP 的 Modem，IP 的连通性（获得 IP 地址）是由 Cable Modem 使用 DHCP 机制请求的（遵照 RFC1541）。

3.3.2 基于 DOCSIS 的 Cable Modem

在 Cable Modem 发展初期，由于标准不统一，各厂家的 Cable Modem 和前端系统彼此不能互通。1996 年 1 月，由几个著名的有线电视系统经营者成立了多媒体电缆网络系统有限公司（MCNS），制定了 Cable Modem 的标准——电缆数据系统接口规范（Data Over Cable System Interface Specification，DOCSIS）。1998 年 3 月，DOCSIS 被国际电信组织接受，成为 ITU-T J.112 国际标准，选择符合这个标准的 CMTS 系统，可得到众多 Cable Modem 的支持。

DOCSIS 是 HFC 网络上的高速双向数据传输协议，如图 3-12 所示。基于 DOCSIS 的 Cable Modem 系统具有充分的互操作性。下面主要介绍该系统的组成和基本原理，以及数据调制和解调、MAC 层带宽分配、Cable Modem 初始化过程和数据链路层加密等功能，并介绍 DOCSIS 1.1 对 QoS 和 BPI 的改进及 MAC 包分段、IP 组播等新功能。

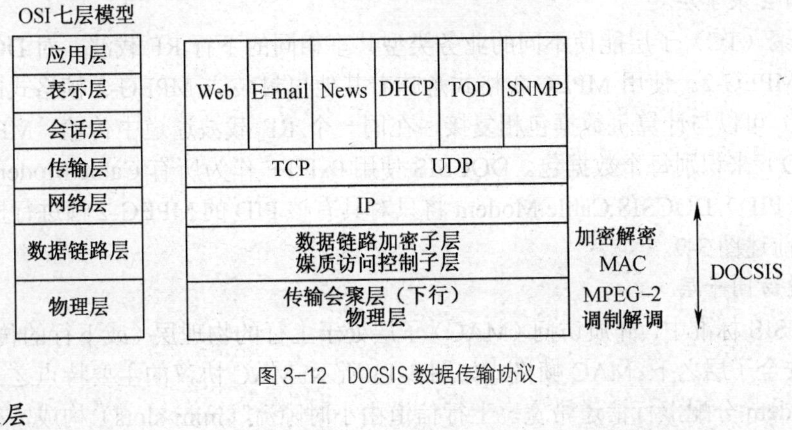

图 3-12 DOCSIS 数据传输协议

1. 物理层

（1）下行信道

下行信道物理层规范是基于 ITU-T J.83B（视频信号的数字传输 Annex B）的。DOCSIS

的下行信道可以占用88～860MHz间的任意6MHz带宽，调制方式采用64QAM或256QAM。由ITU-TJ.83B所提供的强大的前向误码纠错（FEC）功能保证了QAM调制的下行信道的可靠性，多层的差错检验和纠正及可变深度的交织能给用户提供一个满意的误码率。高的数据率和低的误码率保证了DOCSIS的下行信道是一个带宽高效的信道。

DOCSIS的下行前向误码纠错（FEC）功能包括可变深度交织、（128，122）RS编码、TCM和数据随机化等。在存在前向误码纠错（FEC）时，并在64QAM调制S/N为23.5dB或256QAM调制S/N为30dB条件下，DOCSIS下行信道应能提供10^{-8}的误码率，相当于每秒3～5个误码。采用FEC的还有一个优点是允许下行数字载波的幅度比模拟视频载波的幅度低10dB，这使得在保证提供可靠数据业务的前提下，有助于减轻系统负载并减少对模拟信号的干扰。

采用交织的好处是一个突发噪声只影响到不相关的码元，而其负面影响是增加了下行信道的时延。交织的深度与所引起的时延有一个固有的关系：DOCSIS RF标准的最深交织深度能提供95ms的突发错误保护，代价是4ms的时延。4ms的时延对观看数字电视或进行Web浏览、E-mail和FTP等Internet业务来说是微不足道的。但是，对端到端时延有严格要求的准实时恒定比特率业务来说可能会有影响。可变深度交织使系统工程师能在需要的突发错误保护时间与业务所能容忍的时延之间进行折衷选择。交织深度也可由CMTS根据RF信道的情况进行动态控制。

（2）上行信道

上行信道的频率范围为5～42MHz。DOCSIS的上行信道使用FDMA与TDMA两种接入方式的组合，频分多址（FDMA）方式使系统拥有多个上行信道，能支持多个Cable Modem同时接入；Cable Modem时分多址（TDMA）接入时，该标准规定了突发传输格式，支持灵活的调制方式、多种传输符号率和前置比特，同时支持固定和可变长度的数据帧及可编程的ReedSolomon块编码等。在以前的Cable Modem系统中，当干扰造成一个信道有太多的误码时，唯一的解决方法是放弃这个频率而将信道转向一个更干净的频率。DOCSIS灵活的上行FEC编码使系统经营者能自己规定纠错数据包的长度及每个包内的可纠正误码数，尽管为纠错而增加的少量额外字节会使信道的有用信息率有所降低，但这能保证上行频谱有更高的利用率。

2. 传输会聚子层

传输会聚（TC）子层能使不同的业务类型共享相同的下行RF载波。对DOCSIS来说，TC子层是MPEG-2。使用MPEG-2格式意味着其他也封装成MPEG-2帧格式的信息（语音或视频信号）可以与计算机数据包相复接，在同一个RF载波通道中传输。MPEG-2依赖于识别符（PID）来识别每个数据包。DOCSIS使用0xlFFF作为所有Cable Modem数据包的公共包识别符(PID)，DOCSIS Cable Modem将只对具有该PID的MPEG-2帧进行操作。MPEG-2帧结构参见前述图3-9。

3. 介质访问子层

在DOCSIS标准中，介质访问（MAC）子层处于上行的物理层（或下行的传输会聚子层）之上，链路安全子层之下。MAC帧格式如图3-13所示。MAC协议的主要特点之一是由CMTS给Cable Modem分配上行信道带宽。上行信道由小时隙流（mini-slots）构成，在上行信道中采用竞争与预留动态混合接入方式，支持可变长度数据包的传输以提高带宽利用率，并可扩展成支持ATM传输。具有业务分类功能，提供各种数据传输速率，并在数据链路层支持虚拟 LAN。

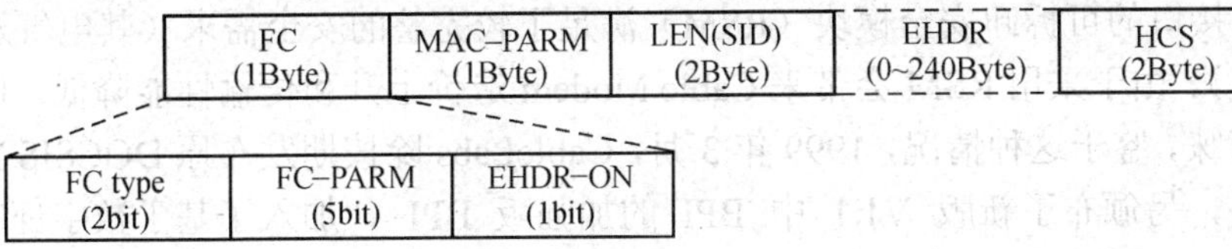

图 3-13 MAC 帧格式

Cable Modem 在通电复位后，按照下述的初始化过程建立与 CMTS 的连接。

（1）Cable Modem 每隔 6MHz 频带间隔连续搜索下行信道，锁定 QAM 数据流，并设置了一个存储器（non volatile storage）用于存放上次的操作参数。Cable Modem 利用与 QAM 码元定时同步、与 FEC 帧同步、与 MPEG 分组同步等标准来建立与一个有效下行信号的同步，并识别下行 MAC 的 SYNC 报文。

（2）建立同步之后，Cable Modem 必须等待一个从 CMTS 周期性地发送出来的上行信道描述符（UCD），以获得上行信道的传输参数。若在一定的时间内没找到合适的上行信道，那么 Cable Modem 必须继续扫描，找到另一个下行信道，再重复该过程。

（3）Cable Modem 从 UCD 中取出参数，等待下一个 SYNC 报文，并从该报文中取出上行小时隙的时间标记（timestamp）。然后，Cable Modem 等待一个给所选择的信道的带宽分配映射，并按照 MAC 操作和带宽分配机制在上行信道中传输信息。

（4）CMTS 在 MAP 中给该 Cable Modem 分配一个初始维护的传输机会，用于调整 Cable Modem 传输信号的电平、频率等参数；CMTS 还会周期性地给各个 Cable Modem 发周期维护报文，用于对 Cable Modem 进行周期性的校准。

（5）当时间、频率及功率都设置完毕后，Cable Modem 通过动态主机配置协议（DHCP）来建立 IP 协议连接。在获得了 IP 地址后，Cable Modem 建立按 RFC-868 规定的时间值；若有加密要求，则在 DHCP 的响应报文中必须有加密服务器的 IP 地址。

（6）Cable Modem 使用下载的配置参数向 CMTS 申请注册，当接收到 CMTS 回送的注册响应后，Cable Modem 就进入了正常工作状态。

Cable Modem 完成初始化过程后，若有数据发送就可以进行带宽申请，在允许的竞争时隙内向 CMTS 发出请求，告知所需分配的时隙数，然后等待 CMTS 在下一个带宽分配表中的应答信号；如没有应答，说明发生了碰撞，Cable Modem 执行退避算法（Back-off），直到请求有应答为止。接着 Cable Modem 就可以在预留的时隙内发送数据了。

4. 数据链路加密子层

DOCSIS V1.0 中涉及安全问题的规约就有安全系统接口规约（Security System Interface specification，SSI）、基本保密接口规约（Base line Privacy Interface specification，BPI）和可拆卸安全模块接口规约（Removable Security Module Interface specification，RSMI）3 本。SSI 根据对 HFC 网潜在的安全威胁及传送信息价值的评估和权衡，首先确定了一组具体的安全需求，即系统的安全模型和可提供的安全服务；其次根据确定的安全要求选择并设计了合理的安全技术和机制，以期用很小的代价提供尽可能大的安全性保护。其安全体系结构包含了基本保密（Baseline Privacy）和充分安全（Full Security）两套安全方案。基本保密方案提供了用户端 Cable Modem 和前端 CMTS 之间基本的链路加密功能（由 BPI 定义），其密钥管理协议（Baseline Privacy Key Management protocol，BPKM）并未对 Cable Modem 实施认证，因而不能防止未授权用户使用“克隆”的 Cable Modem 伪装已授权用户。充分安全方案利用一块 PCM-CIA 接口的可拆卸安全模块（RSM）满足了较完整的安全需求（其电气及逻辑功能由 RSMI 定义）。由于采用 RSM 会带来 Cable Modem 造价上升和传输性能降低，使得基本保密方案更受青睐。鉴于这种情况，1999 年 3 月，CableLabs 除按期发布原 DOCSIS Vl.0 版 BPI 的修订版之外，另颁布了新版 V1.1 中 BPI 的加强版 BPI+，加入了基于数字证书的 Cable Modem 认证机制。

5. DOCSIS V1.1

DOCSIS V1.1 跟现有的 DOCSIS V1.0 相比，在 QoS、IP 组播、安全和操作支持等方面得到了加强。

（1）QoS

DOCSISV1.0 的 QoS（Quality of Service）仅限于提供“尽力而为”的服务，对所有 Cable Modem 的所有数据都具有相同的优先级。

DOCSIS V1.1 QoS 协议的扩展引入了包分类、数据流识别、业务种类、动态业务分配和数据流调节等新概念。这些扩展支持在 DOCSIS 电缆数据系统中给不同的数据提供不同的服务等级。对特定的数据流将根据类型、源、目的等给予不同的优先级。

① 数据包的分类：是基于数据源、数据目的地和数据类型等，其作用于每一个输入电缆网络的数据分组。数据包分类后，就被加到业务流中去。

② 业务流：是有一定的 QoS 保证的单向的数据分组流。每个业务流由一组 QoS 参数来描述，包括延时、抖动及吞吐量保证等。这些参数可以通过逐项设定或指定业务类名（Service Class Name）来确定。

③ 动态业务分配：是为了能动态地产生和删除业务流，保证网络正常运行。

总之，特定的业务流可以根据其类型、数据源、目的地等不同，具有相应的优先级。在射频接口上，由 MAC 层协议将需要相似路由处理的一系列数据分组都映射到同一业务流（Service Flow）中，再按一定算法对所有业务流进行调度，并结合流量整波（shaping）、策略（policy）及设定优先级（prioritizing）等措施来确保 QoS。

（2）MAC 层分段

为了实现有区分服务，QoS 已经做了很多努力。但在负载很重的有线数据网上，单独依靠 QoS 保证各种业务还不够。这是因为上行信道被许多用户共享，当上行数据量很大时，就很有必要限制数据包的大小，这样，CMTS 才能保证给那些有服务优先级的 Cable Modem 发送数据的机会，使 DOCSIS V1.1 能在共享信道上同时传送等时（isochronous）的语音数据和其他对时延不敏感数据。为了限制上行数据包的大小，MAC 层分段机理允许 CMTS 发个指令给 Cable Modem，使其把大的上行数据包分解成许多小的数据包，每个小的数据包具有各自的传输时间，这样 CMTS 就有更大的灵活性安排其他 Cable Modem 的上行数据。

（3）增强了 IP 组播

DOCSIS V1.1 能有效地支持 Internet 组管理协议（Internet Group Management Protocol，IGMP）和相关的 IP 组播业务。组播的数据包仅被发送一次，但可以被多个用户接收。因此，它们所占用带宽的资源比它们被分别发送给各个用户时要小得多。可以用 IP 组播方式传输的业务有音频、视频、股票自动收报、新闻和天气预报等。IGMP 是支持 IP 组播的协议，DOCSIS Vl.1 规定了用户如何实现 IP 组播业务的规范，以及 Cable Modem 如何实现这些要求。

（4）BPI+

BPI+协议包括封装协议和 BPKM 协议两部分。封装协议描述的是携带加密数据包 PDU 的 MAC 帧格式、所支持的密码技术及应用这些算法规则。BPKM 协议规定了 Cable Modem 由 CMTS 获得授权和会话密钥资料的规程，并支持定期地重授权和更新密钥。BPI+除了支持可变长 PDU 加密外，还支持对分段（Fragmentation）MAC 帧的加密。为支持分段上行 MAC 帧，DOCSIS V1.1 将扩展信头扩展了一个字节，定义为分段控制域。

BPI+共采用了授权密钥、会话密钥和密钥加密密钥 3 级密钥。CMTS 与 Cable Modem 之间授权密钥的交换实现了 CMTS 对 Cable Modem 的身份认证和访问控制。Cable Modem 为其业务向 CMTS 申请授权，CMTS 通过 X.509 证书核实 Cable Modem 是否被授权该业务，并标记为安全联盟（Security Alliance，SA）和分发相应的授权密钥。这样 CMTS 便可确保每个 Cable Modem 只能访问它授权访问的 SA 了。会话密钥用于加密通信双方的会话。传送会话密钥时，使用的则是密钥加密密钥和 3-DES 算法。Cable Modem 使用密钥管理协议（BPKM）向 CMTS 申请 SA 的密钥资料；CMTS 确保每个 Cable Modem 只能访问它授权访问的 SA。BH+定期地进行密钥更新（更新会话密钥）和重授权（更新授权密钥）不仅确保了通信的安全，同时完成了访问控制的任务。加密数据包时采用的单钥体制与传送密钥时的双钥体制相结合，保证了数据安全又提高了加解密过程的速度。

与 BPI 比较，BPI+增加了 X.509 V3 数字证书认证 Cable Modem 与 CMTS 间的密钥交换，核实 Cable Modem 标识符与公钥间的绑定；新增了分段 MAC 帧的基本保密（Baseline Privacy），以支持新的带有 QoS 的业务；将安全联盟（SA）分为基本、静态和动态 3 种类型，并专设 SAID 用于标识 SA 和加入 SA 映射状态机；以及在授权状态机中加入静默状态等。这一切举措都使得 Baseline Privacy 的密钥管理显得更为严密了。

3.4 Cable Modem 的应用

本节以某市有线电视网改造为例，简要介绍基于 Cable Modem 的数据传输系统。该系统采用了高抗噪性能的 S-CDMA Cable Modem 系统，以低网络改造成本取得了较高的性能。

3.4.1 系统的基本构成

该市有线电视网是典型的 HFC 网络，为了缩小初期投资规模，目前采用单网关单主控器形式。有线电视光纤干线呈星型分布，以有线电视台前端机房为中心，向市区各小区伸展。在全市共设 148 个光站，每个光站到中心机房有 4 芯光纤，一根用于传输有线电视信号及下行的数据，另一根用于信号的回传，另外两根备用。其整个数据网络拓扑结构如图 3-14 所示。这是一个分布广泛、带宽资源丰富的宽带网络，由骨干网子网、管理网子网和 HFC 子网 3 个部分组成。

1. 骨干网子网

骨干网子网用于接入 WWW 服务器、E-mail 服务器、FTP 服务器及通过路由器与 Internet 相连。根据吉通公司分配的 Internet 地址规划，骨干网子网为 210.12.128.xxx，如图 3-15 所示。

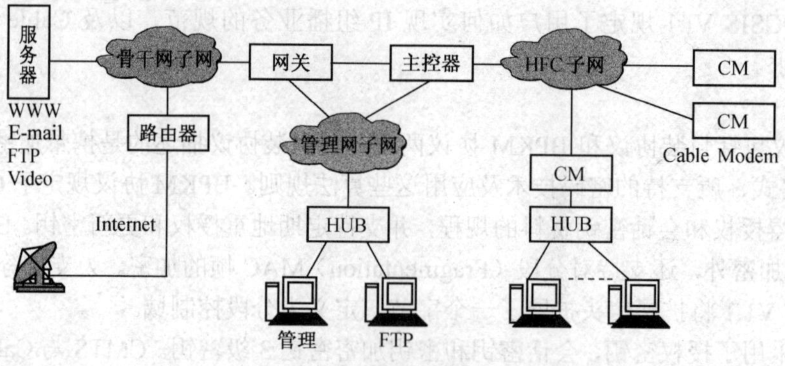

图 3-14 某市基于 CableModem 数据网络的拓扑结构

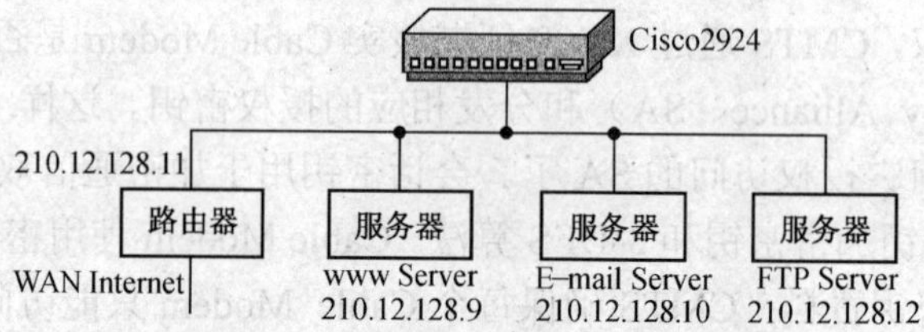

图 3-15 骨干网子网的 IP 地址分配

2. 管理网子网

管理网子网用于对网关、主控器及路由器等进行控制，对网络进行管理，如对 Cable Modem 进行授权，对网络状态进行监控、配置文件备份等。管理网子网的 IP 地址规划为 10.64.64.×××，如图 3-16 所示。

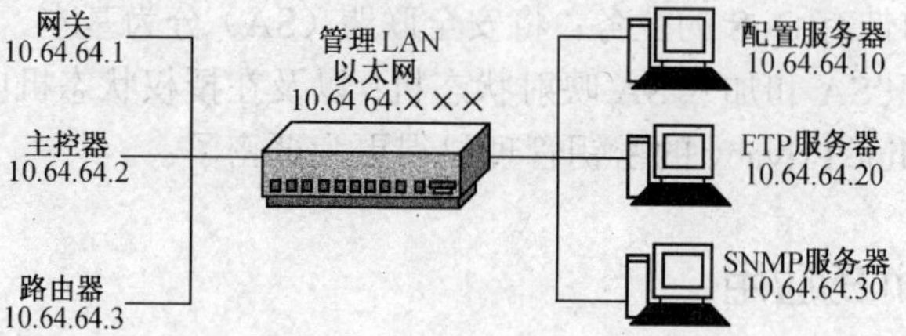

图 3-16 管理网子网的 IP 地址分配

3. HFC 子网

HFC 子网是整个系统的关键，用于实现 Cable Modem 与主控器间的通信，如图 3-17 所示。HFC 子网的 IP 地址分配采取将光工作站编号与 IP 地址相结合的形式，如果光工作站的编号为 1203，那么其下面的用户 IP 地址范围为 10.12.3.×××。每个网关可支持 499 个子网，每个子网可有 256 个 IP 地址，因此不必担心子网不够的问题。

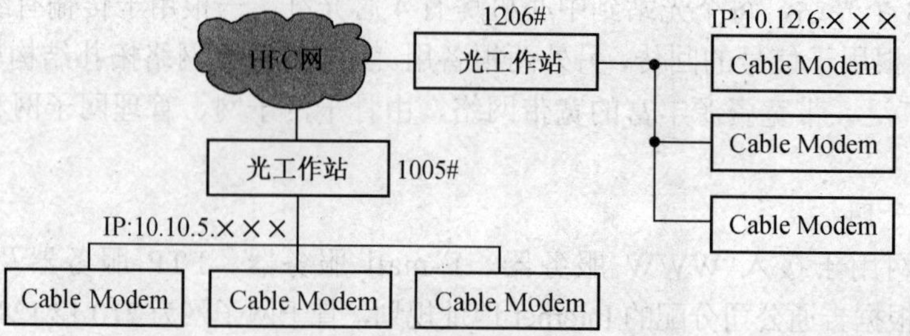

图 3-17 HFC 子网的 IP 地址分配

3.4.2　信号的下行及上行通路

1. 信号的下行

（1）前端下行信号的混合

前端下行信号的混合如图 3-18 所示，选用的主控器为 TeraLink1000-500，其下行频率范围为 402.976～747.040MHz，根据网络的具体情况选在 500MHz。选择该频率出于以下考虑：一是顾及现有的网络器材；二是为电视节目留有尽量多的频道；三是避开 450MHz 通信频段。为减少对电视业务的干扰，主控器射频输出电平比电视节目电平低 8dB。

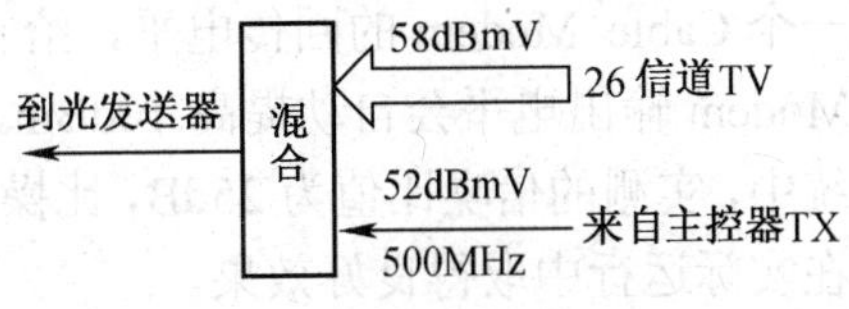

图 3-18　前端下行信号的混合

（2）用户端信号电平

Cable Modem 的接收电平范围为−20～+15dBm，只要终端电平在这一范围内，调制解调器就能正常工作。由于 1 000MHz 分支分配器的衰减是双向对称，而且调制解调器的射频发射电平范围为 32～71dBm 自适应整调，因此，只要调制解调器的接收电平在−20～+15dBm 范围内，它的回传发射电平就能落在用户放大器中回传放大器输入电平的动态范围内而被正常回传。用户端电平计算方法与传统有线电视计算方法一致。

2. 信号的上行

（1）上行通路回传频率的选择

TeraLink1000-500 接收频率范围是 7.952～39.088MHz，接收灵敏度为−15～+15dBm 可调。接通一个光工作站的回传，用 WEVWTEK4400 频谱场强仪测量回传噪声，发现在 5～20MHz 的范围内充满噪声干扰，考虑到 27～29MHz 为业余频段，故将回传频率选为 35MHz，经过实际运行证明这一选择是正确的。

（2）上行通路回传信号在前端的混合

经过合理地选择上下行频率及发射与接收电平值，在保证系统信噪比的前提下，可以将回传光工作站的数量提高到 16 个，远远超出了使用手册中建议的 8 个光工作站的回传混合。具体连接如图 3-19 所示。

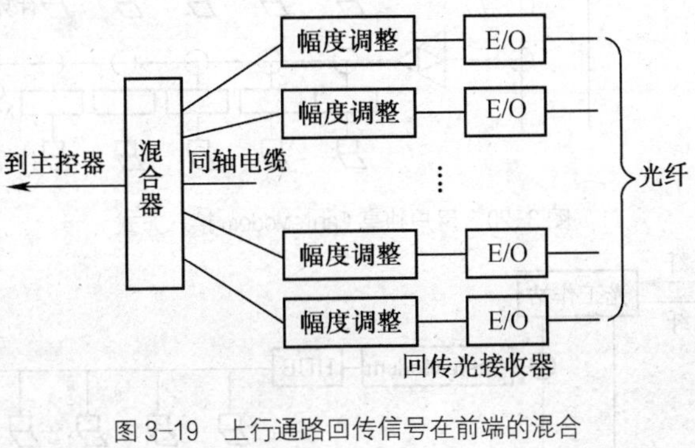

图 3-19　上行通路回传信号在前端的混合

（3）光工作站回传通路的调整

尽管 Teracomm 系统在 S/N 为 15dB 时，能保证 8.192Mbit/s 双向对称的通信速率，但电缆网络中处处充满噪声干扰，信噪比是动态的。为了尽量提高系统的可靠性与通信质量，保证系统有更高的信噪比，采取增加回传链路衰减、降低主控器接收灵敏度，提高 Cable Modem 输出电平（保证其输出电平余量在 5～8dBm）等措施，来获得较高的信噪比。如：光工作站某一支线下用户的 Cable Modem 回传电平的余量是 21dBm，从该支路回传频谱测量得知其信噪比为 16dB，因此可以在光站中将该回传支路中的衰减片由 0dB 更换为 10dB 的，这样就相当于：一是降低该路的回传增益，噪声电平也随之降低 10dBm；二是由于主控器通过测量每一个 Cable Modem 的回传电平，给它发送控制信号使之保持一定的回传电平值，所以 Cable Modem 输出电平会自动提高 10dBm，从而就等效于将信噪比提高 10dB。因此，在实际的系统中，实测的信噪比值为 25dB，比操作手册中建议值高出 10dB 可使系统的可靠性大大提高，在实际运行中取得良好效果。

（4）回传通路电平的计算

一般情况下无需对这个参数进行计算，仅在特殊情况时估算，可运用以下公式计算回传光发输入端电平：

回传光发输入电平=Modem 输出电平+回传放大器增益−分支分配衰减−电缆损耗

由于改造后的有线电视用户接入网上下行信号衰减具有对称性，即下行信号的衰减量与上行信号的衰减量是一致的。只要保证 Cable Modem 的输入电平在 3±2dBm 就能保证 Cable Modem 正常工作。

3.4.3 用户接入方式

对于同轴 Cable Modem 系统，在用户接入上有两种形式：一种是每个用户自己独享 Cable Modem，如图 3-20 所示。这种方式对于有线电视网络运营者来说需要对用户接入网进行改造，且用户自身的费用太高（需购买 Cable Modem），难以形成市场规模。另一种是多用户共享一台 Cable Modem，如图 3-21 所示。例如，一栋楼共用一台 Cable Modem，再通过集线器 HUB 及五类双绞线入户，可以降低用户的入网初装费，接入成本相对较低，有利于发展市场。

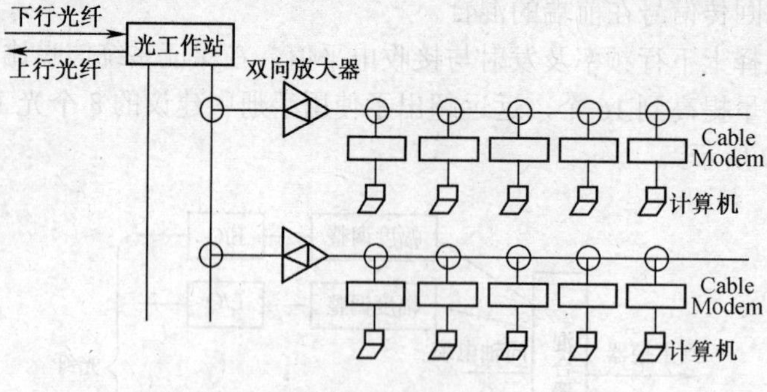

图 3-20 用户独享 CableModem 接入方式

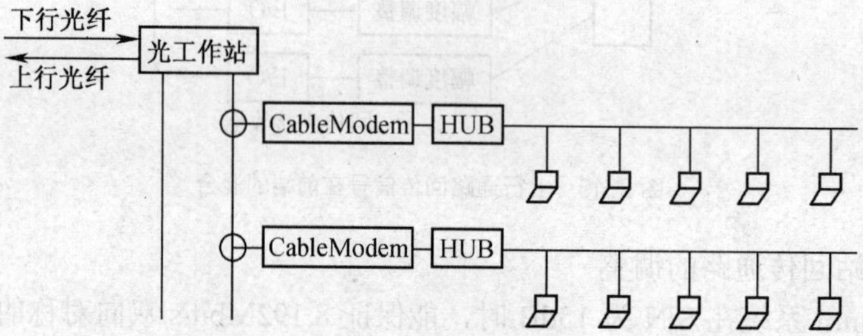

图 3-21 多用户共享 CableModem 接入方式

通常对集体用户采用前一种方案，对个人用户采用后一种方案。每一栋楼的Cable Modem从光工作站支线上直接获取的优点是：不用改造用户入户网；Cable Modem与光工作站直连，不经过双向用户放大器，实际上减少了一级回传放大器及串入干扰的点数，缩小了漏斗的规模，大幅度降低回传噪声。

利用本系统，主要开展了两大网络业务：一是对个人用户提供普通 Internet 接入；二是对集体用户提供 VLAN 虚拟网业务。由于每套 Teracomm 系统可支持 499 个子网，每个子网都可以配置为独立的子网，并且子网是独立的，与其他子网隔离，子网数据只在网内交换。这种配置方式尤其适合于为集团用户提供虚拟专网服务，将他们分布市区各处的主机或局域网连接起来，当作自己的网络使用。如银行的各个分行、储蓄所及办事处之间的互连。

复习思考题

1．试比较 Cable Modem 和 ADSL Modem 的接入性能，说明它们各自的优势。

2．影响 Cable Modem 运作的因素主要有哪些？

3．Cable Modem 的内部结构主要有哪些组成部分？并简述 Cable Modem 的工作原理。

4．Cable Modem 在加电之后是如何完成初始化过程的？

5．IEEE 802 和 DOCSIS 两个技术规范有什么异同？

6．根据 IEEE 802 Cable Modem 的体系结构，说明物理介质关联子层的主要功能。它主要采用了什么调制方式？

7．试解释传输帧结构中关于小时隙的概念。

8．传输会聚（TC）子层所进行的低层初始化工作的内容是什么？试解释之。

9．试解释冲突分解的基本原理。

10．竞争分解算法主要有哪两种？应如何理解？

第 4 章 以太网接入技术

以太网是目前使用最广泛的局域网技术。由于以太网技术简单、成本低、可扩展性强、与 IP 网能够很好地结合等特点，它的应用正从企业内部网络向公用电信网领域迈进。自从 1982 年以太网协议被 IEEE 采纳成为标准以后，以太网技术作为局域网链路层标准战胜了令牌总线、令牌环、25M ATM 等技术，成为局域网事实标准。以太网接入是指将以太网技术与综合布线相结合，作为公用电信网的接入网，直接向用户提供基于 IP 的多种业务传送通道。在以太网技术中，100Base-T 是一个里程碑，确立了以太网技术在桌面的统治地位。吉比特以太网以及随后出现的万兆以太网标准是两个比较重要的标准，以太网技术通过这两个标准从桌面的局域网技术延伸到校园网以及城域网的汇聚和骨干。

4.1 以太网技术在宽带接入领域的应用

4.1.1 以太网技术的发展

作为广泛应用的局域网技术，以太网在很多方面得到了发展。从星型双绞线传输的 10Base-T 到五类线传输的 100Base-TX、三类线传输的 100Base-T4 和光纤传输的 100Base-FX；后到短波长光传输 1000Base-SX、长波长光传输 1000Base-LX 以及五类线传输 1000Base-T；再到目前正在走向成熟的 10Gbit/s 以太网（万兆以太网），以太网的速率不断提高。从共享式、半双工和 CSMA/CD 机制的采用，到交换式、点对点、全双工以及流量控制、生成树、VLAN、CoS 等机制的采用，以太网的功能和性能逐步改善。从电接口传输到光接口的光纤传输，以太网的覆盖范围大大增加。从企业和部门的内部网络，到公用电信网的接入网、城域网，以太网的应用领域不断扩展。

以太网技术的实质是一种数据链路层的简单、高效的介质访问控制技术，可以在五类线上传送。以以太网技术为核心，可以与其他接入介质相结合，形成多种宽带接入技术。以太网与电话铜缆上的 VDSL 相结合，形成 EoVDSL 技术；与无源光网络相结合，产生 EPON 技术；在无线环境中，发展为 WLAN 技术。EoVDSL 方式结合了以太网技术和 VDSL 技术的特点，与 ADSL 和（五类线上的）以太网技术相比，具有一定的潜在优势。WLAN 技术的应用不断推广，EPON 技术的研究开发正取得积极进展。随着上述“可运营、可管理”相关关键技术问题的逐步解决，以太网技术将在宽带接入领域得到更加广泛的应用。

同时，以太网技术的应用正在向城域网领域扩展。IEEE 802.17RPR 技术在保持以太网原有优点的基础上，引入或增强了自愈保护、优先级和公平算法、OAM 等功能，是以太网技术的重要创新。对以太网传送的支持，成为新一代 SDH 设备（MSTP）的主要特征。10G 以太网技术的迅速发展，推动了以太网技术在城域网范围内的广泛应用，WAN 接口（10G Base-W）的引入为其向骨干网领域扩展提供了可能。

总之，以太网技术由于其简单、低成本、易扩展的优势，在用户桌面系统和企业内部网络已非常普及，随着技术的发展创新，其应用领域正逐步向接入网、城域网、甚至广域网/骨干网方面拓展，形成基于 IP/Ethernet 的端到端无缝连接。

4.1.2 基于以太网技术的宽带接入网

1. 以太网技术的应用方式

以太网技术发展到今天，特别是交换型以太网设备和全双工以太网技术的发展，使得人们开始思考将以太网技术应用到公用的网络环境，主要的解决方案有以下两种：VLAN 方式和“VLAN+PPPoE”方式。

VLAN 方式的网络结构，将局域网交换机的每个用户端口配置成独立的 VLAN，享有独立的 VID（VLANID），利用支持 VLAN 的局域网交换机进行信息的隔离，用户的 IP 地址被绑定在端口的 VLAN 号上，以保证正确路由选择；同时，利用 VLAN 可以隔离 ARP，DHCP 等携带用户信息的广播消息，从而使用户数据的安全性得到了进一步提高。但这种方案缺少对用户进行管理的手段，即无法对用户进行认证、授权，需要将用户的 IP 地址与该用户所连接的端口 VID 进行绑定，通过核实 IP 地址与 VID 来识别用户是否合法。这样就带来一些问题：用户 IP 地址与所在端口捆绑在一起，只能进行静态 IP 地址的配置；由于每个用户处在逻辑上独立的网内，对每一个用户要配置一个子网的 4 个 IP 地址（子网地址、网关地址、子网广播地址和用户主机地址），这样会造成地址利用率极低。

“VLAN+PPPoE”方式可以解决用户数据的安全性问题，同时由于 PPP 协议提供用户认证、授权以及分配用户 IP 地址的功能，因此不会造成上述 VLAN 方式所出现的问题。但是面向未来网络的发展，PPP 不能支持组播业务，因为它是一个点到点的技术，所以还不是一个很好的解决方案。

2. 基于以太网技术的宽带接入网实施方案

（1）系统组成

基于以太网技术的宽带接入网由局端设备和用户端设备组成，如图 4-1 所示。局端设备一般位于小区内，用户端设备一般位于居民楼内；或者局端设备位于商业大楼内，而用户端设备位于楼层内。局端设备提供与 IP 骨干网的接口，用户端设备提供与用户终端计算机相接的 10/100Base-T 接口。

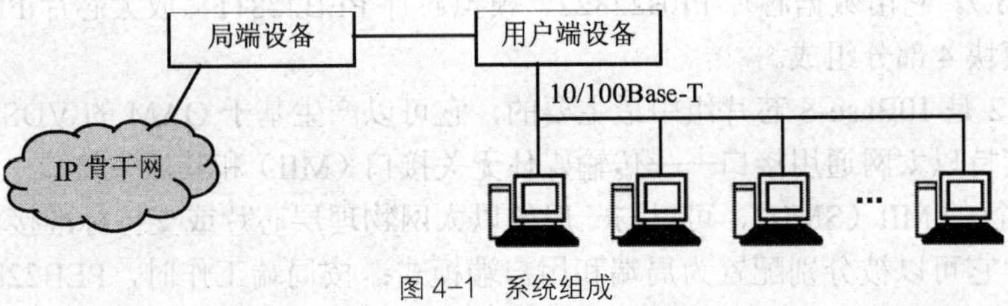

图 4-1 系统组成

局端设备具有汇聚用户侧设备网管信息的功能，它不同于路由器，路由器维护的是端口-

网络地址映射表，而局端设备维护的是端口-主机地址映射表。用户端设备不同于以太网交换机，只有链路层功能（只完成以太网帧的复用和解复用），在MUX（复用器）方式下，各用户之间在物理层和链路层相互隔离，从而保证用户数据的安全性。用户端设备可以在局端设备的控制下动态改变其端口速率，从而保证用户最低接入速率、限制用户最高接入速率，支持对业务的QoS保证。对于组播业务，由局端设备控制各多播组状态和组内成员的情况，用户端设备只执行受控的多播复制，不需要多播组管理功能。局端设备还支持对用户的认证、授权和计费以及用户IP地址的动态分配。为了保证设备的安全性，局端设备与用户端设备之间采用逻辑上独立的内部管理通道。

基于以太网技术的宽带接入网还具有强大的网管功能。与其他接入网技术一样，能进行配置管理、性能管理、故障管理和安全管理；还可以向计费系统提供丰富的计费信息，使计费系统能够按信息量、按连接时长或包月制等进行计费。

（2）以太网设备

以太网设备是以太网接入系统中所使用的主要设备。早期的以太网设备主要使用集线器，每个节点发送的通信包都需要在集线器的所有端口上广播，因此带宽指标并非独占而是共享。而以太网交换机是一种在第二层（数据链路层）上工作的交换设备，它和集线器最大的不同在于能够自学习每个包的源地址和目的地址，并能动态建立一张转发路径表，由此使各个节点发送的数据包只在相对应的端口中发出而无需每次都广播，带宽指标是独占而非共享，这样就极大地提高了通信效率和安全性。

以太网交换机的核心技术是交换芯片，而交换机中的网管软件也同样重要。在目前的宽带接入系统中，对交换机管理的要求越来越高，这些要求主要包括：对虚拟专用局域网（VLAN）、端口禁用/启用、业务优先级区分（CoS）、端口分组管理、流量控制以及简单网络管理协议（SNMP）和远程网络监控协议（RMON）等管理软件给予支持。交换芯片对这些管理功能的支持固然是前提，但开发一个针对特定管理要求的管理软件仍然是一项艰巨的工程，往往需要使用一个成熟的实时网络操作系统作为平台。

（3）以太网设备的实现方法

下面主要以10Base-S和AR2224为例来介绍以太网设备的实现方法。

德国半导体公司亿恒科技（Infine on Technology）是在欧洲排名前三位的集成电路供应商，擅长研发有线通信方面的芯片。随着宽带市场的蓬勃兴起，亿恒适时地推出了10Base-S VDSL套片和AR2224以太网交换芯片以满足制造宽带通信设备的需要。

① 10Base-S结构框图

10Base-S是德国半导体公司亿恒科技推出的一种用VDSL技术在双绞线上传输以太网帧的芯片组解决方案。图4-2是一个10Base-S调制解调器的功能框图，简称为10Base-S物理层（10Base-SPHY）。它由数据芯片PEB22822、模拟芯片PEB22811、放大芯片PEB22810和混合线圈无源模块4部分组成。

PEB22822是10Base-S芯片组中最主要的，它可以产生基于QAM的VDSL数字信号。该芯片本身支持以太网通用接口——传输媒体无关接口（MII）和其派生接口——简化的MII（RMII）与串行的MII（SMII），可以与一般的以太网物理层芯片或支持标准接口的以太网交换芯片连接。它可以被分别配置为局端和用户端模式：按局端工作时，PEB22822的以太网接口工作在物理层模式，与工作在介质访问控制层（MAC）的交换芯片的MII接口相互通信；按用户端工作时，PEB22822以太网接口工作在MAC模式，与工作在物理层的以太网物理层芯片的 MII 接口相互通信。芯片内部实现以太网与 VDSL 数据帧格式的相互转换，这样就能使以太网利用 VDSL 技术通过双绞线来得到延伸。在控制方面，PEB22822 内部集成了一个单片机以实现独立的操作和监控，而标准软件由集成电路供应商提供，无需自己编写。另外，也可以通过芯片内部的串行接口由 PC 进行控制。

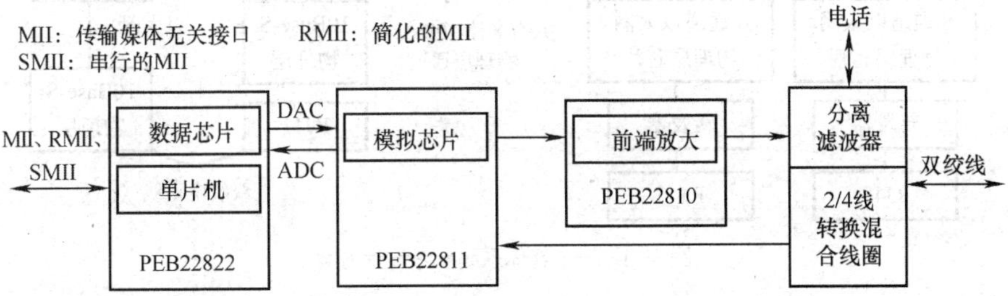

图 4-2　10Base-S 物理层

PEB22811 是基于 QAM 的 VDSL 模拟前端，VDSL 系统的调制和解调主要由它来完成。芯片内部不同的工作模式以及可调的滤波器可以支持对频带参数、QAM 星座数与分割因数的灵活配置，从而可以根据各种宽带接入的要求来选择不同的上下行数据速率。

放大芯片 PEB22810 起线路驱动作用，在双绞线上实现高速数据传送所需要的放大电路。

以上这 3 种芯片相互配合，构成 10Base-S 芯片组。

10Base-S 物理层的另一部分是混合线圈无源模块。模块中分离滤波器的作用是抑制电话等低频业务中的高频谐波，混合线圈实现 2 线和 4 线的转换。混合线圈和传输线之间一般还有用于抑制上下行频带相互间谐波干扰的高通和低通滤波器。从用户端来看，因为上行数据使用高频频带而下行数据使用低频频带，所以发送上行数据加高通滤波器，接收下行数据则加低通滤波器。而局端则正相反，发送接口加低通滤波器，接收接口加高通滤波器。

10Base-S 物理层是通信设备的核心，它既可以用于局端，为以太网交换芯片增加 VDSL 接口从而扩展以太网范围；也可以用于用户端，设计以以太网接口作为终端接口的 VDSL 调制解调器，使用非常灵活。

② 基于 AR2224 的以太网交换机

AR2224 的全称是 Ardent2224，是支持网络管理功能的高端交换芯片。它共有 24 个 10M/100M 自适应以太网端口，可以和各种多通道以太网物理层芯片或 PEB22822 等支持以太网终端接口的芯片通过 MII 相连接。此外另有两个 1 000M 端口，可用于连接上级高速数据通道，也可连接其他交换芯片以实现交换机的堆叠。芯片带有一个 32 位的通用 CPU 接口和一个串行接口，分别用来连接作为管理平台的 32 位嵌入式精简指令集计算机 CPU 或普通 8051 单片机，在它们之上运行软件，从而实现特定的管理要求。AR2224 还带有符合 PC100 规范的同步 DRAM 接口和同步 SRAM 接口，通过这两个接口扩展外部存储器可以缓存信息包和 MAC 地址表。

③ 整体系统参考设计

在智能小区中设计一个采用以太网和 VDSL 技术的宽带接入系统是很复杂的，往往要根据不同的业务和环境在技术上做不同的处理。图 4-3 所示是一个整体系统参考设计方案，实际设计中还需对它进行裁减。

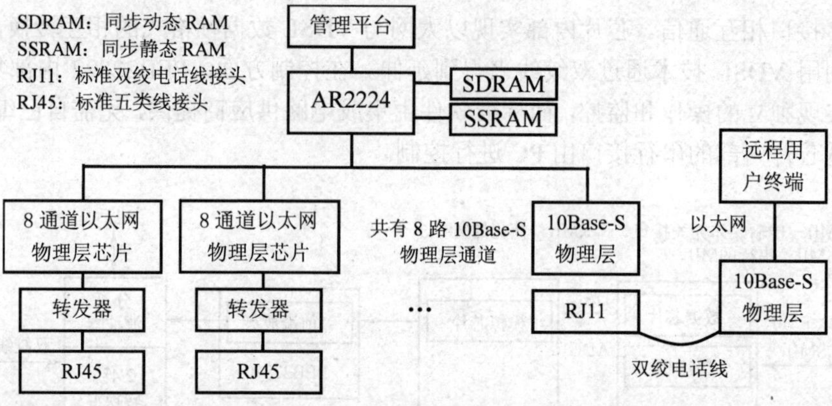

图 4-3　一个整体系统参考设计方案

可以看出，交换芯片的 24 个 10M/100M 自适应以太网端口有 8 个与 8 路 10Base-SPHY 片组相连，每个端口都可通过 VDSL 技术在双绞线上与远程用户终端通信；另外 16 个与 2 个 8 通道物理层芯片相连，支持 16 个 10M/100M 自适应以太网端口。这样就形成了包括 16 个本地以太网终端和 8 个远程用户终端的交换式以太网络。

④ 前端混合线圈与滤波器

双绞电话线在一个频段上只能传送一个方向的信号。为了双向通信，上下行信号只能在双绞线上分别处于不同的频段。但调制解调器内部通常只用 1 个频率源来提供载波，这使得上下行信号只能工作在一个频段，从而必须要 2 对线（即 4 线）才行。2/4 线转换的功能要依靠前端混合线圈实现，它和分离器、滤波器一样都是无源器件，理论上它们都可以由绕制电感线圈或用电容电阻的相应电路来完成。不过，由于 VDSL 的频率较高，设计性能理想的电路不是一件容易的事。一般建议使用第三方厂商专为特定的 VDSL 芯片组设计的专用模块，比如英国 APC 公司为 10Base-S 定做的 APC77101（分离器）和 APV77112、APC77110（高通低通滤波器＋混合线圈）。这种方法集成度比较高，性能也有保障，但成本稍高。

4.1.3　以太网接入的主要技术问题

由于以太网从本质上说仍是一种局域网技术，采用这种接入技术提供公用电信网的接入，建设可运营、可管理的宽带接入网络，需要妥善解决一系列技术问题，包括帧格式、认证计费、用户和网络安全、服务质量控制、网络管理等。

1. Ethernet 的帧格式

（1）Ethernet 帧格式的发展

1980 年 DEC、Intel 及 Xerox 制订了 Ethernet I 的标准。

1982 年 DEC、Intel 及 Xerox 又制订了 Ethernet II 的标准。

1982 年 IEEE 开始研究 Ethernet 的国际标准 802.3。

1983 年迫不及待的 Novell 基于 IEEE 的 802.3 的原始版开发了专用的 Ethernet 帧格式。

1985 年 IEEE 推出 IEEE 802.3 规范。

后来为解决 Ethernet II 与 802.3 帧格式的兼容问题推出折衷的 Ethernet SNAP 格式。

（2）各种不同的帧格式

① Ethernet II

它由 6 字节的目的 MAC 地址、6 字节的源 MAC 地址、2 字节的类型域（用于标示封装在这个 Frame 里面数据的类型）组成，这些就构成了 Frame Header；接下来是 46～1 500 字节的数据和 4 字节的帧校验。

② Novell Ethernet

它的帧头与 Ethernet 有所不同，其中 Ethernet II 帧头中的类型域变成了长度域，后面接着的两字节为 0xFFFF 用于标识这个帧是 Novell Ether 类型的 Frame。由于前面的 0xFFFF 占掉了两字节，因此数据域缩小为 44～1 498 字节，帧校验不变。

③ IEEE 802.3/802.2

802.3 的 Frame Header 和 Ethernet II 的帧头有所不同，既把 Ethernet II 类型域变成了长度域，又引入 802.2 协议（LLC）在 802.3 帧头后面添加了一个逻辑链路控制（LLC）首部，由 DSAP（Destination Service Access Point），SSAP（Source SAP）和一个控制域各 1 字节（Byte）构成。服务访问点（SAP）用于标识帧的上层协议。

④ Ethernet SNAP

Ethernet SNAP 帧格式与 802.3/802.2 帧格式的最大区别在于：Ethernet SNAP 帧格式中，把 DSAP 和 SSAP 字段内容均被固定为十六进制数 0xAA，控制域内容被固定为十六进制数 0x03；增加了一个 5 字节的 SNAP ID，其中前面 3 字节通常与源 MAC 地址的前 3 字节相同，为厂商代码（Organizationally Unique Identifier，OUI ID），有时也可设为 0；后 2 字节与 Ethernet II 的类型域相同。

（3）如何区分不同的帧格式

Ethernet 中存在这 4 种 Frame，如何区分 Ethernet II 与其他 3 种格式的 Frame 呢？如果帧头跟随源 MAC 地址的 2 字节值大于 1 500，则此 Frame 为 Ethernet II 格式；接着比较紧接着的 2 字节，如果为 0xFFFF，则为 Novell Ether 类型的 Frame；如果为 0xAAAA，则为 Ethernet SNAP 格式的 Frame；如果都不是则为 Ethernet 802.3/802.2 格式的帧。

2. 认证计费

以太网作为一种局域网技术，没有认证、计费等机制，但要利用这种技术作为可运营、可管理的用户接入方式，必须考虑用户认证授权计费（AAA）。

AAA 一般包括用户终端、AAA Client、AAA Server 和计费软件 4 个环节。目前使用较多的 AAA 协议是 RADIUS（Remote Authentication Dial-User Service）协议，其设计目的是为网络提供对于接入用户的验证、授权与计费功能。AAA Client 与 AAA Server 之间采用 RADIUS 协议进行通信。AAA Server 和计费软件之间的通信为内部协议。计费时可根据经营方式的需要考虑按时长、流量、次数、应用、带宽等多种方式进行。

用户终端与 AAA Client 之间的通信方式通常称为“认证方式”，目前的主要技术有 PPPoE、“DHCP＋Web”及 IEEE 802.1x 3 种，3 种方式各有特点，应根据具体应用情况合理选择。PPPoE 方式的标准、设备成熟；承载数据与认证数据都需通过 PPPoE 封装，对用户控制能力强，但网络性能和设备处理效率低，容易形成流量瓶颈；设备价格高。“DHCP＋Web”方式无特殊封装，认证通过后承载数据可直接转发，网络性能和设备处理效率较高，但对用户控制能力相对较弱；不论是否通过认证，均占用 IP 地址；另外，认证层次过高会影响认证效率，也会对某些网络资源的安全性带来一定隐患。IEEE 802.1x 方式中承载数据通道与认证通道分开，网络性能和设备处理效率较高；认证通过后分配 IP 地址；认证效率较高；更重要的是，它基于以太网内核，实现比较简单，与以太网设备能够很好融合，设备成本低。

3. 用户和网络安全

用户和网络安全对于整个电信网特别是数据通信网来说都是一个重大课题，在以太网接入网络中，主要体现在用户通信信息的保密、用户账号和密码的安全、用户IP地址防盗用、重要网络设备（如DHCP服务器）的安全等方面。

以太网技术用于企业内部时，不同用户之间需要互传信息，反映在设备上，传统的二层以太网交换机中，单播帧和广播帧在不同端口间是能够互通的。当以太网技术用于提供公用电信网的接入时，由于不同用户间互不信任的关系，必须实现用户之间的二层隔离和三层受控互通。这就要求以太网交换机实现端口隔离，目前的主要方法有：基于802．1q的VLAN，采用端口隔离的芯片，或通过其他专门技术实现（如利用仅在本交换机上有效的VLAN或其它设置达到端口隔离的目的，但不改变802.1q的VLAN标记）。

用户账号和密码的安全依靠相应信息的加密传送实现。用户IP地址防盗用可通过绑定机制实现，例如IP地址与MAC地址、用户端口的绑定。对于DHCP服务器的安全，应防止用户通过改变MAC地址申请IP地址而耗尽地址资源。

4. 服务质量控制

在服务质量（QoS）方面，以太网技术只有流量控制、CoS（802.1p）等比较简单的机制。为提高服务质量，一方面，应保证网络上有足够的带宽；另一方面，可借鉴Diffserv（差分服务）的一些方法，如整形（shaping）、管制（policing）、分类、队列调度（如采用WFQ等算法）、拥塞控制（如采用WRED等算法）等。如何通过以太网技术保证服务质量是一个比较复杂的问题，还需要进一步研究，目前这方面的基本要求是能够对用户的最高接入带宽进行限制。

5. 网络管理

由于传统的以太网主要用于企业内部，因此以太网交换机的网管功能一般较弱。为了满足电信网络运行、维护、管理的需要，应当对设备的网管功能提出比较全面的要求。当前，以太网接入网络中的设备应支持基于SNMPv2的网元级管理。

4.2 吉比特以太网接入技术

吉比特以太网是建立在以太网标准基础之上的技术。吉比特以太网和大量使用的以太网与快速以太网完全兼容，并利用了原以太网标准所规定的全部技术规范，其中包括CSMA/CD协议、以太网帧、全双工、流量控制以及IEEE 802.3标准中所定义的管理对象。作为以太网的一个组成部分，吉比特以太网也支持流量管理技术，它保证在以太网上的服务质量，这些技术包括IEEE 802.1P第二层优先级、第三层优先级的QoS编码位、特别服务和资源预留协议（RSVP）。吉比特以太网还利用IEEE 802.1q VLAN支持第四层过滤、吉比特位的第三层交换。吉比特以太网原先是作为一种交换技术设计的，采用光纤作为上行链路，用于楼宇之间的连接。之后，在服务器的连接和骨干网中，吉比特以太网获得广泛应用，由于IEEE 802.3ab标准（采用五类及以上非屏蔽双绞线的吉比特以太网标准）的出台，吉比特以太网可适用于任何大中小型企事业单位。

目前，吉比特以太网已经发展成为主流网络技术。大到成千上万人的大型企业，小到几十人的中小型企业，在建设企业局域网时都会把吉比特以太网技术作为首选的高速网络技术。吉比特以太网技术甚至正在取代ATM技术，成为城域网建设的主力军。

4.2.1 吉比特以太网的技术特点

吉比特以太网的特点主要包括如下。

（1）吉比特以太网提供完美无缺的迁移途径，充分保护在现有网络基础设施上的投资。吉比特以太网将保留 IEEE 802.3 和以太网帧格式以及 802.3 受管理的对象规格，从而使企业能够在升级至吉比特性能的同时，保留现有的线缆、操作系统、协议、桌面应用程序、网络管理策略与工具。

（2）吉比特以太网相对于原有的快速以太网、FDDI、ATM 等主干网解决方案，提供了一条最佳的路径。网络设计人员能够建立有效使用高速、关键任务的应用程序和文件备份的高速基础设施。网络管理人员将为用户提供对 Internet、城域网与广域网的更快速的访问。

（3）IEEE 802.3 工作组建立了 802.3z 和 802.3ab 吉比特以太网工作组，其任务是开发适应不同需求的吉比特以太网标准。该标准支持全双工和半双工 1 000Mbit/s，相应的操作采用 IEEE 802.3 以太网的帧格式和 CSMA/CD 介质访问控制方法。吉比特以太网还要与 10Base-T 和 100Base-T 向后兼容。此外，IEEE 还针对多模光纤、单模光纤和铜轴电缆 3 类传输介质制定 802.3 吉比特以太网标准，填补了 802.3 以太网/快速以太网标准的不足。

4.2.2 吉比特以太网的构建

吉比特以太网由吉比特交换机、吉比特网卡、综合布线系统等构成。吉比特交换机构成了网络的骨干部分，吉比特网卡安插在服务器上，通过布线系统与交换机相连，吉比特交换机下面还可连接许多百兆交换机，百兆交换机连接工作站，这就是所谓的“百兆到桌面”。在有些专业图形制作、视频点播应用中，还可能会用到“千兆到桌面”，即用吉比特交换机连到插有吉比特网卡的工作站上，满足了特殊应用业务对高带宽的需求。

在建设网络之前，究竟用吉比特还是百兆，要从实际应用出发，考虑网络应该具备哪些功能。不同的应用有不同的需求，而且几乎没有只有单一业务的网络。但是，在各种业务中，生产性业务肯定是优先级最高的。如果在网络中传输语音，那么语音业务也需要优先安排。如果对业务优先的需求很高，网络必须有 QoS 保证。这样的网络必须要智能化，在交换机端口能够识别是什么类型的业务通过，然后对不同的业务进行排队，为不同的业务分配不同的带宽，这样才能保证关键性业务的运行。数据业务本身是有智能的，不管多少带宽都可以传输，只是时间长短而已，但是语音或者视频就不一样了，如果带宽小了，马上就听不清楚了或者图像产生抖动，这都是不允许的，因此 QoS 非常重要。对单纯的数据网络，在 QoS 方面的需求就很低。在规划网络的时候，必须先了解清楚哪些功能是必需的，哪些可以不考虑。例如，目前多址广播是比较重要的性能之一，如果需要在网络中传输图像，而网络不具备多址广播的特性，那么网络的带宽浪费就会非常严重，甚至根本无法实现。

1. 吉比特以太网联网规范

（1）1000Base-SX 就是针对工作于多模光纤上的短波长（850nm）激光收发器而制定的 IEEE 802.3z 标准，当使用 62.5μm 的多模光纤时，连接距离可达 260m；当使用 50μs 的多模光纤时，连接距离可达 550m。

（2）1000Base-LX 就是针对工作于单模或多模光纤上的长波长（1 300nm）激光收发器而制定的 IEEE 802.3z 标准，当使用 62.5μm 的多模光纤时，连接距离可达 440m；当使用 50μm 的多模光纤时，连接距离可达 550m；在使用单模光纤时，连接距离可达 5 000m。

（3）1000Base-CX 就是针对低成本、优质的屏蔽绞合线或同轴电缆的短途铜线缆而制定的 IEEE 802.3z 标准，连接距离可达 25m。

（4）IEEE 802.3ab 制定 1000Base-T 吉比特以太网物理层标准，它规定 100m 长的 4 对五类非屏蔽双绞线的工作方式。在升级为吉比特以太网时要按照它的技术规范，不能简单地加入吉比特网设备或替换原以太网设备，这是在组网时需注意的。

2. 吉比特以太网卡

用户在考虑将服务器和工作站的传输速率提高至 1Gbit/s 的时候，必须小心地挑选吉比特以太网网卡（NIC）。在传输速率达到 1Gbit/s 时，除非 NIC 提供智能主机辅助功能，其 CPU 就无法适应网络的吞吐量，吉比特以太网上的路由器和现有的低容量交换机也同样如此。理论上，一个工作站有多少吞吐量取决于其总线结构、内存结构和 CPU 速度。总线为 32 位的计算机只能提供 1Gbit/s 的吞吐量，64 位的计算机具有更高的吞吐量（2Gbit/s）。

吉比特以太网需要第三代适配器，其主要特色是包含一个机械精简指令集计算处理器，该处理器能执行智能的和主机特有的卸载功能。进入的数据直接从网上传到主机存储器单元，处理器就立刻对其进行调整以便访问，这样就消除了包复制过程中的多重中断。

3. 吉比特以太网交换机

随着吉比特位的通信流经过局域网主干，交换并传输数据、图像和声音构成的混合信息，主干交换机得发挥高端作用，通信管理、拥挤控制和服务质量（QoS）等成为吉比特网所关心的重要问题。

4. 缓存式分配器

缓存式分配器是一种全双工、多端口的类似集线器的设备，将两个工作在 1Gbit/s 以上的 802.3 链路连接起来。缓存式分配器把分组转发到除源链路外的其他所有链路上，提供共享带宽域（与 802.3 的冲突域相对），也被称为“盒子中的 CSMA/CD”。它与 802.3 的中继器（repeater）不同，允许在转发到达各链路的帧之前先加以缓冲。作为共享带宽设备，缓存式分配器应与路由器和交换机区分开。配有吉比特以太网接口的路由器可以有支持高于或低于吉比特速率的背板，而连到吉比特以太网缓存式分配器背板的端口共享一吉比特的带宽，对于多端口的吉比特以太网交换机而言，其高性能背板可支持数吉比特的带宽。

5. 吉比特以太网构建举例

下面主要通过现有以太网的升级来说明吉比特以太网的构建。

（1）以太网升级到吉比特以太网的几点说明

① 把 10Mbit/s、100Mbit/s 网络升级至吉比特的条件并不多，最主要的是综合布线条件。吉比特以太网指的是网络主干的带宽，要求主干布线系统必须满足吉比特以太网的要求。如果原来的网络覆盖距离相隔几百米至几公里的多幢建筑物，则原来的主干布线一般采用的是多模或单模光纤，能够满足吉比特主干的要求，可以不必重新铺设光纤了。在建筑物之间的距离小于 550m 的情况下，一般铺设价格相对低廉的多模光纤就可以满足吉比特以太网的需要。

② 如果原来的网络只覆盖了一幢建筑，而且最远的网络节点与网络中心的距离不超过 100m，则可以利用原来的五类或超五类布线系统。如果原来的布线系统达不到五类标准，或者采用了总线型布线系统而不是星型布线系统，则必须重新布五类线。

③ 升级至吉比特以太网，首先要将网络主干交换机升级至吉比特，以提高网络主干所能承受的数据流量，从而达到加快网络速度的目的。以前的百兆交换机作为分支交换机，以前的集线器则可以在布线点不足的地方使用。

④ 网络上的服务器需要吞吐大量的数据，如果网络主干升级至吉比特，但是服务器网卡还停留在百兆的水平上，服务器网卡就会成为网络的瓶颈，解决方法是在原来的服务器上添

加吉比特网卡。注意应该优先选购 64 位 PCI 的吉比特网卡，其性能比普通 PCI 吉比特网卡高一些。

⑤ 网络主干升级了，网络的分支也应随之升级。如果原来的用户计算机已经安装了 10Mbit/s/100Mbit/s 自适应网卡，则可以不必升级网卡，只要将网卡接到百兆交换机上就可以了；如果原来使用的是 10Mbit/s 网卡，则需要将网卡更换为 10Mbit/s/100Mbit/s 自适应网卡，这样才能提高工作站访问服务器的速度。

（2）升级方式的举例

吉比特以太网最初的应用将是在路由器、交换机、集线器、中继器和服务器之间需要高带宽的校园或建筑物。

① 升级交换机到交换机的连接

这是很直接的升级方案，将快速以太网交换机或中继器之间的 100Mbit/s 连接升级到 100/1 000 交换机之间的 1 000Mbit/s 连接，从而可支持更多的交换和共享快速以太网段。图 4-4 所示为升级前例图，图 4-5 所示为升级后的吉比特以太网例图。

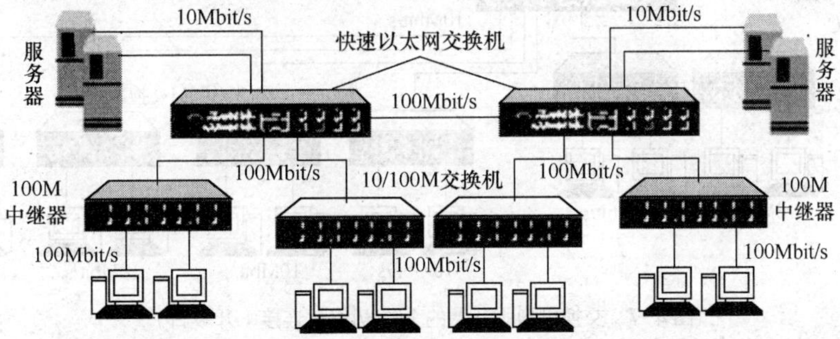

图 4-4 快速以太网交换机之间的 100Mbit/s 连接（升级前）

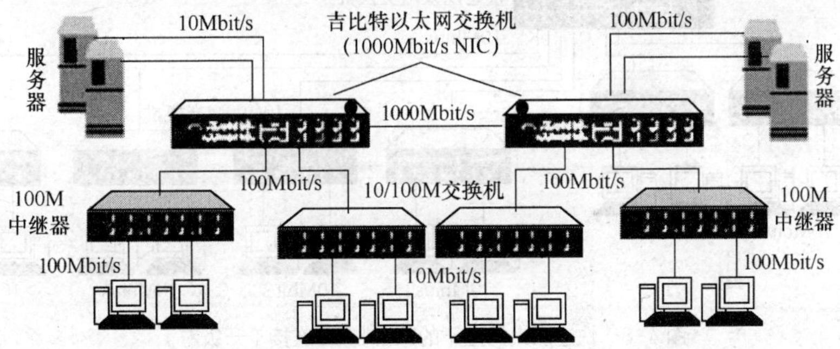

图 4-5 100/1000 交换机之间的 1 000Mbit/s 连接（升级后）

② 升级交换机到服务器的连接

最简单的升级方案，将快速以太网交换机升级成吉比特以太网交换机，与安装了吉比特以太网卡的高性能服务器组以 1 000Mbit/s 的高速率相连，提供对应用和文件服务的高速访问能力。图 4-6 和图 4-7 所示分别为升级前和升级后的例图。

③ 升级交换式快速以太网主干

多个 10/100M 交换机构成的快速以太网主干可以升级为支持多个 100/1 000M 交换机及其他含有吉比特以太网接口和上连模块的路由器或集线器的吉比特以太网交换机。若需要也可安装吉比特集线器和/或缓存式分配器。图 4-8 和图 4-9 所示分别为升级前和升级后的例图。

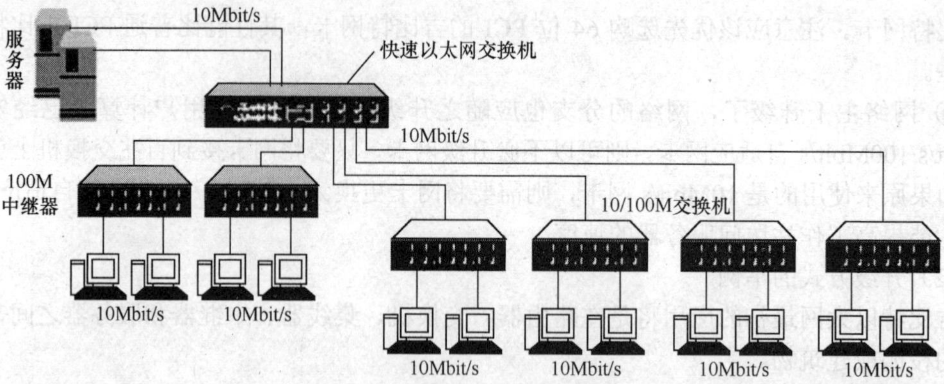

图 4-6　交换机到服务器的 100Mbit/s 连接（升级前）

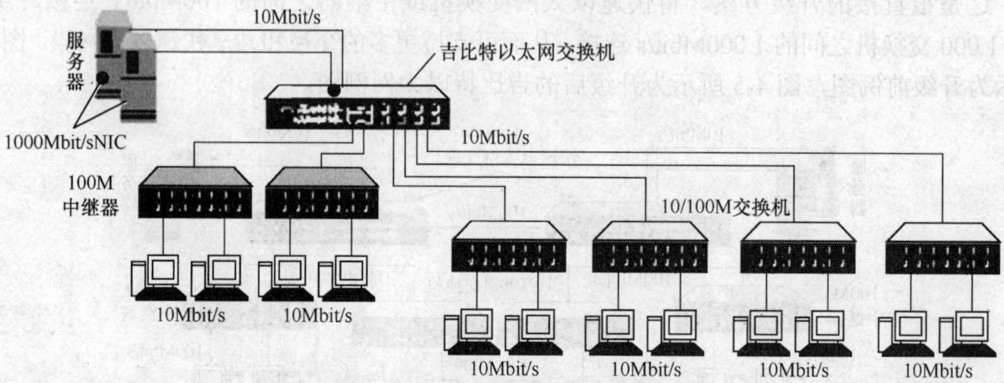

图 4-7　交换机到服务器的 1 000Mbit/s 连接（升级后）

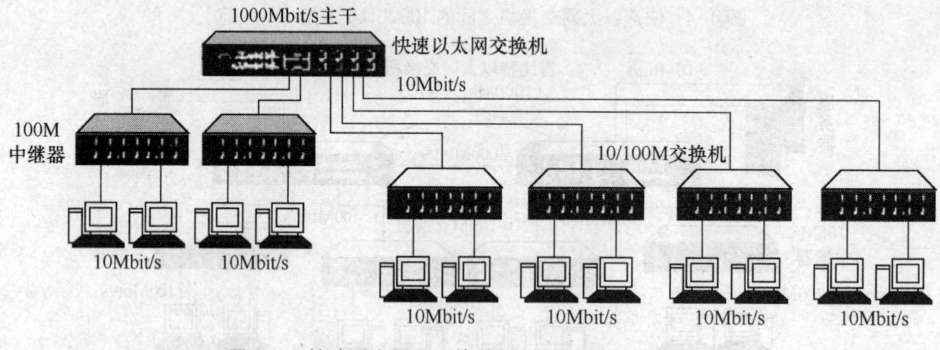

图 4-8　快速以太网主干的 100Mbit/s 连接（升级前）

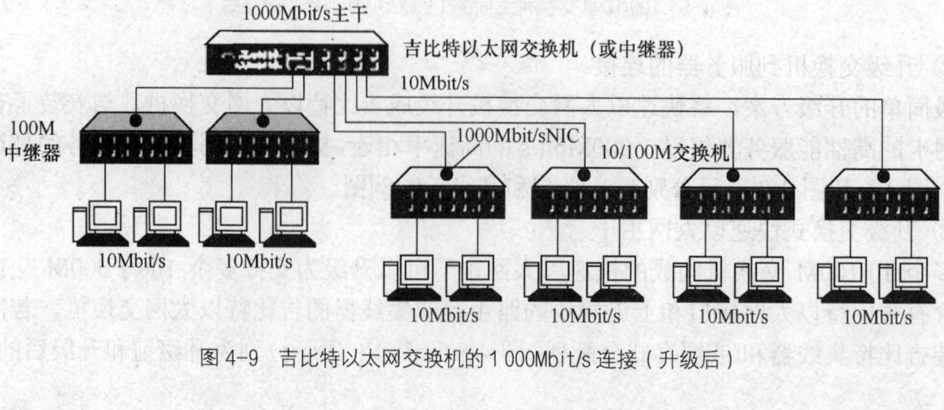

图 4-9　吉比特以太网交换机的 1 000Mbit/s 连接（升级后）

④ 升级共享 FDDI 主干

将 FDDI 集中器（或集线器、以太网）到 FDDI 的路由器升级为吉比特以太网交换机或缓存式分配器。图 4-10 和图 4-11 所示分别为建筑物内 FDDI 主干升级前和升级后的例图。图 4-12 和图 4-13 所示分别为校园园区内 FDDI 主干升级前和升级后的例图。

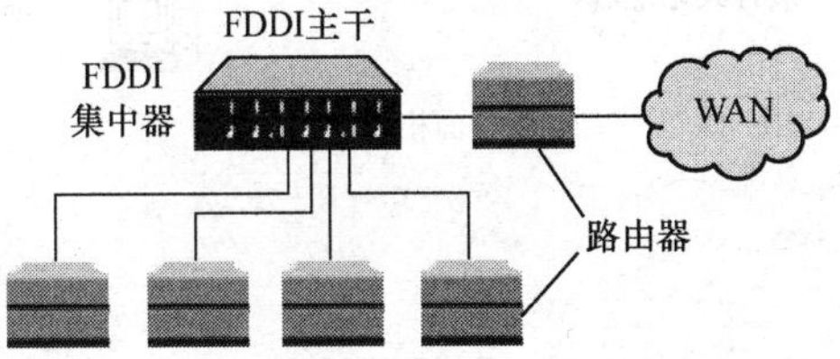

图 4-10 建筑物内的 FDDI 主干（升级前）

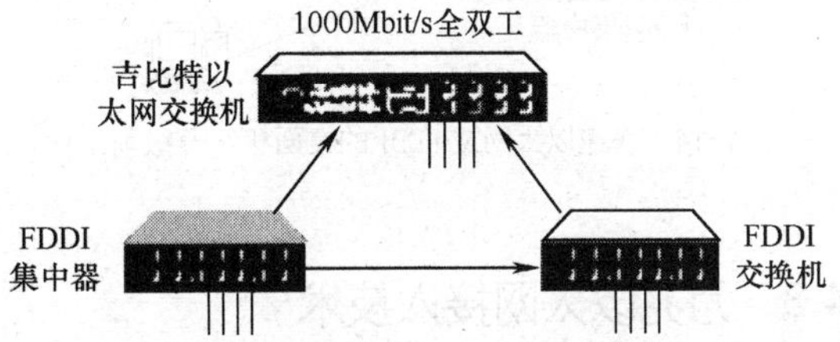

图 4-11 建筑物内的 FDDI 主干（升级后）

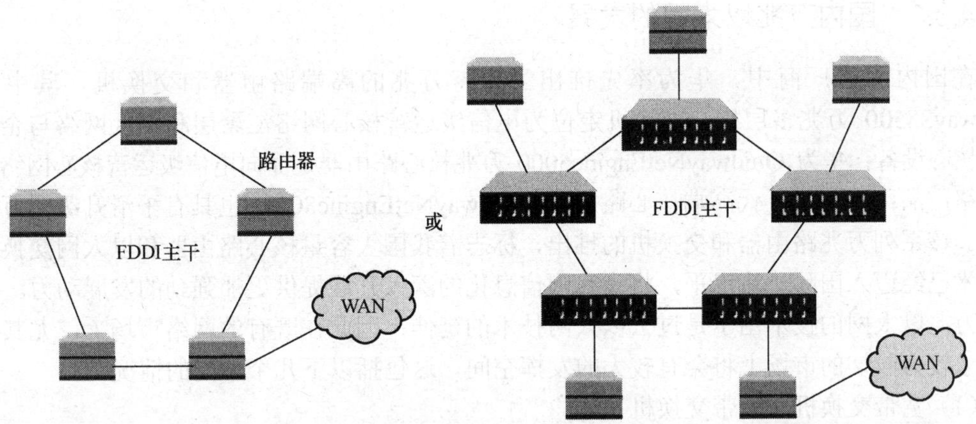

图 4-12 校园园区内的 FDDI 主干（升级前）

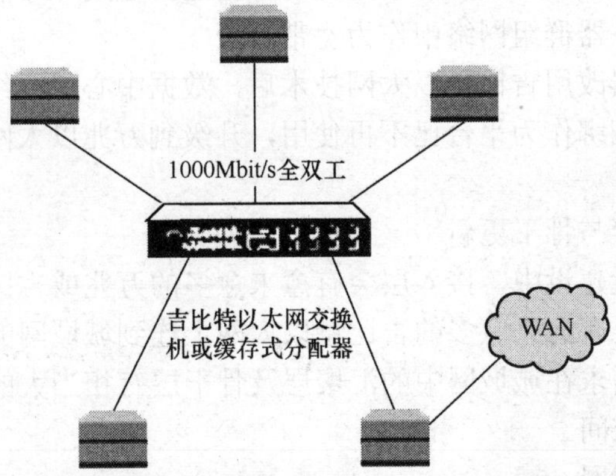

图 4-13 校园园区内的 FDDI 主干（升级后）

⑤ 升级到高性能桌面

随着吉比特以太网发展，在连接快速以太网或 FDDI 的桌面机仍缺乏带宽时，吉比特以太网卡将用于升级高性能桌面机。高性能桌面机将直接连接到吉比特以太网交换机或缓存式分配器。图 4-14 所示为升级前快速以太网或 FDDI 的桌面机配置。图 4-15 所示为升级后的高性能桌面机配置。

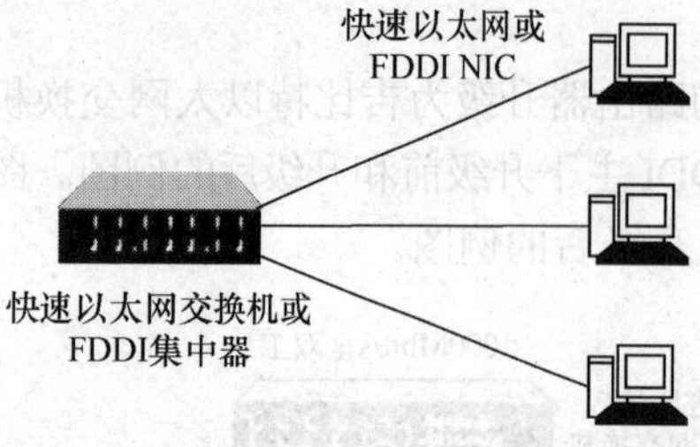

图 4-14　快速以太网或 FDDI 的桌面机（升级前）

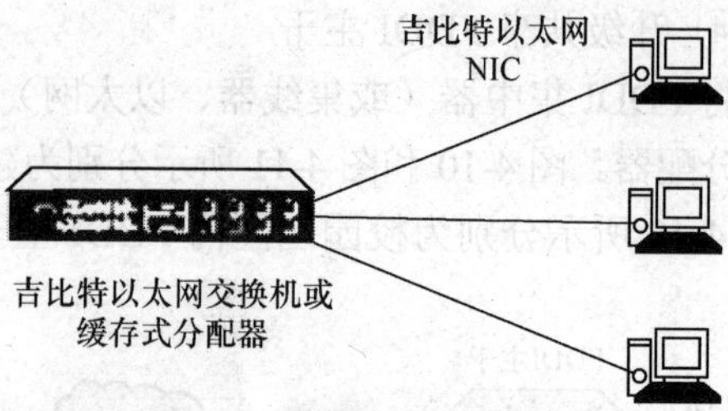

图 4-15　高性能桌面机（升级后）

4.3　万兆以太网接入技术

4.3.1　国内万兆以太网的发展

在国内网络厂商中，华为率先推出了支持万兆的高端路由器和交换机，其中华为QuidwayS8500 万兆多层核心交换机定位为电信级运营核心网络汇聚层和园区网络与企业网络的核心设备；华为 QuidwayNetEngine5000 万兆核心路由器是面向电信级运营核心网络的高端网络产品；华为第五代高端核心路由器 QuidwayNetEngine80/40 也具有平滑升级至万兆的能力。该系列万兆路由器和交换机的推出，标志着我国大容量核心路由器和以太网交换机设计技术已经迈入国际一流水平，将为我国信息化的深入开展提供更加强劲的发展动力。

万兆以太网的技术由于是过去以太网技术的延伸，因此在既有的网络市场上，尤其是宽带需求较为殷切的市场上将会有较大的发挥空间，这包括以下几个不同的情况。

（1）宽带交换机与宽带交换机互连

过去必需采用数个吉比特捆绑来满足交换机互连所需的高带宽，因而浪费了很多的光纤资源，现在可以采用万兆互连，甚至 4 个万兆捆绑互连，达到 40G 的宽带水平。

（2）数据中心或服务器群组网络中作为宽带汇聚

在越来越多的服务器改用吉比特以太网技术后，数据中心或群组网络的骨干带宽相应增加，以吉比特或吉比特捆绑作为平台已不再使用，升级到万兆以太网在服务质量及成本上都将占有相对的优势。

（3）城域网宽带汇聚与骨干更新

在宽带城域网的大量建设中，接入层会有愈来愈多的万兆或吉比特以太网上连到城域网的汇聚层，而汇聚层也会有愈来愈多的吉比特以太网上连到城域网的骨干层，这使得像万兆或万兆捆绑这样的宽带需求在城域网中的汇聚层及骨干层有相当大的市场需求，也是万兆以太网非常大的一个市场空间。

（4）新兴的宽带广域网

由于以太网与 SONET/SDH 在长期的发展中有相当的价格优势，而万兆以太网又支持与SONET/SDH 基础架构的无缝连接能力，这使得过去一直是 SONET/SDH 垄断的广域网市场出现了新的竞争者。

（5）存储网络（SoIP 或 SAN）

在以太网技术作为存储网络平台时，时延与高带宽都是关键性的部件，因此吉比特以太网及万兆位以太网都可以用来架构一个以太网平台的存储网络。这是一个新兴的应用，不仅可以满足存储设备的高速互连，也可以实现存储设备的备份（Backup）及灾难恢复，在考虑到成本的情况下，吉比特以太网与万兆以太网都可以在这个新兴的应用上得到发挥。

当然，市场是瞬息万变的，除了这些较有优势的市场外，万兆以太网也可以在其他多媒体应用（如视频点播）或多媒体制作的领域里寻找更多的空间。

4.3.2 万兆以太网技术分析

以太网采用 CSMA/CD 机制（即带碰撞检测的载波监听多重访问）。吉比特以太网接口基本应用在点到点线路，不再共享带宽，碰撞检测、载波监听和多重访问已不再重要。吉比特以太网与传统低速以太网最大的相似之处在于采用相同的以太网帧结构。万兆以太网技术与吉比特以太网技术类似，仍然保留了以太网帧结构。通过不同的编码方式或波分复用提供 10Gbit/s 传输速率。因此就其本质而言，万兆以太网仍是以太网的一种类型。

万兆以太网于 2002 年 7 月在 IEEE 通过，主要包括 10G Base-X、10G Base-R 和 10G Base-W。10G Base-X 使用一种特紧凑包装，含有 1 个较简单的 WDM 器件、4 个接收器和 4 个在 1 300nm 波长附近以大约 25nm 为间隔工作的激光器，每一对发送器/接收器以 3.125Gbit/s 速度（数据流速度为 2.5Gbit/s）工作。10G Base-R 是一种使用 64B/66B 编码（不是在吉比特以太网中所用的 8B/10B）的串行接口，数据流为 10.000Gbit/s，因而产生的时钟速率为 10.3Gbit/s。10G Base-W 是广域网接口，与 SONET OC-192 兼容，其时钟为 9.953Gbit/s，数据流为 9.585Gbit/s。

（1）10G 串行物理介质层

按照波长不同，10GBase-SR/SW 传输距离为 2～300m，10GBase-LR/LW 传输距离为 2m～10km，10G Base-ER/EW 传输距离为 2m～40km。

（2）PMD（物理介质关联）子层

PMD 子层的功能是支持在物理介质接入（PMA）子层和介质之间交换串行化的符号代码位，将这些电信号转换成适合于在某种特定介质上传输的形式。PMD 是物理层的最低子层，负责从介质上发送和接收信号。

（3）PMA（物理介质接入）子层

PMA 子层提供了物理编码（PCS）和物理介质关联（PMD）子层之间的串行化服务接口，PCS 子层的连接称为 PMA 服务接口。另外，PMA 子层还从接收位流中分离出符号定时时钟，该定时时钟用于对接收到的数据进行正确的符号对齐（定界）。

（4）WIS（广域网接口）子层

WIS 子层是可选的物理子层，可用在 PMA 与 PCS 之间，产生适配 ANSI 定义的 SONET STS-192c 传输格式或 ITU 定义 SDH VC-4-64c 容器速率的以太网数据流。该速率数据流可以直接映射到传输层而不需要高层处理。

（5）PCS（物理编码）子层

PCS 子层位于协调子层（RS）和物理介质接入（PMA）子层之间。PCS 子层完成将以太网介质访问控制（MAC）功能映射到现存的编码和物理层信号系统的功能上去。PCS 子层和上层 RS/MAC 的接口由 10Gbit/s 媒体无关接口提供，与下层 PMA 接口使用 PMA 服务接口。

（6）RS（协调子层）和 10Gbit/s 媒体无关接口

协调子层的功能是将 10Gbit/s 媒体无关接口的通路数据和相关控制信号映射到 MAC/PCS 接口上。10Gbit/s 媒体无关接口提供了 10Gbit/s 的 MAC 和物理层间的逻辑接口。

10Gbit/s 媒体无关接口和协调子层使 MAC 可以连接到不同类型的物理介质上。

（7）万兆以太网的帧定界

以太网一般利用物理层中特殊的 10B 代码实现帧定界的。当 MAC 层有数据需要发送时，PCS（物理编码）子层对这些数据进行 8B/10B 编码，当发现帧头和帧尾时，自动添加特殊的码组 SFD（帧起始定界符）和 EFD（帧结束定界符）；当 PCS 子层收到来自底层的 10B 编码数据时，可很容易地根据 SFD 和 EFD 找到帧的起始和结束从而完成帧定界。但是 SDH 中承载的千兆以太网帧定界不同于标准的千兆以太网帧定界，因为复用的数据已经恢复成 8B 编码的码组，去掉了 SFD（帧起始定界符）和 EFD（帧结束定界符）。如果只利用吉比特以太网的前导（Preamble）和帧起始定界符（SFD）进行帧定界，由于信息数据中出现与前导和帧起始定界符相同码组的概率较大，可能会造成接收端始终无法进行正确的以太网帧定界。为了避免这种情况，万兆以太网采用了 HEC 策略。

IEEE 802.3 提出了修改吉比特以太网帧格式的建议，在以太网帧中添加了长度域和 HEC 域。为了在帧定界过程中方便查找下一个帧位置，同时由于最大帧长为 1 518 字节，则最少需要 11 比特，因此在复接 MAC 帧的过程中用两字节替换前导的头两个字节作为长度字段，然后对这 8 字节进行 CRC-16 校验，将最后得到的两字节作为 HEC 插入 SFD 之后。

（8）万兆以太网的传输速率

由于 10G 以太网实质上是高速以太网，因此为了与传统的以太网兼容必须采用传统以太网的帧格式承载业务。为了达到 10Gbit/s 的高速率可以采用 OC-192c 帧格式传输。这就需要在物理子层实现从以太网帧到 OC-192c 帧格式的映射功能。同时，由于以太网的原设计是面向局域网的，网络管理功能较弱、传输距离短并且其物理线路没有任何保护措施。当以太网作为广域网进行长距离、高速率传输时，必然会导致线路信号频率和相位产生较大的抖动，而且以太网的传输是异步的，在接收端实现信号同步比较困难。

10G 广域网物理层并不是简单的将以太网 MAC 帧用 OC-192c 承载。虽然借鉴了 OC-192c 的块状帧结构、指针、映射以及分层的开销，但是在 SDH 帧结构的基础上做了大量的简化，使得修改后的以太网对抖动不敏感，对时钟的要求不高。具体表现在：减少了许多开销字节，仅采用了帧定位字节 A1 和 A2、段层误码监视 B1、踪迹字节 J0、同步状态字节 S1、保护倒换字节 K1 和 K2 以及备用字节 Z0，对没有定义或没有使用的字节填充 00000000。减少了许多不必要的开销，简化了 SDH 帧结构，与千兆以太网相比，增强了物理层的网络管理和维护，可在物理线路上实现保护倒换。其次，避免了繁琐的同步复用，信号不是从低速率复用成高速率流，而是直接映射到 OC-192c 净负荷中。

10G 以太局域网和 10G 以太广域网（采用 OC-192c）物理层的速率不同，10G 以太局域网的数据率为 10Gbit/s，而 10G 以太广域网的数据率为 9.58464Gbit/s（SDH OC-192c，是 PCS 层未编码前的速率），但是两种速率的物理层共用一个 MAC 层，MAC 层的工作速率为 10Gbit/s。采用什么样的调整策略将 10Gbit/s 媒体无关接口的传输速率降低，使之与物理层的传输速率 9.584 64Gbit/s 相匹配，是 10G 以太广域网需要解决的问题。

4.3.3 万兆以太网的应用

随着千兆到桌面的日益普及，万兆以太网技术在汇聚层和骨干层得到广泛的应用，高校校园网是万兆以太网的重要应用场合。

1．10GE 在校园网的应用

利用万兆以太网（10GE）的高速链路构建校园网的骨干链路以及各个分校区和本部之间的连接，实现端到端的以太网访问，提高了传输的效率，有效地保证了远程多媒体教学、数字图书馆等业务的开展。图 4-16 所示为万兆以太网在校园网中的应用。

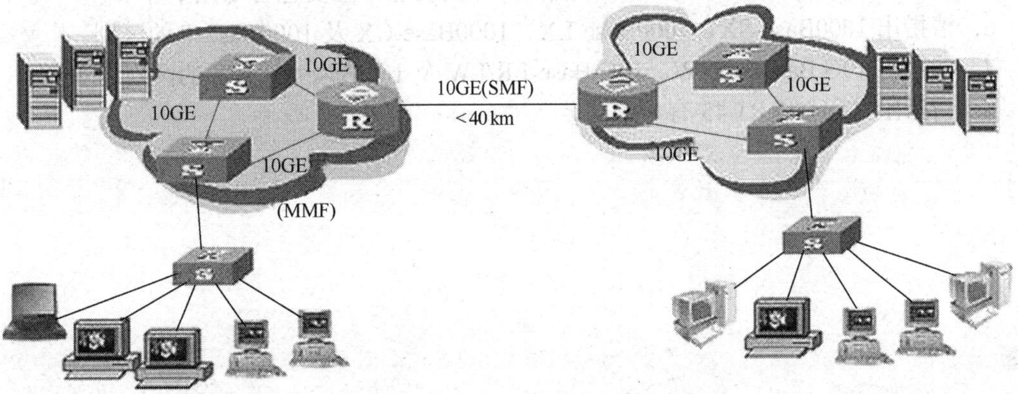

图 4-16 万兆以太网在校园网的应用

2．10GE 直接作为城域网骨干

数据中心出口和城域网也将是万兆以太网的应用场合。随着服务器纷纷采用吉比特链路连接网络，汇聚这些服务器的上行带宽将会很快成为瓶颈，使用 10GE 高速链路能够为数据中心出口提供充分的带宽保障。在城域网的骨干层部署 10GE 可以简化网络结构，降低部署成本，便于维护，通过端到端以太网来打造低成本、高性能、具有丰富业务支持能力的城域网。10GE 在城域网中既可以直接用 10GE 完全取代原来的传输链路作为城域网的骨干，也可以通过 10GE 的 CWDM 接口或 WAN 接口与城域网的传输设备相连接，充分利用已有的 SDH 或 DWDM 骨干传输资源。图 4-17 所示为万兆以太网直接作为城域网骨干的结构。

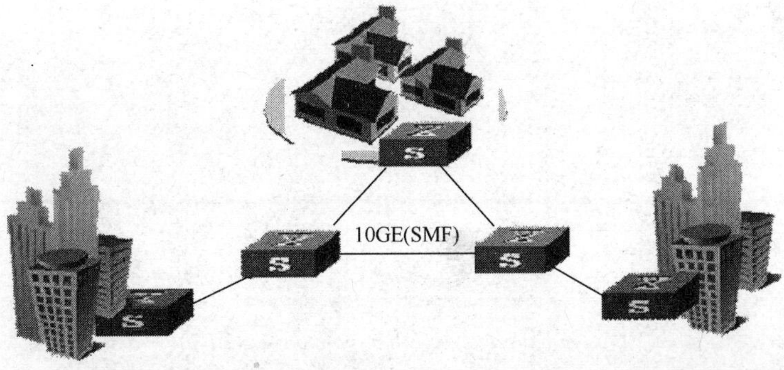

图 4-17 万兆以太网直接作为城域网骨干

复习思考题

1．将以太网技术应用到公用的网络环境中，主要有哪些解决方案？请解释之。

2．以以太网技术为核心，与电话铜缆、无源光网络、无线环境相结合可以形成哪些宽带接入技术？

3．基于以太网接入技术来建设可运营、可管理的宽带接入网络，需要妥善解决哪些主要技术问题？

4．以太网接入技术中主要采用哪些帧格式？应如何区分不同的帧格式？

5．以太网接入技术中采用了什么样的认证计费功能，主要包含哪几个环节？

6．请指出 1000Base-SX、1000Base-LX、1000Base-CX 及 1000Base-T 的区别。

7．请指出 10G Base-SR/SW、10G Base-LR/LW 及 10GBase-ER/EW 的区别。

8．请指出 RJ-11 和 RJ-45 有何不同。

第5章 光纤接入技术

在用户接入网建设中，虽然利用现有的铜缆用户网，可以充分发挥铜线容量的潜力，做到投资少、见效快，但从发展的趋势来看，要建成一个数字化、宽带化、智能化、综合化及个人化的用户接入网，最理想的形式应是建成一个以光纤接入为主的用户接入网。为了全面理解光纤接入技术，本章重点介绍光纤接入中的无源光网络（Passive Optical Network，PON）、ATM 无源光网络（ATM Passive Optical Network，APON）、以太网无源光网络（Ethernet Passive Optical Network，EPON）、吉比特无源光网络（Gigabit capable Passive Optical Network，GPON）和有源光网络（Active Optical Network，AON）等关键技术。

5.1 无源光网络接入技术

根据光接入网（OAN）参考配置可知，OAN 由光线路终端（OLT）、光配线网（ODN）和光网络单元（ONU）3 大部分组成。OLT 为 ODN 提供网络接口并连至一个或多个 ODN；ODN 为 OLT 和 ONU 提供传输；ONU 为 OAN 提供用户侧接口并与 ODN 相连。无源光网络（PON）就是 OAN 中的 ODN，不含任何有源节点，全部由光分路器（Optical Splitter）等无源器件组成。

5.1.1 PON 拓扑结构

1. 基本拓扑结构

OAN 的拓扑结构取决于 ODN 的结构。通常 ODN 可归纳为单星型、树型、总线型和环型 4 种基本结构，也就是 PON 的 4 种基本拓扑结构。

（1）单星型结构。单星型结构是指用户端的每一个 ONU 分别通过一根或一对光纤与端局的同一 OLT 相连，形成以 OLT 为中心向四周辐射的星型连接结构。此结构的特点是：在光纤连接中不使用光分路器，不存在由分路器引入的光信号衰减，网络覆盖的范围大；线路中没有有源电子设备，是一个纯无源网络，线路维护简单；采用相互独立的光纤信道，ONU 之间互不影响且保密性能好，易于升级；但成本太高，光缆需要量大，光纤和光源无法共享。

（2）树型结构。在 PON 的树型结构（也叫多星型结构）中，连接 OLT 的第 1 个光分支器（Optical Branching Device，OBD）将光分成 n 路，每路通向下一级的 OBD，如最后一级的 OBD 也为 n 路并连接 n 个 ONU。因此，它是以增加光功率预算的要求来扩大 PON 的应用范围的。这种结构实现了光信号的透明传输，线路维护容易，不存在雷电及电磁干扰，可靠性高；用户可以共享一部分光设施，如光缆的馈线段和配线段以及局端的发送光源。但由于OLT中的一个光源提供给所有ONU的光功率，光源的光功率有限，这就限制了所连接ONU的数量以及光信号的传输距离。

在PON树型结构中所用的串联OBD有均匀分光和按额定比例的非均匀分光两种。均匀分光OBD构成的网络一般称为多星型，非均匀分光OBD构成的网络则常称为树型。对于通常的接入网用户分布环境，这两种结构的应用范围最广。

（3）总线型结构。总线（Bus）型结构的PON通常采用非均匀分光OBD沿线状排列。OBD从光总线中分出OLT传输的光信号，将每个ONU传出的光信号插入到光总线。非均匀光 OBD 只引入少量的损耗给总线，并且，只从光总线中分出少量的光功率。由于光纤线路上存在损耗，使在靠近OLT和远离OLT处接收到的光信号强度有较大差别，因此，对ONU中光接收机的动态范围要求较高。这种结构适合于沿街道、公路线状分布的用户环境。

（4）环型结构。环型结构相当于总线型结构组成的闭合环，其信号传输方式和所用器件与总线型结构差不多。这种环型结构形成可靠的自愈环型网，使每个 OBD 可从两个不同的方向通到OLT，可靠性大大优于总线型结构。

环型结构并非一种独立的拓扑结构，实际上是两个总线型结构的结合；而单星型结构和多星型结构属于树型结构的特例。这样把4种拓扑结构可以概括为树型和总线型两种最基本的结构。选择PON的拓扑结构需考虑的因素有：用户的分布拓扑、OLT和ONU的距离、提供各种业务的光通道、可获得的技术、光功率预算、波长分配、升级要求、可靠性、运行和维护、安全性以及光缆的容量等。

2. 性能比较

为便于PON结构选择，现将总线型、星型、环型及树型拓扑结构从性能上进行比较，如表5-1所示。在实际应用时，应根据具体情况，综合并全面地考虑采用哪种网络结构，以满足技术、经济、地理、标准、用户等多方面的需求。

表5-1　各种拓扑结构的性能比较

比较内容	总线型	星型	环型	树型
成本投资	低	最高	低	低
维护与运行	测试很困难	清除故障时间长	较好	测试困难
安全性能	很安全	安全	很安全	很安全
可靠性	比较好	最差	很好	比较好
用户规模	适于中规模	适于大规模	适于选择性用户	适于大规模
新业务要求	容易提供	容易提供	每户提供较困难	每户提供较困难
带宽能力	高速数据	基群接入视频	基群接入	视频高速

5.1.2 PON关键技术

1. PON的双向传输技术

在PON中，OLT至ONU的下行信号传输过程是：OLT送至各ONU的信息采用光时分复用（Optical Time Division Multiplexing，OTDM）方式组成复帧送到馈线光纤；通过无源光分路器以广播方式送至每一个ONU，ONU收到下行复帧信号后，分别取出属于自己的那一部分信息。各ONU至OLT的上行信号采用OTDMA、OWDMA、OCDMA及OSCMA等多址接入技术。

（1）光时分多址。光时分多址（Optical Time Division Multiple Access，OTDMA）接入技术是指将上行传输时间分为若干时隙，在每个时隙只安排一个ONU，以分组的方式向OLT发送分组信息，各ONU按OLT规定的顺序依次向上游发送。各ONU向上游发送的码流在光分路器（OBD）合路时可能发生碰撞，这就要求OLT测定它与各ONU的距离后，对各ONU进行严格的发送定时。由于各ONU与OLT间距离不一样，它们各自传输的上行码流衰减也不一样，到达OLT时的各分组信号辐度不同。因此，在OLT端不能采用判决门限恒定的常规光接收机，只能采用突发模式的光接收机，根据每一分组开始的几比特信号幅度的大小建立合理的判决门限，以正确接收该分组信号。各ONU从OLT发送的下行信号获取定时信息，并在OLT规定的时隙内发送上行分组信号，故到达OLT的各上行分组信号在频率上是同步的。由于传输距离不同，到达OLT时的相位差也就不同，因此在OLT端必须采用快速比特同步电路，在每一分组开始几个比特的时间范围内迅速建立比特同步。

（2）光波分多址。采用光波分多址（Optical Wavelength Division Multiple Access，OWDMA）接入技术，将各ONU的上行传输信号分别调制为不同波长的光信号，送至OBD后，耦合到馈线光纤；到达OLT后，利用光分波器分别取出属于各ONU的不同波长的光信号，再分别通过光电探测器解调为电信号。

OWDMA充分地利用了光纤的低损耗波长窗口，每个上行传输通道完全透明，能够方便地扩容和升级。与OTDMA相比，OWDMA所用电路设备较为简单，但OWDMA要求光源频率稳定度高；上行传输的通道数及信噪比受光分波器件性能的限制；系统各通道共享光纤线路而不共享OLT光设备，其系统成本较高。

（3）光码分多址。光码分多址（Optical Code Division Multiple Access，OCDMA）接入技术是指给每一个ONU分配一个多址码。各ONU的上行信码与相应多址码进行模二加后将其调制为同一波长的信号。各路上行光信号经OBD合路送馈线光纤到达OLT，在OLT端经探测器检测出电信号后，再分别与同ONU端同步的相应的多址码进行模二加，分别恢复各ONU传输来的信码。由于多址码的速率远大于信码速率，故OCDMA系统实际上是一种扩频通信系统。

OCDMA系统用户地址分配灵活，抗干扰性能强；由于每个ONU都有自己独特的多址码，故它有十分优越的保密性能。OCDMA不像OTDMA那样划分时隙，也不像OWDMA那样划分频隙，ONU可以更灵活地随机接入，而不需要与别的ONU同步。但OCDMA系统容量不大。

（4）光副载波多址。光副载波多址（Optical SubCarrier Multiple Access，OSCMA）采用模拟调制技术，将各个ONU的上行信号分别用不同的调制频率调制到不同的射频段，然后用此模拟射频信号分别调制各ONU的激光器（Laser Device，LD），把波长相同的各模拟光信号传输至OBD合路点后再耦合到同一馈线光纤到达OLT，在OLT端经光电探测器后输出的电信号通过不同的滤波器和鉴相器分别得到各ONU的上行信号。

OSCMA在频带宽度允许的范围内，各上行信道比特率完全透明，在一定范围内易于升级。与OTDMA相比，OSCMA可以灵活地增加或减少任一路ONU，而且该系统各上行信道彼此独立；另外，与OTDMA相比不需要复杂的同步技术。但由于各ONU至OLT距离不同，OLT接收到的各ONU上行光信号功率不同，特别是调制到频率较为接近的射频段的两路上行信号到达 OLT 后的功率相差很大时，将引起严重的相邻信道干扰（ACI）。增大各上行调制信号射频频段频率间隔，可以使其 ACI 性能得到较大的改善，但这也限制了系统的容量。在传输速率为每秒几十兆比特的系统中，OSCMA 是一项实用的技术。

2. PON 的双向复用技术

光复用技术作为构架信息高速公路的主要技术，对光通信系统和网络的发展及对充分挖掘光纤巨大传输容量的潜力，都起着重要作用。国内外对光波分复用（OWDM 或 WDM）技术、光时分复用（OTDM 或 TDM）技术、光码分复用（OCDM 或 CDM）技术、光频分复用（OFDM 或 FDM）技术、光空分复用（OSDM 或 SDM）技术及光副载波复用（OSCM）技术等进行了深入的研究。其中光波分复用技术、频分复用技术、码分复用技术和时分复用技术以及它们的混合应用技术被认为是最具潜力的光复用技术。

需要指出的是，多路复用技术与多址接入技术相似。不同之处在于多路复用技术中所有用户共用一个复用器；在多址接入技术中，由于各用户所处的位置距离较远，因此用户侧没有复用器。例如，时分多址（TDMA）技术在光纤接入网中使用较多，虽然概念与时分复用相似，但在实际光纤接入网中应用时，由于各个 ONU 距 OLT 的距离可能相差较大，因而，引起光信号的传输延时有较大差距。为了实现各时隙的严格同步，需要在 OLT 中引入复杂的测距功能。

（1）光波分复用（OWDM）技术。实用化程度最高的当属光波分复用技术，其技术及产品已广泛地应用在光通信系统中。在 PON 系统中采用波分复用（WDM）方式进行双向传输，即上行和下行信号被调制为不同波长光信号在同一根馈线光纤上传输。

光波分复用技术是指将多个不同波长的信息光载波复接到同一光纤中传输，来提高光纤传输容量的技术。根据被复用的光波长间隔的不同，光波分复用系统又有 WDM 系统（波长间隔 50～100nm）、密集波分复用（Dense WDM，DWDM）系统（波长间隔 1～10nm）和光频分复用（OFDM）系统（波长间隔小于 1nm）之分。WDM 工作原理如图 5-1 所示。

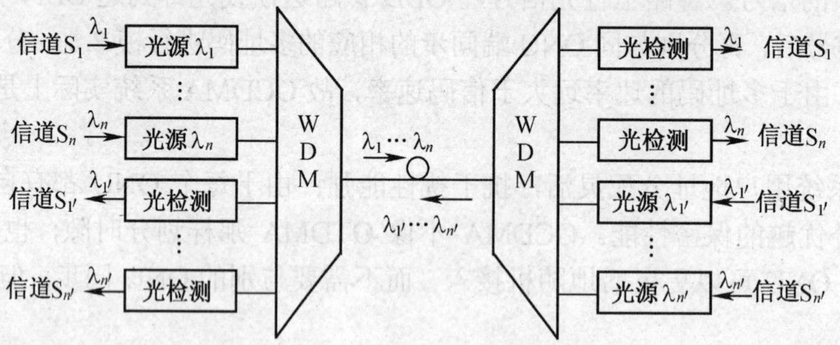

图 5-1 WDM 工作原理图

目前无论是科研成果还是实际应用，WDM 和 DWDM 都已达到了相当高的水平。以密集波分复用为基础的无源光纤网络（DWDM-PON）是全业务宽带接入网的发展方向。ITU-T 对此已提出了参考标准 G.983.3。

WDM-PON 采用多波长窄谱线光源提供下行通信，不同的波长可专用于不同的 ONU。这样，不仅具有良好的保密性、安全性和有效性，而且可将宽带业务逐渐引入，逐步升级。当所需容量超过了 PON 所能提供的速率时，WDM-PON 不需要使用复杂的电子设备来增加传输比特率，只需引入一个新波长就可满足新的容量需求。当 WDM-PON 升级时，不影响原来的业务。在远端节点，WDM-PON 采用波导路由器代替光分路器，减小了插入损耗，增加了功率预算余量。这样就可以增加分路比，服务更多的用户。

构成 WDM-PON 的上行回传通道有 4 种方案可供选择。

方案一：在 ONU 也用单频激光器，由位于远端节点的路由器将不同 ONU 送来的不同波长信号回到 OLT。

方案二：利用下行光信号的一部分在 ONU 调制，从第二根光纤上环回上行信号，ONU 没有光源。

方案三：在 ONU 用 LED 一类的宽谱线光源，由路由器切取其中的一部分；由于 LED 功率很低，需要与光放大器配合使用。

方案四：与常规 PON 一样，采用多址接入技术，如 TDMA、SCMA 等。

（2）光时分复用（OTDM）技术。采用复用技术的目的是提高信道传输信息的容量。与 WDM 技术不同的是，OTDM 不是采用增加光纤中波道的数量来增加传输容量，而是从考虑如何提高每个波道所携带的信息量入手来增加传输容量。基本工作方式是让各路信号在信道上占用不同的时间间隔，也就是把时间分成均匀间隔，将各路信号的传输时间分配在不同的时间间隔内进行传输，以达到互相分开，互不干扰的目的。

在光纤通信系统中，有两种类型的时分复用技术：其一是在电信号上进行的时分复用；其二是在光信号上进行的时分复用。在电信号上进行的时分复用是指在发送端，各支路的电信号通过电复合设备，再进行电/光变换并馈入光纤；在接收端，光信号先进行光/电变换，输出的电信号再经过分路设备分离出各支路信号。此复用方式的速率一般比较低，要做到 40Gbit/s 相当困难。在光信号上进行的时分复用是指在发送端，来自各支路的电信号分别经过一个相同波长的激光器转变为支路光信号，各支路的光信号分别经过延时调整后，经合路器合成一路高速光复用信号并馈入光纤；在接收端，收到的光复用信号首先经过光分路器分解为支路光信号，各支路的光信号再分送到各支路的光接收机转换为各支路电信号。这种方式的复用速率较高，一般达 100Gbit/s。

OTDM 的复接可分为两种，即以比特为单位进行逐比特交错复接和以比特组为单位的逐组交错复接。由于复接的速率比较高，要求在 OTDM 系统中采用的复接信息流，其信号脉冲的宽度与比特间隔相比必须足够窄，其宽度要小于 ps 量级。这样窄的光脉冲可用锁模激光器产生。在传输过程中，因色散会导致脉冲展宽，所以需要采用光孤子脉冲，使之长距离传输而无脉冲展宽现象。

OTDM 的原理图如图 5-2 所示。在发射端，扫描开关 k 以 ω 的频率从用户 1 扫描到用户 n，即开关 k 在不同的时间间隔内分别与用户 1 到用户 n 的信号接通；在接收端，扫描开关 k′ 也以 $\omega'=\omega$ 的频率从用户 1′ 扫描到用户 n'，只要保证扫描开关 k 与 k′ 同步，就能保证系统的正常工作，即用户 1 与用户 1′ 接通，用户 n 与 n' 接通，这就完成了在不同的时间间隔内传送不同的信号。显然，OTDM 多路复用能否正常运行，关键是收、发双方必须同步。

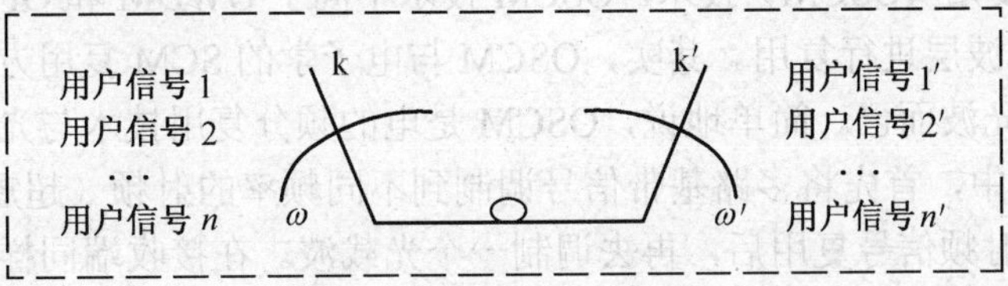

图 5-2 OTDM 原理图

（3）光码分复用（OCDM）技术。光码分复用技术在原理上与电码分复用技术相似。它是给系统中的每个用户分配一个唯一的光正交码的码字作为该用户的地址码。在发送端，对要发送数据的地址码进行正交编码，然后进行信道复用。在接收端，用与发送端相同的地址码进行正交解码。光码分复用技术通过光编码和光解码实现光信道的复用、解复用及信号交换，在光通信中前景看好，其典型原理图如图 5-3 所示。该技术的优势就在于：提高了网络的容量和信噪比，改善了系统的性能，增强了保密性和网络的灵活性，降低了系统对同步的要求，可随机接入、信道共享。

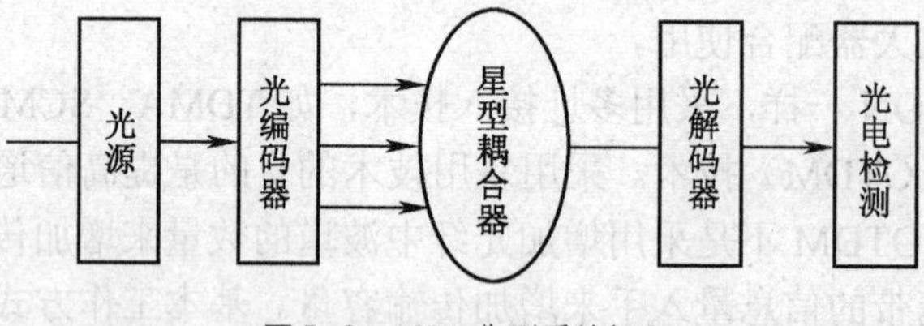

图 5-3　OCDM 典型系统框图

（4）光频分复用（OFDM）技术。OWDM 和 OFDM 技术都是在光层按其波长将可传输带宽范围分割成若干光载波通道。OFDM 与 OWDM 本质上没有什么太大的区别，因为电磁波基本参数频率、波长与速度三者间存在着“速度＝频率×波长”的固有关系。从某种意义上讲，OWDM 只是粗分，每个波道的宽度目前工程上仅做到 0.4nm，在实验室也不过做到 0.1～0.2nm 左右；OFDM 是细分，甚至一个光频就是一个光载波波道。在实际应用上也有一种较为粗略的划分方法，即当相邻两峰值波长的间隔小于 1nm 时，就可称之为光频分复用技术，工程应用上也有在这种情况下使用频率单位来描述被复用的光载波间隔的。

OFDM 的光载波间隔很密，用传统的 OWDM 器件技术（合波器和分波器技术）已很难将光载波区分开，需要用分辨率更高的技术来选取各个光载波。目前，所采用的主要是可调谐的光滤波器和相干光通信技术等。OFDM 一般可用于大容量高速光通信系统或分配式网络系统，如光 CATV 及广播传输系统等。OFDM 系统的原理图如图 5-4 所示。

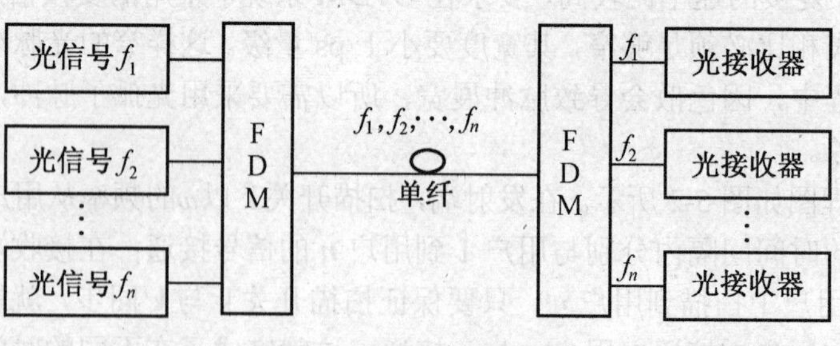

图 5-4　OFDM 系统原理图

（5）光副载波复用（OSCM）技术。OSCM 技术不同于 OWDM 和 OFDM 技术，OWDM 和 OFDM 都是指光波层进行复用。其实，OSCM 与电子学的 SCM 复用方法相似，区别仅在于最后的载波是用光波而已。简单地说，OSCM 是电的频分复用技术与光的调制技术相结合的技术。在 OSCM 中，首先将多路基带信号调制到不同频率的射频（超短波到微波的频率）波上，然后将多路射频信号复用后，再去调制一个光载波。在接收端同样也需要二步解调，首先利用光探测器从光信号中得到多路射频信号，然后再用电子学的方法从各射频波中恢复出多路基带信号。在 OSCM 光纤传输系统中，第 1 次调制的载波称为副载波。副载波可以是射频信号，也可以是微波信号，传输的信号可以是模拟信号，也可以是数字信号，或者是模拟和数字混合信号。各信道的调制方式也彼此独立。

OSCM 技术的最大优点是：可采用成熟的微波技术，以较为简单的方式实现宽带、大容量的光纤传输，它可构成灵活方便的光纤传输系统，可以为多个用户提供语音、数据和图像等多种业务。OSCM 传输系统原理图如图 5-5 所示。

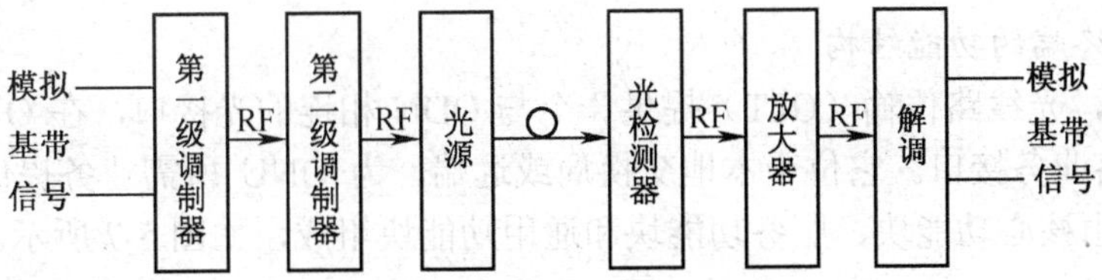

图 5-5 OSCM 光传输系统原理图

在 PON 中采用 SCM 就是 SCM-PON。从 OLT 到 ONU 的下行方向传输的是以 155Mbit/s 为基础的广播基带信号。每个 ONU 接入一个 STM-1 基带信号，并可在 TDM 基础上进一步接入宽带副载波信号。在上行方向采用副载波多址（SCMA）技术来处理多点对点的传输。在 OLT 中，来自各个 ONU 的载荷通过滤波器来选择。当任一个 ONU 需要扩容时，就可将宽带副载波加在该 ONU 上，并不影响其他 ONU 的业务，各 ONU 只要与相应副载波的容量相一致，就不影响整个 PON 的功率分配与带宽。

SCM-PON 的主要缺点有以下 3 个方面。

一是对激光器要求较高。为了避免信息带内产生的交叉调制，而对 ONU 中激光器的非线性有一定要求，要求 ONU 能自动调节工作点，以减轻给 OLT 副载波均衡带来的麻烦。

二是相关强度噪声。多个 ONU 激光器照射在一个 OLT 接收机上，这种较高的相关强度噪声积累限制了系统性能的改进。

三是光拍频噪声。当两个或多个激光器的光谱叠加，照射 OLT 光接收机时，就可能产生光拍频噪声，从而导致瞬间误码率增加。

要消除这些弊端，SCM 的电路变得很复杂。

（6）光空分复用（OSDM）技术。空分复用（Space Division Multiplexing，SDM）指利用不同空间位置传输不同信号的复用方式，如利用多芯缆传输多路信号就是空分复用方式。光空分复用（OSDM）是指对光缆芯线的复用，如对 16 芯×32 组×10 带的光缆产品，计每缆 5 120 芯。若每芯传输速率为 1Tbit/s，考虑到冗余自愈保护，则每缆至少传送的速率为 1 000Tbit/s。这从根本上扭转了信息网络中带宽（速率）受限的局面，还意味着单位带宽的成本下降，为各种宽带（高速率）业务提供了经济的传输和交换技术。OSDM 系统原理图如图 5-6 所示。

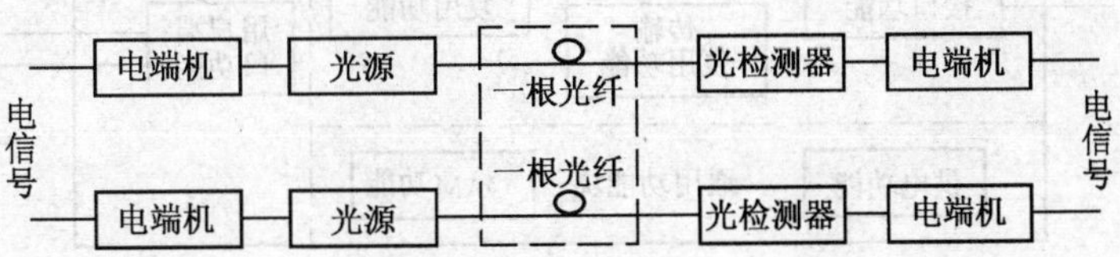

图 5-6 OSDM 系统原理图

（7）时间压缩复用（TCM）技术。时间压缩复用（Time Compression Multiplexing，TCM）又称“光乒乓传输”。在一根光纤上以脉冲串形式的时分复用技术，每个方向传送的信息，首先放在发送缓存中，然后每个方向在不同的时间间隔内发送到单根光纤上。接收端收到时间上压缩的信息在接收缓存中解除压缩。因为在任一时刻仅有一个方向的光信号在光纤上，不受近端串扰的影响。

5.1.3 PON功能结构

1. 光线路终端的功能结构

在PON中，光线路传输（OLT）提供一个与ODN相连的光接口，在OAN的网络端提供至少一个网络业务接口。它位于本地交换局或远端，为ONU所需业务提供必要的传输方式。每个OLT由核心功能块、服务功能块和通用功能块组成，如图5-7所示。

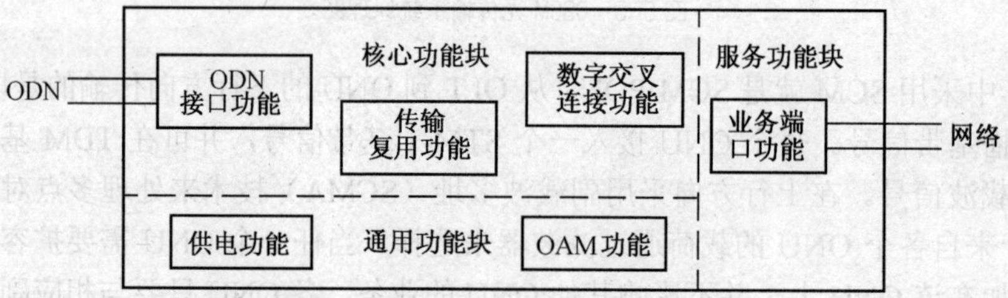

图5-7 OLT结构

OLT核心功能块包括数字交叉连接、传输复用和ODN接口功能。数字交叉连接功能提供网络端与ODN端允许的连接。传输复用功能通过ODN的发送和接收通道提供必要的服务，它包括复用需要送至各ONU的信息及识别各ONU送来的信息。ODN接口功能提供光物理接口与ODN相关的一系列光纤相连，当与ODN相连的光纤出现故障时，OAN启动自动保护倒换功能，通过ODN保护光纤与别的ODN接口相连来恢复服务。

OLT服务功能块提供业务端口功能，它可支持一种或若干种不同业务的服务。

OLT通用功能块提供供电功能和操作管理与维护（OAM）功能。

2. 光网络单元的功能结构

在PON中，光网络单元（ONU）提供通往ODN的光接口，用于实现OAN的用户接入。根据ONU放置位置的不同，OAN可分为光纤到家（FTTH）、光纤到办公室（FTTO）、光纤到大楼（FTTB）及光纤到路边（FTTC）等。每个ONU由核心功能块、服务功能块及通用功能块组成，其结构如图5-8所示。

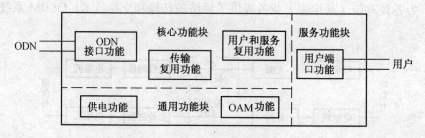

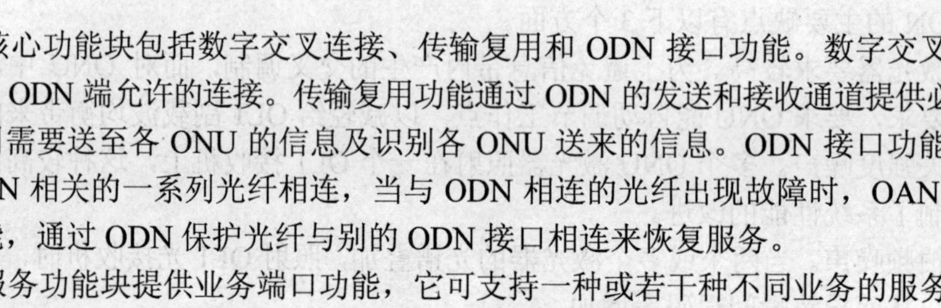

图5-8 ONU结构

ONU 的核心功能块包括用户和服务复用功能、传输复用功能以及 ODN 接口功能。用户和服务复用功能包括装配来自各用户的信息、分配要传输给各用户的信息以及连接单个的服务接口功能。传输复用功能包括分析从 ODN 过来的信号并取出属于该 ONU 的部分以及合理地安排要发送给 ODN 的信息。ODN 接口功能则提供一系列光物理接口功能，包括光/电和电/光转换。如果每个 ONU 使用不止一根光纤与 ODN 相连，那么，就存在不止一个的物理接口。

ONU 服务功能块提供用户端口功能，它包括提供用户服务接口并将用户信息适配为 64kbit/s 或 $n\times$64kbit/s 的形式。该功能块可为一个或若干个用户服务，并能根据其物理接口提供信令转换功能。

ONU 通用功能块提供供电功能及系统的运行、管理和维护功能。供电功能包括交流变直流或直流变交流，供电方式为本地供电或远端供电，若干个 ONU 可共享一个电源；ONU 应在用备用电源供电时也能正常工作。

3. 光配线网的功能结构

PON 中的光配线网（ODN）位于 ONU 和 OLT 之间，ODN 全部由无源器件构成，它具有无源分配功能，其功能结构如图 5-9 所示。

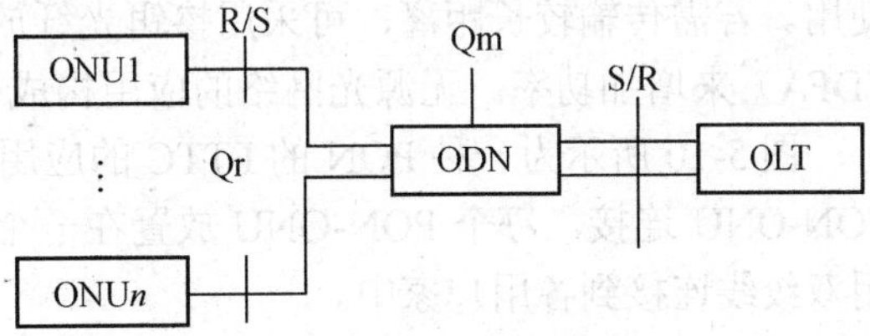

图 5-9 ODN 的功能结构

对于 ODN 的基本要求是：提供可靠的光缆设备；易于维护；具有纵向兼容性；具有可靠的网络结构；具有很大的传输容量；有效性高。一般说来，ODN 应该为 ONU 到 OLT 的物理连接提供光传输介质。组成 ODN 的无源元件有单模光纤、单模光缆、光纤带、带状光纤、光连接器、光分路器、波分复用器、光衰减器、光滤波器、熔接头等。

4. 操作管理维护功能

通常将操作管理维护（OAM）功能分成两部分，即 OAN 特有的 OAM 功能和 OAM 功能类别。

OAN 特有的 OAM 功能包括设备子系统、传输子系统、光的子系统和业务子系统。设备子系统包括 OLT 和 ONU 的机箱、机框、机架、供电及光分路器外壳、光纤的配线盘和配线架。传输子系统包括设备的电路和光电转换。光的子系统包括光纤、光分支器、滤波器和光时域反射仪或光功率计。业务子系统包括各种业务与 OAN 核心功能适配的部分（如 PSTN，ISDN）。

OAM 功能类别包括配置管理、性能管理、故障管理、安全管理及计费管理。光接入网的 OAM 应纳入电信管理网（TMN），它可以通过 Q_3 接口与 TMN 相连。但由于 Q_3 接口十分复杂，考虑到 PON 系统的经济性，一般通过中间协调设备与 OLT 相连，再由协调设备经 Q_3 接口与 TMN 相连。这样，协调设备与 PON 系统用标准的简单 Q_X 接口。

5. 光接入网基本性能

光接入网（OAN）的容量和 ONU 的类别如表 5-2 所示，其中通路传输距离是逻辑距离，即特定传输系统所能达到的最大传输距离。ONU 的类别是按照其在用户侧所需要的最大容量来定义的，其单位为 B（即 64kbit/s 通路），一般情况下不含控制和信令通路。

表 5-2　　OAN 容量和 ONU 规定类别

参　数	类型 1（例如 SDM 和 WDM）	类型 2（例如 TCM）
ODN 接口	至少 4 个 ODN 接口，总容量 800B，每个 ODN 接口至少 200B	至少 4 个 ODN 接口，总容量 800B，每个 ODN 接口至少 100B
最大分路比	最大逻辑距离 20km 以下时：16 最大逻辑距离 10km 以下时：32	最大逻辑距离 20km 以下时：8 最大逻辑距离 10km 以下时：16
ONU 类别	类别 1：至少 2B 类别 2：至少 32B 类别 3：至少 64B	类别 1：至少 2B 类别 2：至少 32B 类别 3：至少 64B

5.1.4　PON 技术应用

1. PON 组网应用

目前无源光纤接入网发展很快，组网方式多种多样。PON 主要采用无源光功率分配器（耦合器）将信息送至各用户。由于采用了光功率分配器，使功率降低，因此，较适合于短距离使用。若需传输较长距离，可采用掺铒光纤放大器（Erbium Doped optical Fiber Amplifier，EDFA）来增加功率。无源光网络的应用构成视用户需求而定。

图 5-10 所示为一种 PON 的 FTTC 的应用形式。PON-OLT 可以通过无源光分路器与多个 PON-ONU 连接，每个 PON-ONU 放置在一个用户群（4～120 个用户）附近，PON-ONU 利用双绞线连接到各用户家中。

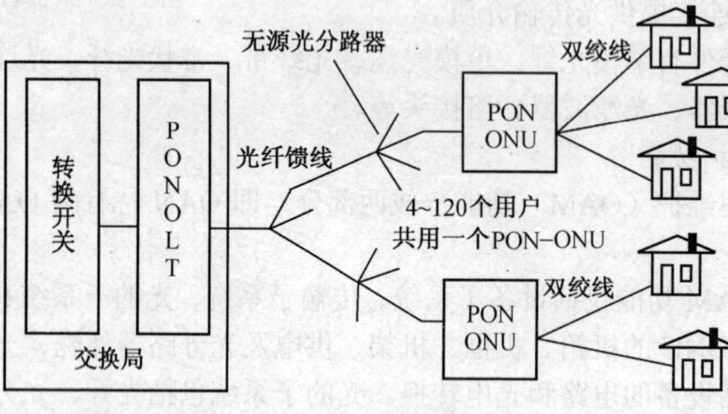

图 5-10　PON-FTTC 结构组网形式

2. 波分复用 PON 技术应用

（1）两波分复用 PON。ITU-T 制定的 G.983 标准只适用于 1 310nm/1 550nm 波分复用（WDM）技术，即粗波分复用（CWDM）技术。采用 1×16 分路器并在一根光纤上使用粗波分复用来分离上行信号和下行信号的 PON 结构，如图 5-11 所示。

OLT 与 ONU 间是明显的点到多点连接，上行和下行信号传输发生在不同的波长窗口中。由于功率分配器没有选路功能，为了完成下行通信，OLT 下传信息必须组成时分复用的复帧，以广播方式发送到每一个 ONU，ONU 从下行比特流中提取同步信号，然后取出并传给自己的数据。在信息上传时，ONU 之间采用多址技术来解决信道竞争的问题，才能成功发送数据。ITU-T 推荐的是 TDMA 方式。

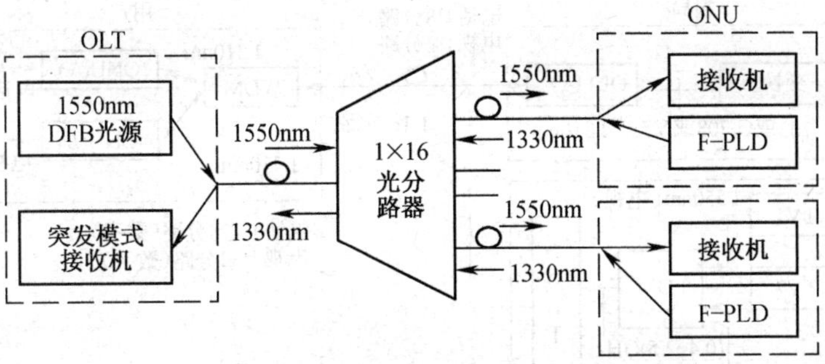

图 5-11 CWDM-PON 结构

当 ONU 采用 TDMA 方式上传数据时，为避免数据可能发生的碰撞，OLT 与 ONU 之间要精确定时，ONU 按照 OLT 分配的时隙传送分组。考虑到各 ONU 到 OLT 距离不同，即使 ONU 在 OLT 规定的时隙内发送信号，到达 OLT 时，相位差和信号衰减都会有所不同。这就要在 OLT 端采用快速比特同步电路和突发模式接收机。

系统采用单纤波分复用方式来解决双向传输问题，即用 1 550nm 波长（1 484～1 580nm）传送下行信号；用 1 310nm 波长（1 270～1 344nm）传送上行信号。下行信号和上行信号的分离采用 1 310/1 550nm 两波长波分复用（WDM）器件来完成。粗波分复用还有替代方案，可在双向上使用 1 310nm 传输，但在某个时间内只允许在一个方向上进行传输，即也使用了 TDM 技术。系统的关键技术有突发信号同步、延时调整、无损伤保护倒换、时隙分配、信元拆装、用户参数控制、编解码、高速突发信号收发等。

PON 的信号由端局和电视节目中心经光纤和光分路器直接分送到用户，其网络结构如图 5-12 所示。下行业务由光功率分配器以广播方式发送给用户，通过靠近用户接口处的过滤器使每个用户接收到发给他们的信号。在上行方向，用户业务是在预定的时间发送，目的是让他们分时地发送光信号，因此要定期测定端局与每个用户的延时，以便同步上行传输，这是 PON 技术的难点。由于光信号经过分路器分路后，损耗较大，因而传输距离不能很远。

PON 的一个重要应用是传送宽带图像业务（特别是广播电视），即使用 1 310nm 波长区传送窄带业务，而使用 1 550nm 波长区传送宽带图像业务（主要是广播电视业务）。这是因为是 1 310/1 550nm 波分复用（WDM）器件已很便宜，加上 1 310nm 波长区的激光器也很成熟，可以较经济地传送急需的窄带业务；另外，1 550nm 波长区的光纤损耗低，又能结合使用光纤放大器，因而适于传送带宽要求较高的宽带图像业务。图 5-12（a）所示为使用 1 310/1 550 两波长 WDM 器件来分离宽带和窄带业务，其中 1 310nm 波长区传送 TDM 方式的窄带业务信号，1 550nm 波长区传送 FDM 方式的图像业务信号（主要是 CATV 信号）。图 5-12（b）所示为也使用了 1 310/1 550 两波长 WDM 器件来分离宽带和窄带业务，与图 5-12（a）不同之处在于先将电视信号编码为数字信号，再用 TDM 方式传输。

（2）波分复用 PON。波分复用 PON 简称为 WDM-PON，图 5-13 所示为一个 1×16 WDM-PON 的结构。在 OLT 中，多波长光源把信息发射在 16 个不同的波长上，一般在 0.8～2nm 之间，甚至小于 0.8nm，光波解复用器把各波长分离出来，并送到各自的 ONU 中。每个 ONU 的上行信号由一个波长发送，共用了 16 个波长，光波复用器对上行信号进行复用，WDM 接收机在 OLT 中接收信号，它由光波解复用器（图中器件 1）和接收器阵列（图中器件 2）组成。

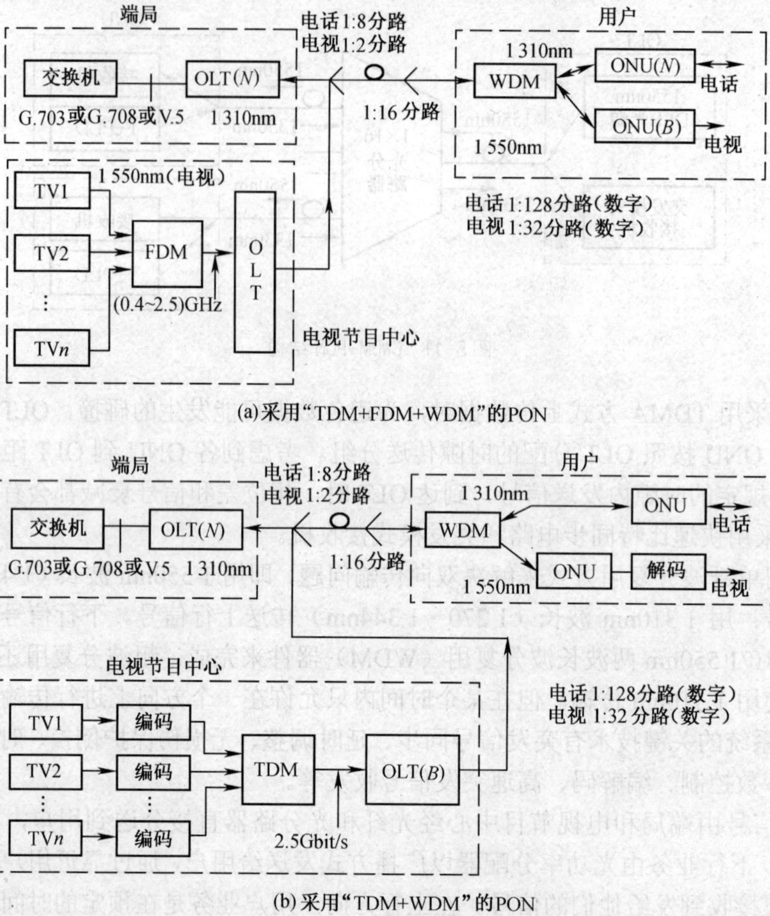

(a) 采用"TDM+FDM+WDM"的PON

(b) 采用"TDM+WDM"的PON

图5-12 PON结构

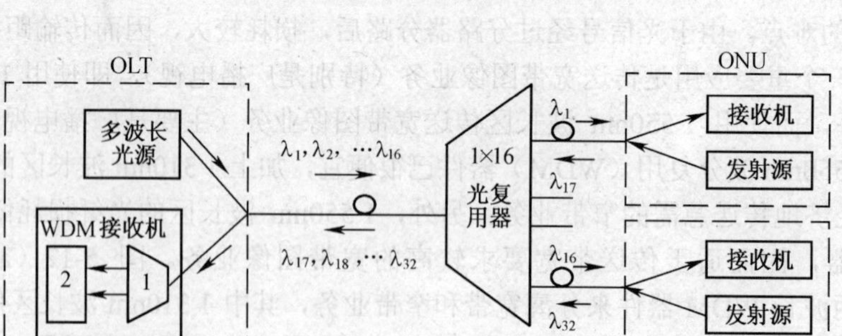

图5-13 WDM-PON（1×16）结构

WDM-PON的下行传输的关键是多波长光源，目前有许多方法制造多波长光源。

方法一：选择16个接近精确波长的、离散的分布反馈（DFB）激光器，每个均有温度调谐以便获得满意的信道间隔。每个激光器被分别调制，产生16个同步数据流。这需要分别监控每个波长，故系统运行变得复杂。改进的方法是制造集成多波长光源，整个梳状多波长可通过某一项控制（如温度）统一进行调谐。这种集成多波长光源，通过在芯片中每个光源附近放置一个薄膜电阻器提供局部能量，从而实现统一调谐。

方法二：使用多频激光器（Multiple Frequency Laser，MFL）。它有放大功能，并通过集成的光复用器来选择波长。其波长间隔是由光复用器中波导长度差异决定的，各波长可由温度进行统一调谐。对于具有16频道（间隔为200GHz）和具有20频道（间隔为400GHz）的MFL，其调制速率可达622Mbit/s。

方法三：采用啁啾脉冲 WDM 光源。它使用了飞秒级（10^{-15}）光纤激光器来产生一个1 500nm附近70nm谱宽的脉冲，此脉冲被22km长的标准单模光纤啁啾。随着脉冲的传输，数据可在高速调制器中以比特交织方式加以编码。分波器进行光谱分离，且把正确的波长分路至各个 ONU。在光传至调制器之前被放大和分路，单个光源被大量用户共享。啁啾脉冲WDM光源（或称比特交错多波长光源）原理框图如图5-14所示。

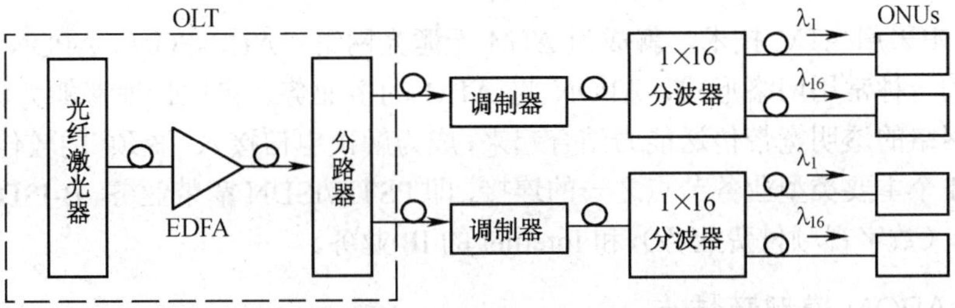

图5-14　比特交错多波长光源

波分复用器（解复用器）是光波分复用技术中的关键部件，通常，它是双向可逆的，即波分复用器和解复用器是相同的。它在光纤传输窗口中可以工作在多个自由光谱范围，它允许额外波长插入，不同的上行和下行波段也可使用同一器件。典型的有棱镜型、光栅型、干涉膜滤光片型、熔融光纤型及平面光波导型等。其中，平面光波导型WDM器件具有适于批量生产、重复性好、尺寸小、可以在光掩模过程中实现复杂的光路及以与光纤的对准容易等优点。

在WDM-PON的上行传输时，ONU所采用的光源很重要。ONU中需要一种光源，它能在ONU所需要的整个波长范围内工作，同时能在整个ONU经受的温度范围内，以足够大的功率和合适的波长进行工作，且要造价便宜。

采用光环回（Optical Loop back）技术的原理如图5-15所示。通过ONU处的调制器发送下行光信号的一部分信号，然后把这一经过调制的光信号环回至 OLT。在这里，ONU中无需使用单频激光器，但也带来负面影响，即要求OLT光源的输出功率足够大，以处理上行信号；需要双纤传输上行和下行信号，以避免来自连续瑞利散射的干扰信号。

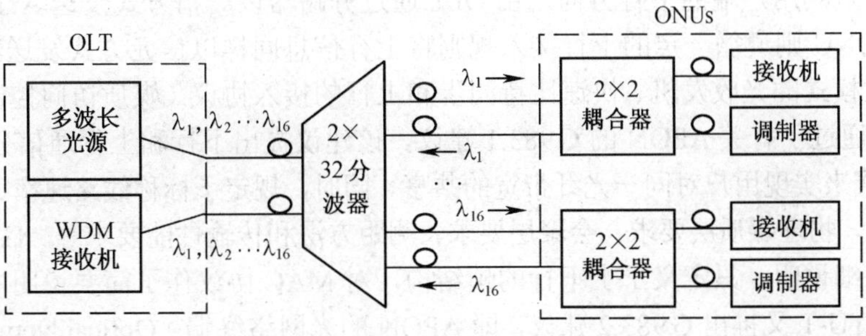

图5-15　采用环回技术的WDM-PON

ONU对调制器的要求是：价格低廉；在系统的整个温度范围内不受偏振的影响，且既有大的光带宽，又有低的插入衰减，同时还需具有低噪声特性。微机械光调制器能满足ONU的要求。

采用光谱连接（Spectral Slicing）技术，对于宽光谱源（发光二极管）来讲，其发射光的一部分应与光波复用器的通频带一致，通过的波长取决于该波分复用器端口。边缘发射发光二极管应能将-10dBm的信号耦合进入单模光纤。此种激光器相对宽调谐单频激光器而言，是一种简单的器件，且价格合理。

5.2 ATM无源光网络接入技术

在PON中采用ATM技术，就成为ATM无源光网络（ATM-PON，APON）。PON是实现宽带接入的一种常用网络形式，APON将ATM的多业务、多比特速率能力和统计复用功能与无源光网络的透明宽带传送能力结合起来，成为解决电信接入“瓶颈”的较佳方案。APON实现用户与4个主要类型业务节点之一的连接，即PSTN/ISDN窄带业务、B-ISDN宽带业务、非ATM业务（数字视频付费业务）和Internet的IP业务。

5.2.1 APON模型及特点

APON的模型结构如图5-16所示。其中UNI为用户网络接口，SNI为业务节点接口，ONU为光网络单元，OLT为光线路终端。

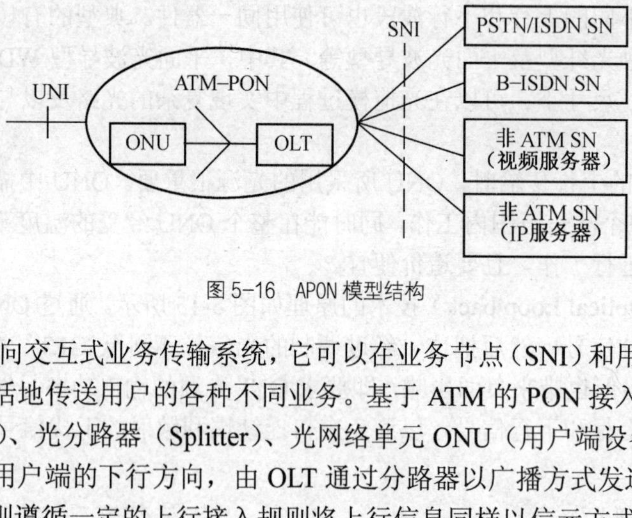

图5-16 APON模型结构

PON是一种双向交互式业务传输系统，它可以在业务节点（SNI）和用户网络节点（UNI）之间以透明方式灵活地传送用户的各种不同业务。基于ATM的PON接入网主要由光线路终端OLT（局端设备）、光分路器（Splitter）、光网络单元ONU（用户端设备），以及光纤传输介质组成。局端到用户端的下行方向，由OLT通过分路器以广播方式发送ATM信元给各个ONU。各个ONU则遵循一定的上行接入规则将上行信息同样以信元方式发送给OLT，其关键技术是突发模式的光收发机、快速比特同步和上行的接入协议（媒质访问控制）。ITU-T于1998年10月通过了有关APON的G.983.1建议。该建议提出下行和上行通信分别采用TDM和TDMA方式来实现用户对同一光纤带宽的共享。同时，规定了标称线路速率、光网络要求、网络分层结构、物理媒质层要求、会聚层要求、测距方法和传输性能要求等。G.983.1对MAC协议并没有详细说明，只定义了上下行的帧结构，对MAC协议作了简要说明。

1999年ITU-T又推出G.983.2建议，即APON的光网络终端（Optical Network Terminal，ONT）管理和控制接口规范，目标是实现不同OLT和ONU之间的多厂商互通，规定了与协议无关的管理信息库被管实体、OLT 和 ONU 之间信息交互模型、ONU 管理和控制通道以及协议和消息定义等。该建议主要从网络管理和信息模型上对 APON 系统进行定义，以使不同厂商的设备实现互操作，于 2000 年 4 月正式通过。

根据 G.983.1 规范的 ATM 无源光网络，OLT 最多可寻址 64 个 ONU，PON 所支持的虚通路（VP）数为 4 096，PON 寻址使用 ATM 信元头中的 12 位 VP 域。由于 OLT 具有 VP 交叉互连功能，因此局端 VB5 接口的 VPI 和 PON 上的 VPI（OLT 到 ONU）是不同的。限制 VP 数为 4 096 使 ONU 的地址表不会很大，同时又保证了高效地利用 PON 资源。

以 ATM 技术为基础的 APON，综合了 PON 系统的透明宽带传送能力和 ATM 技术的多业务多比特率支持能力的优点，主要表现如下。

（1）理想的光纤接入网：无源纯介质的 ODN 对传输技术体制的透明性，使 APON 成为光纤到家、光纤到办公室、光纤到大楼的较佳解决方案。

（2）低成本：树型分支结构，多个 ONU 共享光纤介质使系统总成本降低；纯介质网络，彻底避免了电磁和雷电的影响，维护运营成本大为降低。

（3）高可靠性：局端至远端用户之间没有有源器件，可靠性较有源 OAN 大大提高。

（4）综合接入能力：能适应传统电信业务 PSTN/ISDN；可进行 Internet Web 浏览；同时具有分配视频和交互视频业务（CATV 和 VOD）能力。

5.2.2　APON 系统结构及工作过程

PON 为多个用户提供廉价的共享传输介质；ATM 技术为从低速到高速的各种多媒体业务提供可靠且透明的接口。APON 将两者的特点结合起来，显示了它在各种光纤接入技术中的优势。APON 系统结构如图 5-17 所示。

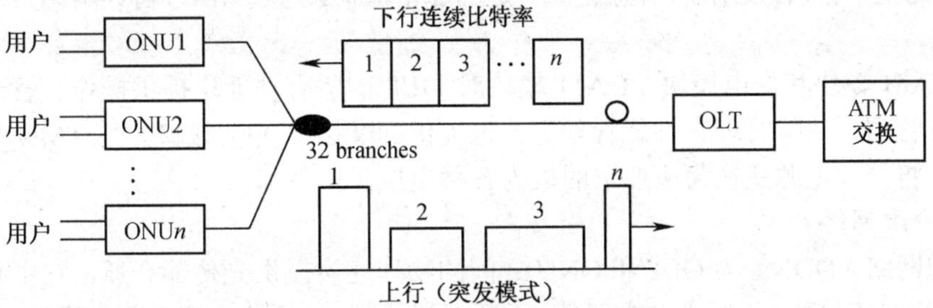

图 5-17　APON 系统结构

APON 的主传输介质 PON 采用无源双星型拓扑，分路比为 1:32。从 OLT 往 ONU 传送下行信号时采用 TDM 技术；ONU 传送到 OLT 的上行信号采用 TDMA 技术。在上行和下行信号传输时，ATM 信元均被组装在一个 APON 包中。通过给每个包加入 8 个开销比特，提供同步及其他与网络传输相关的功能。APON 系统所采用的双向传输方式主要有两种：其一，单向双纤的空分复用方式，即使用两根光纤，一根光纤传输上行信号，另一根光纤传输下行信号，工作波长限定在 1 310nm 区；其二，单纤粗波分复用方式，即采用单根光纤，异波长双工，上下行波长分别工作在 1 310nm 区和 1 550nm 区。在 1 310/1 550nm 的 WDM 器件和 1 310nm 波长段的激光器价格逐渐降低的情况下，采用后者是经济可行的方案。

APON 系统可以采用光纤到 ONU，再采用短的铜缆到用户以代替传统的用户环路，当用户需要时能方便地升级为 FTTH；APON 系统可以将 ONU 直接安放在用户处，即 FTTH。

在下行方向，由ATM交换机送来的ATM信元先送给OLT，OLT将其变为155.52Mbit/s或622.08Mbit/s的速率，并以广播方式，用1 550nm波长区传送到所有与OLT相连的ONU；任意一个ONU可以根据信元的VCI/VPI选出属于自己的信元传送给用户终端。

在上行方向，各个ONU收集来自用户的信息，并通过1 310nm波长区以155.52Mbit/s的速率，采用突发模式发送数据。为防止信元冲突，需要有突发信号的同步功能及时延调整功能，以确保APON系统为各种业务提供ATM标准的接入平台。

1. 光线路终端

APON的光线路终端（OLT）通过VB5接口与外部网络连接（为了能够与现存的各类交换机实现互连，系统也具有向外部网络提供现存窄带接口的能力，如V5接口等）。OLT和ONU通过ODN在业务网络接口（SNI）和用户网络接口（UNI）之间提供透明的ATM传输业务。OLT由业务接口、ATM交叉连接、ODN接口、OAM模块和供电模块等组成。

（1）业务接口。业务接口实现系统不同类型的业务节点接入，如PSTN、ATM交换机、VOD服务器及Internet服务器等。其主要通过VB5.x或V5.x接口实现。该功能模块将ATM信元插入上行的SDH净负荷区，也能够从下行的SDH净负荷区中提取ATM信元。VB5接口的速率可以是SDH的STM-1（155Mbit/s）或者STM-4（622Mbit/s）。

（2）ATM交叉连接。ATM交叉连接模块是一个无阻塞的ATM信元交换模块，主要实现多个信道的交换、信元的路由、信元的复制及错误信元的丢弃等功能。

（3）ODN接口。ODN的每个接口模块驱动一个PON，接口模块数的多少由所支持用户数的多少来确定。ODN的主要功能有：和ONU一起实现测距功能，并且将测得的定距数据存储，以便在电源或者光中断后重新启动ONU时恢复正常工作；从电到光变换下行帧；从光到电变换上行帧；从突发的上行光信号数据中恢复时钟；提取上行帧中的ATM信元和插入ATM信元至下行帧；给用户信息提供一定的加密保护；通过MAC协议给用户动态地分配带宽。

（4）OAM模块和供电模块。OAM模块对OLT的所有功能块提供操作、管理和维护手段，如配置管理、故障管理、性能管理等；也提供标准接口（Q_3接口）与TMN相连。供电功能模块，将外部电源变换为所要求的机内各种电压。

2. 光分配网络

光分配网络（ODN）为OLT和ONU之间的物理连接提供光传输介质，它主要包括单模光纤和光缆、光连接器、无源光分支器件、无源光衰减器、光纤接头等无源光器件。根据ITU-T的建议，系统中一个ODN的分支比最高能达到1:32，即一个ODN最多支持32个ONU；光纤的最大距离为20km，光功率损耗为10～25dB。根据系统所支持用户群的大小，OLT能够提供多个ODN接口以满足大用户群多ONU（>32）的需求。

3. 光网络单元

光网络单元（ONU）实现与ODN之间的接口及接入网用户侧的接口功能。ONU主要由ODN接口功能模块、用户端口功能模块、业务传输复用/解复用模块、供电功能模块和OAM功能模块等组成。

（1）ODN接口功能模块。该模块实现的功能是：光/电、电/光变换功能；从下行PON帧中抽取ATM信元和向上行PON帧中插入ATM信元的功能；与OLT一起完成测距功能；在OLT的控制下调整发送光功率；当与OLT通信中断时，则切断ONU光发送，以减小该ONU对其他ONU通信的串扰。

（2）用户端口功能模块。该模块提供各类用户接口，并且将其适配为 ATM 信元。用户接口单元采用模块化设计使系统支持现存的各类业务；通过添加新模块也可以方便地升级到将来的新业务。

（3）业务、传输复用/解复用模块。该模块将来自不同用户的信元进行组装、拆卸以便和各种不同的业务接口端相连，并复用至 ODN 接口模块；将 ODN 接口模块的下行信元进行解复用至各个用户端。

（4）供电功能模块。用以提供 ONU 电源（AC/DC、DC/AC 变换）。供电方式可以是本地交流供电，也可以是直流远供。ONU 在备用电池供电的情况下也能够正常工作。

（5）OAM 功能模块。对 ONU 所有的功能块提供操作、管理和维护（如线路接口板和用户环路维护、测试和告警、告警报告送给 OLT 等）。

APON 系统所采用的传输复用技术为 TDM/TDMA，即下行信号采用 TDM 广播方式，各个 ONU 从下行信号中选出属于自己的信元，下行速率可以是 155.52Mbit/s 或者 622.08Mbit/s。上行信号采用 TDMA 方式，上行速率为 155.52Mbit/s。然而，各个 ONU 与 OLT 之间的距离并不相同，在上行传输时，必然存在相位差别和幅度差别两个问题。

5.2.3 APON 帧结构及关键技术

1. APON 帧结构

APON 上、下信道都是由连续的时隙流组成。下行每时隙宽为发送一个信元的时间，上行每时隙宽为发送 56 字节（一个信元再加 3 字节开销）的时间。按 G.983.1 建议，APON 可采用两种速率结构，即上下行均为 155.520Mbit/s 的对称帧结构；或者是下行 622.080Mbit/s、上行 155.520Mbit/s 的不对称帧结构。

APON 的对称帧结构如图 5-18 所示，不对称帧结构如图 5-19 所示。下行每 28 个时隙插入一个物理层维护管理信元（Physical Layer OAM，PLOAM），其余为 ATM 信元。155Mbit/s 下行帧包含 2 个 PLOAM 共 56 个时隙长，622Mbit/s 下行帧包含 8 个 PLOAM 共 224 个时隙长。上行帧包含 53 个时隙，每一个时隙包含 56 字节，其中 3 个字节是开销字节。开销字节内容由 OLT 编程决定。开销包括 3 部分：用来防止上行信元间碰撞的保护时间（最短长度 4bit）；用作比特同步和幅度恢复的前导字节；用于指示 ATM 信元或微时隙开始的定界符。开销中 3 部分的边界不固定，以便容许厂家根据其接收机要求自行设定。另外，上行时隙可以包含可分割时隙，它由来自多个 ONU 的微时隙组成，MAC 协议利用这些微时隙向 OLT 传送 ONU 的排队状态信息，以实现带宽动态分配。

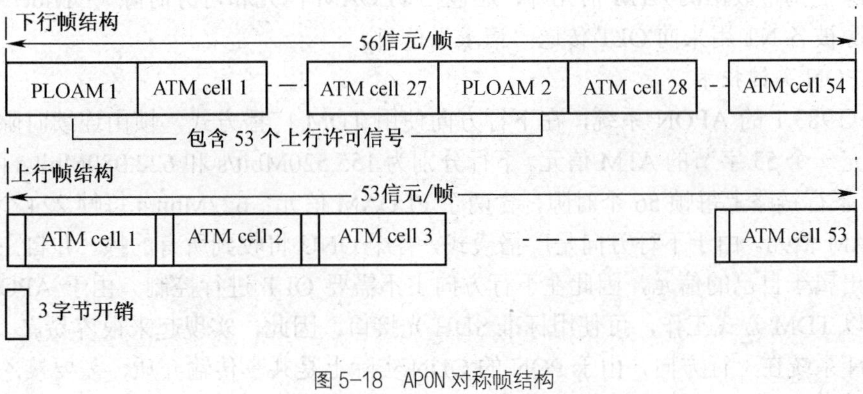

图 5-18 APON 对称帧结构

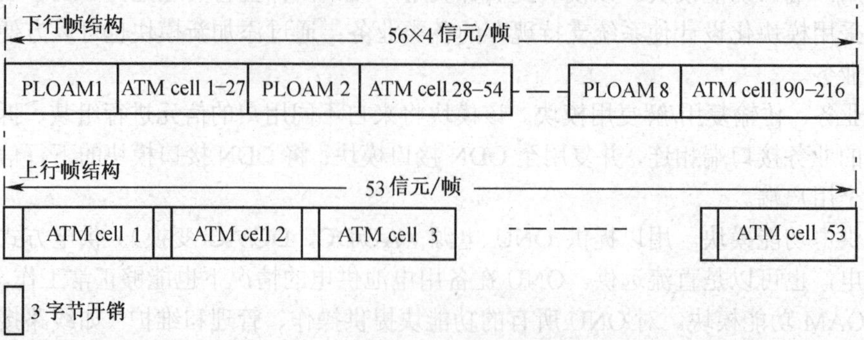

图 5-19 APON 不对称帧结构

G.983.1 规定了多种授权信号（均为 8 比特长），分别用于上行发送 ATM 信元、PLOAM 信元、微信元和空闲等的授权指示。每个下行帧携带 53 个授权信号，分别与上行帧的 53 个时隙对应。ONU 只有收到给予自己的授权信号后，才能在相应的上行时隙发送上行信元。每个 PLOAM 信元携带 27 个授权信号，两个 PLOAM 信元则携带 54 个授权信号，而一帧只需携带 53 个授权信号。于是，第 2 个 PLOAM 信元的最后一个授权信号区填充空闲授权信号。对于非对称帧结构，第 2 个 PLOAM 信元的最后一个授权信号区与余下的 6 个 PLOAM 信元的授权信号区全部填充空闲授权信号。

APON 系统是一个共享带宽的网络，每个用户会对带宽产生不同的需求。这就要求网络有一个功能强大的 MAC（媒质访问控制）协议，以完成信元时隙分配、带宽的动态分配及接入允许/请求等功能。MAC 协议要求能够对各个用户提供公平且高效、高质量的接入，保证接入延迟、信元延迟变化、信元丢失率等参数尽可能小。同时，MAC 协议的选取还需要考虑协议实现的复杂程度。通常采用基于信元的授权分配算法，即由 ONU 发送“请求”至 OLT，OLT 收到 ONU 请求之后根据授权分配算法共享 ONU 发送“许可”。

MAC 协议是基于请求/许可机制来完成上行信元传送的，即当用户端有信元需要发送时，NT（处于 UNI 与 ONU 之间）在 OLT 的授权许可下向 OLT 发送“请求”以申请信元发送；OLT 收到“请求”后，根据许可分配算法对相应的 NT（网络终端）发放信元发送“许可”。MAC 协议根据 G.983.1 建议定义了帧结构，下行帧中的 PLOAM 信元不仅用来传送物理层操作维护（OAM）信息，其中第 1 个和第 2 个 PLOAM 信元同时也用来向 NT 发送各类授权许可信息。各个 NT 根据所接收到的相应的授权信息在 OLT 规定的时隙内发送各类上行信元。上行帧中除了携带数据的 ATM 信元外，还包括 PLOAM 信元和可分时隙（Divided-Slot），其中可分时隙被各 NT 用来向 OLT 传送“请求”信息。

2. APON 关键技术

采用 G.983.1 的 APON 系统，在下行方向使用 TDM 广播方式，帧由连续时隙组成，每个时隙填充一个 53 字节的 ATM 信元。下行分别为 155.520Mbit/s 和 622.080Mbit/s 两种速率。155Mbit/s 下行链路上每帧 56 个时隙，含两个 PLOAM 信元；622Mbit/s 每帧 224 个时隙，有 8 个 PLOAM 信元。由于下行方向是广播模式，各个 ONU 将收到所有的帧，并自主地从相应时隙中取出属于自己的信元，因此在下行方向上不需要 OLT 进行控制。由于 APON 系统在下行方向以 TDM 方式工作，可使用标准 SDH 光接口，因此，实现起来很容易。

APON 系统在上行方向，由于 PON 的 ODN 实际上是共享传输介质，需要接入控制才能保证各个ONU的上行信号完整地到达OLT。通常采用TDMA的上行接入控制。APON的接入复用是在时域实现的，上行信号为TDMA方式，信号是“突发”模式。就是说上行信号是突发的、幅度不等的、长度也不同的脉冲串，并且间隔时间也不相同。由于是突发模式，APON系统在物理层传输上需要解决几个技术难点。

（1）测距技术。从各节点发出的ATM信元传输路径不同，到达接收机也是不同步的。只有各ONU到OLT的连接距离相等，才能防止ATM信元在OLT处发生碰撞。实际线路中的各ONU到OLT距离是无法实现相等的。

测距的目的是补偿因ONU与OLT之间的距离不同而引起的传输时延差异，使所有ONU到OLT的逻辑距离相同。产生传输时延差异的根源有两个，其一是物理距离的不同；其二是由环境温度变化和光电器件的老化等因素造成。测距程序也分为两步：一是在新的ONU安装调测阶段进行的静态粗测，这是对物理距离差异进行的时延补偿；二是在通信过程中实时进行的动态精测，以便校正由于环境温度变化和器件老化等因素引起的时延漂移。目前，实现测距的方法有扩频法测距、带外法测距和带内开窗测距。

① 扩频法测距：粗测时OLT向ONU发出一条指令，通知ONU发送一个特定低幅值的伪随机码，OLT利用相关技术检测出从发出指令到接收到伪随机码的时间差，并根据这个值分配给该ONU一个均衡时延Td。动态精测需要开一个小窗口，通过监测相位变化实时地调整时延值。这种方法的优点是不中断正常业务，精测时占用的通信带宽很窄，ONU所需的缓存区较小，对业务质量（QoS）的影响不大；缺点是技术复杂，精度不高。

② 带外法测距：粗测时OLT向ONU发出一条测距指令，ONU接到指令后将低频小幅的正弦波加到激光器的偏置电流中，正弦波的初始相位固定。OLT通过检测正弦波的相位值计算出环路时延，并依据此值分配给ONU一个均衡时延。精测时需要开一个信元的窗口。该方法的优点是测距精度高，ONU的缓存区较小，对QoS影响小；缺点是技术复杂，成本较高，测距信号是模拟信号。

③ 带内开窗测距：带内开窗测距的最大特点是粗测时占用通信带宽，当一个ONU需要测距时，OLT命令其他ONU暂停发送上行业务，形成一个测距窗口供这个ONU使用。测距ONU发送一个特定信号，在OLT处接收到这个信号后，计算出均衡时延值。精测采用实时监测上行信号，不需另外开窗。此方法的优点是利用成熟的数字技术，实现简单、精度高、成本低；缺点是测距点用上行带宽，ONU需要较大的缓存器，对业务的QoS影响较大。

（2）突发模式同步技术。不管采用哪种测距方法，总是测距精度受限，在采用的测距机制控制ONU的上行发送后，上行信号还是有一定的相位漂移。在上行帧的每个时隙里有3字节开销，保护时间用于防止微小的相位漂移损害信号，前导字节则用于同步获取。OLT在接收上行帧时，搜索前导字节，并以此快速获取码流的相应信息，达到比特同步；然后根据定界符确定ATM信元的边界，完成字节同步。OLT在收到ONU上行突发的前几个比特内实现比特同步，才能恢复ONU的信号。同步获取可以通过将收到的码流与特定的比特图案进行相关运算来实现。一般的滑动搜索方法延时太大，不适用于快速比特同步。可以采用并行的滑动相关搜索方法，将收到的信号用不同相位的时钟进行采样，采样结果同时（并行）与同步比特图案进行相关运算，并比较运算结果，在相关系数大于某个门限时，将最大值对应的取样信号作为输出，并把该相位的时钟作为最佳时钟源；如果多个相关系数相等，则可以取相位居中的信号和时钟。

（3）突发信号的收发。在使用TDMA传输的上行接入中，各个ONU必须在指定的时间区间内完成光信号的发送，以免与其他信号发生冲突。为了实现突发模式，在收发端都要采用特别的技术。光突发发送电路要求能够快速地开启和关断，迅速建立信号，传统的电光转换模块中采用的加反馈自动功率控制不适用了，需要使用响应速度很快的激光器。在接收端，由于来自各个用户的信号光功率不同且是变化的，因此突发接收电路必须在每收到新的信号时调整接收电平（门限）。调整工作通过 APON 系统中的时隙前置比特实现。突发模式前置放大器的阈值调整电路可以在几个比特内迅速建立起阈值，接收电路根据这个门限正确恢复数据。OLT 的光接收机需要具备光功率自适应功能，在一定衰耗范围内能够正确恢复信号。

（4）激光器高消光比

常规的光纤通信，如 SDH 系统，激光器的消光比大于 4.1dB 就可以。但这对于 APON 系统是不能接受的，因为 PON 系统是点对多点的光通信系统。以 1:16 系统为例，上行方向正常情况下只有 1 个激光器发光，其他 15 个激光器都处于“0”状态。根据消光比定义，即使是“0”状态，仍会有一些微弱的激光发送出来。如果 ONU 激光器消光比不高的话，15 个激光器的光功率叠加起来，就有可能会超过工作 ONU 激光器的发送光功率，使上行数据信号被这些叠加的噪声淹没掉，因此需要 PON 系统的激光器具有高消光比。

上述几个技术难题在窄带 PON 系统的开发时就曾遇到过，只是当时速率比较低，比较容易解决。对突发同步来说，速率越高同步越困难，而且 APON 系统测距过程比窄带 PON 系统要复杂得多。对于 APON 系统，主要采用光放大器，因为激光器的输出功率有限（一般在 3dBm 左右），衰减受限距离小。为了扩大系统覆盖范围，有必要引入掺铒光纤放大器（EDFA）。特别是应把 EDFA 放在局端 OLT 作为预放大器，允许多个用户共用 EDFA，以降低成本。但是，突发模式的上行信号会引入光放大器的“浪涌”效应。EDFA 输出会达到数瓦，这样高的功率有可能“烧坏”光连接器和接收机。

5.2.4 APONet 接入传输系统

1. APONet 接入系统特点及技术指标

APONet 接入系统是格林威尔公司推出的产品，它由光线路终端（OLT）、光网络单元（ONU）以及网络管理系统（NMS）组成。OLT 和 ONU 之间采用 PON 连接，能为各类有窄带、宽带接入业务需求的用户提供满意的传输和接入解决方案，其系统结构如图 5-20 所示。

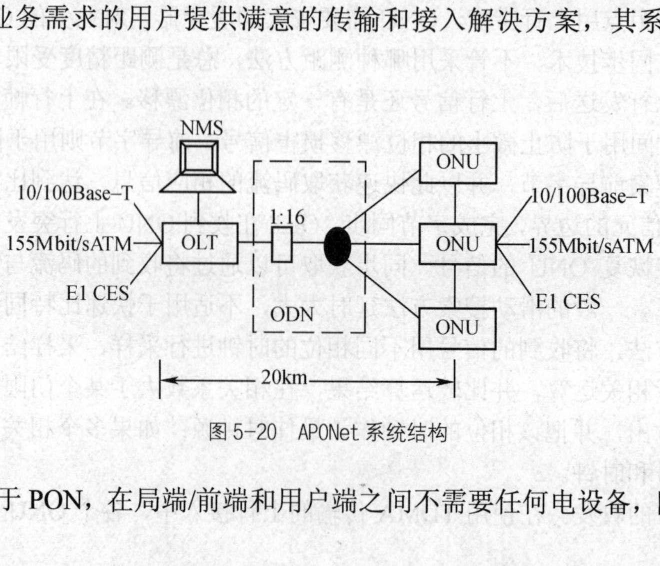

图 5-20 APONet 系统结构

APONet 是基于 PON，在局端/前端和用户端之间不需要任何电设备，除了光纤以外，只需要低成本的无源光分路器和耦合器，比有源光网络（AON）和铜线网络简单、可靠、稳定、易于维护。若 APONet 在 FTTH 中大量使用，有源器件和电源备份系统将从室外转移到了室内，对器件和设备的环境要求降低，维护周期延长，维护成本降低，运营者和用户均受益。同时 APON 还具有 ATM 和 QoS 优点，与基于 TDM 技术的 PON 相比较，APON 能同时服务于更多的用户。

APONet 下行采用 TDM 点到多点广播发送技术，上行采用 TDMA 技术解决多点到点的信道带宽争用问题，从而实现 OLT 与 ONU 之间的信息交互。在信息传递交互过程中，涉及的关键技术是测距与突发同步。APONet 设备的测距精度在±1bit 之间，解决了多个 ONU 到 OLT 距离不同带来的不同传输时延而引发的上行信息碰撞问题；采用关键字检测技术实现了突发同步时钟信号的准确定位，避免了由于时钟定位困难导致的 OLT 端无法准确接收多个随机 ONU 端的申请而出现的突发业务。

APONet 系统与 PON（窄带）系统相比，具有明显的优势，APONet 设备能够实现动态带宽分配（Dynamic Bandwide Allocation，DBA），提供不同 QoS 要求的多业务、多速率接入，可适应用户的多样性和业务发展的不确定性要求；同时为用户提供满意的业务质量。

APONet 系统最远传输距离（OLT 到 ONU 之间）为 20km，支持光分支级数可达 3 级，最大分光比为 1:16。典型 APONet 系统的网络拓扑结构为星型结构，加上光分配网的灵活性，使得系统支持更多的拓扑结构，如树型、总线型等，方便系统升级和扩容。对于那些分散型用户及对业务有阶段性扩展需求的用户，运营商可以按 APON 系统方案组网，这既满足了大用户对于网络服务的要求，又避免将来重复投资。

APONet 系统可独立地与 ATM VP 环或 SDH 环配合共同解决各种业务（电话、数据、图像等）和各类用户的综合接入，支持多业务在其上的综合有效传送（具有地域分布功能）；并可将各种业务和各类用户按类别分别接入其业务网（电话网、数据网等），以充分利用网络资源。

APONet 接入系统技术指标如表 5-3 所示，OLT 技术指标如表 5-4 所示，ONU 技术指标如表 5-5 所示。APONet 系统业务接口性能（技术）指标如下所述。

（1）STM-1 光接口：ATM 的 STM-1 光接口符合 ITU-T 的 I.432 规范。

（2）10Base-T 以太网接口：10Base-T 以太网接口符合 IEEE 的 802.3 规范。

（3）E1 接口：E1 接口符合 ITU-T 的 G.703 规范。

（4）ODN 的反射要求：ODN 的反射取决于构成 ODN 的各种元件的回损以及光通道的任意发射点。系统在运行中必须满足离散反射优于−35dB，光纤接头的最大离散反射优于−50dB。

表 5-3　　APONet 系统技术指标

系统容量	上行线路速率	155.520Mbit/s	下行线路速率	155.520Mbit/s
	上行净负荷最大传输容量	135.168Mbit/s	下行净负荷最大传输容量	116.736Mbit/s
系统网络	最大光分路比	1:16	光分路最大级数	＞3
传输距离	系统最大距离	20km	ONU 与 OLT 最大距离差	20km
系统传输	下行	连续传输模式	上行	突发传输模式
			传输误码	BER＜10^{-10}

表 5-4　　APONet 系统 OLT 技术指标

OLT 光纤接口技术指标			OLT 技术指标		
光发射器件	平均光功率	≥-4dBm	工作电压		-48V DC/220V AC
	工作波长	1 210～1 360nm	安装方式		落地式或壁挂式
突发光接收机	接收灵敏度	-30dBm	满配置功耗		＜50W
	饱和接收光功率	-9dBm	工作环境	温度	0～40℃室温
	工作波长	1 210～1 580nm		湿度	5%～95%无凝结
光连接器	连接方式	SC			
	插入损耗	0.5dB（最大）			

表 5-5　　APONet 系统 ONU 技术指标

ONU 光纤接口技术指标			ONU 技术指标		
突发模式光发射器件	平均光功率	≥-4dBm	工作电压		-48V DC/220V AC
	工作波长	1 210～1 360nm	安装方式		落地式或壁挂式
连续模式光接收机	接收灵敏度	-35dBm	满配置功耗		＜50W
	饱和接收光功率	-15dBm	工作环境	温度	0～40℃室温
	工作波长	1 210～1 580nm		湿度	5%～95%无凝结
光连接器	连接方式	SC			
	插入损耗	0.5dB			

2. APONet 接入系统技术

（1）OLT 结构。APONet 是根据 ITU-T G.983 的总体要求并考虑国内实际需求而设计的。它支持 ATM 和电路模式，能实现窄带和宽带的综合接入和向宽带的平滑过渡。

OLT 提供与 ODN 之间的光接口以及光接入网与业务节点之间的网络接口。OLT 作为 APONet 的核心，负责分离业务、处理来自各 ONU 的监控信息，以及为各 ONU 和本身提供维护和指配等管理功能。OLT 可直接设置在本地交换局处，也可设置在远端。

① OLT 功能结构：OLT 功能结构主要由核心部分、业务部分和公共部分组成。

OLT 的核心部分提供 ODN 接口功能、传输复用功能和 ATM 交叉连接功能。ODN 接口功能主要包括光/电变换、从上行帧中提取 ATM 信元，以及向下行帧中插入 ATM 信元等功能。传输复用功能实现对业务接口与 ODN 接口间 VP 连接的传输和复用。ATM 交叉连接功能完成对不同的业务采用不同的 VP 通道，以及各种用户数据、信令和 OAM 信息流使用 VP 通道中的 VC 通道进行交叉连接。

OLT 的业务部分提供业务端口功能。业务端口连接业务节点和接入网，它负责从来自于业务节点的下行 SDH 帧的净负荷中提取属于本接入网的 ATM 信元，以及向上行 SDH 帧的净负荷中插入来自于本接入网的 ATM 信元。

OLT 的公共部分提供 OLT 的供电以及整个系统（各 ONU 和 OLT）的运行、管理和维护（OAM）功能。

② OLT 物理结构：OLT 物理结构由 ODN 接口卡（OLT-ODNI）、系统控制卡（OLT-SC）、ATM 接口卡（ATMI）、IP 接口卡（IPA）、电路仿真接口卡（CESI）以及电源卡（PWR）和

背板机箱（BKPLN）组成，其构成如图 5-21 所示。系统控制卡（OLT-SC）提供实时控制、配置、维护功能，机架告警指示功能，MAC 以及 ATM VP/VC 交叉连接等功能。ODN 接口卡（OLT-ODNI）提供突发接收、测距以及系统时钟定时等功能。ATM 接口卡（ATMI）提供 155Mbit/s 基于 SDH（STM-1）ATM 业务端口适配等功能。IP 接口卡（IPA）提供 10/100Mbit/s 自适应以太网的 ATM 五类适配等功能。电路仿真接口卡（CESI）提供 N×64Kbit/s 或者 2Mbit/s 电路业务的 ATM 一类适配等功能。电源卡（PWR）提供各种电源。背板机箱（BKPLN）提供板间连接功能。

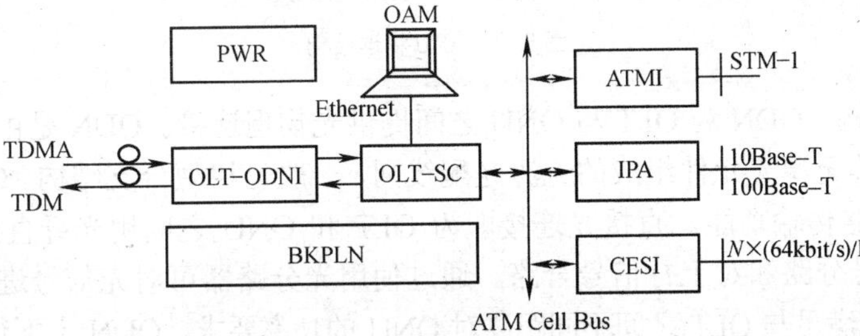

图 5-21 OLT 物理结构

ATMI、IPA 和 CESI 这几种接口卡在组网时并不一定都要求配备，组网时采用哪种接口卡应视业务网络实际而定。例如，当交换局只提供 ATM 交换机时，只用 ATM 接口卡来实现与 ATM 网的连接；当用户只需要 10Mbit/s 以太网的接入业务时，可以只配备 IP 接口卡来提供 10/100Base-T 用户接口。

OLT 对外提供的接口主要有：一对与 ODN 相连的光收/发接口、一个外部 2 048kHz 时钟源输入接口、一个 10/100Base-T 以太网的网管接口、1～4 个 STM-1 的 ATM 业务接口、1～4 个 10/100Base-T 以太网的 IP 业务接口、1～32 个 E1 电路业务接口。

（2）ONU 结构。ONU 与 OLT 不同的是将 OLT 面向业务节点的接口全部改为面向用户的接口（即用户网络接口），其中有 ATM 155Mbit/s 接口（ATM 处理模块）、以太网接口（IPOA 处理模块），电路模式的有 PSTN 接口（SLC）。

ONU 提供与 ODN 之间的接口和用户侧接口，主要功能是终结和处理来自 ODN 的光信号，并为多个企事业用户和居民住宅用户提供业务接口。其位置有很大的灵活性，可位于设备机房（FTTB）、办公室（FTTO）或者用户家中（FTTH）。

① ONU 功能结构。ONU 功能结构主要由核心部分、业务部分和公共部分组成。ONU 的核心部分提供 ODN 接口功能和传输复用功能及业务复用功能。ODN 接口功能主要就是在实现下行帧同步的基础上，从下行帧中提取属于本 ONU 的 ATM 信元，以及向上行帧中插入 ATM 信元。传输和业务复用功能主要完成用户接口到 ODN 接口 ATM 信元和业务的传输和复用，来自不同用户的各种业务的信元通过复用器送到 ODN 接口上，因此各个用户的多个 VP 或 VC 连接可以很有效地共享同一上行带宽。ONU 的业务部分提供用户端口功能，连接用户终端和接入网；它负责从下行帧的净负荷（属于本 ONU 的 ATM 信元）中提取相应终端的 ATM 信元，以及向上行帧的净负荷中插入来自于该终端的 ATM 信元。ONU 的公共部分提供本 ONU 的供电以及本 ONU 的运行、管理和维护（OAM）功能。

② ONU 物理结构。ONU 的物理结构由 ODN 接口卡 ONU-ODNI、系统控制卡 ONU-SC、ATM 接口卡 ATMI、IP 接口卡 IPA、电路仿真接口卡 CESI 以及电源卡 PWR 和背板机箱 BKPLN

组成。结构如图5-22所示。各接口卡的功能与OLT物理结构中的接口卡相对应。

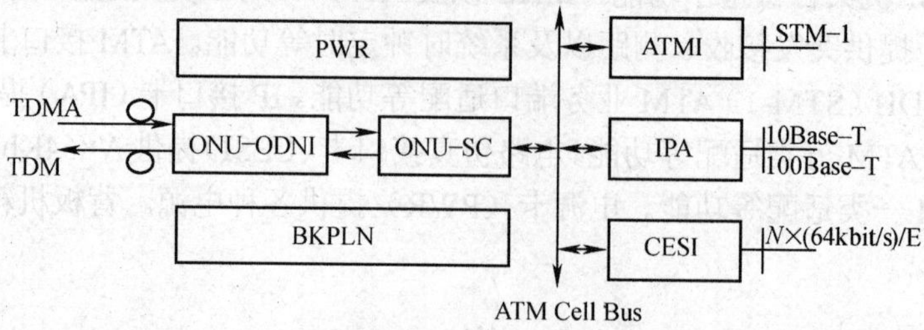

图5-22 ONU物理结构

（3）ODN结构。ODN为OLT与ONU之间提供光物理连接。ODN是由单模光纤、光连接器和光分路器等无源光元件组成的无源光配线网，一般呈树型分支结构。ODN提供直接光连接和光分路/合路传输功能。直接光连接即为OLT和ONU之间用光纤直接相连；光分路/合路即对下行信号分路和对上行信号合路。通过使用光分路器可对光信号进行等功率分配和不等功率分配，以满足与OLT之间不同距离对ONU的功率要求。ODN上下行均使用1 310nm窗口内的波长传输，它所采用的无源光器件与标准的单模光纤（G.652）兼容。

（4）APONet自治网络管理系统。APONet自治网络管理系统是建立在网络终端平台上的，它通过Ethernet接入APONet系统的OLT侧，可为操作维护人员提供一个直观、清晰的维护平台，使其方便、有效地对APONet进行操作、管理、维护和配置。连接控制示意图如图5-23所示。在APONet的OLT侧，有OLT系统控制板OLT-SC和窄带业务系统处理板NSP&N，自治网管与它们通过以太网连接。自治网管所在微机需要双网卡，或者需要一个集线器连接自治网管、OLT-SC板和NSP&N板的以太网接口。自治网管与两个控制板的通信采用TCP/IP。

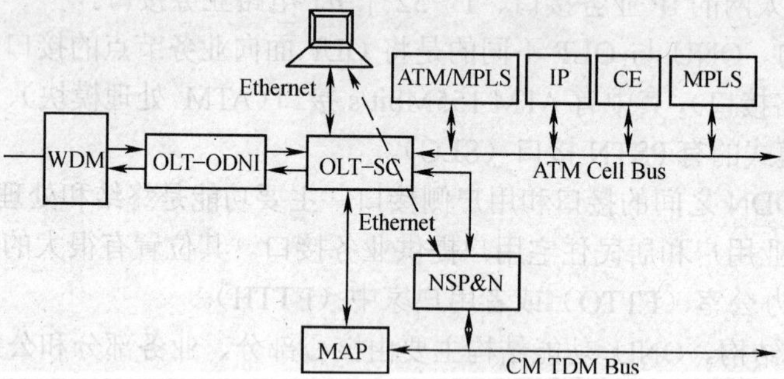

图5-23 连接控制示意图

APONet自治网管与OLT侧OLT-SC板、NSP&N板之间的接口可称为内部接口IIF，这个接口上的消息是APONet内部自己定义的。

APONet网管系统是针对APONet系统开发的管理系统，它位于OLT侧，其功能是配置管理、告警管理、性能数据统计、安全管理、以及通信方式选择和打印等功能。APONet网管系统结构如图5-24所示。

3. APONet接入网应用配置

随着光纤接入网的覆盖范围不断扩大，网络拓扑日趋复杂和容量不断扩大，要求对接入网进行全面规划，使光纤尽可能靠近用户。APONet系统顺应综合技术的发展趋势，采用无源光分路技术，网络可以进行多级无源分支，无源光分支点可以随网络拓扑结构随意放置、组网灵活，能满足复杂网络结构要求。

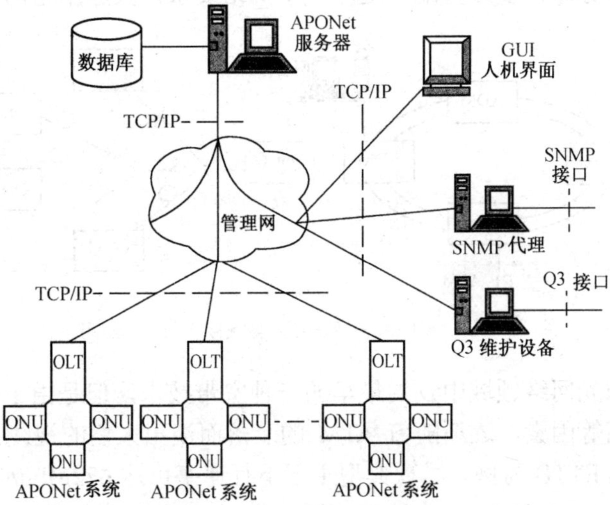

图 5-24 网管系统结构图

（1）APONet 在 ADSL 接入网中的应用。APONet 是一种有效解决分散用户群 ADSL 接入问题的方案，特别适合小区、楼群等需要十几线到上百线 ADSL 接入的应用。多个 ONU 上的 ADSL 业务经 APONet 传输和复用到 OLT，通过一个 155Mbit/s 接口接入 ATM 网，如图 5-25 所示。采用分布式 DSLAM 组网，应用十分灵活。光纤更靠近用户，不仅提高电缆可利用比例，减少维护量，同时保证了用户线上 ADSL 的传输速率和服务质量。

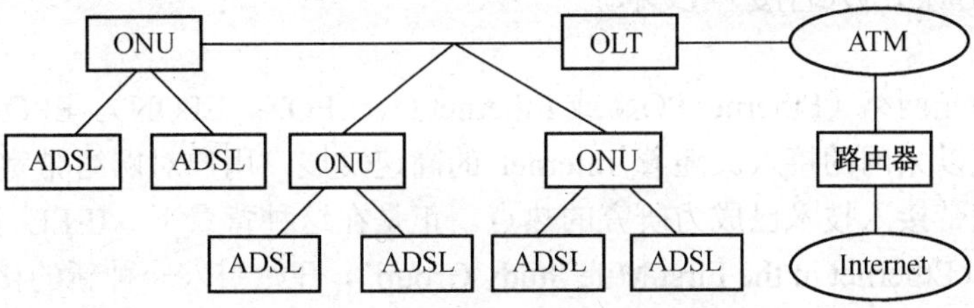

图 5-25 APONet 在 ADSL 接入网中的应用

（2）APONet 在以太网中的应用。APONet 系统为适应多个用户对以太网应用的需求，系统内嵌了 IP 路由功能，利用 RFC1577 协议和 RFC1483 协议实现用户在 ONU 之间、ONU 内部的局域网互连，其典型应用如图 5-26 所示。对于常见的 E1 业务，可通过电路仿真技术透明地穿过 APONet 系统，APONet 系统对该业务起到中继连接的作用；针对共享介质普遍存在的信息保密问题，系统则提供在物理层的“搅动”，以此实现对客户业务数据的保密。

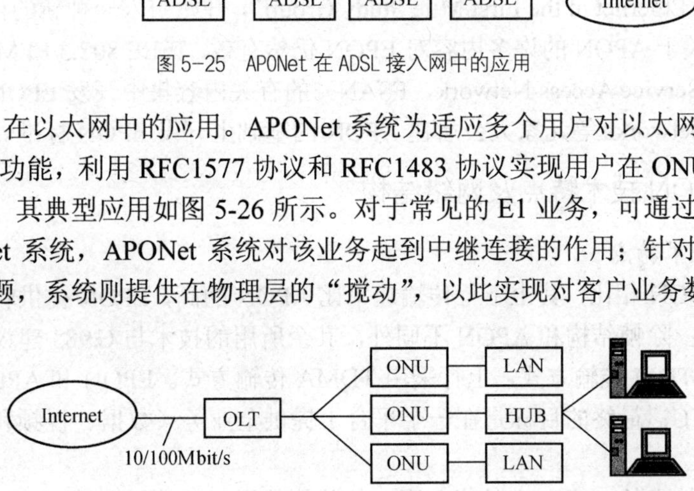

图 5-26 APONet 在以太网中的应用

（3）APONet 在 ATM/SDH 城域接入网中的应用。APONet 可与 ATM/SDH 完美配合，提供窄带、宽带一体化的全面解决方案。环上 ADM 设备具有自愈保护功能，用于边缘层接入。无源光分路器可灵活分布，多级分配，适应复杂网络要求，其应用组网如图 5-27 所示。

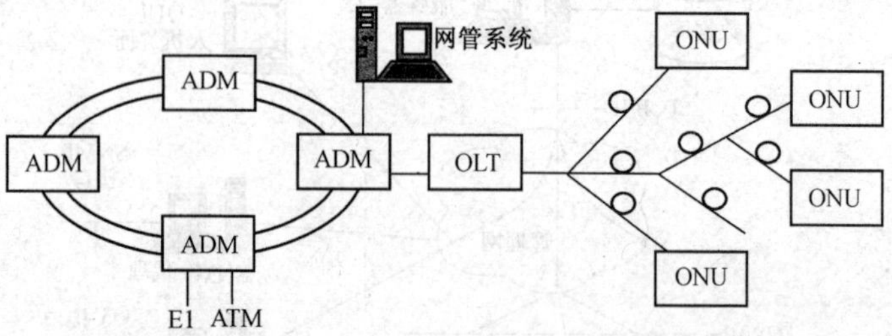

图 5-27 APONet 在 ATM/SDH 城域接入网中的应用

APON 是在无源光网络领域中发展最早的一种宽带技术，但是由于业务提供能力有限，数据传送速率不够高等因素，逐渐随着 ATM 的衰落而淡出人们的视线。带宽不足是 APON 退出的主要因素，以 FTTB 为例，尽管典型主干下行速率可达 622Mbit/s，但分路后实际可分到每个用户的带宽很小，以 1:32 分光计算，每一个 ONU 分配到的平均带宽只有 19.5Mbit/s，每个 ONU 再按 10 个用户共享计算，则每个用户仅能分到约 2Mbit/s，由于性价比低而无法满足网络和业务长远发展的需要是造成 APON 被淘汰的根源。

然而 APON 的一些原理和技术思路仍然在发挥作用。GPON 技术就是由 ITU-T 在 APON 技术的基础上发展而来的，很多地方沿用了 APON 的标准协议框架。随着 GPON 技术的发展，APON 标准中被 GPON 借用的部分将发挥越来越大的作用。

5.3 以太网无源光网络接入技术

以太网无源光网络（Ethernet PON 或 Ethernet Over PON，EPON）。EPON 是指采用 PON 的拓扑结构实现以太网的接入。随着 Internet 的高速发展，用户对网络带宽的需求不断的提高，各种新的宽带接入技术已成为研究的热点。正是在这种背景下，IEEE 于 2000 年底成立了 EFM 工作组（Ethernet in the First Mile Study Group），开始引入一种新的接入技术标准（即 EPON），G.983 关于 APON 的许多内容对 EPON 仍然有效，IEEE 802.3 EFM 工作组参照全业务接入网（Full Service Access Network，FSAN）的有关内容集中开发 EPON 的 MAC 协议，Cisco 和 Nortel Networks 等几家大公司在 APON 的基础上开发 EPON 标准。

5.3.1 EPON 技术特点及网络结构

1. EPON 技术特点

EPON 与 APON 相比，其上下行传输速率比 APON 的高，EPON 提供较大的带宽和较低的用户设备成本；除帧结构和 APON 不同外，其余所用的技术与 G.983 建议中的许多内容类似，其下行采用 TDM 传输方式，上行采用 TDMA 传输方式。EPON 和 APON 一样，可应用于 FTTB 和 FTTC，最终的目标是在一个平台上提供全业务（数据、视频和语音）到家，即 FTTH。

基于以太网技术的 EPON 宽带接入网，与传统的用于计算机局域网的以太网技术不同，它仅采用了以太网的帧结构和接口，而网络结构和工作原理完全不同。EPON 相对于现有类似技术的优势主要体现在以下几个方面。

（1）高带宽。从技术上看，EPON 的下行信道为每秒几百/几千兆比特的广播方式；上行信道为用户共享的每秒几百/几千兆比特信道。这比其他传统的接入方式，如 Modem、ISDN、ADSL 甚至 APON（下行 622/155 Mbit/s，上行共享 155Mbit/s）都要高得多。同时，由于 EPON 对上行方向数据传输采用了 OLT 控制下的 TDMA 复用技术，结合动态带宽分配算法，可以避免传统以太网的 CSMA/CD 导致的多路 ONU 访问的冲突，可以充分利用带宽；在下行方向由于其广播特性，结合 SCB 技术，广播和组播业务可以承载在 SCB 通道上，这样也可以提高下行带宽的利用效率。另外，EPON 采用的是以太网技术，以太网可以做到平滑升级，从 10～100Mbit/s，再到 1Gbit/s 与 10Gbit/s，甚至达到 100Gbit/s。它提供的带宽是传统宽带接入技术如 *x*DSL 和 CableModem 等无法相比的。

（2）低成本。EPON 网络部署的低成本主要表现在网络结构简化、共享干线光纤和局端光口、ODN 免供电和免维护、以太网本身的价格优势等方面，使得 EPON 具有 APON 所无法比拟的低成本。

① 网络结构简化。EPON 部署方式下，降低了预先支付的设备资金和与 SDH 及 ATM 有关的运行成本，在局端用一台 OLT 取代 SDH 的分插模块（ADM）和 ATM 交换机，在用户端对每个用户用一台 ONU 取代 SDH 的 ADM 和数据路由器，这与传统光网络建设相比，省去了昂贵复杂的 SDH 和 ATM 设备，降低了网络建设费用。

② 共享干线光纤和局端光口。由于在光网络建设中，光器件占据设备成本的比重和干线光纤占据建设成本的比重都较大。EPON 部署方式可以使得同一 PON 口下的所有 ONU 共享局端的 PON 口以及干线光纤资源，使 EPON 网络中减少了大量的光纤和光器件以及维护的成本，从而大大减少了每一用户对于这部分成本的摊薄。

③ ODN 免供电和免维护，极大地降低了网络运行和维护费用。

④ 以太网本身的价格优势。EPON 设备由于以太网的广泛部署，相关的器件成本降低较快，并且由于从用户端到汇聚层设备都采用以太网接口，减少了协议层次和接口类型转换，这也相应降低了建设成本。

（3）易兼容。以太网技术是目前最成熟的局域网技术。EPON 只是对现有 IEEE 802.3 协议做一定的补充，基本上是与其兼容的。因此，EPON 互连互通很容易，各个厂家生产的网卡都能互连互通。随着 EPON 标准的制定和 EPON 的使用，在 WAN 和 LAN 连接时，将减少 APON 在 ATM 和 IP 间的转换。

（4）高安全性。在下行方向，EPON 可以采用搅动技术对每个 ONU 的数据进行加密，隔离同一 PON 口下的用户业务流，保证每个 ONU 业务数据的私密性，对 MAC 控制帧和 OAM 帧进行加密，防止假冒。在用户认证方面，EPON 可以通过 PPPoE、Web/Portal 和 IEEE 802.1x 等方式对用户进行认证管理和消息鉴权。另外，EPON 还可通过采用 VLAN 隔离、基于 MAC 地址的绑定和 IP 安全等技术，提供多重的安全保障措施。

（5）QoS 保证。EPON 设备通过在多个层次上实施 QoS 技术保证整个业务的 QoS。在物理层上，可以采用带宽预留技术，为带宽需求相对比较稳定、时延敏感的 CES 以及语音等业务提供固定带宽或者保证带宽。在数据链路层，通过实现 IEEE 802.1p 协议来提供与 APON 相类似的 QoS。在 IP 层采用差分服务（DiffServ），为不同服务等级提供不同的优先级服务。

2. 网络结构

EPON 位于业务网络接口到用户网络接口间，通过 SNI 与业务节点相连，通过 UNI 与用户设备相连。EPON 主要由光线路终端（OLT）、光配线网络（ODN）和光网络单元/光网络终端（ONU/ONT）3 部分组成。其中，OLT 位于局端、ONU/ONT 位于用户端。OLT 到 ONU/ONT 的方向为下行方向，反之为上行方向。EPON 接入网结构如图 5-28 所示。

在 EPON 系统中，OLT 既是一个交换机或路由器，又是一个多业务提供平台（Multiple Service Providing Platform，MSPP），它提供面向无源光纤网络的光纤接口。根据以太网向城域和广域发展的趋势，OLT 将提供多个 Gbit/s 和 10Gbit/s 的以太接口，支持 WDM 传输。为了支持其他流行的协议，OLT 还支持 ATM、FR 以及 OC3/12/48/192 等速率的 SONET 连接。若需要支持传统的 TDM 语音、普通电话线（POTS）和其他类型的 TDM 通信（T1/E1），可以被复用连接到 PSTN 接口。OLT 除了提供网络集中和接入的功能外，还可以针对用户的 QoS/SLA（Service Level Agreement）的不同要求进行带宽分配、网络安全和管理配置。

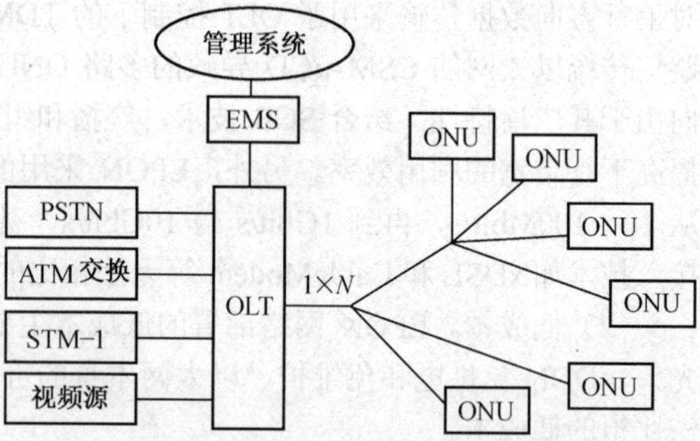

图 5-28　EPON 接入网结构

OLT 根据需要可以配置多块光线路卡（Optical Line Card，OLC），OLC 与多个 ONU 通过 POS 连接，POS 是一个简单设备，它不需要电源，可以置于全天候的环境中。通常一个 POS 的分线率为 8、16 或 32，并可以多级连接。

在 EPON 中，从 OLT 到 ONU 距离最大可达 20km，若使用光纤放大器（有源中继器），距离还可以扩展。

EPON 中的 ONU 采用了技术成熟的以太网络协议，在中带宽和高带宽的 ONU 中，实现了成本低廉的以太网第二层、第三层交换功能。此类 ONU 可以通过层叠来为多个最终用户提供共享高带宽。在通信过程中，不需要协议转换，就可实现 ONU 对用户数据透明传送。ONU 也支持其他传统的 TDM 协议，而且不增加设计和操作的复杂性。在带宽更高的 ONU 中，将提供大量的以太接口和多个 T1/E1 接口。对于光纤到家（FTTH）的接入方式，ONU 和 NIU 可以被集成在一个简单设备中，不需要交换功能，用极低的成本给终端用户分配所需的带宽。

EPON 中的 OLT 和所有的 ONU 由网元管理系统管理，网元管理系统提供与业务提供者核心网络运行的接口。网元管理范围有故障管理、配置管理、计费管理、性能管理和安全管理。

5.3.2　EPON 传输原理及帧结构

EPON 和 APON 的主要区别是：在 EPON 中，根据 IEEE 802.3 以太网协议，传送的是可变长度的数据包，最长可为 1 518 字节；在 APON 中，根据 ATM 协议的规定，传送的是包含 48 字节净负荷和 5 字节信头的 53 字节固定长度信元。显然，APON 系统不能直接用来传送 IP 业务信息。因为 IP 要求将待传数据分割成可变长度的数据包，最长可为 65 535 字节。APON 若要传送 IP 业务，必须把 IP 包按每 48 字节为一组拆分，然后在每组前附加上 5 字节的信头，构成一个个 ATM 信元。此过程既费时，又增加了 OLT 和 ONU 的成本，且 5 字节信头浪费了带宽。与此相反，以太网适合携带 IP 业务，与 ATM 相比，极大地减少了开销。

在 EPON 中，OLT 传送下行数据到多个 ONU，完全不同于从多个 ONU 上行传送数据到 OLT。上下行传送采用不同的技术。下行采用 TDM 传输方式；上行采用 TDMA 传输方式。EPON 下行信息流的分发如图 5-29 所示。

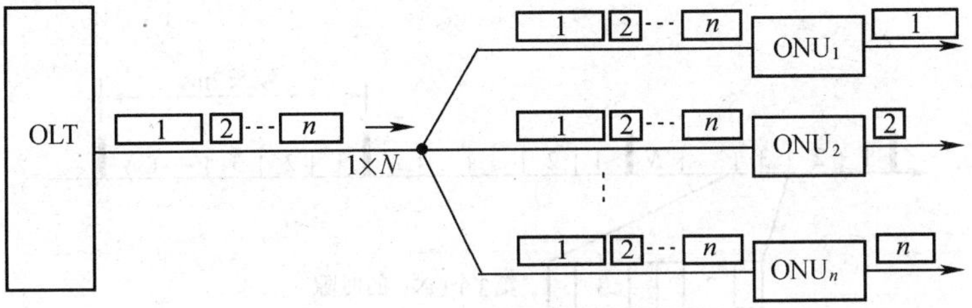

图 5-29　EPON 下行信息流的分发

OLT 根据 IEEE 802.3 协议，将数据以可变长度的数据包广播传输给所有在 PON 上的 ONU，每个包携带一个具有传输到目的地 ONU 标识符的信头。此外，有些包可能要传输给所有的 ONU，或指定的一组 ONU。当数据到达 ONU 时，它接收属于自己的数据包，丢弃其他的数据包。

EPON 下行传输帧结构如图 5-30 所示，它由一个被分割成固定长度帧的连续信息流组成，其传输速率为 1.250Gbit/s，每帧携带多个可变长度的数据包（时隙）。含有同步标识符的时钟信息位于每帧的开头，用于 ONU 与 OLT 的同步，每 2ms 发送一次，同步标识符占 1 字节。

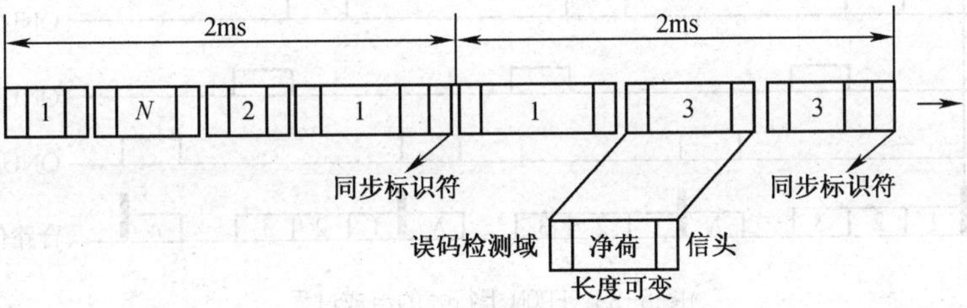

图 5-30　EPON 下行传输帧结构

按照 IEEE G.802.3 组成可变长度的数据包，每个 ONU 分配一个数据包，每个数据包由信头、可变长度净负荷和误码检测域组成。

EPON 在上行传输时，采用 TDMA 技术将多个 ONU 的上行信息组织成一个 TDM 信息流传送到 OLT，如图 5-31 所示。TDMA 技术是将合路时隙分配给每个 ONU，每个 ONU 的信号在经过不同长度的光纤（不同的时延）传输后，进入光分配器的共用光纤，正好占据分配给它的一个指定时隙，以避免发生相互碰撞干扰。

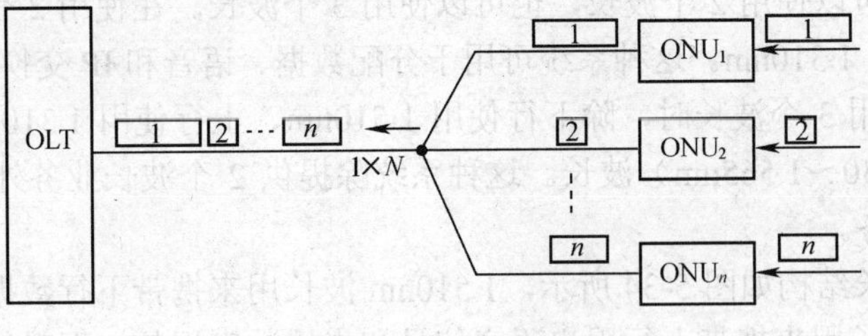

图 5-31　EPON 上行信息流汇集

EPON 上行帧结构及其组成的过程，分别如图 5-32 和图 5-33 所示。连接于光分配器的各 ONU 发送上行信息流，经过光分配器耦合到共用光纤，以 TDM 方式复合成一个连续的数据流。此数据流以帧的形式组成，其帧长与下行帧长一样，也是 2ms，每帧有一个帧头，表示该帧的开始。每帧进一步分割成可变长度的时隙，每个时隙分配给一个 ONU，用于发送上行数据到 OLT。

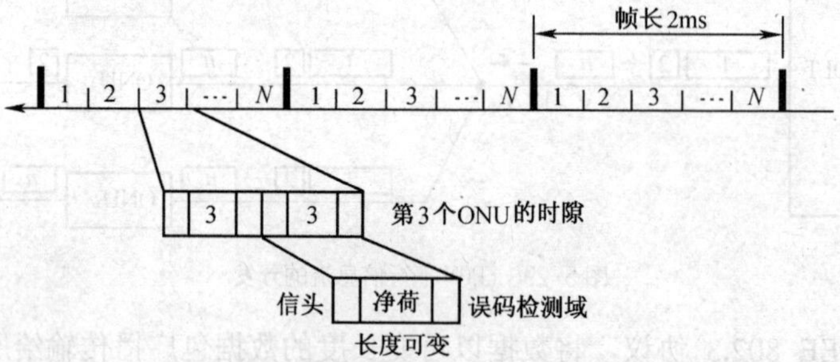

图 5-32 EPON 上行帧结构

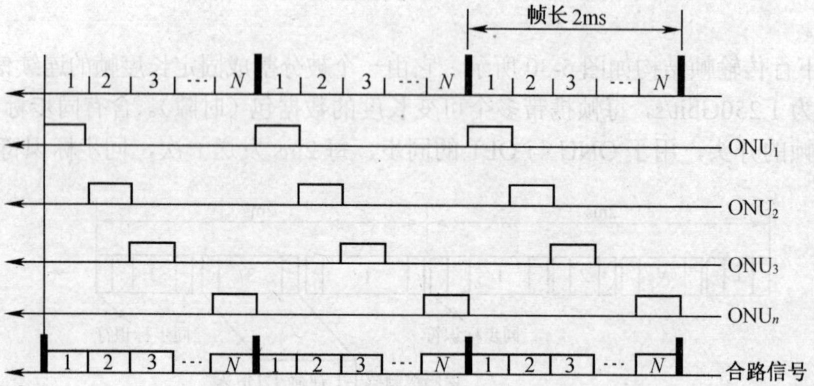

图 5-33 EPON 上行帧的组成过程

每个 ONU 有一个 TDM 控制器，它与 OLT 的定时信息一起，控制上行数据包的发送时刻，以避免复合时相互间发生碰撞和冲突。图 5-32 中专门用时隙 3（第 3 个 ONU 的时隙）表示传送 ONU-3 的数据，该时隙含有 2 个可变长度的数据包和一些时隙开销。时隙开销包括保护字节、定时指示符和信号权限指示符。当 ONU 没有数据发送时，它就用空闲字节填充它自己的时隙。

5.3.3 EPON 光路波长分配

EPON 的光路可以使用 2 个波长，也可以使用 3 个波长。在使用 2 个波长时，下行使用 1 510nm，上行使用 1 310nm。这种系统可用于分配数据、语音和 IP 交换式数字视频（SDV）业务给用户。在使用 3 个波长时，除下行使用 1 510nm、上行使用 1 310nm 外，可增加一个 1 550nm 窗口（1 530～1 565nm）波长。这种系统除提供 2 个波长业务外，还提供 CATV 业务或者 DWDM 业务。

EPON 的两波长结构如图 5-34 所示，1 510nm 波长用来携带下行数据、语音和数字视频业务，1 310nm 波长用来携带上行用户语音信号和点播数字视频、下载数据的请求信号。使用 1.250Gbit/s 的双向 PON，即使分光比为 32，也可以传输 20km。

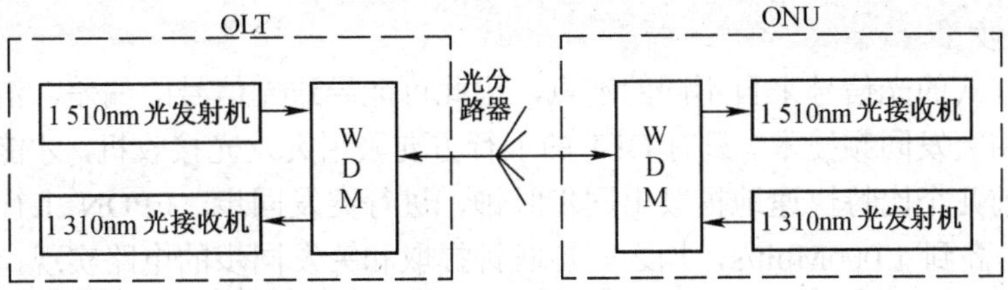

图 5-34 EPON 两波长结构

EPON 的三波长结构如图 5-35 所示，除使用 1 510nm 波长携带下行数据、语音和数字视频业务外，另外使用 1 550nm 波长携带下行 CATV 业务。上行用户语音信号和点播数字视频、下载数据的请求信号仍用 1 310nm 波长。也可使用三波长的 EPON 光路设计提供 DWDM 应用，1 550nm 窗口（1 530～1 565nm）波长主要提供 DWDM 业务和模拟视频业务使用。这样可以降低使用 EPON 的初装费用，随着用户业务量增加，对带宽需求量加大，可以在现有 EPON 的光路上增加 DWDM 器件和设备，使 EPON 升级。

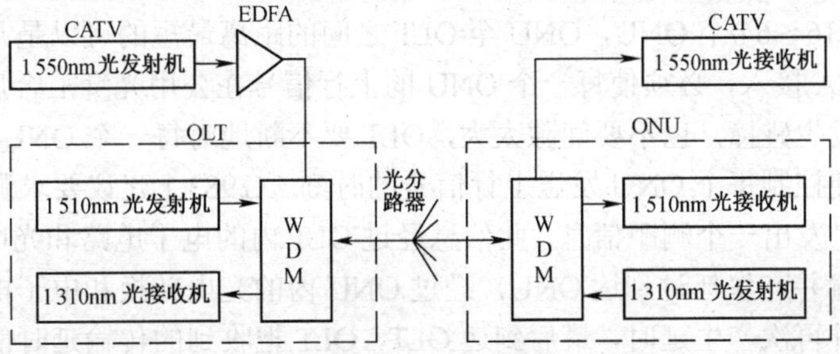

图 5-35 三波长 EPON 结构

5.3.4 EPON 关键技术

1. 多点访问控制和协议

多点 MAC 控制定义了点到多点光网络的 MAC 控制。多点控制协议（MPCP）定义了一个多点 MAC 控制子层以控制一个光多点网络。多点 MAC 控制通过控制 MAC 客户端的接收和发送使其工作在多点光网络中，而对 MAC 客户端来说就好像连接到一个独享的链路上。实施多点 MAC 控制功能，需要用户接入设备支持点到多点物理层。一个采用光介质的点到多点以太网络应具有以下特征：

① 支持 IEEE802.3 定义的点到点仿真（P2PE）；

② OLT 支持多个 LLID 和 MAC 客户端；

③ 每个 ONU 可支持一个或多个 LLID；

④ 支持单拷贝广播机制；

⑤ 支持动态带宽分配的灵活体系结构；

⑥ 使用 32 比特时间戳发布定时信息；

⑦ 基于 MAC 控制的体系结构；

⑧ 对已发现设备进行测距来提高网络性能；

⑨ 进行连续测距以补偿往返时间的变化。

2. 突发同步

由于突发模式的光信号来自不同的端点，因此可能导致光信号的偏差，消除这种微小偏差的措施是采用突发同频技术。只有 OLT 的上行方向采用突发光接收机，才能从接收到的突发脉冲串中的前几个比特快速地提取出同步时钟，进行突发同步。EPON 上行速率由 APON 的 155Mbit/s 提高到 1 000Mbit/s，加之同步时钟提取和突发同步的电路实现，只能采用串行处理，这就增加了实现的难度。

3. 大动态范围光功率接收

由于 EPON 上各个 ONU 到 OLT 的距离各不相同，因此各个 ONU 到 OLT 的路径传输损耗也互不相同，当各个 ONU 发送光功率相同时，到达 OLT 后的光功率互不相同。因此，OLT 的上行光接收机不能采用传统的 AGC 办法，而要用特殊办法来保证能够接收足够大的动态范围光功率。此种方法的实现也是一个难题。

4. 测距和 ONU 数据发送时刻控制

由于光信号来自远近不同的光网络单元（ONU），因此可能产生相应的信号冲突，通过距离修正的技术就可以消除这种冲突。EPON 上行传输采用时分多址（TDMA）方式接入，一个 OLT 可以接 16～64 个 ONU，ONU 至 OLT 之间的距离最短的可以是几米，最长的可达 30km。实现 TDMA 接入，必须使每一个 ONU 的上行信号在公用光纤汇合后，插入指定的时隙，彼此间既不发生碰撞，也不要间隙太大，OLT 要不断地对每一个 ONU 与 OLT 的距离进行精确测定，以便控制每个 ONU 发送上行信号的时刻。G.983.1 建议要求测距精度为±1bit。测距过程是：OLT 发出一个测距信息，此信息经过 OLT 内的电子电路和光电转换延时后，光信号进入光纤传输并产生延时到达 ONU，经过 ONU 内的光电转换和电子电路延时后，又发送光信号到光纤并再次产生延时，最后到达 OLT，OLT 把收到的传输延时信号和它发出去的信号相位进行比较，从而获得传输延时值。OLT 以距离最远的 ONU 的延时为基准，算出每个 ONU 的延时补偿值 T_d，并通知 ONU。该 ONU 在收到 OLT 允许它发送信息的授权后，延时 T_d 补偿值后再发送自己的信息，这样各个 ONU 采用不同的 T_d 补偿时延进行调整自己的发送时刻，以便使所有 ONU 到达 OLT 的时间都相同。

5. 带宽分配

EPON 分配给每个 ONU 的上行接入带宽由 OLT 控制决定。带宽分配与分配给 ONU 的窗口大小和上行传输速率有关。带宽分配又分静态和动态两种，静态带宽由开的窗口尺寸决定；动态带宽根据 ONU 的需要，由 OLT 分配决定。如何使不同用户能够按照相应的 SLA 得到 QoS 保证，正是用户动态带宽分配所关心的问题。

6. 实时业务传输质量

传输实时语音和视频业务要求传输延迟时间既恒定又很小，时延抖动也要小。由于以太网技术的固有机制，不提供端到端的包延时、包丢失率以及带宽控制能力，难以支持实时业务的服务质量。因此，如何确保实时语音和 IP 视频业务，在一个传输平台上以与 ATM 和 SDH 的 QoS 相同的性能分送到每个用户，是 EPON 的关键问题之一。目前，EPON 厂商解决这个问题的方法主要有：一种技术是对于不同的业务采用不同的优先权等级，对实时的业务优先传送；另一种技术是带宽预留技术，提供一个开放的高速通道，不传输数据，而专门用来传输语音业务，以便确保 POTS 业务的质量。

7. 安全性和可靠性

EPON 下行信号以广播的方式发送给所有 ONU，每个 ONU 可以接收 OLT 发送给所有 ONU 的信息，这就必须对发送给每个 ONU 的下行信号单独进行加密。OLT 可以定时地发出命令，要求 ONU 更新自己的密钥，OLT 就利用每个 ONU 发送来的新密钥对发送给该 ONU 的数据信元进行搅动加密，保证每个 ONU 从接收所有 ONU 的信息中，按照自己的密钥译出属于自己的信息，使下行信息安全地到达目的地，确保每个用户（ONU）的隐私。为了防止有的用户对不属于自己的信息采用逐个试探的办法进行解密，就要对密钥定期更新。

为了保证 EPON 系统的可靠性，G.983.1 建议采用双 PON 系统，用备用的 PON 保护工作的 PON，一旦工作的 PON 发生故障，就切换到备用的 PON 上。保护切换是利用 PLOAM 信元中的规定信息完成的。

5.3.5 EPON 典型应用

EPON 给运营商带来许多好处，最重要的一点是，点到多点的以太网结构为运营商提供了一种非常低廉的宽带用户光接入解决方案，其主要有以下典型应用。

（1）“EPON+DSL”小区接入

此种模式下，铺设光纤到小区或者楼道，部署采用 EPON 上连，用户口是 ADSL/VDSL 下连的接入设备，基于现有的双绞线接入用户。这种方案融合了 PON 的长距离、高带宽以及 DSL 的低成本优势，非常适合老小区的宽带提速改造场合。

（2）“EPON+LAN”小区接入

在此种模式下，铺设光纤到大楼或者楼道，部署采用 EPON 上连，用户口是以太网下连的接入设备，基于五类线接入用户。这种方案可以提供给用户更高的接入带宽，并且可提供双向对称应用，适用于新建小区以及布放了五类线的楼宇接入场合。

（3）FTTH 应用

在此种模式下，铺设光纤到居民用户家中，在用户家中部署 EPON 终端 ONU，直接提供以太网、语音和 Wi-Fi 等接口，可以提供互联网、IPTV 视频和语音等业务接入。这种方案实现了全程的光纤接入，初期适用于高档别墅、公寓和酒店接入等应用场合，随着应用规模的扩大和成本的下降，可进行大规模推广使用。

（4）大客户专线

在此种模式下，铺设光纤到写字楼的办公室或者楼道中，部署用户侧带多以太网口的 EPON ONU 设备接入中小型商业用户。对于大型客户，可采用用户侧带 GE 口的 EPON ONU 实现用户接入。在局侧，OLT 可以根据业务需要进行二层或者三层转发，将业务接入 IP 城域网或者 MPLS 网络。在很多场景下，EPON 技术特性非常适合于大客户应用环境，使得 EPON 的部署方式更具竞争力。

（5）网吧

在此种模式下，铺设光纤到网吧中，部署 EPON ONU。可根据业务需要，灵活设置接入带宽，并可根据需求及时调整，通过保证带宽以及最大带宽的组合，为网吧用户提供灵活的富有竞争力的接入方式。

（6）农村信息化

在此种应用模式下，OLT 设备部署在乡镇中心机房，铺设光纤到自然村，在每个自然村部署 EPON 上连用户的接入口是 ADSL/VDSL 的综合接入设备，实现数据、视频和语音的综合接入。EPON 应用于村村通接入，在实现农村信息化的同时满足投入产出比要求，同时，农村市场作为最具增长潜力的通信市场之一，可以为运营商提供新的收入增长点。

（7）视频监控承载

EPON 应用于城域视频监控，可以在城域 IP 网 POP 点下部署 OLT 设备，将光纤铺设到各个监控点上，在各个监控点部署 ONU 设备。由于 EPON 的传输距离长，可以对较大区域进行覆盖。该应用模式的最大优势在于节省线路资源，使视频监控中占成本比例最高的线路成本下降到运营商能够接受的程度，且带宽可以保证、维护也较方便。此种应用已经在国内广泛使用，收到了较好的经济效益和社会效益。

5.4 吉比特无源光网络接入技术

由于吉比特无源光网络（GPON）与 EPON 等接入技术相比，在灵活配置上/下行速率、高效承载 IP 业务、支持实时业务能力、更远的接入距离、带宽有效性、分路比数量、运行管理维护和指配（OAM&P）功能等方面都具有优势，使得 GPON 作为宽带综合接入的解决方案可运营性非常好。

5.4.1 GPON 概述

2001 年在 IEEE 制定 EPON 标准的同时，全业务接入网（FSAN）组织开始发起制定速率超过 1Gb/s 的 PON 网络标准，即吉比特无源光网络（GPON）。随后，ITU-T 也介入了这个新标准的制定工作，发布了有关 GPON 的 G.984 系列标准：2003 年通过了 G984.1（总体特性）和 G984.2（物理媒质关联层）两个标准，2004 年发布了 G984.3（传输汇聚层）标准，2005 年制定了 G984.4（ONU 管理控制接口规范）标准；此后，为了使 GPON 实现与下一代 PON（NG-PON）兼容，ITU-T 又发布了 G984.5 标准（其中包括了对 ONU 上行波长范围进行收窄）。

吉比特无源光网络（GPON）提供最大 1.244Gbit/s 和 2.488Gbit/s 的下行速率，它是全业务接入网（FSAN）在面对更高带宽需求以及 IP 网络快速发展的形势下起草并提交给 ITU-T 讨论通过的。FSAN 明确定义了 GPON 系统的服务要求，主要有以下几点。

① 支持语音（TDM、PDH 和 SONET/SDH）、Ethernet、ATM 和专线等全方位服务。

② 物理覆盖至少 20km，协议内逻辑支持范围 60km。

③ 支持同一种协议下的多种速率模式，包括同步 622Mbit/s、同步 1.244Gbit/s，以及不同步的下行 2.488Gbit/s，上行 1.244Gbit/s 和 2.488Gbit/s。

④ 针对点对点的服务管理需要提供 OAM&P 的能力。

⑤ 针对 PON 下行流量的广播传送特点，提供协议层的安全保护机制。

GPON 标准对 ITU-T 之前通过的 APON 标准有一定的继承，同时在速率和业务支持能力方面又有提升，尤其是全面定义的管理对象以及链路层上的 125μs 定长帧同步传送机制，基于这样的设计原则，GPON 不但可以提供高速带宽、支持各种接入服务，也可以有效地支持原有格式的数据分组和 TDM 流。由此可以看出，GPON 标准实质是一个由传统电信服务供应商驱动的解决方案。

图 5-36 所示为 GPON 系统的参考结构，主要由光线路终端（OLT）、光分配网（ODN）和光网络单元（ONU）3 部分组成。ODN 由单模光纤、光分路器和光连接器等无源光器件组

成，为 OLT 和 ONU 之间的物理连接提供光传输介质。通过在 ODN 中加载 WDM 模块，在一根光纤上传送上下行数据。下行使用 1 480～1 500nm 波段，上行使用 1 260～1 360nm 波段。同时，GPON 的 ODN 光分路器的性能也大大提高，可支持 1:128 分路比。表 5-6 表示 GPON 系统提供的接口和业务类型。

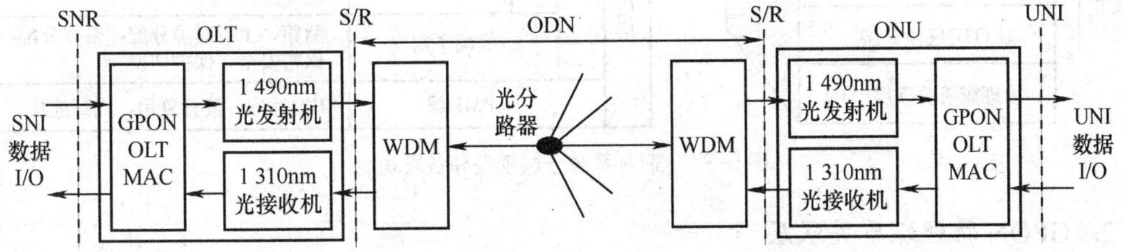

图 5-36 GPON 系统的参考结构

表 5-6 **GPON 系统提供的接口和业务类型**

网络接口类型	接口标准类型	业务接口类型	业务类型
用户网络接口 UNI	10 Base-T (IEEE 802.3)		Ethernet
	100 Base-Tx (IEEE 802.3)		Ethernet
	1000 Base-T (IEEE 802.3)		Ethernet
	ITU-T I.430		ISDN(BRI)
	ITU-T I.431		ISDN(PRI)、T1、ATM
	ITU-T I.703	PDH	DS3、ATM、E1、E3
	ITU-T I.432.5	25 Mb/s	ATM
	ITU-T I.957	STM-1/4	ATM
	ANSI T1.102、ANSI T1.107	PDH	T1、DS3
业务网络接口 SNI	1000 Base-X (IEEE 802.3)		Ethernet
	ITU-T G.965	V5.2	POTS、ISDN(BRI)、ISDN(PRI)
	ITU-T G.703	PDH	DS3、ATM、E1、E3
	ITU-T G.957	STM-1/4/16	E1、ATM
	ITU-T T1.107	PDH	T15、DS3
	ANSI T1.105.06、ANSI T1.117	OC35、OC12	T15、DS35、ATM

5.4.2 GPON 功能参考模型

1. GPON 协议分层模型

GPON 系统协议分层模型和各层功能如图 5-37 所示，它由控制/管理（C/M）平面和用户（U）平面组成。控制/管理平面管理用户数据流，完成 OAM 功能。用户平面由物理媒质关联层（PMD）、GPON 传输汇聚层（GTC）和高层组成，完成用户数据流的传输。GTC 又分为 GTC 成帧子层和 GTC 适配子层，GTC 适配子层包含 ATM 适配子层、GEM 适配子层和 OMCI 适配子层。ATM 适配子层负责高层 ATM 业务数据（SDU）到 PDU 的适配封装，GEM 适配子层负责 GEM 业务数据到 PDU 的适配封装，控制/管理信息通过 ONT 操作管理通信接口（OMCI）适配子层进行适配封装。

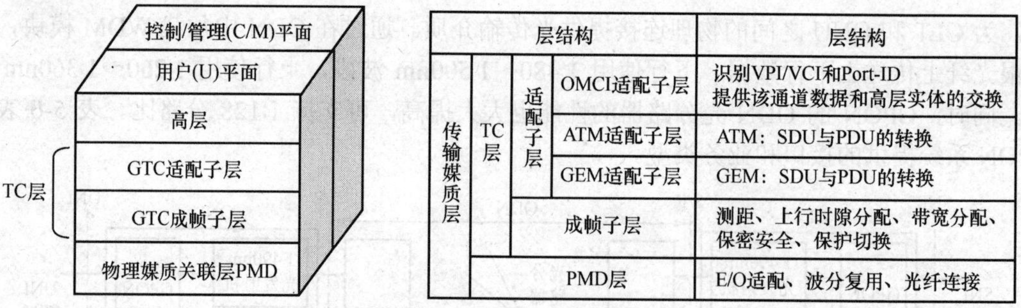
控制/管理(C/M)平面
用户(U)平面
高层
TC层
GTC适配子层
GTC成帧子层
物理媒质关联层PMD
层结构
层结构
传输媒质层
TC层
适配子层
OMCI适配子层
识别VPI/VCI和Port-ID
提供该通道数据和高层实体的交换
ATM适配子层
ATM：SDU与PDU的转换
GEM适配子层
GEM：SDU与PDU的转换
成帧子层
测距、上行时隙分配、带宽分配、
保密安全、保护切换
PMD层
E/O适配、波分复用、光纤连接

图 5-37 GPON 系统分层模型和各层功能

2. GPON 物理媒质关联层

GPON 物理媒质相关子层（PMD）主要完成 GPON 业务信号在物理层上的传输。

（1）线路比特速率：G.984.2 规范了 7 种系统的线路速率组合可供选择，包括下行 1 244.16Mbit/s，上行 155.52Mbit/s、622.08Mbit/s 和 1 244.16Mbit/s；下行 2 488.32Mbit/s，上行 155.52Mbit/s、622.08Mbit/s、1 244.16Mbit/s 和 2 488.32Mbit/s。最常用的是下行 1 244.16Mbit/s，上行 1 244.16Mbit/s；下行 2 488.32Mbit/s，上行 1 244.16Mbit/s 和 2.488Gbit/s。

（2）传输介质：由于 PON 的传输距离较短，最长为 20km，因此，与 APON 一样均采用比较便宜的 ITU-T G.652 光纤。

（3）双向传输与波长分配：双向传输有两种方法。第一种是单纤 WDM 双向传输，上/下行采用不同的波长，上行 1 260～1 360nm，下行 1 480～1 500nm：第二种是双纤系统，双向传输采用双纤空分复用，上/下行均采用同一个波长，上/下行方向的工作波长范围均为 1 260～1 360nm。这与 APON 对波长的分配完全相同。目前，GPON 较多采用下行 1 490nm 波长，上行 1 310nm 波长。

（4）传输距离和分支比：传输距离是 20 km，支持的分光比有 1:16、1:32、1:64 和 1:128。高分支比更适合住宅宽带业务使用。另外，在传输距离的参数中，有最大逻辑距离这一概念。它独立于光预算的特定传输系统能达到的最大长度（km），不受 PMD 参数限制，而是受到 TC 层和执行情况的影响。APON 的最大逻辑距离为 20 km，而 GPON 为 60 km。

（5）光端机：在 G984.2 中，给出了 GPON 系统不同上下行速率时的 4 个光接口的要求，和 APON 的标准基本一致。根据系统对衰减/色散特性的要求，可以选择多纵模（MLM）激光器或单纵模（SLM）激光器，只要能够满足系统性能的要求即可。

（6）ONU 功率电平调整机制：当工作速率为 1 244.16Mbit/s 以上时，GPON OLT 接收机一般要采用 APD 光电探测器。此时存在高灵敏度和突发接收大动态范围两者之间的矛盾。为了减轻对 OLT 接收机动态范围的要求，在 ODN 损耗不大时为避免 OLT 接收机过载，可采用适当的 ONU 功率电平调整机制。这样，ONU 在低损耗 ODN 中可以减小 LD 低发射功率，从而降低功率消耗，增加激光器寿命。

3. GPON 传输汇聚层

（1）GTC 层的数据承载

GPON 传输汇聚（GTC）层主要负责将上层业务数据和管理数据到 GPON 帧的适配及解适配，并分为适配子层和成帧子层。

① GTC 适配子层提供协议数据单元（PDU）与高层实体的接口，在 GTC 适配子层中，来自上层的业务或者管理数据根据其类型不同进入不同的适配单元。如图 5-38 所示，以太网、

IP 和 TDM 等业务数据进入 GEM（GPON 封装模式）适配单元，ATM 业务数据进入 ATM 适配单元；GPON 管理控制数据先进入 OMCI 适配单元适配后，再进入 GEM 适配单元进行适配。ONT 操作管理通信接口（OMCI）适配子层高于 ATM 和 GEM 适配子层，它识别 VPI/VCI 和 Port-ID，并完成 OMCI 通道数据与高层实体的交换。

② 业务数据和管理数据在各自的适配子层完成业务数据单元（SDU）与协议数据单元（PDU）的转换最后进入 GTC 成帧子层进行组帧；GTC 适配子层中还有动态带宽分配（DBA）控制功能，其带宽控制数据也进入 GTC 成帧子层进行组帧。GTC 成帧子层完成 GTC 帧的封装、传输、测距和带宽分配等。

GPON 在传输过程中，可以用 ATM 模式，也可以用 GEM 模式，也可以共同使用这两种模式。究竟使用哪种模式，要在 GPON 初始化的时候进行选择。OMCI 信息可封装在 ATM 信元或 GEM 帧中进行传输，取决于 ONU 提供的接口类型。GTC 成帧子层完成 ATM 信元及 GEM 帧的进一步封装，添加的物理层控制字段（Physical Control Block，PCB）提供同步、定时和动态带宽分配（DBA）等 OAM 功能。PCB 与 PLOAM、OMCI 的共同应用，使得 GPON 具备了完善的 OAM 功能。

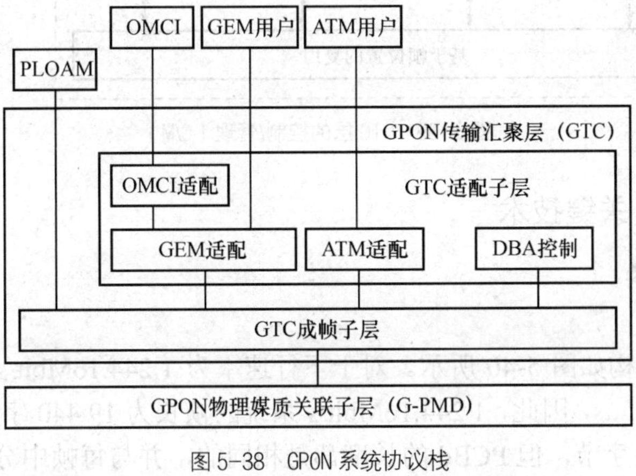

图 5-38 GPON 系统协议栈

（2）GTC 层的控制/管理

GTC 层的控制/管理（C/M）包括嵌入式 OAM、PLOAM 和 OMCI 3 部分，如图 5-39 所示。嵌入式 OAM 和 PLOAM 通道提供物理媒质关联层（PMD）和传输汇聚层（GTC）的层管理功能，而 OMCI 通道提供了一个统一的管理上层（业务定义）的系统。

① 嵌入式 OAM 通道由 GTC 帧头中格式化的域信息提供。因为每个信息片被直接映射到 GTC 帧头中的特定区域，所以 OAM 通道为时间敏感的控制信息提供了一个低延时通道。使用这个通道的功能包括上行带宽授权、密钥切换和动态带宽分配（DBA）信息报告。

② 物理层 OAM（PLOAM）通道由 GTC 帧内指定位置承载的 1 个格式化的信息系统，它用于传送其他所有未通过嵌入式 OAM 通道发送的物理媒质关联层（PMD）和传输汇聚层（GTC）管理信息。G984.3 定义了 19 种下行 PLOAM 信息和 9 种上行 PLOAM 信息，可实现 ONU 的注册及 ID 分配、测距、Port-ID 分配、VPI/VCI 分配、数据加密、状态检测和误码率监视等功能。

③ OMCI 通道用于管理传输汇聚层（GTC）上层的业务定义，OMCI 的具体规定不在本标准部分的范围内。GTC 必须为 OMCI 流提供传送接口，GTC 功能提供了根据设备能力配

置可选通道的途径，包括定义传送协议流标识（Port-ID）。

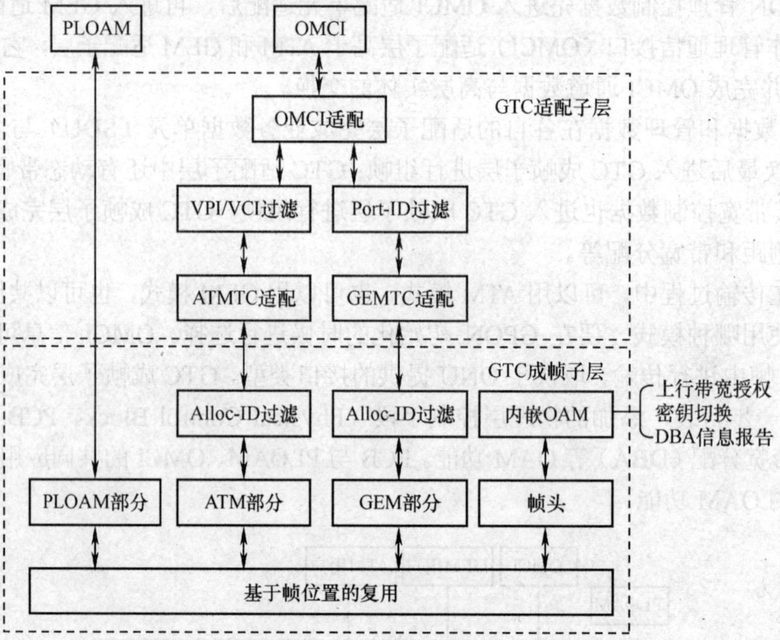

图 5-39 GTC 层的控制/管理（C/M）

5.4.3 GPON 关键技术

1. GPON 帧结构

（1）下行帧结构

GPON 下行帧结构如图 5-40 所示。对于下行速率为 1 244.16Mbit/s 和 2 488.32Mbit/s 的数据流，帧长均为 125μs，因此，1 244.16Mbit/s 系统的帧长为 19 440 字节，而 2 488.32Mbit/s 系统的帧长为 38 880 字节，但 PCBd 的长度都是相同的，并与每帧中分配结构的数目有关。

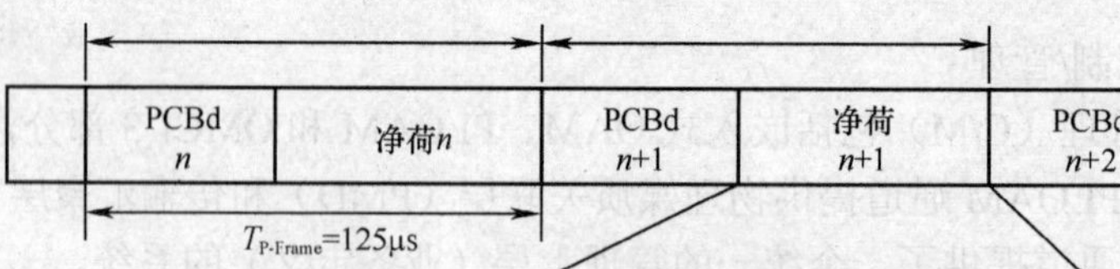

图 5-40 GTC TC 下行帧结构

PCBd 结构如图 5-41 所示，PCBd 由多个域组成。OLT 以广播方式发送 PCBd，每个 ONU 均接收完整的 PCBd 信息，并根据其相关信息进行相应操作。

① Psync：物理同步域，位于 PCBd 的起始位置，长度固定为 4 字节，其编码为 0xF628F628。ONU 可利用 Psync 来确定帧起始位置，以便与 OLT 同步。ONU 以搜索状态开始工作，一旦找到一个正确的 Psync 域，ONU 就转变成预同步状态，并设置计数器值为 1。在预同步状态，如果 ONU 再收到 M_1−1 个正确的 Psync 域，就转为同步状态；如果找到一个错误的 Psync 域，ONU 就返回搜索状态。在同步状态，ONU 就能宣布它已找到下行帧，并

开始处理 PCBd 后续信息；如果 ONU 连续检测到 M_2 个错误的 Psync 域，就宣布它已丢失了下行帧序列，并返回搜索状态。根据 G984.3 协议，M_1 和 M_2 的推荐值分别为 2 和 5，即连续搜索到两个 Psync 域就进入同步状态，连续丢失 5 个 Psync 域就进入搜索状态。

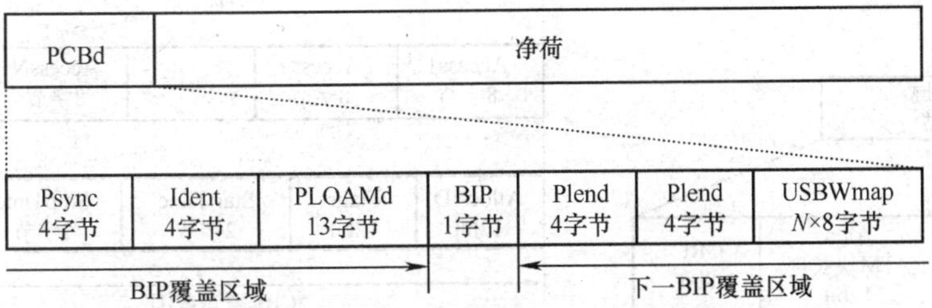

图 5-41　GTC 下行物理控制块（PCBd）

② Ident：指示符，用于指示更大的帧结构，长度为 4 字节。Ident 域中最高的 1 比特用于指示下行方向是否使用了前向纠错（FEC）；次高 1 比特预留备用；低 30 比特为复帧计数器，用于用户数据加密系统，也可用于提供较低速率的同步参考信号，每 GTC 帧的 Ident 计数值比前一帧大 1，当计数器达到最大值后，下一帧置为零。在搜索状态，ONU 把接收到的 Ident 域中的复帧计数器值下载到本地计数器。在预同步状态和同步状态，ONU 比较本地值和接收到的计数器值，如果匹配则表示同步正确，如果不匹配则表示传输错误或者失步。

③ PLOAMd 域：下行物理层操作维护管理消息域，用来携带下行 PLOAM 消息，长度为 13 字节。

④ BIP：比特交错奇偶校验域，长度为 1 字节，携带的比特交错奇偶校验信息覆盖了所有传输字节，但不包括 FEC 校验位（如果有）。在完成 FEC 纠错后（如果支持），接收端应计算从前一个 BIP 域开始的所有接收字节的比特交错奇偶校验值，但不应覆盖 FEC 校验位（如果有），并与接收到的 BIP 值进行比较，从而测量链路上的差错数量。

⑤ Plend：下行净荷长度域，长度为 4 字节，用于指定 BWmap 的长度。为了保证健壮性和防止错误，Plend 域传送两次。Plend 域前 12 比特指定带宽映射长度（Blen），这将 125μs 时间周期内能够被授权分配的 ID 数目限制为 4 095，BWmap 的字节长度为 8×Blen；Plend 域接下来的 12 比特指定 ATM 块的长度（Alen）；Plend 域最后 8 比特由 CRC-8 构成。如图 5-42 所示。

⑥ BWmap：带宽映射域，是 8 字节分配结构的向量数组，数组中的每个条目代表分配给某个特定 T-CONT 的一个带宽。映射表中条目的数量由 Plend 域指定，每个条目的格式如图 5-43 所示。当 OLT 向一个 ONU 的多个 T-CONT 分配带宽时，要求 OLT 以开始时间的升序向各 ONU 发送指针，建议所有指针都以开始时间的升序发送。ONU 应能在单一 BWmap 中支持最多 8 个分配结构，并可选支持更多。此外，ONU 的最大 BWmap 大小限制应至少是 256 个分配结构，可选支持更大 BWmap。

- Alloc-ID 域为 12 比特，用于指示带宽分配的接收者，即特定的 T-CONT 或 ONU 的上行 OMCC 通道。这 12 比特没有特定的结构要求，但必须遵循一定规则。首先，Alloc-ID 值 0～253 用于直接标识 ONU。在测距过程中，ONU 的第一个 Alloc-ID 应在该范围内分配。ONU 的第一个 Alloc-ID 是默认分配 ID，等于 ONU-ID（ONU-ID 在 PLOAM 消息中使用），用于承载 PLOAM 和 OMCI 流，可选用于承载用户数据流。如果 ONU 需要更多的 Alloc-ID 值，则将会从大于 255 的 ID 值中分配。Alloc-ID=254 是 ONU 激活的 ID，用于发现未知的

ONU；Alloc-ID=255是未分配的Alloc-ID，用于指示没有T-CONT能使用相关分配结构。

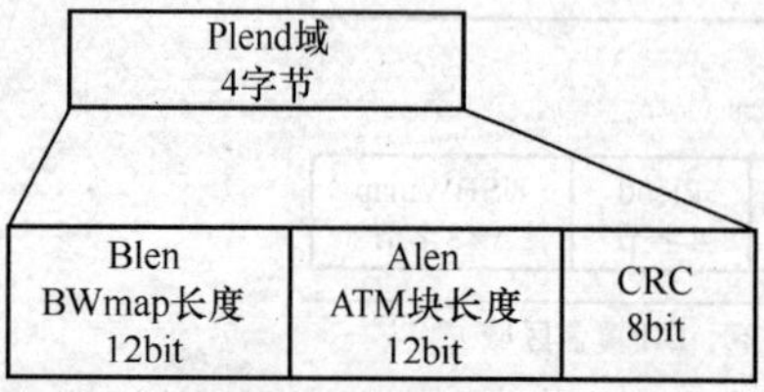

图5-42 Plend域

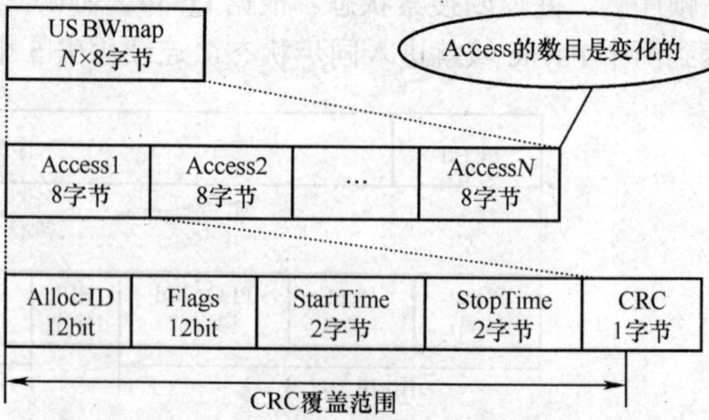

图5-43 GTC带宽映射分配结构

- Flags域为12比特，包含4个独立的关于上行传输相关功能的指示，其含义如表5-7所示。

表5-7　Flags域格式

Flags域	含　义
Bit11	发送功率调节序列（PLSu），PLSu特性不允许使用，Bit11应总是设置为0
Bit10	发送PLOAMu，若设置该比特，ONU应在该带宽间隔内发送PLOAMu信息，否则，将不发送PLOAMu消息
Bit9	使用FEC，若设置该比特，ONU应计算并在该带宽间隔内插入FEC字段。注意：该比特在分配ID的生存期内是相同的，并仅对先前已知的数据进行带内确认
Bit8~7	00——不发送DBRu； 01——发送“模式0”DBRu（2字节）； 10——发送“模式1”DBRu（3字节）； 11——预留，不能使用
Bit6~0	不能使用

- StartTime域长16bit，用于指示分配时隙的开始时间，该时间以字节为单位，在上行帧中从0开始，并且限制上行帧的大小不超过65 536字节，可满足2.488Gbit/s的上行速率要求。StartTime域指示合法数据传输的开始，并不包括PLOu域。这样，对于同一个ONU来说，突发分配中指针的值与其所处的位置无关。物理层开销时间包括容限要求时间（保护时间）、接收机恢复时间、信号电平恢复时间、定时恢复时间、定界时间和PLOu域时间。OLT和ONU的设计必须同时满足物理开销时间要求。OLT要负责规划带宽映射以获得合适的物理层开销时间。

- StopTime域长16bit，用于指示分配时隙的结束时间。该时间以字节为单位，在上行帧中从0开始，指出此次分配的最后一个有效数据字节。注意：StopTime指示的时间必须发生在分配开始时间所在的上行帧内。

⑦ GTC净荷域：BWmap域之后的信息部分。GTC净荷域由一系列GEM帧组成。GEM净荷域的长度等于GTC帧长减去PCBd长度。ONU根据GEM帧头中携带的12bit Port-ID值过滤下行GEM帧。ONU经过配置后可识别出属于自己的Port-ID，只接收属于自己的GEM帧并将其送到GEM客户端处理进程做进一步处理。可把Port-ID配置为从属于PON中的多

个 ONU，并利用该 Port-ID 来传递组播流。GEM 方式下应使用唯一一个 Port-ID 传递组播业务，可选支持使用多个 Port-ID 来传递。ONU 支持组播的方式由 OLT 通过 OMCI 接口发现和识别。

（2）上行帧结构

上行帧结构如图 5-44 所示。上行 GTC 帧长为 125μs。对于上行速率为 1.244 16Gbit/s 的 GPON 系统，上行 GTC 帧长为 19 440Byte。对于上行速率为 2.488 32Gbit/s 的 GPON 系统，上行 GTC 帧长为 38 880Byte。每个上行帧中，包含来自一个或多个 ONU 的传输突发。

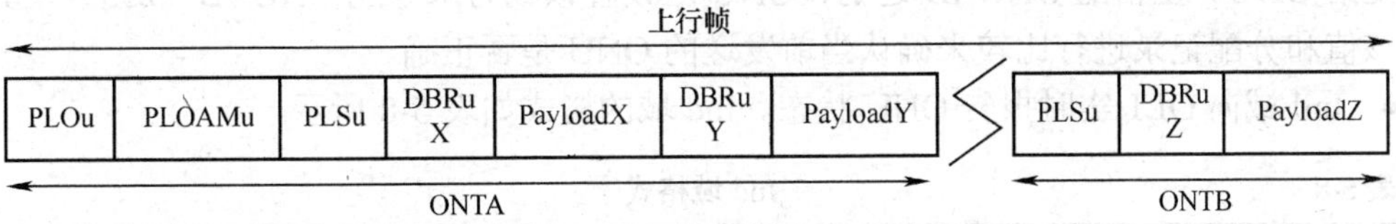

图 5-44 GTC 上行帧结构

每个上行传输突发由上行物理层开销（PLOu）以及与 Alloc-ID 对应的一个或多个带宽分配时隙组成。BWmap 信息指示了传输突发在帧中的位置范围以及带宽分配时隙在突发中的位置。每个分配时隙由 BWmap 特定的带宽分配结构控制。带宽分配时隙中可包含以下两种类型的 GTC 层开销域：上行物理层操作维护管理（PLOAMu）消息（仅默认 Alloc-ID）和上行动态带宽报告（DBRu）。

与上行传输突发关联的物理层和 GTC 层开销如图 5-45 所示。OLT 通过 BWmap 中的 Flag 域指示每个分配中是否传送 PLOAMu、PLSu 或 DBRu 信息，OLT 应仅要求 ONU 在与默认 Alloc-ID 关联的带宽分配时隙中发送 PLOAMu。在设置这些信息的发送频率时，OLT 的调度器还需要考虑这些辅助通道的带宽和时延要求。用户净荷数据紧跟这些开销之后进行发送，直到 StopTime 指针指示的位置才停止传输。StopTime 指针应总是大于相应的 StartTime 指针，最小可用的分配是 2 字节，用于只有 DBRu 的发送。此外相邻的指针不允许跨越两个 BWmap。换句话说，每个上行帧必须以一个独立（非相邻）的传输开始。

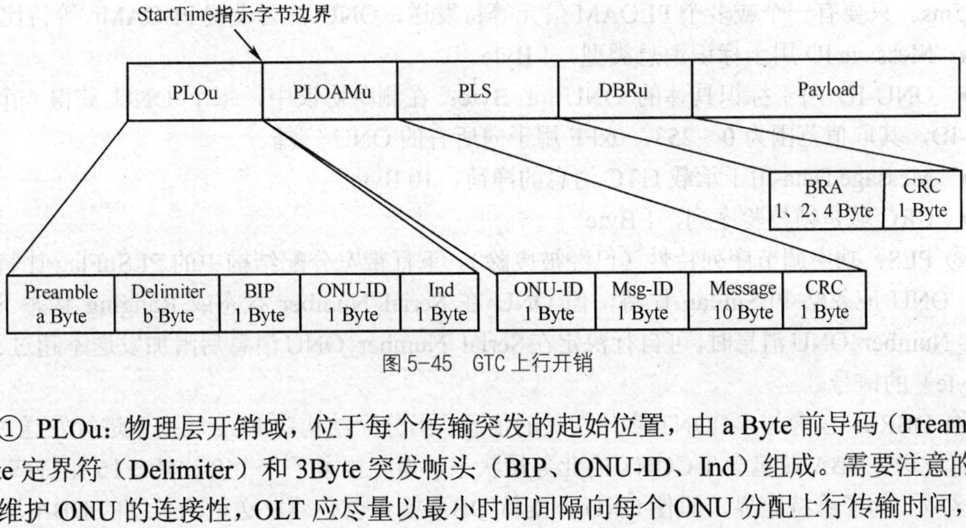

图 5-45 GTC 上行开销

① PLOu：物理层开销域，位于每个传输突发的起始位置，由 a Byte 前导码（Preamble）、b Byte 定界符（Delimiter）和 3Byte 突发帧头（BIP、ONU-ID、Ind）组成。需要注意的是，为了维护 ONU 的连接性，OLT 应尽量以最小时间间隔向每个 ONU 分配上行传输时间，该时间间隔由 ONU 的业务参数决定。GTC 层产生 PLOu，前导码和定界符由 OLT 在上行开销信

息中规定，这些字节在 StartTime 指针指示的字节前被发送。

- BIP 域长 8 比特，携带的比特间插奇偶校验信息（异或）覆盖了 ONU 前一个 BIP 后的所有传输字节（不包括前一个 BIP），但不包括前导码、定界符字节和 FEC 奇偶校验字节（如果有）。在完成 FEC 纠错后（如果支持），OLT 接收机应为每个 ONU 突发数据计算比特间插奇偶校验值，但不应覆盖 FEC 校验位（如果有），并与接收到的 BIP 值进行比较，从而测量链路上的差错数量。

- ONU-ID 域长 8 比特，是当前上行传输 ONU 的唯一 ONU-ID。ONU-ID 在测距过程中指配给 ONU。在指配 ONU-ID 之前，ONU 应设置该域为未分配 ONU-ID（255）。OLT 可以将该值和分配记录进行比较来确认当前发送的 ONU 是否正确。

- Ind 域向 OLT 实时报告 ONU 状态。Ind 域的格式如表 5-8 所示。

表 5-8　Ind 域格式

比特位置	功　能
7(MSB)	紧急的 PLOAM 等待发送（1=PLOAM 等待发送，0=无 PLOAM 等待）
6	FEC 状态（1=FEC 打开，0=FEC 关闭）
5	RDI 状态（1=错误，0=正确）
4	类型 2 T-CONT 流等待
3	类型 3 T-CONT 流等待
2	类型 4 T-CONT 流等待
1	类型 5 T-CONT 流等待
0(LSB)	预留

② PLOAMu：支持 PON TC 层管理功能，包括 ONU 激活、OMCC 建立、加密配置、密钥管理和告警通知。PLOAM 消息长度为 13Byte，利用下行 GTC 帧的开销段和上行 GTC 突发的默认 Alloc-ID 分配时隙进行传递。当 ONU 已经指示需要紧急发送的 PLOAM 正在等待时，OLT 应发送上行分配时隙使 ONU 可以尽快发送 PLOAM 消息。正常情况下响应时间应小于 5ms。只要有一个或多个 PLOAM 信元等待发送，ONU 就会设置 PLOAMu 等待比特。

- Message ID 用于标识消息类型，1 Byte。

- ONU-ID 用于标识具体的 ONU，1 Byte；在测距协议中，每个 ONU 获得一个编号 ONU-ID，其取值范围为 0～253，0xFF 用于向所有的 ONU 广播。

- Message Data 用于承载 GTC 消息的净荷，10 Byte。

- CRC 域是帧校验序列，1 Byte。

③ PLS：功率调节序列特性（已经被废除）。下行带宽分配结构中的 PLSuFlag 比特应置为 0。ONU 应忽略 PLSuFlag 比特，但 ONU 在 Serial_Number 状态或 Ranging 状态下发送 Serial_Number_ONU 消息时，可自行决定在 Serial_Number_ONU 消息后附加发送不超过 500ns（78Byte）的信号。

④ DBRu：包含与 T-CONT 实体相关的信息。当分配结构中 Flag 域指示进行发送时，该域进行发送。DBA 域包含 T-CONT 的业务量状态，为此预留了一个 8 比特、16 比特或 32 比特的区域。为了维持定界，即使 ONU 不支持 DBA 模式也必须发送正确长度的 DBA 域。

⑤ Playload：GTC 上行净荷（紧跟上行开销域之后），用于承载经过排序的 GEM 帧，如

图 5-46 所示。GEM 净荷长度等于分配时隙长度减去开销长度。OLT 应维护多个 GEM 排序状态机实例并缓存用户数据帧碎片直到排序完成。

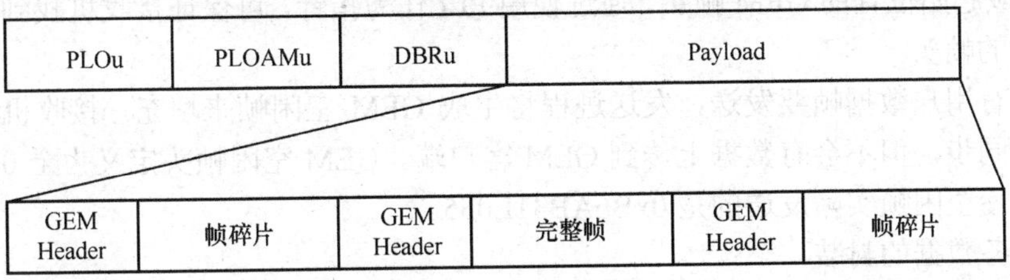

图 5-46 上行 GEM 帧

2. 业务流到 GTC 净荷的映射

GTC 净荷可承载各种用户数据类型。GTC 协议以透明方式承载 GEM 业务。在下行方向，从 OLT 到 ONU 的 GEM 帧在 GEM 净荷中传送。在上行方向，从 ONU 到 OLT 的 GEM 帧在配置的 GEM 分配时隙上传送。

（1）GEM 帧结构

GEM 的帧结构如图 5-47 所示，GEM 帧由 5 字节的帧头和 L 字节的净荷组成。GEM 帧头由 PLI、Port-ID、PTI 和 HEC4 部分组成。

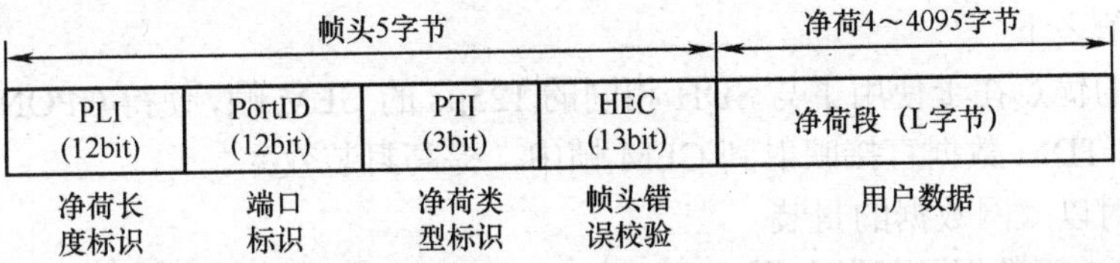

图 5-47 GEM 的帧结构

① PLI：净荷长度标识（Payload Length Indicator），指示净荷的字节长度，由于 GEM 字段是连续传送的，因此 PLI 可以视做一个指针，用来指示并找到下一个 GEM 帧头。PLI 由 12 比特组成，指明净荷最大字节长度为 4 095 字节；如果用户数据长度超过这个上限，GEM 将采用分段机制拆分成小于 4 095 字节的碎片。

② Port-ID：端口标识（Port Indicator），由 12 比特组成，可以提供 4 096 个不同的业务流端口，用于支持多业务流复用，相当于 APON 中的 VPI。每个 Port-ID 代表一个用户业务流，在一个 Alloc-ID 或 T-CONT 中，可以传输一个或多个 Port-ID。

③ PTI：净荷类型标识（Payload Type Indicator），用来指示段净荷的内容类型和相应的处理方式，由 3 比特组成，最高位指示 GEM 帧是否为 OAM 信息（0 为用户信息，1 为 OAM 信息），中间位指示用户数据是否发生拥塞（0 为未拥塞，1 为拥塞），最低位指示在分段机制中是否为帧的末尾（0 不是帧尾，1 是帧尾）。

④ HEC：帧头错误校验（Header Error Check），有 13 比特，提供 GEM 帧头的校验和纠错功能。同时利用 HEC 可以进行 GEM 帧头的捕获，实现 GEM 帧的同步。对 GEM 帧头拆分后，寻找 GEM 帧头的 HEC 字段，一旦找到一个正确的 HEC，就表明找到了该 GEM 帧的帧头，则转移到预同步状态；再根据 PLI 找到下一个 GEM 帧的帧头，并找到该帧的 HEC，如果该 HEC 仍能正确匹配，则转移到同步状态，若不匹配则转移到搜索状态进行搜索。

一旦 GEM 帧头生成，发射机就对帧头和固定图样值 0xB6AB31E055 进行异或运算，并将结果发送出去。接收机对接收到的比特使用相同的固定图样值异或运算来恢复帧头，这种方法保证一组空白帧也有足够内容进行正确的定界。GPON的定界过程需要找到位于下行和上行GEM域起始位置的GEM帧头。通过使用PLI作为指针，可保证接收机找到第一个帧头和找到后续的帧头。

如果没有用户数据帧要发送，发送进程将生成GEM空闲帧来填充。接收机通过这些空闲帧来保持同步，但不会有数据上传到GEM客户端。GEM空闲帧头定义为全0。发送之前的异或运算使空闲帧实际发送的是0xB6AB31E055。

（2）业务数据的封装

① GEM对TDM数据的封装

GEM对TDM数据的封装是将TDM业务直接映射到可变长的GEM帧中（即TDM over GEM）。GEM使用不定长的GEM帧对TDM业务字节进行分装。净荷的字节长度（PLI）是根据TDM用户数据的传输频率来定的。

如图5-48所示，在GEM分装器之前放置一个缓存器，每125μs有数据帧到达时，TDM输入信号字节将在这里排队。当输出频率比输入信号频率快时，缓存器中的信号字节将会变少，当少于缓冲器的最小阈值时，将从缓冲器少读1字节的数据，从而缓冲器中的信号将保持在最小的阈值之上。反过来，当输出频率比输入信号慢时，缓冲器中的信号将会增加，当大于缓冲器的最大阈值时，将从缓冲器多读1字节的数据，从而缓冲器中的信号将保持在缓冲器最大的阈值之下。

这种方式的优点在于使用了与SDH相同的125μs的GEM帧，使得GPON可以直接承载TDM业务，将TDM数据直接映射到GEM帧中，提高封装效率。

② GEM对以太网数据的封装

GEM对以太网数据的封装如图5-49所示。当以太网帧被映射到GEM帧的时候，以太网帧的前缀（IPG和Preamble）、帧起始标识（SFD）和帧结束定界标识（EOF）将被舍弃，然后把剩余的数据映射到可变长的GEM帧中。

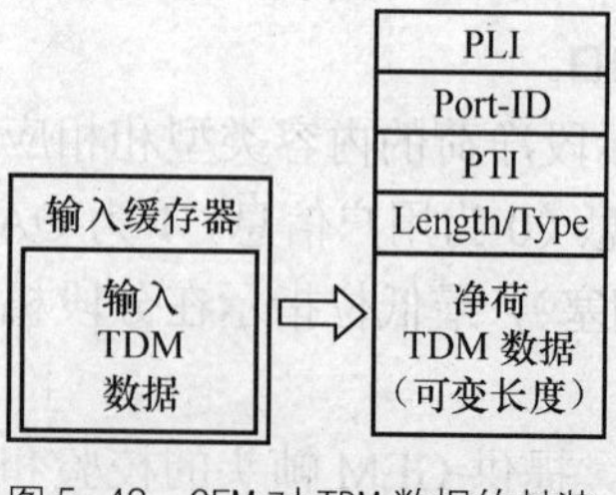

图5-48　GEM对TDM数据的封装

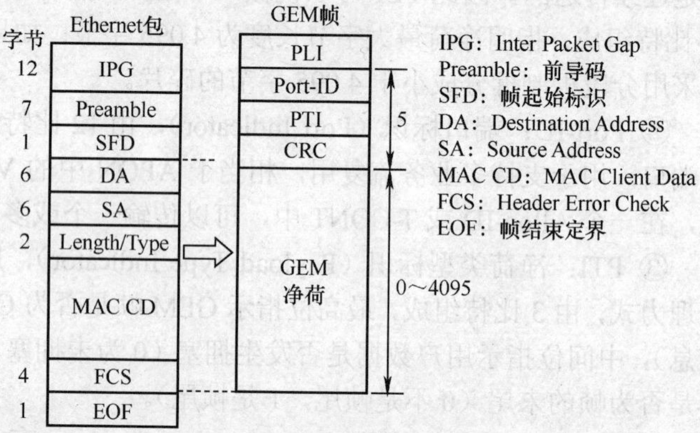

图5-49　GEM对以太网数据的封装

（3）GEM帧的分段机制

由于用户数据帧的长度是随机的，如果用户数据帧的长度超过GEM协议规定的净荷最大长度，就要采用GEM的分段机制。GEM的分段机制把超过净荷最大长度的用户数据帧分割成若干段，每一段的长度与GEM净荷最大长度相等，并且在每段的前面都加上一个GEM

帧头，如图 5-50 所示。PTI 的最低位就是指示这个分段是否为用户数据帧的末尾。分段过程中要注意当前 GTC 帧净荷中的剩余时间，以便合理分段。当高优先级的用户传输结束后，剩余 4 字节或更少（GEM 帧头占 5 字节）时，就要用空闲字节进行填充，接收端就会识别出这些空闲字节，并丢弃。

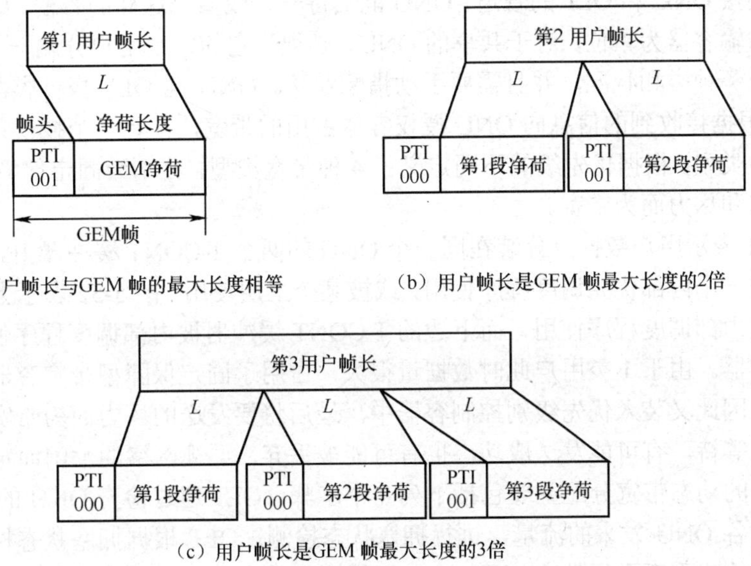

（a）用户帧长与GEM 帧的最大长度相等　（b）用户帧长是GEM 帧最大长度的2倍

（c）用户帧长是GEM 帧最大长度的3倍

图 5-50　GEM 帧的分段机制对用户数据帧的分段过程

3. GPON 媒质访问控制

在 TDMA 接入方式中，上行方向 ODN 是共享媒质，因此 GTC 必须对上行业务流进行媒质访问控制（MAC），确保在上行方向任何时间内只有 1 个 ONU 能够访问共享媒质，从而确保正常工作时没有数据重叠和冲突。为了实现媒质访问控制和用户对网络接入的控制，使 ONU 公平高效地发送上行数据，GPON 系统首先要对 ONU 进行注册，让每个在工作的 ONU 都能被 OLT 认知，当 OLT 新检测到一个未知的 ONU 或先前工作的 ONU 失去联系时，就进行相应处理。媒质访问控制机制具体实现如下：OLT 在下行帧中，在物理媒质控制块 PCB 中的上行带宽映射域 US BW Map 中，传递一个指针信息，指示上行流中各 ONU 开始和结束传输的时间，以保证任何时刻只有一个 ONU 的数据占用共享媒质。指针以字节为单位，允许 OLT 以 64 kbit/s 的粒度对媒质进行高效带宽控制。之所以选择 64 kbit/s 是因为帧长为 125μs，1 帧中的一个字节 8 bit 就对应 64 kbit/s 速率。允许一些 OLT 选择较大的粒度设置指针和时隙长短，通过动态的带宽粒度设置和带宽分配达到更好的带宽控制。

MAC 的主机位于 OLT 处，ONU 是从机。按照 ITU.T 的定义，MAC 协议包括 3 个机制：位于 OLT 的 MAC 算法、从 ONU 发到 OLT 的业务信息、由 OLT 通知 ONU 允许它发送业务的授权许可。

4. GPON 动态带宽分配

动态带宽分配（DBA）就是根据 GPON 系统各 ONU 提供的不同业务量需求，实时动态地调整其使用的上行带宽，以适应用户速率的各种变化，从而提高系统的带宽利用率。PON 系统的上行接入一般采用固定分配和中央控制按需分配相结合的方式，也就是 ITU-T G983.4 规范的静态带宽分配和动态带宽分配两种方式。静态带宽分配对于 GPON 非均匀比特率（如

ATM或IP）业务数据通信是不理想的，而动态带宽分配则正好相反，它可以根据ONU突发业务的要求，通过在各ONU之间动态调节带宽来提高上行带宽效率，使系统带宽利用率得到大幅度的提高。

全业务接入网（FSAN）定义了很多不同的业务传输容器（T-CONT），这样的容器实际上是一条连接ONU和OLT的管道，ONU能支持一个或多个这样的容器。GPON媒质访问控制以每个传输容器为单位。对于共享的ONU，必须为它的每个用户分配一个容器。容器的分配取决于业务种类和状况，并且需要手动指配业务。ONU向OLT报告容器缓存器的状况，而OLT则根据接收到的信息向ONU授权容器占用的带宽，并且一个授权只指向一个容器。考虑到业务类型，根据优先级的不同定义了4种带宽类型，分别为固定保障带宽、确保带宽、非确保带宽和尽力而为带宽。

图5-51表示用户数据流分装在同一个ONU的两个T-CONT缓冲器中。一些T-CONT缓冲器可以被一个内部优先调度程序使用，或被某个上层使用，图5-52表示上边的T-CONT缓冲器没有被内部调度程序使用，而下边的T-CONT缓冲器被内部调度程序使用，含有3个业务分类缓冲器。由于1类用户此时数据量很大，占用了固定保障型带宽容器，其他3类业务等待传送，因此又装入优先级别控制容器中，最后将要发送的尽力而为带宽装入最后的子容器中，排队等待，有可能发送成功，也有可能被丢弃，要视网络的忙闲而定。

GPON的动态带宽分配主要包括下列4个步骤：OLT通过检查ONU的带宽需求报告和/或自动检测各ONU发来的流量，进行拥塞状态检测；OLT根据拥塞状态检测的结果和预先约定的分配策略重新进行带宽分配；OLT根据更新的带宽分配信息和T-CONT类型发送授权给ONU；DBA操作过程中管理信息的协商等。GPON的传输汇聚（GTC）层提供ONU带宽需求报告。

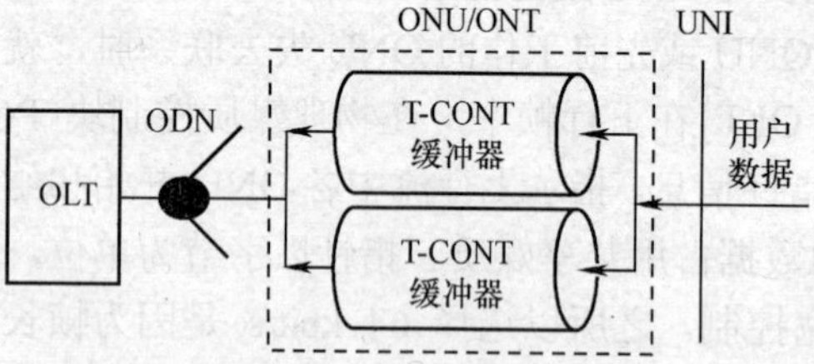

图5-51　用户数据分装在两个T-CONT缓冲器中

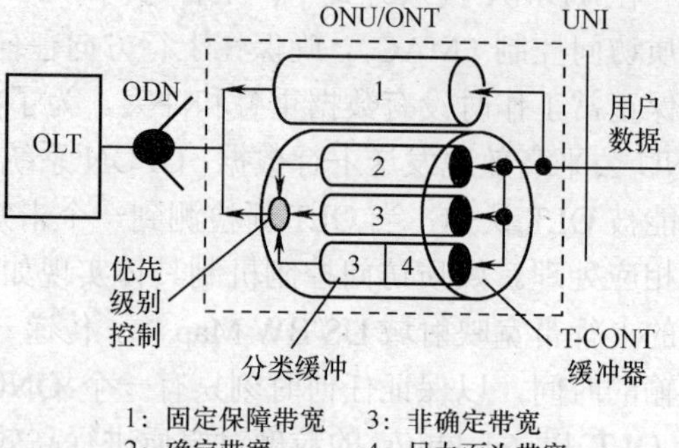

图5-52　对分类缓冲业务进行优先级别控制

目前，GPON标准规定Piggyback状态报告是唯一的SRDBA指示机制，Piggyback状态报告使用了上行突发中的DBRu结构，可分为2种状态报告格式：模式0和模式1。早期的版本还规定了状态指示、Whole ONU报告机制和Piggyback报告机制的第3种格式模式（即模式2）。报告格式模式0是默认支持的模式。

在初始化阶段，OLT和ONU必须完成握手流程以协商双方将使用的DBA报告类型，这个流程可利用OMCI通道来完成。在OMCI握手协商DBA报告类型这个过程完成之前，不能使用DBA功能。然而，为了使传送系统具有容错能力，要求ONU无论自身DBA能力如何，都必须根据OLT的请求产生正确格式的DBA报告。

PiggybackDBA 报告由 1Byte 或 2Byte 的 DBRu 消息组成。OLT 通过设置 BWmap 分配结构 Flag 域中适当的码点来要求 ONU 发送 DBRu。DBRu 消息指示了分配结构中 Alloc-ID 对应的逻辑缓存器中的数据量。包含 DBRu 请求的分配结构也可以包含针对某个 Alloc-ID 的正常带宽分配。在使用当前带宽分配之前还是之后上报逻辑缓存器占用情况由 ONU 决定。

表 5-9 给出了 GPON 和 APON 动态带宽分配规范的比较。

表 5-9　　GPON 和 APON 动态带宽分配规范的比较

功　能	GPON DBR	APON DBR
控制单元	T-CONT	T-CONT
T-CONT 的标记	Alloc-ID	Grant code
报告单元	对于 ATM 封装是 ATM 信元，对于 GEM 封装是固定长度数据块（如缺省是 48 字节）	ATM 信元
报告机制	PLOu 报告，DBRu 报告和 ONU DBR 报告	微时隙（Mini-slot）
协议过程	GPON OMCI	PLOAM(G.983.4)和 OMCI(G.983.7)

5. GPON 测距和延时补偿

由于 ONU 与 OLT 的距离不同，环境温度变化或光器件老化，会使 ONU 的数据流经过不同长度的光纤传输后，产生不同的时延。如果不加控制，就有可能发生碰撞和重叠，引起大量的比特误码，甚至使数据帧丢失，导致媒质接入控制失败。由于 GPON 要求最长测距 20km，与 APON 是一样的，因而 GPON 采用 APON 使用的 G.983 规定的测距法（即初始开窗测距法），测量每个 ONU 与 OLT 之间的逻辑到达距离。

开窗测距法的基本思路是：当有 ONU 需要测距时，OLT 发出指令使所有运行中的 ONU，在某段时间内暂停发送上行数据，相当于在上行时隙内打开一个测距窗口，同时命令被测距的 ONU 向上发送一个特殊的时隙信号；OLT 记录从发出命令到收到 ONU 响应信号的延时，即可得到此 ONU 的环路延时值 T_{Loop}；然后 OLT 为该 ONU 插入一个特定的均衡时延 T_d 值，使该 ONU 在插入 T_d 后的环路延时与预先设定的均衡环路延时值 T_{eqd} 相等。其结果类似于使每个 ONU 都移到与 OLT 相等的逻辑距离处：$T_{eqd}=T_{loop}(1)+T_d(1)= T_{loop}(2)+T_d(2)= T_{loop}(3)+T_d(3)=\cdots= T_{loop}(n)+T_d(n)$

GPON 的测距和补偿是通过上、下行 GTC 帧中 10 字节长 PLOAM 消息净荷（Message Data）的传递和处理来实现的。测距的最终目的就是由 OLT 为每个 ONU（i）提供一个合适的均衡时延 T_d（i）值，并通过 GTC PLOAM 下行信息将此值告知被测距的 ONU。

GPON 测距可分为动态测距和静态测距两类。静态测距一般在系统初装或有新 ONU 加入的情况下进行，需要进行开窗测距。动态测距是针对各 ONU 在运行过程中随环境和时间变化而发生的时延漂移，OLT 实时微调各 ONU 的 T_d 值；动态测距是在系统运行中一直要进行的，无需专门打开测距窗口。由于在开窗期间其他 ONU 必须停止上行业务，开窗尺寸越大，则要求 ONU 的缓存容量也越大，因而，在工程上要根据 ONU 到 OLT 实际光纤长度来初步估算设置测距窗口尺寸，以便尽量减小所开测距窗口尺寸。

5.4.4 GPON 的应用与发展

GPON 注重多业务的支持能力（TDM、IP 和 CATV），上连业务接口和下连用户接口丰富（10GE、GE、FE、STM-1、E1 和 POTS 等），可提供 FTTH/FTTB/FTTO/“FTTC+LAN”

（DSLAM）等多种接入方式。GPON标准中还定义了第3波长，在OLT上接入数字电视和IPTV中的电视信号，可以在不影响电信业务的情况下，将电视信号传送到末端的ONU设备，并提供RF电接口接入到用户有线电视分配网，从而提供三网合一的业务。

在许多应用场合，EPON与GPON间都存在着技术竞争，可以说性价比是技术选择的决定性因素，规模和产业链的强弱将是决定竞争态势的关键。从市场发展情况看，EPON在亚太地区占居了主导地位，是我国目前PON应用的主流技术，而GPON在北美地区则应用得比较多。EPON技术成熟，协议相对简单，芯片设计难度比较低，可以用以太网协议支持所有的业务，和现在的设备有很好的兼容性；GPON相对EPON出现比较晚，它的芯片和光模块成本相对较高。EPON比GPON起步早，产品得到了更广泛的应用部署和更长时间的考验；而GPON由于其技术和产业链的日趋成熟，已显现出上升势头，FSAN在加紧推动不同厂商GPON设备的互连互通，主流运营商也加速了GPON规模部署的步伐。但由于EPON和GPON对于用户所呈现的应用是类似的，目前许多设备商已将EPON和GPON集成在同一平台中。

随着IPTV、高清电视以及在线游戏等大流量宽带业务的逐渐开展，每用户的带宽需求在持续增加且呈现加速的趋势，将达到50～100Mbit/s，无论是EPON还是GPON技术，现有的PON带宽都出现新的带宽瓶颈，运营商、设备商和技术研发者都在寻求可满足新一代应用对带宽要求的新方法。为此，2006年IEEE开始制订IEEE802.3av标准，并于2009年9月正式颁布，10GEPON技术从此走向宽带接入舞台。10GEPON技术的目标是在同一个PON口下实现10GEPON的ONU和1GEPON的ONU共存，支持对称的10Gbit/s上行和下行链路，或10Gbit/s下行和1Gbit/s上行链路，或两者的组合；最大限度地沿用EPON的IEEE802.3ah的MPCP协议，为运营商提供一个从1GEPON平滑升级到10GEPON的演进方案。

5.5 有源光网络接入技术

有源光网络（Active Optical Network，AON）由OLT、ODT、ONU和光纤传输线路构成。ODT可以是一个有源复用设备或远端集中器（HUB），也可以是一个环网。一般有源光网络属于一点到多点光通信系统，按其传输体制可分为准同步数字序列（Plesiochronous Digital Hierarchy，PDH）和同步数字序列（Synchronous Digital Hierarchy，SDH）两大类。通常有源光网络采用星型网络结构，它将一些网络管理功能和高速复接（分接）功能在远端终端中完成，端局和远端之间通过光纤通信系统传输，然后再从远端将信号分配给用户。

5.5.1 AON简化技术

AON技术的核心是SDH技术。SDH技术是针对传送网而形成的一种技术，SDH的体制、标准、系统及设备等诸多方面都适合核心网。将SDH系统应用在接入网中会造成系统复杂，而且还会造成极大的浪费，因此必须从技术上对SDH系统、SDH设备进行简化，以适应AON对SDH的要求。

1. 简化SDH系统

SDH系统在干线网中，一个PDH信号作为支路装入SDH时，一般需要经历几次映射和一次（或多次）指针调整后才装入SDH线路。采用SDH的接入网，一般只需经过一次映射且不必进行指针调整。由于接入网比干线网简单，因此可以通过简化目前SDH系统的方式，降低其成本。

从映射复用结构上看，STM-1 的帧结构包含 SOH、AU 指针、POH 和净负荷，其中净负荷的速率为 149.760Mbit/s。按照 G.707 的映射复用方法，如果 2.048Mbit/s 的信号进入 STM-1，只能装 63 个，其装载效率为 83%；如果 STM-1 装载 34.368Mbit/s 的信号，只能装 3 个，其效率不到 66%，造成极大的传输浪费。在接入网中可采用 G.707 的简化帧结构或者非 G.707 标准的映射复用方法。采用非 G.707 标准的映射复用方法的目的：一是在目前的 STM-1 帧结构中多装数据，提高它的利用率，如在 STM-1 中可装入 4 个 34.368Mbit/s 的信号；二是简化 SDH 映射复用结构。SDH 的一个难点是 AU-4 的指针调整，在接入网中由于 VC-4 和 STM-1 是同源的，因而可不实施指针调整，指针值只作为净负荷开头的指示值。在实际应用中，可以将指针值设置为一个固定值，即可简化系统了。

2. 简化 SDH 设备

机架式的大容量 SDH 设备用于干线，将其直接搬到接入网中使用价格比较昂贵。接入网中需要的 SDH 设备应是小型、低成本、易于安装和维护的。在提高传输效率、更便于组网的前提下，采取简化技术的措施来降低成本。目前，在接入网中的 SDH 已经靠近用户，对低速率接口的需求远远大于对高速率接口的需求，因此，接入网中的新型 SDH 设备应提供 STM-0 子速率接口。一些厂家已经研制出了专门用于接入网的 SDH 设备。

SDH 设备用于接入网中并不需要许多功能，因而可以对 SDH 设备简化。通常是省去电源盘、交叉盘和连接盘，简化时钟盘，把两个一发一收的群路盘做成一个两发两收的群路盘，把 2Mbit/s 支路盘和 2Mbit/s 接口盘做成一个盘。这样的 SDH 设备可以满足 2B+D（144kbit/s）和 30B+D（2 048kbit/s）等业务需要。

3. 简化网管系统

SDH 的干线网的地域管理范围很宽，它采用管理面积很广的分布式管理和远端管理。接入网需要管理的地域范围比较小，在接入网中的 SDH 网管系统较少采用远端管理，虽然采用分布式管理，但它的管理范围也远远小于干线网。由于对接入网中的 SDH 硬件系统进行了简化，因此网管中对 SDH 设备的配置部分也可以进行简化。虽然接入网和干线网一样有性能管理、故障管理、配置管理、账目管理和安全管理等 5 大功能，但是干线网中 5 大管理功能的内部规定都很全面，而接入网并不需要这么全面的管理功能，故接入网不用照搬这些管理功能，可以在每种功能内部进行简化。

4. 设立子速率

SDH 的标准速率为 155.520Mbit/s、622.080Mbit/s、2 488.320Mbit/s 和 9 953.280Mbit/s。接入网中应用时，所需传输数据量比较小，过高的速率很容易造成浪费，因此需要规范低于 STM-1 的速率，便于在接入网中应用。为了更适应接入网的需要，必须设立低于 STM-1 的子速率，可以采用 51.840Mbit/s 和 7.488Mbit/s。

5. 其他简化

在干线网中，SDH 系统在保护方面有的采用通道保护方式，有的采用复用段共享保护方式，有的两者都采用。接入网没有干线网那么复杂，因而采用最简单、最便宜的二纤单向通道保护方式就可以了，这样也将节省开支。

指标方面：由于接入网信号传送范围小，故各种传输指标要求低于核心网。

组网方式：把几个大的节点组成环，不能进入环的节点采用点到点传输。

只要解决好以上问题，既便宜又实用的 SDH 系统就可以在接入网中广泛地应用起来，B-ISDN 和多媒体业务就可以走进千家万户。

接入网用SDH的主要发展方向是对IP业务的支持。这种新型SDH设备配备了LAN接口，将SDH技术与低成本的LAN技术相结合，提供灵活带宽。解决了SDH支路接口及其净负荷能力与局域网接口不匹配的问题，主要面向商业用户和公司用户，提供透明LAN互连业务和ISP接入，很适合目前数据业务高速发展的需求。

5.5.2 AON采用的主要技术

1. AON传输介质

光纤接入网的传输介质是光纤（Optical Fiber），光纤是一种用来传送光波（以光波为载波）的传输介质。由于光纤具有巨大带宽和极小衰减等独特的优点，故其在综合宽带接入网的建设中广泛应用。目前光缆正在取代接入网的主干线和配线的市话主干电缆和配线电缆，并已进入局域网和室内综合布线系统。

（1）光纤的传输特性

① 光纤的衰减特性：衰减表明了光纤对光能的传输损耗。通常衰减用衰减系数（α）衡量其大小，定义为单位长度光纤引起的光功率衰减。当长度为L时，衰减系数α与波长λ的函数关系如下：

$$\alpha(\lambda)=\frac{10}{L}\lg\left[\frac{P(0)}{P(L)}\right] \quad \text{dB/km}$$

光纤衰减特性如图5-53所示，它形象直观地描绘了衰减系数与波长的函数关系，同时示出了光纤5个工作窗口的波长范围及引起衰减的原因。图中石英玻璃光纤的衰减谱具有3个主要特征：衰减随波长的增大而呈降低趋势；衰减吸收峰与OH^-离子有关；在波长大于1 600nm时衰减增大的原因是由微（或宏）观弯曲损耗和石英玻璃吸收损耗引起的。

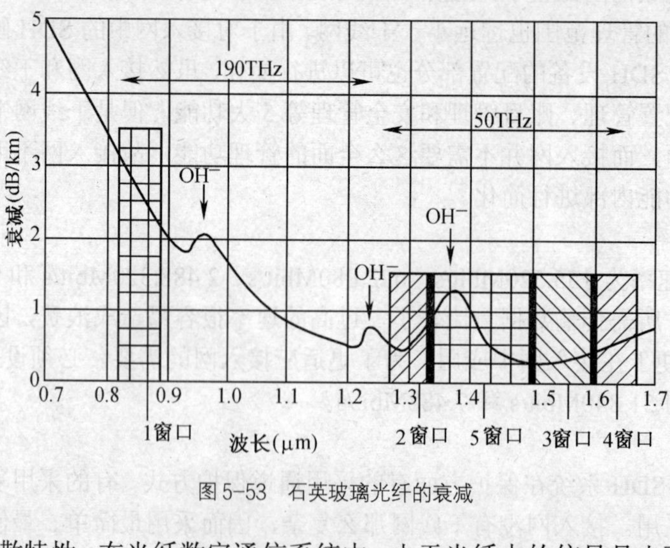

图5-53 石英玻璃光纤的衰减

② 光纤的色散特性：在光纤数字通信系统中，由于光纤中的信号是由不同的频率成分和不同的模式成分来携带的，这些不同的频率成分和不同的模式成分的传输速率不同，从而引起色散。光纤色散主要有模间色散、材料色散、波导色散和偏振模色散。色散指光源光谱中不同波长分量在光纤中的群速率不同所引起的光脉冲展宽现象，它是高速光纤通信系统的主要传输损伤。需要指出，光放大器本身并不会改变系统的色散特性，尽管掺铒光纤放大器

（Erbium Doped Optical Fiber Amplifier，EDFA）内部有一小段掺铒光纤作为有源增益介质，但其长度仅为几米至十几米，与长达几十至几百千米的光传输链路相比，其附加的少量色散不会对总色散产生有实质性的影响。

通常，光放大器并不会改变由于色散所导致的传输限制。然而，由于光放大器极大地延长了无中继光传输距离，因而整个传输链路的总色散及其相应色散代价将可能变得很大，必须认真对待。研究光纤的色散特性的目的是弄清色散的原因、种类及相互作用，以便设计和制造出优质的、合适的色散光纤，从而满足光纤通信系统高速率、大容量和远距离传输的需求。

（2）单模光纤的分类

ITU-T 将单模光纤分为 4 类：非色散位移单模光纤、色散位移单模光纤、截止波长位移单模光纤和非零色散位移单模光纤。

① 非色散位移单模（G.652）光纤：2000 年 2 月 ITU 第 15 次专家组会议对非色散位移单模光纤（ITU-T G.652）提出修订，即按 G.652 光纤的衰减、色散、偏振模色散、工作波长范围及其在不同传输速率的 SDH 系统的应用情况，将 G.652 光纤进一步细分为：G.652A、652B 和 G.652C。就其实质而言，G.652 光纤可分为常规单模光纤（G.652A 和 G.652B）和低水吸收峰单模光纤（G.652C）。

常规单模光纤的性能特点是：在 1 310nm 波长的色散为零；在波长为 1 550nm 附近衰减系数最小，约为 0.22dB/km；在 1 550nm 附近其具有最大色散系数为 18ps/（nm.km）；这种光纤工作波长可选在 1 310nm 波长区域，又可选在 1 550nm 波长区域，它的最佳工作波长在 1 310nm 区域。这种光纤通常称为“常规”单模光纤。G.652A 光纤和 G.652B 光纤的主要区别在于对 PMD 系数的要求不同，G.652A 光纤对 PMD 系数无要求，G.652B 光纤要求 PMD 系数为 0.5ps/（km）$^{1/2}$；这样 G.652A 光纤只能工作在 2.5Gbit/s 及其以下速率；G.652B 光纤工作速率在 10Gbit/s。

低水吸收峰单模光纤（G.653C 光纤）是将 1 385nm 附近高水吸收峰消除的一种光纤，美国朗讯科技公司于 1988 年研究出低水吸收峰光纤（G.652C 光纤）。G.652C 光纤工作于第 5 个低损耗传输窗口，其主要特点是：降低了水吸收峰使光纤可在 1 280～1 625nm 全波段进行传输，即全部可用波段比常规单模光纤 G.652 增加约一半；在 1 280～1 625nm 全波长区，光纤的色散仅为 1 550nm 波长区的一半，这就易于实现高速率、远距离传输；光纤可用的波长区拓宽后，允许使用波长间隔宽、波长精度和稳定度要求低的光源、合（分）波器和其他元件，网络中使用有源、无源器件成本降低，进而降低了系统的成本。

② 色散位移单模（G.653）光纤：G.653 光纤是通过改变光纤的结构参数、折射率分布形状，力求加大波导色散，从而将最小零色散点从 1 310nm 位移到 1 550nm，实现 1 550nm 处最低衰减和零色散波长一致，并且在掺铒光纤放大器（EDFA）1 530～1 565nm 工作波长区域内。这种光纤非常适合于长距离单信道高速光放大系统。

③ 截止波长位移单模（G.654）光纤：G.654 光纤其零色散波长在 1 310nm 附近，截止波长移到了较长波长，在 1 550nm 波长区域衰减极小，最佳工作波长范围为 1 550～1 600nm。

④ 非零色散位移（G.655）光纤：G.655 光纤是在色散位移单模光纤的基础上，通过改变折射剖面结构的方法使得光纤在 1 550nm 波长色散不为零，故其被称为“非零色散位移”光纤（即 G.655 光纤）。G.655 光纤可分为 G.655A 和 G.655B。G.655A 光纤适用于 ITU-T G.691 规定的带光放大的单信道 SDH 传输系统，也适用于通道间隔不小于 200GHz 的 STM-64 的

ITU-T G.692 带光放大的波分复用传输系统；G.655B 光纤适用于通道间隔不大于 100GHz 的 ITU-T G.692 密集波分复用传输系统。G.655A 光纤和 G.655B 光纤的主要区别包含以下两点。一是工作波带，G.655A 光纤只能使用于 C 波带（C-band）1 530～1 560nm 宽度 30nm，C 指常规的；G.655B 光纤既可以使用在 C 波带，也可以使用在 L 波带（L-band）1 560～1 610nm 宽度 50nm，L 指长波长。二是色散系数，G.655A 光纤 C 波带色散系数值为 0.1～6.0ps/（nm·km），G.655B 光纤 C 波带色散系数值为 1.0～10.0ps/（nm·km）。

（3）光纤光缆的选型

根据单模光纤的特点，目前 G.652 和 G.653 不同类型的光纤可供光接入网选用。其中，G.652 型光纤应用最广、价格便宜，并且具有很大的带宽及很小的衰减；G.652A 光纤可以作为光纤接入网的首选介质。

光纤接入网中的光缆要求密度高、易施工、便于维护及低成本。光缆应根据接入网的结构进行选择，在容量较大时，可以选用带状光缆，这种光缆直径小，又便于实现多芯连接；在小容量时，可以选用中心束管式光缆。

2. SDH 中的关键设备

电信传输网是由传输设备和网络节点构成的。传输设备可以是光缆线路系统，也可以是微波接力系统或卫星通信系统等。

网络节点有多种，如 64kbit/s 电路节点、宽带节点等。简单的节点仅有复用功能，复杂的节点则包含信道终结、交叉连接、复用和交换功能。网络节点接口（NNI）的工作定义是网络节点互连的接口。网络节点接口位置的参考配置如图 5-54 所示，其中，TR 为支路信号、Line 为线路系统、DXC 为数字交叉连接设备、SM 为同步复用器、Radio 为无线系统、EA 为外部接入设备。

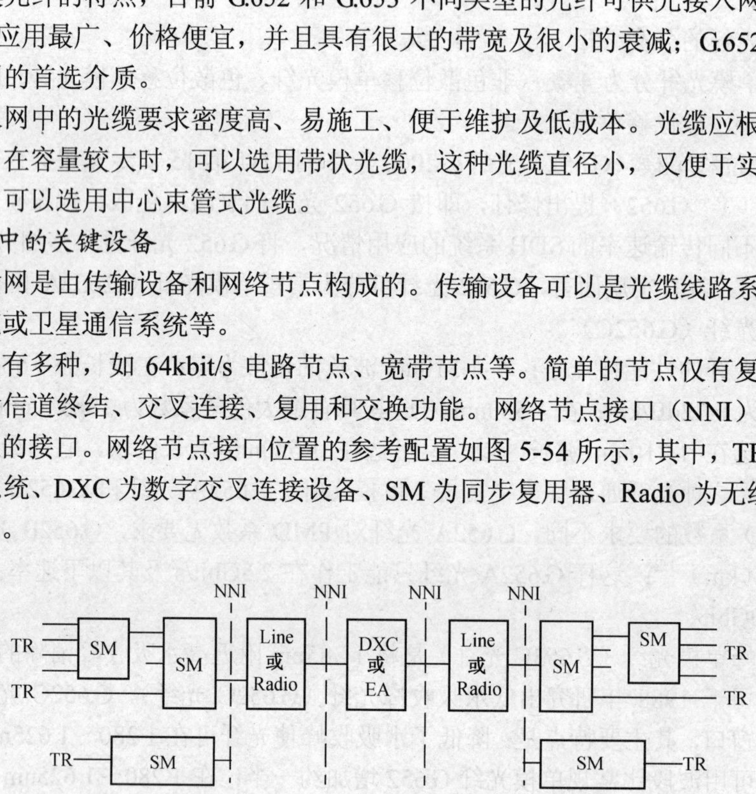

图 5-54　NNI 的位置示意图

在公用电信网中，规范一个统一的 NNI 标准的基本出发点是：应使它不受限于特定的传输介质；不受限于网络节点所完成的功能；不受限于对局间通信或局内通信的应用场合。在建设 SDH 网和开发应用新设备产品时，可使网络节点设备功能模块化、系列化，并能根据公用电信网络中心规模大小和功能要求灵活地进行网络配置，从而使 SDH 网络结构更加简单、高效和灵活，并在将来需要扩展时具有很强的适应能力。SDH 的网络节点接口（NNI）的基本特征是具有国际标准化的接口速率和帧结构。

SDH 信号以同步传送模块（Synchronous Transport Module，STM）的形式传输，其最基本的同步传送模块是 STM-1，节点接口的速率为 155.520Mbit/s；更高等级的 STM-*N* 模块是将 *N* 个基本模块 STM-1 的信号按同步复用，经字节间插后形成的，其速率是 STM-1 的 *N* 倍，*N* 值规范为 4 的整数次幂，SDH 支持的 *N* 主要有 1、4、16、64 及 256。为了加速无线系统引入 SDH 网络，也采用了其他的接口速率。例如，对于携载负荷低于 STM-1 信号的中小容量SDH数字微波系统，可采用51.840Mbit/s的接口速率，并称为STM-0系统。ITU-T G.707建议规范的SDH标准速率如表5-10所示。

表5-10　SDH网络节点接口的标准速率

速　率	等　级	等级（光载波/电信号）	标准速率
51Mbit/s	STM-0	OC-1/STS-1	51.840Mbit/s
155Mbit/s	STM-1	OC-3/STS-3	155.520Mbit/s
622Mbit/s	STM-4	OC-12/STS-12	622.080Mbit/s
2.5Gbit/s	STM-16	OC-48/STS-48	2 488.320Mbit/s
10 Gbit/s	STM-64	OC-192/STS-192	9 953.280Mbit/s
40 Gbit/s	STM-256	OC-576/STS-576	39 813.120Mbit/s

通常，SDH规范下的传送设备包括终端复用器、分插复用设备、数字交叉连接设备及再生器。

（1）终端复用设备

终端复用设备（Terminal Multiplexer，TM）用于把速率较低的PDH信号或STM-*N*信号组合成一个速率较高的STM-*M*（$M \geqslant N$）信号，或做相反的处理，因此，终端复用设备只有一个高速线路口。根据支路口信号速率情况，TM分为低阶终端复用设备（I类）和高阶终端复用设备（II类）两大类，每一类又有两种型号（1型和2型），在此仅介绍I类。

① I.1型复用设备：这种复用设备提供把PDH支路信号映射、复接到STM-*N*信号的功能。例如：把63个2 048kbit/s的信号复接成一个STM-1信号，其逻辑功能如图5-55所示。2Mbit/s和34Mbit/s的PDH信号送入低阶接口（Lower Order Interface，LOI）复合功能块，在LOI中，经G.703接口，由低阶通道适配（Lower Order Path Adaptation，LPA）把净荷映射到相应的容器中，然后低阶通道终端（Lower Order Path Termination，LPT）插入VC通道开销，送高阶组装器（Higher Order Assembler，HOA）；在HOA组合功能块中，高阶通道适配（Higher Order Path Adaptation，HPA）给VC加上TU指针形成低阶TU信号，并按规定的映射复用路径将多个低阶 TU 信号复接，在高阶通道终端（Higher order Path Termination，HPT）中插入VC-4 POH（Path OverHead）形成VC-4信号送入传送终端功能（Transport Terminal Function，TTF）；140Mbit/s PDH 信号送入高阶接口（Higher Order Interface，HOI）功能块中，在HOI中，经由G.703接口，由低阶通道适配（LPA）把净荷映射到C-4容器中，经高阶通道终端（HPT）插入VC通道开销形成VC-4信号，送到传送终端功能（TTF）。接收则过程相反。这种型号的设备没有通道连接功能，因而每个支路信号在高速信号中的位置是固定的，不能通过网管进行交叉连接，故此类型设备也称为固定的终端复用设备（固定TM）。

② I.2型复用设备：I.2型复用设备如图5-56所示。I.2型复用设备与I.1型复用设备的区别仅在于I.2型复用设备中添加了低阶通道连接（Lower Order Path Connection，LPC）和高阶通道连接（Higher Order Path Connection，HPC）两个功能块，其他与I.1型复用设备完全一样。因此，I.2型复用设备也提供把PDH支路信号（2Mbit/s、34Mbit/s或140Mbit/s）映射复接到STM-*N*信号的功能，并且PDH支路输入信号可以灵活地安排在STM-*N*帧中的任何位置，故可称为灵活的终端复用设备。

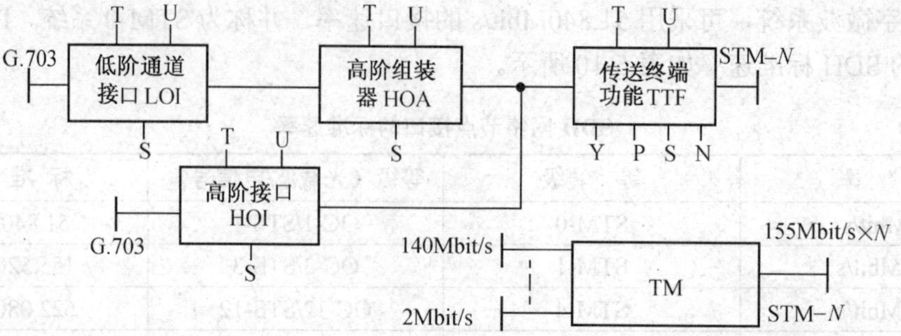

图 5-55 I.1 型复用设备（固定 TM）

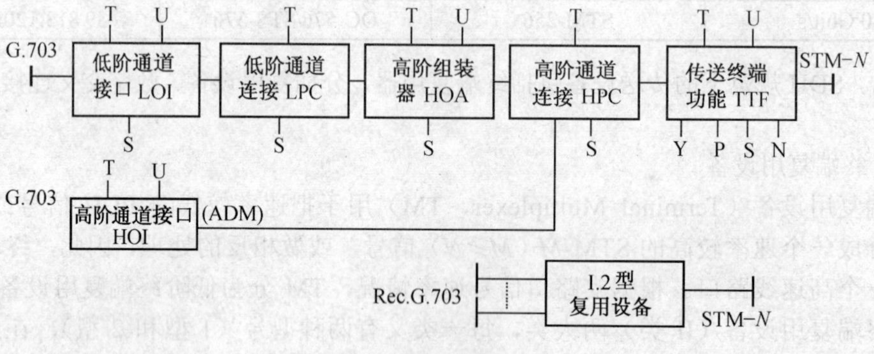

图 5-56 I.2 型复用设备（灵活的 TM）

（2）分插复用设备

分插复用设备（Add/Drop Multiplexer，ADM）是 SDH 网络中最具特色、应用广泛的设备。它利用时隙交换实现宽带管理，即允许两个 STM-*N* 信号之间的不同虚容器（VC）实现互连，并且具有无需分接和终结整体信号即可将各种 G.703 规定的接口信号（PDH）或 STM-*N* 信号（SDH）接入 STM-*M*（*M*>*N*）内做任何支路的能力，因此称之为分插复用器。ADM 按功能分有两种基本结构，根据 ITU-T 的建议，分别为 III.1 型和 III.2 型。

① III.1 型设备：III.1 型设备的配置如图 5-57 所示，图中的高阶通道连接（HPC）功能块允许将 STM-*M* 信号内的 VC-3/4 终结在本地或再复接后继续传输，也允许将本地产生的 VC-3/4 信号安排在 STM-*M* 输出信号的任何空缺位置中。低阶通道连接（LPC）允许把虚容器 VC-1/2/3（来

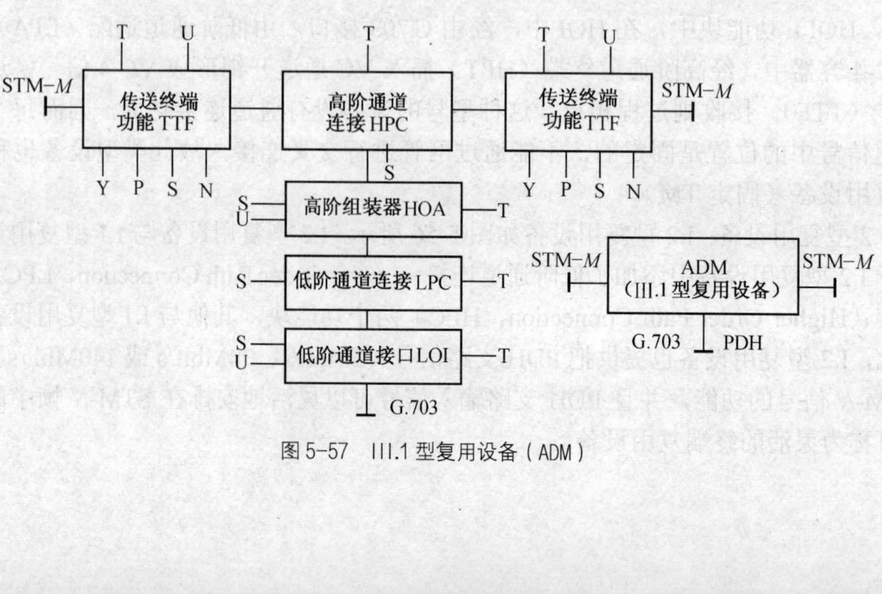

图 5-57 III.1 型复用设备（ADM）

自高阶通道终端HPT功能块终结的VC-3/4）终结在本地或直接再复接返回到输出的VC-3/4，也允许本地产生的VC-1/2/3信号选择路由，并分配给任何输出VC-3/4的任何空缺位置。

② III.2型设备：III.2型设备的配置如图5-58所示，它比III.1型设备增加了一些附加功能，即具有将STM-*M*信号解复用为VC-1/2/3的能力。由于分插复用器（ADM）具有能在SDH网中灵活地插入和分接电路的功能，也即通常所说的上、下电路的功能，因此，ADM可以用于SDH网中点对点的传输，也可用于环型网和链状网的传输。

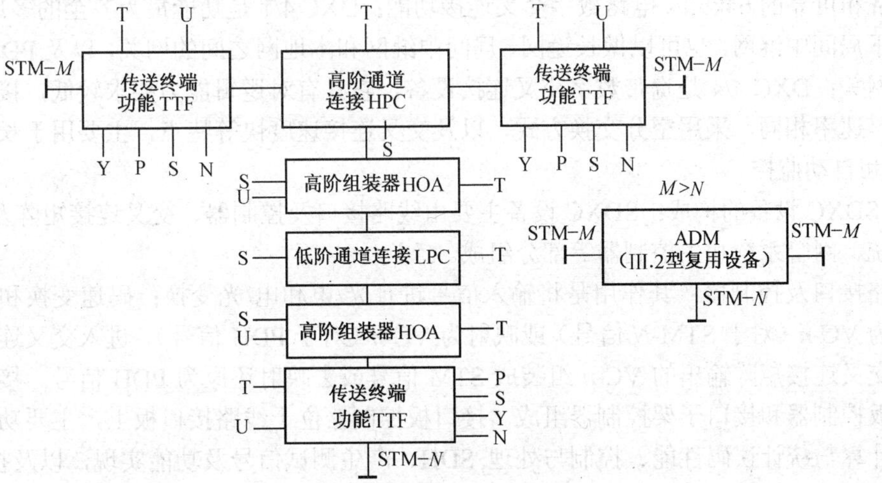

图5-58 III.2型复用设备（ADM）

（3）数字交叉连接设备

① DXC的基本概念：数字交叉连接设备（Digital Cross Connect equipment，DXC）是一种智能化的传输节点设备，它的使用给电信网带来了巨大的灵活性、智能性和经济性，成为电信网中重要网元。它在网络管理与保护、特服业务的提供等方面独具特色。

SDH网络中的DXC设备称为SDXC，它是一种具有1个或多个PDH（G.702）或SDH（G.707）信号端口，并至少可以对任何端口速率（和/或其子速率信号）与其他端口速率（和/或其子速率信号）进行可控连接和再连接的设备。从功能上看，SDXC是一种兼有复用、配线、保护/恢复、监控和网管的多功能传输设备，它直接代替了复用器和数字配线架，也可以为网络提供迅速有效的连接和网络保护/恢复功能，并能经济有效地提供各种业务。数字交叉连接设备如图5-59所示。

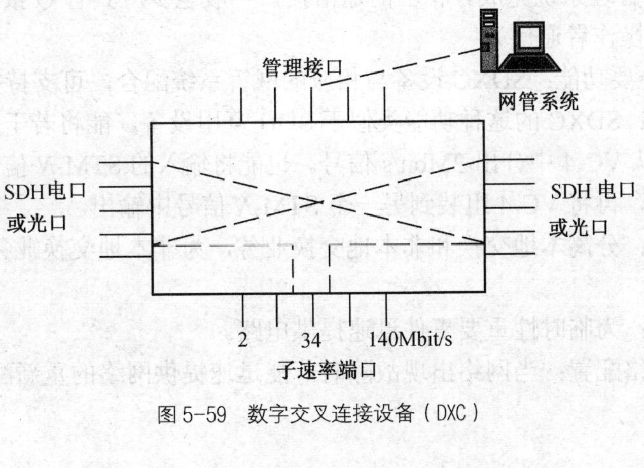

图5-59 数字交叉连接设备（DXC）

SDXC 根据端口速率和交叉连接速率的不同，采用不同的配置类型，通常用 SDXC x/y 来表示，其中，x 表示接入端口数据流的最高等级，y 表示参与交叉连接的最低级别。x、y 可以取 0、1、2、3 或 4，其中，0 表示 64kbit/s 电路速率，1、2、3 或 4 表示 PDH 体制的 1～4 次群速率，4 还表示 SDH 的 STM-1 速率等级。例如，DXC 4/1 表示接入端口的最高速率为 140Mbit/s 或 155Mbit/s，而交叉连接的最低速率为 2Mbit/s。目前采用的数字交叉连接设备主要有 DXC 4/4、DXC 4/1 及 DXC 1/0。DXC 1/0 称为电路 DXC，主要为现有的 PDH 网提供快速、经济和可靠的 64kbit/s 电路数字交叉连接功能；DXC 4/1 是功能最为齐全的多用途系统，主要用于局间中继网，也可以做长途网、局间中继网和本地网之间的网关，以及 PDH 与 SDH 之间的网关；DXC 4/4 是宽带数字交叉连接设备，它具有对逻辑能力要求较低，接口速率与交叉连接速率相同，采用空分交换方式，以及交叉连接速度快等特点，主要用于长途网的保护/恢复和自动监控。

② SDXC 设备的构成：SDXC 设备主要由线路接口及控制器、交叉连接矩阵及控制器、定时系统、网管系统和主控制器等部分组成。

线路接口及控制器：其作用是将输入信号进行光/电和电/光变换；码速变换和反变换，并分解为 VC-n（对于 STM-N 信号）或映射为 VC-n（对于 PDH 信号），进入交叉连接矩阵模块；将交叉连接矩阵输出的 VC-n 组装成 STM 信号或去映射还原为 PDH 信号。接口控制器由接口板控制器和接口子架控制器组成。接口板控制器位于线路接口板上，主要功能是信号采集、计算与统计误码性能、控制与处理 SDH、产生测试信号及功能实现，以及执行 DCC 通信及各种控制与维护命令等。子架控制器负责对各个接口板控制器之间与主控制器之间的信息和数据的传递。

交叉连接矩阵及控制器：该模块主要完成由接口输出的 VC-n 信号的无阻塞交叉连接，并将交叉连接后的 VC-n 信号送至指定的接口。然后由控制器根据主控制器送来的指令完成交叉连接。

定时系统：定时系统主要是进行同步和产生定时信号。同步是指对外同步信号源的同步，外同步源一般为 2.048MHz 时钟信号、2.048Mbit/s 信号或从接收的 STM-N 信号中提取的定时信号。设备内的各功能单元的时钟信号也由此供给。

主控制器：完成对接口控制器和矩阵控制器的管理，下达由网管系统送来的控制指令，并可作为网管系统的，具有一定级别的代理，完成对网元的管理。

网络管理系统及接口：SDXC 作为 SDH 网络中的一个网元，所实现的一系列功能，均由相应的 SDXC 网络管理系统完成。相应的通信接口一般至少应具有 Q 接口（与电信网通信）和 F 接口（与本地操作者通信）。

③ SDXC 的主要功能：SDXC 设备与相应的网管系统配合，可支持如下功能。

分接复接功能：SDXC 的这种功能类似于 SDH 复用设备，能将若干个 2Mbit/s 信号映射复用到 VC-4 中或从 VC-4 中分出 2Mbit/s 信号。也能将输入的 STM-N 信号分接成 VC-4 在高阶通道连接中连接，再将 VC-4 组装到另一个 STM-N 信号中输出。

分离业务功能：分离本地交换和非本地交换业务，为非本地交换业务（如专用电路）迅速提供可用路由。

电路调度功能：为临时性重要事件迅速提供电路。

简单易行的网络配置：当网络出现故障时，能迅速提供网络的重新配置，快速实现网络恢复。

网关：可作为PDH和SDH两种不同体系传输网络的连接设备。

网络管理：可对网络的性能进行分析、统计，对网络的配置、故障进行管理等。

保护倒换功能：类似于复用设备，在两个DXC之间进行复用段1+1、1:*N*或*M*:*N*保护倒换。

恢复功能：网络发生故障后，在网络范围内迅速找到替代路由，恢复传送业务。由于网络恢复过程需要访问网络数据库和进行网络范围的复杂路由计算，因此其恢复速度较慢。

通道监视功能：采用非介入方式对通道进行监视或故障定位。

测试接入功能：测试设备可以通过DXC的空余端口对连到网络上的待测设备进行测试。测试的内容可以从简单的有效开销核实到应用复杂的特殊测试序列进行测试。

综上所述，SDXC实质上是兼有复用、配线、保护/恢复、监测和网络管理等多种功能的一种传输设备。而且，由于SDXC采用了SDH的复用方式，省去了传统的PDH DXC的背靠背复用、解复用方式，从而使SDXC变得简单。另外，SDXC的交叉连接功能实质上也可以理解为是一种交换功能。当然，这与通常的交换机有许多不同的地方。

3. OAN所采用的SDH自愈环技术

通信系统是由许多通信设备和传输介质组成，只要某一环节出现失效故障，相关部分的通信就会中断，由此而造成的经济损失是无法估量的，于是自愈网应运而生。自愈网就是无需人为干预，网络就能在极短的时间内从失效故障中自动恢复，使用户感觉不到网络已出了故障。其基本原理就是使网络具备发现替代传输路由并重新确立通信的能力。自愈网的概念只涉及重新确立通信，不管具体失效元部件的修复或更换，后者仍需人员干预才能完成。自愈网是由若干个不同速率的自愈环通过节点连接构成的。

环型网最大优点是具有很高的生存性，因而环型网在SDH网中受到特殊的重视。将网络节点连成一个环型，就形成自愈环。环型网的节点可以是ADM，也可以是DXC，但通常由ADM构成。SDH的特色之一是能够利用ADM的分插复用能力构成自愈环。

SDH自愈环是一种比较复杂的网络结构，在不同的场合有不同的分类方法。根据自愈环的结构可以分为通道倒换（或保护）环和复用段倒换环；根据环中节点之间的业务信息方向来分，自愈环可分为单向环和双向环；根据环中每一对节点间所用光纤最小数量来分，可以划分为二纤环和四纤环。

通道倒换环和复用段倒换环：通道倒换环属于子网连接保护，其业务量的保护是以通道为基础，是否倒换以离开环的每一个通道信号质量的优劣而定，通常利用通道告警指示信号（Alarm Indication Signal，AIS）来决定是否应进行倒换。复用段倒换环属于路径保护，其业务量的保护以复用段为基础，以每对节点的复用段信号质量的优劣决定是否倒换。通道倒换环与复用段倒换环的一个重要区别在于：前者往往使用专用保护，即正常情况下保护段也在传业务信号，保护时隙为整个环专用；后者往往使用公用保护，即正常情况下保护段是空闲的，保护时隙由每对节点共享。

单向环和双向环：正常情况下，如果环中节点收、发信息传送方向相同（均为顺时针或均为逆时针），则为单向环；在正常情况下，如果环中节点收、发信息的传送方向为两个方向（方向相反），则为双向环。

在光纤接入网中，通常采用二纤通道保护环。通道倒换环的每对节点之间都有两根光纤，其传输方向相反。采用1+1保护方式，即在发送端的主备用通道中传送同一业务，在接收端，根据信号质量优劣，选两个通道中的一个接收。据此，光纤接入网自愈环的各节点ADM应具备桥接功能和分接功能。

（1）二纤单向通道倒换环

二纤单向通道倒换环使用“首端桥接，末端倒换”（1+1 保护方式）结构，工作信号和保护信号分别由顺时针方向的 S1 光纤（工作光纤）和逆时针方向的 P1 光纤（保护光纤）所携带。二纤单向通道倒换环如图 5-60 所示，其中，节点 A 为交换局 LE 侧的光线路终端 OLT，节点 B、C、D 为环上光网络单元 ONU。在正常情况下，如图 5-60（a）所示，A 节点进入环以节点 C 为目的地的支路信号（AC）同时馈入工作光纤和保护光纤。工作光纤和保护光纤分别按顺时针和逆时针方向将同样的支路信号送到节点 C，分路节点 C 将同时收到的两方向支路信号，按照信号质量的优劣决定选哪一路作为分路信号。通常，以工作光纤送来的信号为主信号。同理，从节点 C 返回节点 A 的支路信号（CA）按上述同样方法从两方向送到节点 A。当 A、B 节点间光缆被切断时，节点 B 检测到信号丢失信号（Loss Of Signal，LOS）或 AIS 信号，于是在其所有以顺时针方向穿过自身的支路信道中插入通道 AIS 信号。此时，节点 A 到节点 C 和 D 的业务信号均按通道选优准则实现倒换，如图 5-60（b）所示。

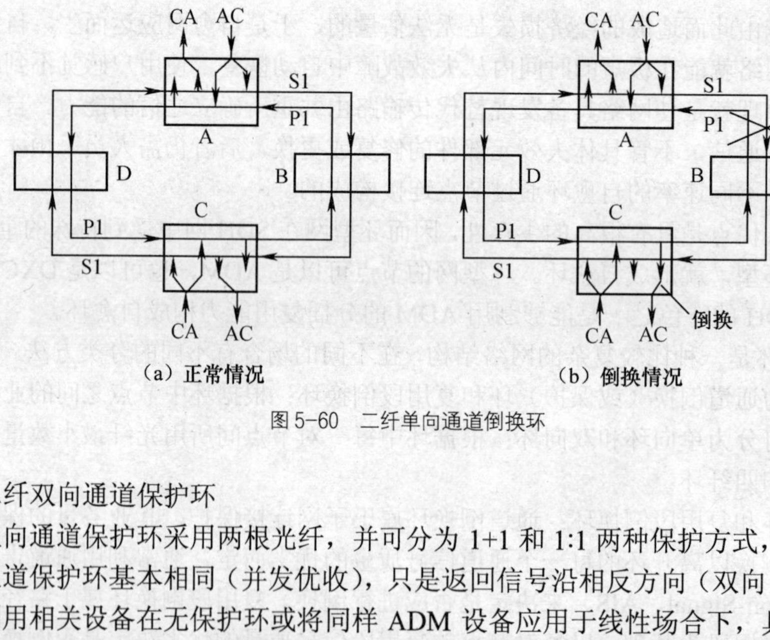

图 5-60　二纤单向通道倒换环

（2）二纤双向通道保护环

二纤双向通道保护环采用两根光纤，并可分为 1+1 和 1:1 两种保护方式，其中的 1+1 方式与单向通道保护环基本相同（并发优收），只是返回信号沿相反方向（双向）而已。其主要优点是可利用相关设备在无保护环或将同样 ADM 设备应用于线性场合下，具有通道再利用的功能，从而增加总的分插业务量。二纤双向通道保护环，如图 5-61 所示，这是采用 1+1 方式的二纤双向通道保护环的结构图，从图中不难分析出正常情况下和光缆断裂情况下，业务信号的传输与保护。

二纤双向通道保护也可采用 1:1 方式，即在保护通道中可传额外业务量，只在故障出现时，才从工作通道转向保护通道。

（3）二纤单向复用段倒换环

接入网由于处于网络的边界处，业务容量要求低，而且大部分业务量汇集在一个节点（端局）上，远端节点之间无直接的通信往来。其实，在接入网中采用二纤通道倒换环是比较好的方法。二纤单向复用段倒换环的结构如图 5-62 所示。此为路径保护方式，在这种环型结构中，每一节点都有一个保护倒换开关。正常情况下，S1 光纤传送业务信号，P1 光纤是空闲的。

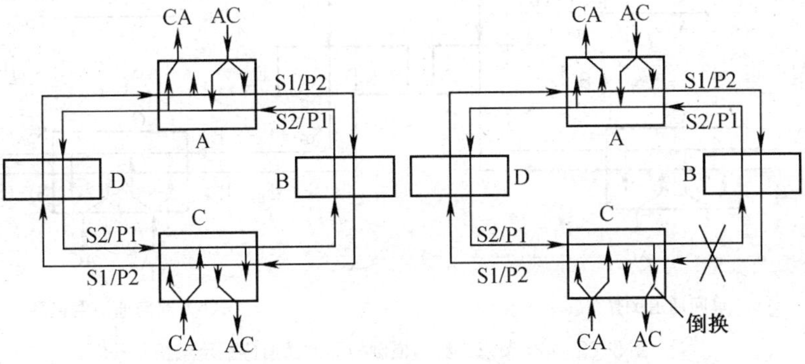

（a）正常情况　　（b）倒换情况

图 5-61　二纤双向通道保护环

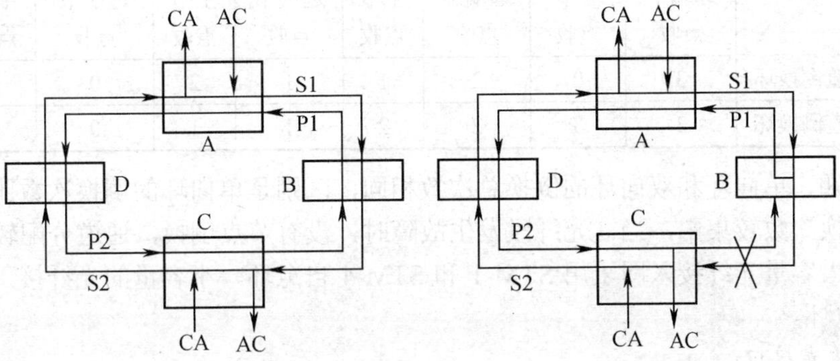

（a）正常情况　　（b）倒换情况

图 5-62　二纤单向复用段倒换环

当 B、C 节点间光缆被切断，两根光纤同时被切断，与光缆切断点相邻的两个节点 B 和 C 的保护倒换开关，将利用 APS（Automatic Protection Switching）协议执行环回功能。例如，在 B 节点 S_1 光纤上的信号（AC）经倒换开关从 P_1 光纤返回，沿逆时针方向经 A 节点和 D 节点仍然可以到达 C 节点，并经 C 节点的倒换开关环回到 S_1 光纤后落地分路。故障排除后，倒换开关返回原来的位置。

（4）二纤通道环保护倒换次数分析

为了更好地利用环型自愈网，理解保护机理，对环型自愈网的倒换次数分析是必要的。保护倒换次数的计算应从网络的结构以及光纤接入网的特点等方面考虑。

二纤通道保护环对光缆失效具有 100%的保护能力，对单个节点失效，以失效节点为目的节点的业务将不可避免地丢失，而通过失效节点的业务将由于通道保护环机制而得到完全恢复。4 个节点的二纤单向通道倒换环和二纤双向通道倒换环的通道分配如图 5-63 所示。设节点 A 为主节点，B、C 和 D 为远端节点，线路可分 a、b、c、d 4 段光纤。表 5-11 列出了倒换次数与各段光纤切断、接收节点的关系。

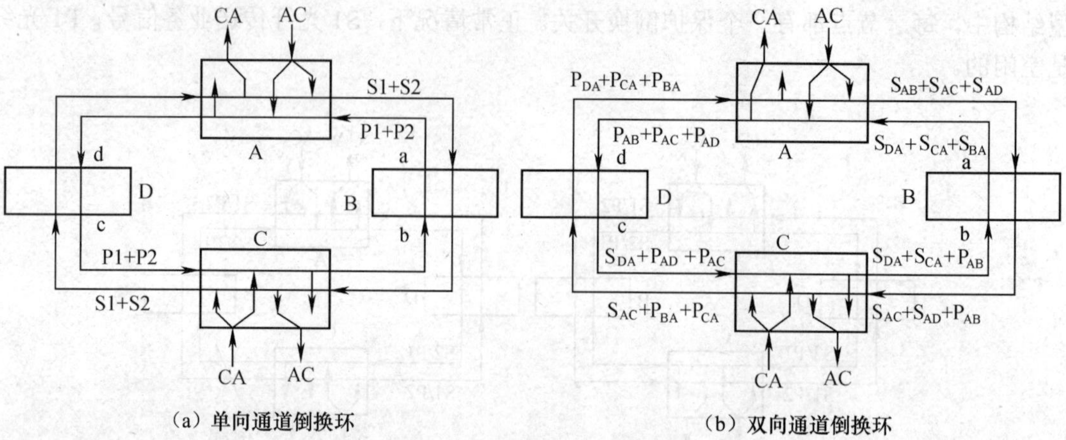

图5-63　4个节点二纤通道倒换环的通道分配示意图

表5-11　　4个节点环型网切换次数比较

倒换次数	a段光纤断		b段光纤断		c段光纤断		d段光纤断		总倒换次数
	远端节点收	主节点收	远端节点收	主节点收	远端节点收	主节点收	远端节点收	主节点收	
双纤单向通道倒换环	3	0	2	1	1	2	0	3	12
双纤双向通道倒换环	3	3	2	2	1	1	0	0	12

由此可知，单向环和双向环的倒换总次数相同，区别是单向环的倒换次数比较均匀，而双向环的倒换次数较集中，当d光纤段发生故障时，没有节点倒换，通道分配较复杂。

目前，大容量光纤接入网采用STM-1和STM-4自愈环，小容量的光纤接入网采用改进的PDH自愈环。

4. SDH光接口

（1）光接口的位置

SDH光缆数字线路系统是一个开放系统，任何厂家的任何网络单元都能在光路上互通，即具备横向兼容性。SDH信号既可以用光方式传输，也可以用电方式传输，但采用电气方式来传输高速SDH信号有很大的局限性，一般仅限于短距离和较低速率的传输场合。因此，SDH的物理层主要是光接口，同时也提供了基于STM-1等级的电接口。SDH线路系统的具体参考点S/R以及光接口的位置如图5-64所示。其中，S点是紧挨着发送机（TX）的活动连接器（C_{TX}）前的参考点；R点是紧挨着接收机（RX）的活动连接器（C_{RX}）前的参考点。

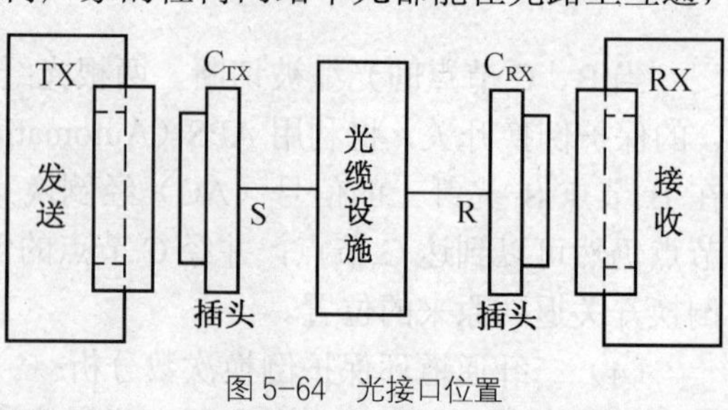

图5-64　光接口位置

（2）光接口的类型

为了在再生段上实现横向兼容性，即各网络单元可以经光路直接相连，以减少不必要的光/电转换，节约网络运行成本，光接口必须标准化，这是同步光缆数字线路系统的特色之处。SDH光接口可分为两大类系统：不包括任何光放大器，速率低于STM-64的系统；包括光放大器或速率为STM-64、STM-256的系统。这两类系统的光接口一般按照使用场合和传输距离分为局内、局间短距离和局间长距离 3 种。为了便于表述，不同种类的光接口用不同的代码来表示。

① 代码前面的字母表示应用场合：代码 VSR(Very Short Reach)表示其距离（不超过 600m）局内通信；代码 I(Intra-office)表示局内通信；代码 S(Short-haul)表示短距离局间通信；代码 L(Long-haul)表示长距离局间通信；代码 V(Very long-haul)表示甚长距离局间通信；代码 U(Ultra long-haul)表示超长距离局间通信。

② 字母后第 1 个数表示 STM 的等级：如数字 4 表示 STM-4、256 表示 STM-256。

③ 字母后第 2 个数表示工作窗口和所用光纤类型：1 和空白表示标称工作波长为 1 310nm，所用光纤为 G.652 光纤；2 表示标称工作波长为 1 550nm，所用光纤为 G.652 光纤或 G.654 光纤；3 表示标称工作波长为 1 550nm，所用光纤为 G.653 光纤；5 表示标称工作波长为 1 550nm，所用光纤为 G.655 光纤。

④ 长距离局间通信：通常是指局间再生段距离为 40km 以上的场合，即长途通信。这种系统所用光源可以为高功率多纵模激光器（MLM），也可以是单纵模激光器（SLM），主要取决于工作波长、速率、所用光纤类型等因素。当系统工作在 1 310nm 窗口时，则只使用 G.652 光纤；当工作在 1 550nm 窗口时，则 G.652、G.653、G.654 和 G.655 光纤均可使用。

⑤ 短距离局间通信：通常是指局间再生段距离为 15km 左右的场合，主要适用于市内局间通信和用户网环境。所用光源可以是多纵模激光器，也可以是低功率单纵模激光器。由于传输距离较近，从经济角度考虑，不管工作在哪个窗口，建议都采用 G.652 光纤。

⑥ 局内通信：通常局内通信传输距离为几百米，最多不超过 2km。所用光源要求不高，低功率多纵模激光器或发光二极管（LED）均可采用。传统的局内设备之间的互连由电缆担任，但其传输衰减随频率的升高而迅速增加，致使传输距离越来越短，已不能适应使用要求。光纤的传输衰减基本与频率无关且其衰减值很低，在局内采用光纤通信可以大大延伸传输距离，同时也可以免除电磁干扰，避免了地电位差造成的影响。

ITU-T 常规（2.5Gbit/s 以下）单路 SDH 线路系统（不带放大器），应用于 3 种不同场合的应用代码如表 5-12 所示。

表 5-12　　第一类光接口

应　用	局内通信	局间通信				
		短距离		长距离		
光源标波长（nm）	1 310	1 310	1 550	1 310	1 550	
光纤类型	G.652	G.652	G.652	G.652	G.652 G.654	G.653
传输距离（km）	≤2	约 15		约 40	约 60	
STM-1 STM-2 STM-16	I-1 I-4 I-16	S-1.1 S-4.1 S-16.1	S-1.2 S-4.2 S-16.2	L-1.1 L-4.1 L-16.1	L-1.2 L-4.2 L-16.2	L-1.3 L-4.3 L-16.3

ITU-T 在新版 G.691 中对已颁布的光接口作了进一步的规范和补充。表 5-13 列出了用于 STM-64、STM-256 的光接口 VSR、I、S、L 类代码。表 5-14 列出了用于自 STM-1～STM-256 的光接口 V、U 类代码。

表 5-13　　　　第二类光接口（VSR、I、S、L 代码）

光源标称波长（nm）		1 310	1 310	1 310	1 550	1 550	1 550	1 550
光纤类型		G.652	G.652	G.652	G.652	G.652	G.653	G.655
STM-64	目标距离（km）	ffs	0.6	2	2	25	25	25
	应用代码	VSR-64.1	I -64.1r	I-64.1	I-64.2r	I-64.2	I -64.3	I -64.5
STM-256	目标距离（km）					ffs		
	应用代码	ffs	ffs	ffs	ffs	I-256.2	ffs	ffs
光源标称波长（nm）		1 310	1 550	1 550	1 550	1 310	1 550	1 550
光纤类型		G.652	G.652	G.653	G.655	G.652	G.652	G.653
STM-64	目标距离（km）	20	40	40	40	40	80	80
	应用代码	S-64.1	S-64.2	S-64.3	S-64.5	L-64.1	L-64.2	L-64.3
STM-256	目标距离（km）		40	40			80	80
	应用代码	ffs	S-256.2	S-256.3	ffs	ffs	L-256.2	L-256.3

注：ffs 表示特定。

表 5-14　　　　第二类光接口（V、U 代码）

光源标称波长（nm）	1 310	1 550	1 550	1 550	1 550
光纤类型	G.652	G.652	G.653	G.652	G.653
目标距离（km）	60	120	120	160	160
STM-1	—	—	—	—	—
STM-4	V-4.1	V-4.2	V-4.3	U-4.2	U-4.3
STM-16	—	V-16.2	V-16.3	U-16.2	U-16.3
STM-64	—	V-64.2	V-64.3	—	—
STM-256	ffs	ffs	ffs	—	—

注：ffs 表示特定。

必须指出，上述各表中的距离只是目标距离，而非实际达到的指标距离。实际工程距离必须依照相关设计方法，采用具体公式计算。在实际 SDH 产品中，可能派生出更多的光接口品种，一般在代码之后再增加字母或数字加以区分，含义由厂商规定。例如，加强型光接口可以表示成 L-16.2（JE）；此外增加的新应用代码 I-64.1r 和 I-64.2r 表示比原 I-64.1、I-64.2 代码的目标距离更短，这些带“r”的目标距离是色散受限距离。

5.5.3 BAU 宽带接入单元

BAU 宽带接入单元是 ZXA10-BAU 中宽带接入单元的简称。它以光纤为传输介质，选用 ATM 作为传输模式，同时辅以各种铜线技术，支持多种接入到户的方案。BAU 实现在同一网络上集成视频和数据业务，具有 IP 和 ATM 等多种业务接口。BAU 宽带接入单元具有灵活的组网方式、高效的带宽利用率、快速的故障恢复技术及统一的网络管理平台，是适合现在、面向未来构架宽带通信网的理想选择。

1. BAU 系统特点及技术参数

（1）BAU 系统特点

BAU 宽带接入单元主要特点如下所述。

① 提供多种类型的业务接口：BAU 宽带接入单元具有 SONET STS3c/STM-1 155Mbit/s 单模（或多模）光纤的 ATM 接口、SONET STS12c/STM-4 622Mbit/s 单模（或多模）光纤的 ATM 接口及 10Base-T 以太网接口等。

② 各种业务接口统一：BAU 宽带接入单元具有灵活配置的能力，可根据用户的不同需要增减业务模块。

③ 集中控制与分布控制相结合：在 BAU 宽带接入单元中，ATM 接口选用集中式控制，其他业务接口选用分布式控制。

④ 提供 8×8 端口速率为 622Mbit/s 的交换：BAU 宽带接入单元中提供多达 28 个 SONET STS3c/STM-1 155Mbit/s ATM 接口，多达 7 个 SONET STS12c/STM-4 622Mbit/s ATM 接口。

⑤ 622Mbit/s 接口可提供输入输出缓存：每个 622Mbit/s 接口可提供输入 65 536 个输入信元缓存，65 536 个输出信元缓存。

⑥ 其他性能：BAU 宽带接入单元支持 VC 交换、VP 交换、“VP+VC”交换，支持永久虚连接（PVC）；支持的流量类别分别为可变比特率（VBR）、可用比特率（ABR）及未定义比特率（UBR）；业务模块采用标准连接规程，LAN 连接采用 IEEE 802.3 标准，支持网桥；以 SNMP（简单网络管理协议）为网络管理协议，实现对设备和网络的管理，以及对 BAU 各种业务接口的管理，为用户提供标准和实用的管理方式。

⑦ 关键部件采用主备用工作方式：BAU 宽带接入单元的主控制电路、交换矩阵及同步时钟电路均采用主备用工作方式。另外，BAU 采用直流供电方式，电源板采用热备份方式工作。

（2）主要性能技术指标

BAU 宽带接入单元（ZXA10-BAU）的主要性能技术指标如表 5-15 所示。

表 5-15　　ZXA10-BAU 技术参数

技术指标	特征参数
交换网络	空分交叉结构，输入输出缓存
交换容量	5Gbit/s 无阻塞
交换端口数	8×8
端口速率	622Mbit/s
缓存容量	每端口输入输出缓存各 64k cell（65 536 个信元）
接口类型	155M，STM-1 单模/多模光纤 ATM 接口 622M，STM-4 单模/多模光纤 ATM 接口 10M Base-T 以太网接口 10M Base-T 网管管理接口 RS232 本地网管管理接口
连接类型	每端口 16k 虚连接 VP 连接，VC 连接 点对点 P-P 连接，点对多点 P-MP 连接 永久虚连接 PVC
业务类别	RT-VBR （实时可变比特率） NRT-VBR （非实时可变比特率） ABR （可用比特率） UBR （未定义比特率）

续表

技 术 指 标	特 征 参 数
管理接口	简单网络管理协议 SNMP
可靠性	控制模块主备热备份 交换网络主备热备份 时钟模块主备热备份 电源模块负荷分担
电源	−48V 直流电源供电
功耗	不大于 450W
机架	482mm（19 英寸），插板式结构
体积	486mm×482mm×412mm

2. BAU 系统结构及原理

ZXA10-BAU 整个系统主要由主控制板（BCM）、交换网络板（BSN）、时钟同步板（CLK）、电源板（POWER）、ATM 接口板、复分接板（BMXA）、业务适配接口板等单板组成。其系统的连接示意图分别如图 5-65 和图 5-66 所示。

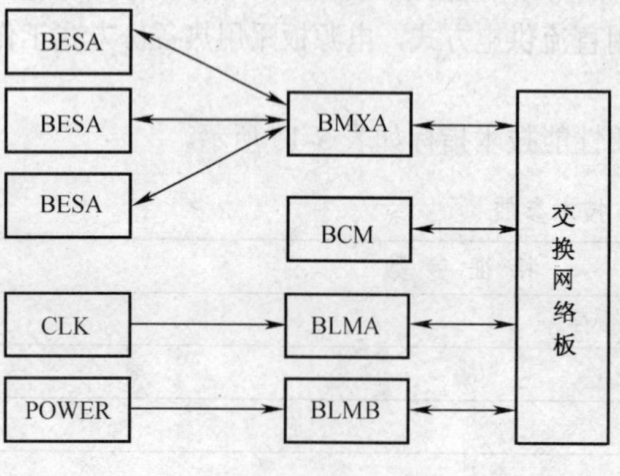

图 5-65　各单板连接示意图

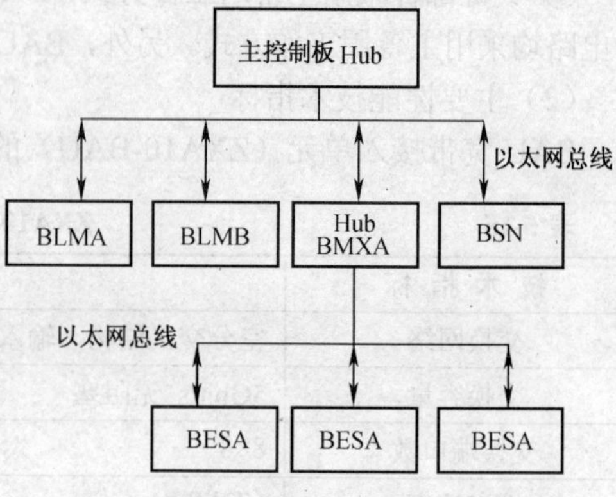

图 5-66　系统控制连接示意图

① 主控制板（BCM）。作为 BAU 控制板，需要提供实时、高效的通信平台，这就需要强大的 CPU 支持。主控制板选用高档通信处理器以满足系统的要求。主控制板通过以太网通道与其他的单板交互信息。它采用热备份方式工作，以提高系统的可靠性。

② 交换网络板（BSN）。它完成 8×8 端口交换功能，同时支持信元的组播和广播。每个端口的带宽为 622Mbit/s，总的交换容量为 5Gbit/s。交换网络板上的处理器通过以太网口与主处理器相连，采用主备用工作方式。交换结构为单级、单模块形式。它的功能特点是：5Gbit/s 容量，无阻塞，空分交叉结构，8×8 交换矩阵；每端口可提供各 64k 个信元输入输出缓存；支持点对点与点对多点连接，支持广播方式连接；支持 VP 与 VC 交换；基于优先级的排队策略与同一优先级的加权公平排队策略，保证 QoS；板上处理器通过以太网总线与主控制板以及其他板上的处理器进行通信；热备份提高系统的可靠性。

③ 时钟同步板（CLK）。ATM 是一种异步工作方式，ATM 宽带接入单元本身不需要同步。某些有端到端同步要求的应用可能会有同步要求，故 ATM 宽带接入单元需要同步定时

功能。时钟同步板采用热备份方式工作，以提高系统的可靠性。

④ 电源板（POWER）。电源板输入电压为−48V，输出电压为+5V，最大输出电流为80A。电源板用热备份方式工作，以提高系统的可靠性。

⑤ 155Mbit/s ATM 接口板。它提供 4 个符合/满足 ATM Forum UNI/NNI 接口规范的155Mbit/s 的 ATM 接口，单板总吞吐率为 622Mbit/s。实现 VPI/VCI 的翻译，添加交换网板交换所需的路由信息（Tag）。最大可同时支持 16k 个虚连接；可提取和插入 OAM 信元；可提取和插入 SDH 各种开销。

⑥ 622Mbit/s ATM 接口板。它提供 1 个符合/满足 ATM Forum UNI/NNI 接口规范的622Mbit/s 的 ATM 接口，单板总吞吐率为 622Mbit/s。实现 VPI/VCI 的翻译，添加交换网络板交换所需的路由信息（Tag）。最大可同时支持 16k 个虚连接；可提取和插入 OAM 信元；可提取和插入 SDH 各种开销。

⑦ 复分接板（BMXA）。它是一个复（分）接模块，主要为了提高网络端口带宽的利用率，实现将多个低速的接口复接到一个高速接口、将一个高速接口分解到多个低速接口的功能。它的特点是：通过以太网通道与主控模块和业务模块交互信息；与交换网络板接口采用专用的接口；提供 8 个标准 UTOPIA1.0 接口，供业务模块接入使用；对 8 个接入业务模块进行在线控制管理；最高信元速率为 50～60Mbit/s；支持 ATM Forum 制定的 UTOPIA1.0 和UTOPIA2.0 标准；同时支持的发送或接收连接可达 64k 个；最大无阻塞吞吐率为 4×155Mbit/s；最多可支持 16 × 1 024 个虚连接（Virtual Connection）。

⑧ 以太网业务接口板。它提供 4 路 10Base-T 的以太网接口，提供以太网接入 ATM 的能力。该模块的以太网接口物理层及 MAC 层符合 IEEE 802.3；链路层符合 IEEE 802.2。ATM 适配层为 AAL5，符合 ITU-T I.362 和 ITU-T I.363。该模块还提供符合 ITU-T I.371 的流量控制和拥塞控制功能。它的特点是：符合 IEEE 802.3 的 10/100Base-T 以太网接口；支持 IEEE 802.1d 的透明桥、IEEE 802.1g 的远程桥及生成树协议；支持板上以太网交换。以太网业务接口板实现 ATM-LAN、LAN-LAN 互连互通。例如，在图 5-67 中，本地 A、B 两个网段与远程 C 组成一个网，以太网业务接口板提供桥中继功能，实现本地以太网段与异地以太网的远程互连。互连方式为远程桥方式，即 IEEE 802.1d 生成树。本地以太网连接 BAU，通过 ATM 网络可以与 Internet 互连，如图 5-68 所示。

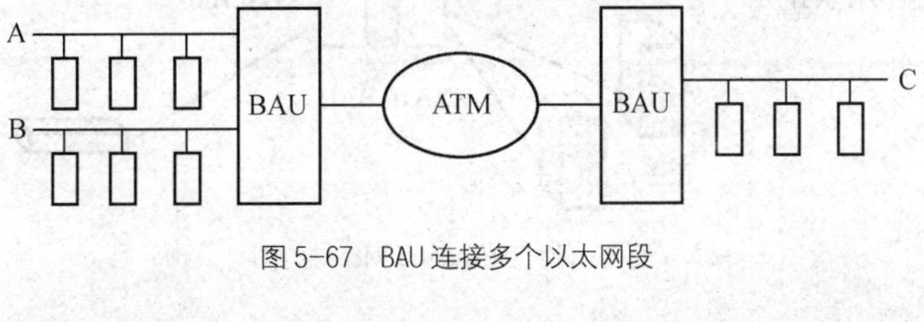

图 5-67　BAU 连接多个以太网段

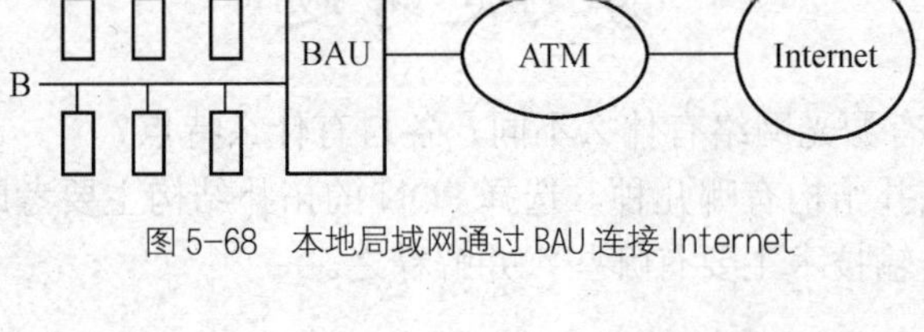

图 5-68　本地局域网通过 BAU 连接 Internet

3．BAU 宽带接入单元组网

ZXA10-BAU 作为 ATM 骨干网边缘设备的组网图例如图 5-69 所示。

ZXA10-BAU 作为 ATM 专用网络骨干网的组网图例如图 5-70 所示。

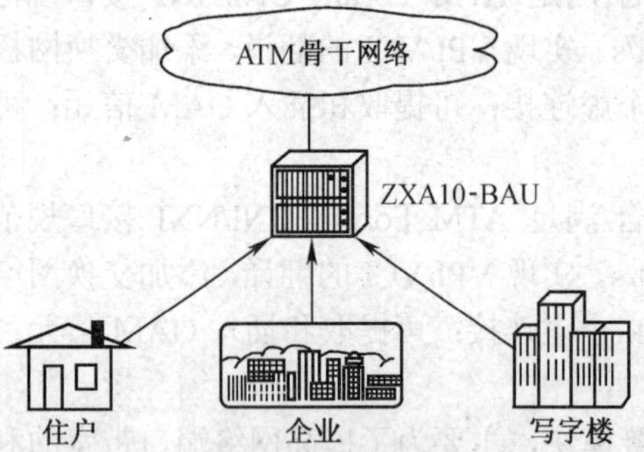

图 5-69　ZXA10-BAU 作为 ATM 骨干网边缘设备的组网图例

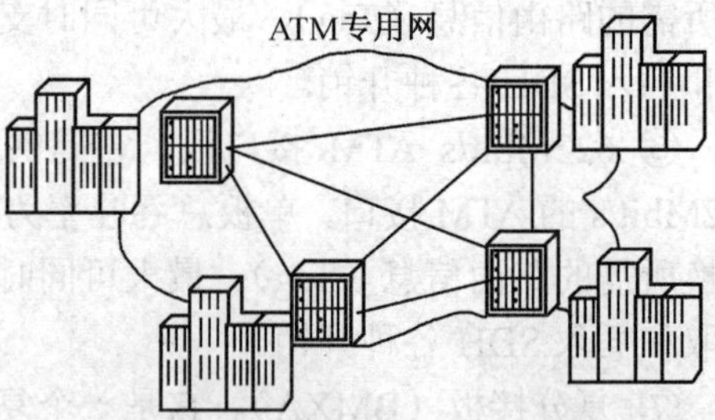

图 5-70　ZXA10-BAU 作为 ATM 专用网络骨干网的组网图例

ZXA10-BAU 作为居民宽带业务接入的组网图例如图 5-71 所示。图 5-71 中的 CO/Headend 网络结构如图 5-72 所示。

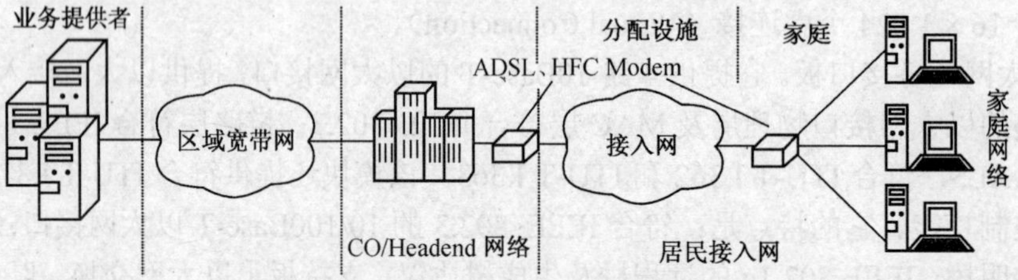

图 5-71　ZXA10-BAU 作为居民宽带业务接入的组网图例

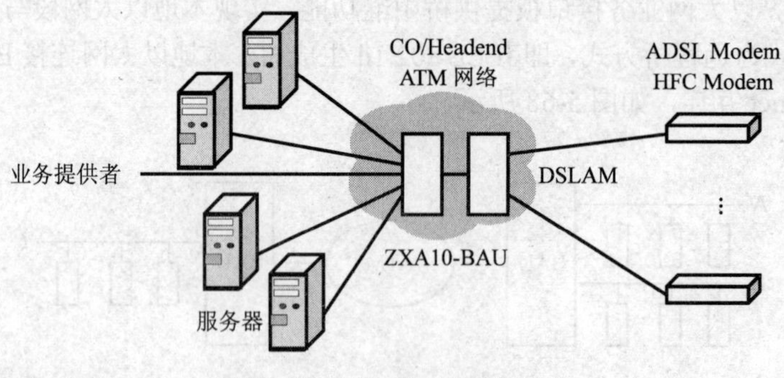

图 5-72　CO/Headend 网络结构图

复习思考题

1．无源光网络和有源光网络有什么不同？各自有什么特点？

2．PON 的基本拓扑结构有哪几种，选择 PON 的拓扑结构主要考虑哪些因素？

3．PON 的双向传输技术主要有哪些？并解释之。

4．举例说明多路复用技术与多址技术的区别。
5．WDM、DWDM 和 OFDM 3 种系统是如何区分的？
6．试叙述光副载波复用（OSCM）技术。
7．OLT、ONU 和 ODN 分别由哪些功能模块组成？并指出各功能模块的作用。
8．在 APON 中，622Mbit/s 下行帧共有多少个时隙？其中包含多少个 PLOAM 信元？
9．APON 系统在上行方向和下行方向分别以什么方式工作？
10．APON 系统在物理层传输上的技术难点包括哪些？
11．测距的目的是什么？测距程序和方法如何？
12．EPON 技术的优势主要体现在哪些方面？
13．试叙述 EPON 的传输帧结构。
14．实现 EPON 关键技术包括哪些？
15．EPON 的典型应用主要有哪些？
16．简述 GPON 系统协议分层模型的组成结构。
17．GPON 物理层主要支持什么速率类型？
18．GPON 物理层的上下行传输波长是如何分配的？
19．GPON 传输汇聚（GTC）层的主要功能是什么？各业务数据的封装模式有何不同？
20．请简述 GPON 传输汇聚层下行帧的帧结构。
21．在 GPON 系统中，ONU 与 OLT 是如何实现同步的？
22．试解释 GEM 的帧结构及其内容含义？
23．简述 GEM 帧头是如何实现同步的？
24．GPON 的动态带宽分配主要包括哪些步骤？
25．开窗测距法的基本思路是什么？
26．实现 GPON 的关键技术主要有哪些？
27．解释下面名词：WDM、FDM、TDM、SDM、SCM 和 OCDM。
28．AON 简化技术的基本内容包括哪些？
29．G.652A、G.652B 和 G.652C 型光纤的主要区别有哪些？
30．同步传送模块 STM-256 的传输速率为多少？
31．SDH 规范下的传送设备主要包括哪几种？
32．SDXC 的主要功能有哪些？
33．何谓自愈网？自愈环结构方式有几种？
34．在 SDH 自愈环技术中，单向环和双向环的意义是什么？
35．L-16.3 和 S-4.2 分别表示什么意思？

第 6 章 无线接入技术

无线接入技术是正在迅速发展的新技术，它在本地网中的重要性日益突出。作为一种先进手段，无线接入实施接入网的部分或全部功能，已成为有线接入的有效支持、补充与延伸。与有线接入方式相比，无线接入具有独特的优势，它不需要缆线类物理传输媒介，而直接采用无线传播方式，因而，可降低投资成本，提高设备灵活性和扩展传输距离。为了更好地理解和掌握无线接入技术，本章首先介绍无线信道传播特性的知识，然后讲述无线接入系统所涉及的各项基本技术、3.5G 固定无线接入技术、无线 ATM 接入技术、宽带码分多址接入技术，最后简单介绍无线通信领域涌现出的无线 Mesh 网络、Wi-Fi、WiMax、Ad hoc、ZigBee 等新型无线接入技术。

6.1 无线接入信道的电波传播

无线接入系统采用无线传输技术，通过空间电磁波来传输信息，无线传输所占用的信道即称为无线信道。当无线电波在无线信道中传播时，它是以不同的时延从不同方向通过多条路径到达接收机的。发射机和接收机之间的传播路径可能是两点之间的视线，也可能有山脉、建筑物等障碍物，因此，电波的传播主要有反射、衍射和散射 3 种形式。电磁波的反射、衍射和散射对于电磁波能量的传播起着很重要的作用，也是产生无线信道衰落现象的最根本原因；同时，信道中接收天线或者反射、衍射以及散射物体的移动也会造成相位差异。无线信道与有线信道相比有显著的差异，其随机性很强。

6.1.1 反射、衍射和散射

在无线信道中，视线方向上存在很多的障碍物，电磁波在传播时，如果遇到障碍物，并且此障碍物大小与波长相比很大，那么电磁波就会发生反射。地球表面和建筑物等介质表面都可以反射电磁波。

如果障碍物有比较尖锐的断面，那么电磁波还会发生衍射。由于电磁波衍射，即便在收发天线之间没有视线路径存在，接收天线仍然可以接收到电磁信号，电磁波会越过障碍物到达接收天线。在无线接入信道中（频率较高），衍射的物理性质取决于障碍物的几何形状、衍射点电磁波的振幅、相位以及极化状态。

在电磁波传播的介质中，如果充满了远小于波长的障碍物，那么电磁波就会发生散射。无线信道中不光滑的物体表面、叶面、街头的各种标志以及电线杆等都可以发生散射。

6.1.2 衰落与多径传播

在无线信道中，电磁波传播时由于各种反射、衍射和散射，会产生大量的传播路径。在接收端来自不同方向、通过不同传播路径的电磁波经由同一天线接收，会在天线处通过矢量叠加得到合成信号，形成多径传播。传播路径不同会造成相位差异，信道中接收天线或者反射、衍射以及散射物体的移动所产生的多普勒（Doppler）频移也会造成相位差异，路径损失也不同。

相隔距离不远的两个同类接收机，接收到的多径传播的电磁波的相位差异会很大，叠加后信号强度相差几十个分贝。对于移动通信系统中的移动台来说，可以在很短的时间内快速地跨越很短的距离，所接收的能量会起伏不定，呈现明显的随机波动现象，这种现象就称为衰落。由于其能量波动变化很快，故称为快衰落，也称为小尺度衰落。当接收天线向远离发射天线方向运动时，即便没有多径传播，能量也会衰减，但是这种衰减与由于多径传播所造成的能量波动相比变化得非常缓慢，因此，将这种衰减称为慢衰落，也称为大尺度衰落。

1. 影响衰落的因素

无线信道中很多的因素会影响衰落，其中包括以下几种。

（1）多径传播

无线信道中移动的反射体、散射体以及接收天线组成了一个不断变化的传播环境，这样的一个环境造成信号在幅度、相位和到达时间上的变化。随机分布的幅度和相位使信号的功率产生波动起伏从而引起衰落，也可能造成信号失真。多径信号会产生码间干扰，为了减少码间干扰，就要降低码元速率，加长码元周期。

（2）移动台的移动速度

接收天线和发射天线间的相对运动会产生多普勒（Doppler）频移，各个多径信号的Doppler 频移不会是相同的，这样由于 Doppler 频移所产生的调频和相位也就不同。

（3）信道中障碍物的移动速度

如果信道中有移动的物体，那么这些物体也同样会造成多径信号的 Doppler 频移的差异。如果物体的移动速度大于接收天线的移动速度，那么就要考虑这些移动物体的影响；如果是小于接收天线的速度，那么移动物体所造成的影响可以忽略不计。

（4）信号的带宽

多径信道可以看成是一个时变系统，它的带宽可以用相干带宽表示。如果信号的带宽大于多径信道的带宽，那么接收信号就会失真，但是接收信号的能量在很小的范围内变化不是很大（也就是衰落现象并不严重）。如果发射信号的带宽与信道相比是窄带的，那么信号的幅度变化会很快。

2. 多径传播

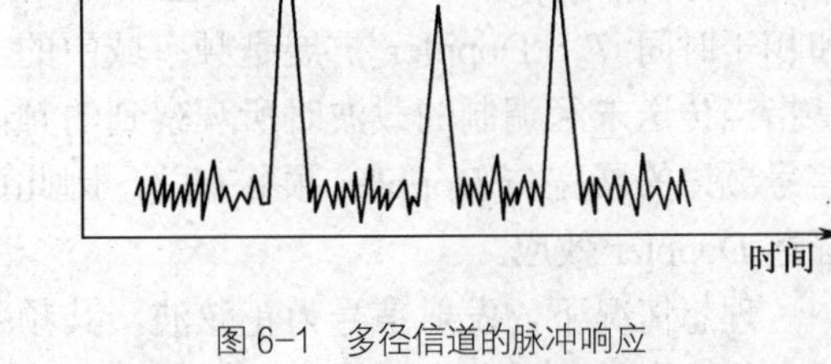

图 6-1 多径信道的脉冲响应

无线信道中多径传播会引起接收信号短期起伏，也即小尺度衰落或快衰落。如图 6-1 所示的是一个多径信道的功率-延迟图，其中，多径信道包含 3 个显著不同的路径，也称为多径分支。由于各条多径分支的功率是时变的，各路多径信号到达接收机时的振幅、相位和入射角都是随机分布的，即便接收天线处于静止状态，由于信道中障碍物的运动仍然会造成信号参数的随机分布现象，因而导致衰落。衰落深度取决于信道类型。

为了模拟多径衰落信道，需要用多径信道的描述参数对它的行为作特征描述，这些描述参数为时延扩展、相干带宽、多普勒扩展和相干时间等。

（1）时延扩展（时间扩散参数）

由于多径反射，发射天线发出的无线信号沿不同路径传播到接收机处时，每条路径长度不同，信号到达接收机时间也不同，因而信号轮廓不清或被扩展，这种现象称为时延扩展。时间扩展特性通常用平均时延扩展（τ_d）和时延扩展的均方根（τ_{drms}）来定量描述。

平均时延扩展（τ_d）公式为：

$$\tau_d = \frac{\int_0^\infty tD(t)\mathrm{d}t}{\int_0^\infty D(t)\mathrm{d}t} \qquad (6\text{-}1)$$

其中，$D(t)$是时延概率密度函数，且 $\int_0^\infty D(t)\mathrm{d}t = 1$。

时延扩展的均方根（τ_{drms}）是一个统计值，表明与信道平均时延有关的多径扩展。最大时延扩展（τ_{dmax}）表示功率时延谱中第一个多径分量和最后一个多径分量间的时延差。

在不同环境中的时延扩展是不同的，在室外无线信道中，τ_{drms} 时延扩展为毫秒级；室内无线信道则为纳秒级。

（2）相干带宽

相干带宽（B_c）是频率范围的统计测量值。在这个频率范围内，接收信号的各频率分量（包括幅度、相位）之间有很强的相关性，它们以相似的方式受到信道影响；而在这一范围之外，各接收信号受到的影响大不一样。相关带宽可以近似表示为：

$$B_c \approx 1/\tau_{d\max} \qquad (6\text{-}2)$$

相关带宽与时延扩展（最大值）成反比（即时延扩展越小，相关带宽越大）。如果传输带宽大于相关带宽，信号将产生频率选择性衰落；如果传输带宽小于相关带宽，将会得到一个具有平坦衰落特性的信道。

（3）多普勒（Doppler）扩展和相干时间

在移动接入中，接收天线和发射天线之间的相对运动会引起 Doppler 频移。频移的大小与相对运动速度和运动方向以及载波频率有关。具体公式如下：

$$f_d = f_m \cos\theta = \frac{v}{\lambda}\cos\theta \qquad (6\text{-}3)$$

其中，f_d 为 Doppler 频移（多普勒功率谱宽度），v 为相对运动速度，θ 为运动速度与电磁波传播方向之间的夹角；f_m 为$\theta = 0$ 时，Doppler 频移的最大值。从上面的公式可以看出，Doppler 频移可以为负值。

在描述 Doppler 频移时，往往采用 Doppler 扩展 B_D 和相干时间 T_c。Doppler 扩展是频率域中的一个参数，是指当传送未经调制的载波时所观察到的频谱的宽度。信号频谱的展宽与 Doppler 频移有关，因此可以用它来描述 Doppler 效应。

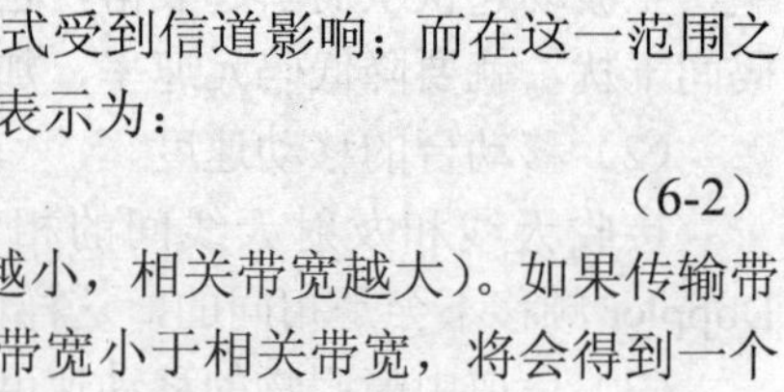

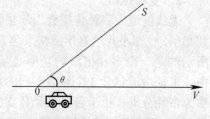

图 6-2 Doppler 模型

理想情况下，发射信号为正弦波，其频率为 f_c，此信号经过多径信道后，接收信号的频谱范围将是 $f_c \pm f_m$，

Doppler 频移被限制在$\pm f_m$，通常它比载波频率f_c小得多。Doppler 扩展表示的就是这一个频率范围。

相干时间T_c是 Doppler 扩展在时域的表示，和 Doppler 扩展是倒数关系。在相干时间内，到达信号的相关性很强。如果基带信号带宽的倒数大于信道相干时间，那么经过信道后基带信号就有可能发生改变。如果将信号相关函数的阈值定为 0.5，那么相干时间近似等于：

$$T_c \approx \frac{9}{16\pi f_D} \tag{6-4}$$

通常按经验采用的是下式：

$$T_c = \frac{0.423}{f_D} \tag{6-5}$$

由相干时间的定义可知，时间间隔大于T_c的两个到达信号受信道的影响各不相同。例如，假设接收天线的速度为 96km/h（在汽车上），信号的载频为 900 MHz，那么$T_c = 2.22$ ms。对于数字系统，只要符号速率大于$1/T_c = 454$bit/s，那么由于接收天线运动所造成的 Doppler 频移对信号产生的影响就可以忽略（当然可能会有因多径时延引起的信号失真，但不是 Doppler 效应造成的）。

3. 衰落类型

信道参数（时延和 Doppler 扩展）以及信号参数（带宽、符号间隔）共同决定了发射信号所经历的衰落特性，根据这些参数可以将信道进行分类。

（1）多径时延扩展产生的衰落效应

多径时延产生的衰落分为两类，即平坦衰落和频率选择性衰落。

① 平坦衰落

如果无线信道带宽大于发射信号带宽，并且信道频率响应的幅度近似为常数，相位为线性，那么信号的频谱会保持不变，但是信道增益会随时间而变化（多径造成的），这种衰落称为平坦衰落（是一种最为常见的衰落）。因此，接收信号的包络就是一个随机变量。在实际中，通常用瑞利（Rayleigh）分布来描述这种包络的变化。其公式为：

$$P(\mathrm{r}) = \begin{cases} \dfrac{r}{\sigma^2}\exp\left(-\dfrac{r^2}{2\sigma^2}\right) & 0 \leqslant r \leqslant \infty \\ 0 & r < 0 \end{cases} \tag{6-6}$$

其中，r表示接收信号的包络，σ为包络的均方根。

在平坦衰落信道中，信道的脉冲响应$h_b(t, \tau)$可近似认为是一个δ函数，也就是说没有附加时延。平坦衰落的条件可以概括为：

$$B_s \leqslant B_c, \quad T_s \geqslant \sigma_\tau \tag{6-7}$$

其中，B_s、σ_τ分别是相关带宽和时延扩展，$B_s = 1/T_s$

② 频率选择性衰落

如果信道的带宽小于信号的带宽，那么接收信号中各频率分量的增益不同，信号波形失真，这种衰落称为频率选择性衰落。当多径时延超过发送信号的周期时，前一个信号会落入后面的信号中，产生频率选择性衰落，引起码间干扰（Inter-Symbol Interference，ISI）。频率选择性衰落的产生条件是：

$$B_s > B_c, \quad T_s < \sigma_\tau \tag{6-8}$$

（2）Doppler 扩展引起的衰落效应

根据发送信号与信道变化相对的快和慢，可以将信道分为快衰落信道和慢衰落信道。

① 快衰落

如果信道的相干时间比发射信号的信号周期短，那么此信道就是快衰落信道。在快衰落信道中，信道的脉冲响应在一个符号周期内变化很快。快衰落信道的条件为：

$$T_s > T_c, \quad B_s < B_c \tag{6-9}$$

快衰落与多径没有关系，它仅表示信道中运动物体的变化所引起的信道响应的变化快慢。一个快衰落信道既可能是平坦衰落，也可能是频率选择性衰落。如果一个信道是平坦快衰落信道，那么此信道的脉冲响应（近似为δ函数）的变化率要大于发射信号的符号变化率。如果一个信道是频率选择性快衰落信道，那么就表示多径信号各分量的幅度、相位的变化要大于发射信号的变化率。由此可见，只有当数据率非常低的情况下才有可能发生快衰落。

② 慢衰落

在慢衰落信道中，信道的变化率要小于信号的符号变化率。也就是说，在一个或者多个符号周期内信道是不变化的（或者变化非常缓慢），是一个静态信道。相应地，在频率域中，信道的 Doppler 扩展要比基带信号的带宽小很多。慢衰落信道的条件是：

$$T_s \leqslant T_c, \quad B_s \geqslant B_D \tag{6-10}$$

6.1.3 路径损耗模型

在实际应用中，往往采用理论分析与试验相结合的方法，针对不同的无线环境归纳总结出相应的路径损耗模型。因此，下面先来了解一下无线环境，然后再介绍各种无线环境所用的路径损耗模型。

1. 无线环境

无线接入系统的工作环境包括各种各样建筑物结构的大城市和小城市、郊区、农村地区、沙漠地区和山区。另外，系统结构（例如，天线设计和天线高度）也影响无线接入环境。现实中大量可能的无线环境被归为 3 种，即车载无线环境、室外到室内和步行者的无线环境及室内办公无线环境。这些无线环境分别对应的小区类型有宏小区、微小区和微微小区。不同的环境具有不同的特性，包括路径损耗衰减、阴影效应等。

（1）车载无线环境

车载无线环境的特征是宏小区和大的发射功率，也称为宏小区环境。通常车辆运动速度较快，在收发天线之间没有视距传播分量，接收信号主要是由反射波组成的。接收信号的平均功率随距离的增加成指数减小，该指数称为路径损耗指数。路径损耗指数的大小由环境决定，典型值是在 3～5 之间。阴影效应是另一重要特性，它是由于树和树叶的阻碍，所引起的接收信号功率的中尺度变化，可以用对数正态分布来建模。标准偏差变化较大，如：在市区和郊区可用 10dB；在农村和山区，可用较小的值。小尺度衰落是瑞利衰落，时延扩展一般为 0.8μs 左右，最大值可达到几十微秒。

（2）室外到室内和步行者的无线环境

该环境的特征是微小区和低的发射功率。基站天线位于屋顶下面，视距和非视距线路都存在，室内覆盖也可以由室外基站来提供。

微小区环境中的路径损耗衰减如图 6-3 所示。路径损耗指数有很大的变化，可由在视距区域的 Y=2，变化到由沿路径的障碍物造成的非视距区域的 Y=6。当用户绕着街角运动时，接收功率会突然下降 15～25dB。阴影效应的标准偏差变化范围为 10～12dB，典型的建筑物穿透损耗平均为 12dB，具有 8dB 的标准偏差。小尺度的衰落是瑞利衰落或是莱斯衰落，伴随有 0.2μs 左右的时延扩展。

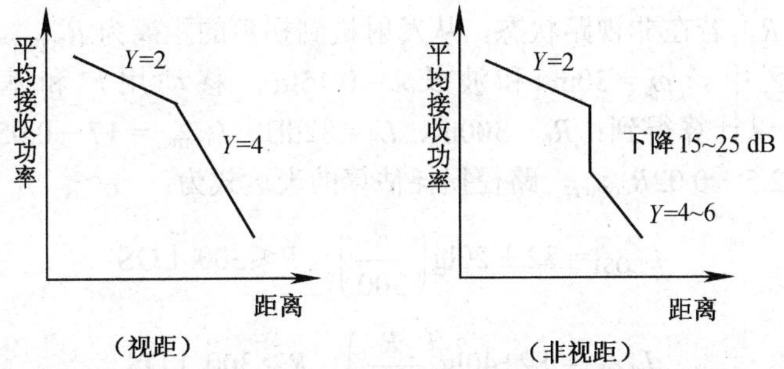

图 6-3 视距和非视距情况下的微小区传播的路径损耗衰减

（3）室内办公无线环境

在室内办公无线环境中，发射功率较小，基站和用户均在室内。由于墙、地板和办公用具的散射和衰减，路径损耗指数变化范围为 2～5。墙和地板的穿透损耗根据材料的不同，从 3dB 的轻质纺织材料变化到 13～20dB 的混凝土砖墙。阴影效应是对数正态分布的，具有 12dB 的标准偏差。衰落是从莱斯衰落到瑞利衰落，当移动用户和基站在同一个房间内时，主要是莱斯衰落（多条散射路径中有一条路径占主导地位）；当移动用户在另一个房间或者和基站不在同一楼层时，则主要是瑞利衰落（多条散射路径没有一个散射路径占主导地位）。典型的均方根时延扩展约在 50～250ns 之间。

2. 路径损耗模型

（1）车载无线环境

车载无线环境对应于宏小区，通常采用 Hata 传播模型。Hata 传播模型适用的频率为 150～155 MHz，可以在城市地区应用。其公式为：

$$L_{\text{macro}} = \xi + \gamma 10 \log d \tag{6-11}$$

其中，路径损耗是关于距离的函数 $x^{-\gamma}$，γ 为路径损耗指数，根据环境不同在 3.0～5.0 之间变化。零均值的高斯随机变量 ξ 表示阴影效应影响，单位为 dB，阴影效应的标准偏差为 10dB。d 是收发天线之间的距离，单位为 km。

（2）室外到室内和步行者的无线环境

在这种环境中，考虑了视距传播和非视距传播两种情况，也就是存在障碍物，属于微小区类型。

通常把位于离发射机距离为 R_b 的地点称为拐点，该处的损耗等于 L_b（dB），表示两个视距（Line Of Sight，LOS）分段之间的间隔。在图 6-3 中，两个视距分段中第二段的斜率较大，也即第二段的路径损耗较大。另外，在拐弯处产生一个附加损耗 L_{corner}，从而引起第三段斜率的增加，模型用如下公式给出，损耗幅度用 dB 表示：

$$L_{\text{LOS1}} = L_b + 20\,\gamma_{\text{LOS1}} \lg\left(\frac{R}{R_b}\right) \qquad R \leqslant R_b,\ \text{LOS}$$

$$L_{LOS2}=L_b+20\,\gamma_{LOS2}\lg\left(\frac{R}{R_b}\right)\quad R>R_b,\ \text{LOS}\qquad(6\text{-}12)$$

$$L_{NLOS}=L_{LOS}(R_{corner})+L_{corner}+10\,\gamma_{NLOS}\lg\left(\frac{R}{R_{corner}}\right)\quad \text{NLOS}$$

其中，γ_{LOS1}、γ_{LOS2}、γ_{NLOS}表示各分段的斜率，接收机的位置定义为沿街道路径测得的从发射机到接收机的距离R，若在非视距状态，从发射机到拐角的距离为R_{corner}。

假设在微小区中，$\omega_s=30\text{m}$ 和波长$\lambda=0.15\text{m}$，移动用户和基站的天线高度为$h_Rh_T=11.25\text{m}^2$，可以计算得到：$R_b=300\text{m}$、$L_b=82\text{dB}$、$L_{corner}=17+0.05R_{corner}$、$\gamma_{LOS1}=1$、$\gamma_{LOS2}=2$、$\gamma_{NLOS}=2.5+0.02R_{corner}$，路径损耗估算的表达式为：

$$L_{LOS1}=82+20\lg\left(\frac{R}{300}\right)\quad R\leqslant 300,\ \text{LOS}$$

$$L_{LOS2}=82+40\lg\left(\frac{R}{300}\right)\quad R>300,\ \text{LOS}\qquad(6\text{-}13)$$

$$L_{NLOS}=L_{LOS}(R_{corner})+17+0.05R_{corner}+10\,(2.5+0.02R_{corner})\lg\left(\frac{R}{R_{corner}}\right)\quad \text{NLOS}$$

和宏小区的情况相同，阴影效应的影响用 $10^{\xi/10}$表示，其中高斯随机变量ξ具有一阶统计特性：

$$\xi=0\text{dB},\quad \sigma_\xi=4\text{dB}\qquad(6\text{-}14)$$

（3）室内办公无线环境

在室内办公无线环境中，对于有障碍的传播路径会产生瑞利衰落，对于视距（LOS）路径则是莱斯衰落，与建筑物类型无关。瑞利衰落是由信号通过各条路径（多径）部分相互抵销产生的短期衰落。而莱斯衰落则是强的视距（LOS）路径，再加上许多弱反射路径联合引起的。

对于在建筑物内分配频率的无线接入系统，需要确定楼层之间传播的数量、频率在不同楼层中复用，以避免同频干扰。建筑物材料的类型、建筑物边的纵横比和窗户的类型将会影响楼层间的射频衰减。当楼层数量增加时，整个路径损耗以较小的比率增加。楼层之间衰减的典型值对于一层分隔是15dB，2～4层分隔每层附加 6～10dB。对于 5层或更多层的分隔，每层附加的路径损耗增加只有几分贝。由此可以看出，楼层间的损耗并不随分隔距离的增加而按dB线性增加。

对于需要和相邻建筑物或和室外系统分享频率资源的无线接入系统，从建筑物内部接收外部发射机的信号强度也很重要。实验表明，建筑物内部接收到外部发射机的信号强度，将随高度而增加。在建筑物的较低层，由于都市建筑群衰减增加较大，穿透损耗也很大；在较高楼层，由于存在视距路径，因此产生较强的直射到建筑物外墙处的信号。射频穿透损耗是频率的函数，并且还是建筑物内部高度的函数。穿透损耗随频率增加而减小。实验研究还表明，建筑物穿透损耗从地面直到第10层，每层约按2dB的比率减小，然而在第10层附近开始增加。较高楼层处穿透损耗中的增加，归因于相邻建筑物的阴影影响。

平均路径损耗$L_{50}(R)$是距离的γ次幂的函数。

$$L_{50}(R) = L(R_0) + 10\gamma\lg\left(\frac{R}{R_0}\right) \quad (\text{dB}) \tag{6-15}$$

其中，$L(R_0)$是发射机到参考距离 R_0 的路径损耗，成对数正态分布。γ是平均路径损耗指数，R 是离发射机的距离（m），R_0 是离发射机的参考距离（m）。

Motley-Keenan 模型可用于多层环境模拟室内路径损耗。这是一个实验模型，考虑从发射机到接收机路途中，由墙和地板引起的衰减。其模式预测的路径损耗为：

$$L_{\text{pico}}(R) = L(R_0) + 10\gamma\lg\left(\frac{R}{R_0}\right) + \sum_{j=1}^{I} N_{W_j} L_{W_j} + \sum_{i=1}^{I} N_{f_i} L_{f_i} \quad (\text{dB}) \tag{6-16}$$

其中，$L(R_0)$表示参考点（1m 处）路径的损耗，N_{W_j} 和 N_{f_i} 分别表示发射信号所穿过的不同类型的墙和地板数目，L_{W_j} (dB)和 L_{f_i} (dB)则是对应的损耗因子，单位为 dB。这些参数的建议值是：$L(R_0) = 37$dB，$L_f = 20$dB，$L_W = 3$dB，$\gamma = 2$。

由此得到路径损耗模型的公式：

$$L_{\text{pico}}(R) = 37 + 20\lg(R) + 3N_W + 20N_f \quad (\text{dB}) \tag{6-17}$$

与其他的无线环境不同，在室内办公无线环境中没有阴影效应的影响。

根据此模型，可以建立对于同一层发射机和接收机之间软隔墙和混凝土隔墙的路径损耗模型：

$$L_{50}(R) = 20\lg\left(\frac{4\pi R}{\lambda}\right) + p \times A_{\text{F1}} + q \times A_{\text{F2}} \tag{6-18}$$

其中，p、q 分别表示信号传播路径上软隔墙和混凝土隔墙的数目；$A_{\text{F1}} = 1.39$dB 表示软隔墙的损耗；A_{F2}=2.38dB 表示硬隔墙的损耗。

6.2 无线接入的基本技术

在无线接入系统中，由于采用无线接入手段，系统具有频率资源有限及信道传播条件恶劣等特点，并存在通信安全性等问题。无线接入基本技术所涉及的内容主要是针对上述特点和问题，其内容包括信源编码和信道编码技术、多址调制技术、信号接收技术、信息安全技术和无线空中接口。下面将分别介绍这些技术。

6.2.1 信源编码与信道编码技术

1. 信源编码技术

信源编码就是将来自模拟信源或离散信源的信号变换为适合于在数字通信系统中传输的数字信号。在无线接入系统中，为了提高系统的频率利用率，除调制技术外，还有语音编码技术。语音编码属于信源编码，主要有波形编码、参量编码和混合编码 3 大类。

波形编码是对模拟语音信号取样、量化后直接编码形成数字信号，在接收端通过解码恢复语音信号的原始波形，主要包括 PCM、ΔM 等技术。为了保证解码后得到满意的语音质量，需要较高的编码速率，一般为 16～64kbit/s；因其占用的频带较宽，不能直接用于频率资源受限的无线通信。

参量编码是将模拟语音信号经过取样、量化后提取出语音的特征参量，然后对这些特征参量进行编码而形成数字信号。这种编码技术并不真实反映输入语音的原始波形，而是只确保解码语音的可懂度和清晰度，因此编码速率可以很低，可压缩到 2.4 kbit/s 以下。参量编码又可分为线性预测编码（Linear predictive Coder，LPC）和声码器两种。线性预测编码（LPC）的编码速率为 2.4～4.8 kbit/s，这种方法对语音信息的压缩很大，其语音数据所占用的存储空间只有波形编码的十至几十分之一，但损失了语音的自然度，抗噪声抗干扰能力差。

混合编码具有波形编码和参量编码两种特点，不但对语音信号的特征参量进行编码，而且对原信号的部分波形进行编码。数字蜂窝移动通信系统中的语音编码技术都采用混合编码，采用不同的激励源构成了不同的编码方案。最早的实用混合编码方案是多脉冲线性预测编码（Multiple Pulse-LPC，MP-LPC），典型的有规则脉冲激励—长时预测编码（Regular Pulse Excited-Long Term Prediction，RPE-LTP），应用于全球数字移动通信系统（Global System for Mobile communication，GSM），标准速率为 13kbit/s；码激励线性预测编码（Code Excited Linear prediction Coding，CELPC）也是非常重要的编码方案，这种方案是采用码本作为激励源的一种编码方法，北美数字移动通信系统中的矢量和激励线性预测（Vector Sum Excited Linear Prediction，VSELP）编码方案即采用码本激励。

（1）规则脉冲激励—长时预测（RPE-LTP）编码。RPE-LTP 编码方案是以若干间距相等、相位与幅度优化的脉冲序列作为 RPE（Regular Pulse Excited，规则脉冲激励），使合成波形接近于原信号。GSM 语音编码将语音帧（20ms，含 160 个抽样值）划分为 4 个子帧（5ms，含 40 个抽样值）。对每个语音子帧（5ms）选用不同 RPE 序列去激励语音合成模型，得到收端合成语音。在 RPE 激励序列对应的 40 个样值脉冲中，按照 3∶1 比例等间隔抽取 13 个样点，非抽取的样点设为 0，选择一个与语音信号误差最小的 RPE 序列，将其参数编码传输，可有效地降低传输码率。

RPE-LTP 语音编码器通过优化选取规则脉冲代替残差信号，使合成波形尽量相似于原输入语音信号，计算量小，编码速率低，硬件实现容易。RPE-LTP 语音编码器的原理如图 6-4 所示，其主要组成部分有 LPC 分析、短时分析滤波器、规则脉冲激励（RPE）参数编码、RPE 译码、长时分析滤波器、长时预测（Long Term Prediction，LTP）分析等。

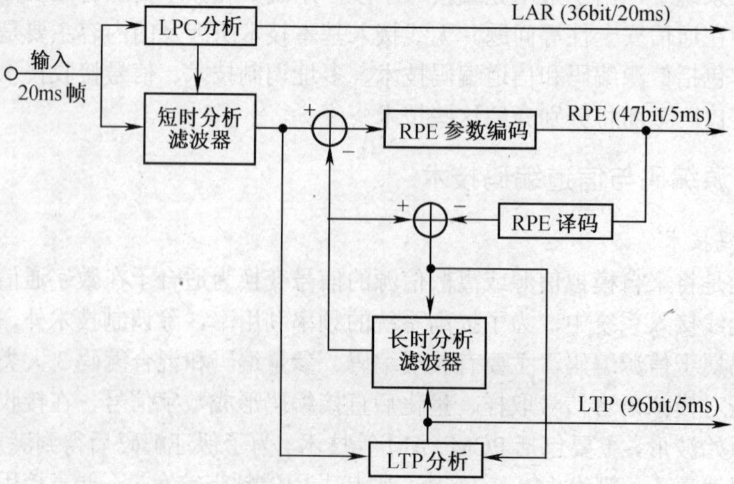

图 6-4　RPE-LTP 语音编码器的原理图

输入信号是 8 kHz 取样的语音信号，该信号来自移动台的模数转换器。语音信号帧长为 20ms，每帧有 160 个取样值。

线性预测编码（LPC）分析主要目的是提取 LPC 滤波器的系数。一个 8 抽头横向滤波器对 20ms 语音帧进行分析，根据输入语音信号与预测信号误差最小的原则求得线性预测滤波器的系数，再将系数转换为对数面积比（Logarithm Area Ratio，LAR）输出信号（36 bit/20ms）。

短时分析滤波器使用 LPC 的系数，以 5ms 子帧为间隔，求出预测值并由预测值产生短时残差。在 20ms 内输出短时残差的估值 4 次。所谓规则脉冲激励（RPE），就是用短时残差估值去选择位置和幅度都优化了的脉冲信号来代替短时残差信号，作为激励输入到 RPE 参数编码，输出信号为 RPE 参数（47bit/5ms）。

长时预测（LTP）分析在 5ms 子帧内计算一次对长时分析滤波器的修正值，利用残差信号的相关性可使对输出残差信号的估值更为优化。RPE 参数反馈到本地 RPE 译码，以产生长时残差信号（20ms 的 160 个残差样本）。LTP 分析在 20ms 内评估时延和增益 4 次，并修正长时滤波器参数。输出 LTP 参数（9 bit/5ms）反映了时延和增益的变化。长时分析滤波器在 5ms 子帧内根据短时残差估计样本和长时残差样本产生新的短时残差样本估计，使短时分析滤波器输出残差估值更为优化。

RPE-LTP 语音编码器将 LAR 参数、RPE 参数及 LTP 参数 3 种参数编码比特进行复合，获得 13kbit/s 语音编码输出信号；加上前向纠错监督位后为 22.8kbit/s；再加上其他控制信号及保护间隔，每话路传输速率为 24.7kbit/s。可以得到较好的语音质量，同时抗误码性能也较好。

（2）矢量和激励线性预测（VSELP）编码。VSELP 编码是码激励线性预测（Code Excited Linear Prediction，CELP）编码的一种。图 6-5 所示为 VSELP 的编/译码示意图。语音信号数字化后输入编码器，编码器首先进行语音信号的线性预测分析，求得预测参数，根据预测参数得到逆特性滤波器。由此滤波器求出除去声道特征的声源，将此声源与预测的声源相减得到残差波形。码本中预先存有残差波形的矢量模板，将码本中的各矢量模板进行适当加权（+1 或−1）组合，可以得到一个与残差波形最接近的残差矢量。最后求得各矢量模板的加权系数和刚开始求得的预测参数共同作为编码输出。在译码器中，从接收到的上述参数中再预测声源（分路纠错），加上由相同码本求得的残差波形，通过滤波器后，合成声音而输出。

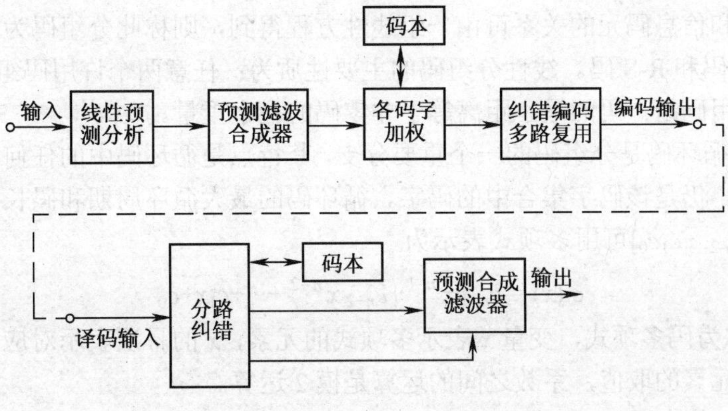

图 6-5　VSELP 的编/译码示意图

VSELP 的语音质量较好，北美采用的 VSELP 的净比特率为 8 kbit/s，加上前向纠错为 13 kbit/s，再加上其他一些控制码及保护间隔，信道传输速率为每话路 16.2 kbit/s。在无线接入系统中，频率资源有限，且信道的传播条件差，要满足用户对语音质量的要求，数字语音编码应满足以下条件：

① 编码速率较低，目前使用的全速率语音编码速率一般是 8～12 kbit/s；

② 在给定编码速率下，语音质量尽可能高；

③ 在强噪声环境下，编码算法应具有较高的抗误码性能；

④ 编码、译码时延较小，控制在几十毫秒之内；

⑤ 编译码算法易于大规模实现。

2. 信道编码技术

信道编码就是在数据发送之前，在信息码元中再增加冗余码元（即监督码元），用来供接收端纠正或检出信息在信道传输中产生的误码。

无线接入信道是随机和突发干扰并存的变参信道，数字信号在传输中会发生随机差错和突发差错。随机差错指相互独立的不相关的随机错码，一般发生在带有加性高斯白噪声的信道中；突发差错是指信道中出现突发性的强干扰时，可能出现多个连续码元错误的现象。为保证数字信令和信号的可靠传输，就要使用信道编码对整个通信系统进行差错控制来降低数字信号传输的比特误码率（BER）。

差错控制方式主要有 3 种，即前向纠错（Forward Error Correction，FEC）、自动反复重传（Automatic Repeat reQuest，ARQ）和混合纠错（Hybrid Error Correction，HEC）。FEC 方式在发端发送具有纠错性能的码，收端译码器不仅能发现错码，而且能纠正错误。ARQ 方式在发端发出能检错的码，收端译码器如发现接收有错误，则给出重发指令，通知发端重发传输错误的消息，直至接收端正确接收为止。HEC 方式是前两者的结合，发端发送的码不仅能检错，而且具有一定的纠错能力，如果传输中发生的错误属于该纠错码能纠正的类型，则收端译码器能自动纠错，否则通过反馈重传的方法加以纠正。在移动通信中，几乎都采用 FEC 的差错控制方式。

下面简单介绍一下信道编码中的常用码型。

（1）分组码。在分组码中，监督码元只与本组的信息码元有关。分组码(n, k)表示编码后码元序列为每 n 位分为一组，信息码元有 k 位，监督码元有 $n-k$ 位。分组码(n, k)的编码效率为 $R = k/n$。

若监督码元和信息码元的关系可由一组线性方程得到，则称此分组码为线性分组码，包括循环码、BCH 码和 R-S 码。线性分组码的主要性质为：任意两个许用码组之和（逐位模 2 和）仍为一个许用码组；码的最小距离等于非零码的最小重量。

① 循环码：循环码是分组码的一个重要分支，其特点是循环码中的任何一个码字向左或向右循环移位后，仍是该码字集合中的码字。循环码的最大循环周期和码长 n 相同。它的一个码字 $C = [c_{n-1}c_{n-2}\ldots c_1c_0]$可用多项式表示为

$$c(x) = c_{n-1}x^{n-1} + c_{n-2}x^{n-2} + \cdots + c_1x + c_0 \tag{6-19}$$

式中，$c(x)$称为码多项式，变量 x 表示多项式的元素，x 的幂次表示对应元素的位置，多项式的系数对应元素的取值，系数之间的运算是模 2 运算。

设一个 k 位的信息码组 $D=[d_1d_2\ldots d_k]$可用信息多项式表示为

$$d(x) = d_1x^{k-1} + d_2x^{k-2} + \cdots + d_k \tag{6-20}$$

已知 $d(x)$求解相应的码组多项式 $c(x)$，就构成了编码问题。

假设码组多项式可表示为

$$c(x) = d(x) \mid g(x) \tag{6-21}$$

式中，$g(x)$是(x^n+1)的 $n-k$ 次因式，称为生成多项式。循环码完全由其码组长度 n 及生成多项式 $g(x)$决定。

② BCH 码：BCH 码是一种能纠正多个随机差错的特殊循环码，其码长为 $n = 2^m-1$ 或是 2^m-1 的因子，m 为正整数。码长为 $n = 2^m-1$ 的 BCH 码称为本原 BCH 码，码长为 2^m-1 因子的 BCH 码称为非本原 BCH 码。

若循环码的生成多项式具有如下形式：

$$g(x) = \text{lcm}\,[m_1(x), m_3(x),\ldots,m_{2t-1}(x)] \tag{6-22}$$

其中，t 为纠错个数，$m_i(x)$为最小多项式，lcm 表示最小公倍式，则 $g(x)$生成的循环码称为 BCH 码，其最小码距 $d \geqslant 2t+1$。

在先进移动电话业务（Advanced Mobile Phone Service，AMPS）和全接入通信系统（Total Access Communicaiton System，TACS）的信令中使用的纠错码为 BCH（63，51）码，其生成多项式为

$$g(x) = (x^6+x+1)(x^6+x^4+x^2+x+1) \tag{6-23}$$

监督位共 12 位，码距为 5，可以纠正两个随机错误。

在 AMPS 中还使用了截短的 BCH（40，28）码和 BCH（48，36）码。所谓截短码就是将信息元的前若干位定义为 0，不必发送。因此减少了码的长度，但在编译码时仍要记入，所以监督位数不变，纠错能力也不变，只是信息元的数目被缩短了。BCH（40，28）就是 BCH（63，51）截短 23 位信息元而成；而 BCH（48，36）就是 BCH（63，51）截短 15 位信息元而成。

③ R-S 码：R-S 是 Reed-Solomon 的缩写，R-S 码是一种多进制的 BCH 码。一个 M 进制码元有 M 个二进制码元。设 M 进制 R-S 码的码长 $n = 2^m-1$，有 $d-1$ 个监督码元，则信息元的数目为 2^m-d（以 M 进制码元计）。若以二进制码元计算，则码长 $n = (2^m-1)M$，信息元的数目为$(2^m-d)M$，它能纠正 $t \leqslant [(d-1)/2]$个多进制码元的错误，从二进制码元来看，它有纠正突发差错的能力。

（2）交织编码。对于突发错误，交织码是一种有效的纠错码。交织编码是将已编码的码字交织，使突发误码转换为一个纠错码字内的随机误码。

矩形交织是将分组码构成一个 m 行 n 列的矩阵，通常每行是一个(n, k)分组码字，将分组码按行写入随机存储器（Random Access Memory，RAM），再按列读出发送出去；接收端按列写入 RAM，再按行读出，对每一行的一个码字进行纠错译码。传输中的突发错误（长度为 b）只能以列的顺序出现，只要 $m > b$，则突发错误被分散到每一行的分组码中，而且每个分组码最多只有一个分散了的误码，因此可以被分组码纠正。m 越大能纠正的突发长度 b 也越长，故称 m 为交错度。交织码的编译码可以利用 RAM 的交织地址发生器实现。

（3）卷积码。分组码为达到一定的纠错能力和编码效率，码组长度通常都比较大，时延随着 n 的增加而线性增加。卷积码也是把 k 个信息比特编成 n 个比特，但 k 和 n 通常很小，适合串行传输方式传输信息，时延小。卷积码(n, k, m)表示编码器的 n 个输出不仅与本时间单元内的 k 个输入码有关，而且和前$(m-1)$个时间单元的输入码有关。m 称为约束度，$R = k/n$ 称为卷积码的编码效率。

图6-6所示为一个约束长度为6的卷积编码器。其工作原理是，当信息码元输入到该编码器时，一路通过直达路由（图中①）直接送到输出端，另一路输入到6位移位寄存器，对移位寄存器中的6、4、3、1进行模二加运算，输出监督码元（图中②），两路都通过一个控制转换开关输出。因此编码器每输入一个信息码元，就要在输出端输出一个信息码元和一个监督码元。

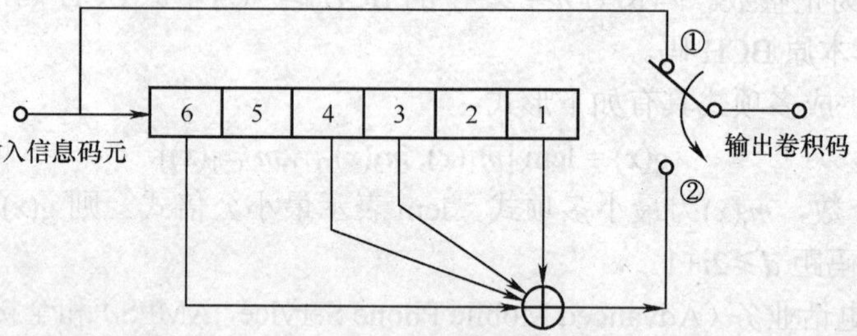

图6-6　卷积码编码器

（4）Turbo码。Turbo码包含重复解码、软入/软出解码、递归系统卷积编码、非均匀交织等概念。Turbo码编码基本结构如图6-7所示，它包含两个并联的相同递归系统卷积编码器，中间由一个交织器分隔。其中，第1个成员码编码器Ⅰ（水平编码器）直接对信源信息序列的分组进行编码，第2个成员码编码器Ⅱ（垂直编码器）对经过交织器交织后的信息序列分组进行编码。信息位 d_k 直接送到信道入口，经过两个递归组合在信息位后通过信道。这是Turbo编码的全过程。

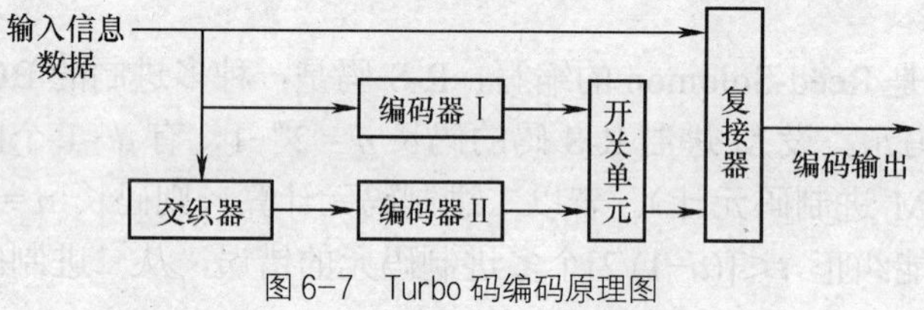

图6-7　Turbo码编码原理图

因此，Turbo码编码由3部分组成：直接输入复接器、经水平编码器Ⅰ再经开关电路送入复接器、经垂直编码器Ⅱ再经开关电路送入复接器。其中经水平编码器Ⅰ的水平码与经垂直编码器Ⅱ的垂直码可分别称为Turbo码的分量码，又称为二维分量码。作为分量码，既可以是卷积码，又可以是分组码。其码型既可以相同，也可以不同；既可以是单一的码，也可以是级联产生的码。

6.2.2　多址接入技术

在无线接入系统中，有许多用户要同时通过一个基站和其他用户进行通信，因而必须对不同的用户和基站发出的信号加以区别，使信号在参数上有所不同。这样基站能从众多用户中区分出各用户的信号，而各用户又能从基站发出的众多信号中识别出发给自己的信号。解决这个问题的方法称为多址技术。其中，信号的参数可以是信号的射频频率、信号出现的时间、信号出现的空间、信号的码型及信号的波形等。

目前无线接入系统中常用的多址方式有：频分多址（FDMA）、时分多址（TDMA）、码分多址（CDMA）和空分多址（SDMA）。

1. 频分多址

频分多址（Frequency Division Multiple Access，FDMA）是把通信系统的总频段划分成若干个等间隔的频道（或称信道），分配给不同的用户使用。这些频道互不重叠，相邻频道之间无明显串扰，发送时每个用户占用一个信道，在接收端通过频率选择（即滤波），从混合信号中选出相应的信号。

频分多址的优点是设备简单，技术较成熟；缺点是容量太小，且不同信号间的交调、互调干扰严重，因为系统中同时存在多个频率的信号，容易形成互调干扰，尤其是基站要集中发送多个频率的信号，这种互调干扰更易产生。

2. 时分多址

时分多址（Time Division Multiple Access，TDMA）是把无线频谱按时隙划分，若干个时隙组成一帧。各移动台只能在每帧规定的时隙中向基站发送信号，而基站接收时利用定时选通门来选出来自各移动台相应的信号；同时，基站发向多个移动台的信号按顺序在预定的时隙中传输，各移动台在指定的时隙中接收，从合路信号中提取相应的信号。

TDMA 是应用于数字移动通信系统的一种多址方式，它不存在频率分配问题，容易进行时隙的动态分配，传输带宽是 FDMA 的好几倍。TDMA 的抗干扰性能和抗多径衰落性能较好；TDMA 传输需要精确的定时和同步，因此所需的传输开销大于 FDMA；TDMA 每个载频可以复用多个用户的信息，系统所需设备减少，成本降低；移动台的发射和接收占用不同的时隙，TDMA 在一个单频信道上用不同的时隙进行发射和接收，称为时分双工（Time Division Duplex，TDD）。而在 FDMA 中，需要上行和下行两个载频，不需要频率切换，所以在 TDMA 中不需要 FDMA 中的收发共用装置。

3. 码分多址

码分多址（Code Division Multiple Access，CDMA）是使用扩展频谱技术的一种多址技术。它利用扩展频谱的多址性，在发送端各用户使用各自的扩频编码，即用互不相同的、相互正交或准正交的地址码来调制所发送的信号，在接收端利用地址码的正交性或准正交性，通过相关检测从混合信号中选出相应的信号。因为各用户之间的扩频编码彼此相互影响很小（或为 0），所以在 CDMA 方式中同一信道可容纳用户数量多于 TDMA 方式。在 CDMA 方式中，有两种常用的方式：直接序列扩频（Direct Sequence Spread Spectrum，DSSS）和跳频扩频（Frequency Hopping Spread Spectrum，FHSS）。因此，CDMA 也称扩频多址（Spread Spectrum Multiple Access，SSMA）。

CDMA 为解决有限频带与用户数量之间的矛盾提供了有效手段，有广阔的应用前景。CDMA 是干扰受限系统，减小干扰可以直接增加系统容量，可以利用语音激活、前向纠错和扇型分区等技术提高频带利用率，因此 CDMA 比 FDMA 和 TDMA 有更大的容量，可与其他模拟系统共存；CDMA 系统采用扩频技术扩展了信号带宽，使信号功率谱密度大大降低，因此对其他窄带模拟系统的干扰很小，而且减少了多径衰落，提高了系统的抗干扰能力；CDMA 的多址能力与地址码的互相关函数特性、允许的接收质量有关，用户间的多址相关特性越小，允许的接收质量越低，其多址能力越强。

4. 空分多址

空分多址（Space Division Multiple Access，SDMA）是通过控制用户的空间辐射能量来提供多址接入能力的，通过分割空间信道分离同一时隙和同一频道上的多个用户信号。在 SDMA 系统中，有 3 种可能的天线配置模式：全向天线模式，全向接收天线检测到来自系统的所有用户信号；定向天线模式，定向天线的波束在空间上覆盖不同的区域，接收到的干扰值较小，可以增加系统中的用户数；自适应天线模式，自适应天线阵列将利用自适应波束形成技术形成自动跟踪移动台的波束，每个用户对应一个波束，自适应天线能迅速引导能量沿用户方向发送。各种蜂窝系统都是用 SDMA 在不同的小区内实现频率再利用。

SDMA 通常与前 3 种多址方式结合运用。与 FDMA 结合可使多用户享用同一频率信道；与 TDMA 结合可使多用户享用同一时隙信道；与 CDMA 结合可通过空间信道的分割来抑制多址干扰。

6.2.3 数字调制与扩频技术

1. 数字调制技术

无线接入系统在无线传输中一般多使用频谱效率高、抗干扰能力强的数字调制技术。数字调制最简单的情况是二进制调制，即调制信号是二进制数字信号，因而载波的幅度、频率或相位只有两种变化状态。在无线接入系统中使用的数字调制方案可分为线性调制技术和恒包络调制技术。

（1）线性调制技术。线性调制方案有 PSK、QPSK、DQPSK、OQPSK、π/4−QPSK。

① 二相相移键控（2PSK）：二相相移键控（2PSK）是指用二进制数字信号 1 和 0 分别控制载波的两个相位的调制方式。通常，这两个信号相位相差 180°，例如 1 和 0 分别用载波的相位 0 和 π 表示。

若使用多进制数字信号，则相应有多进制相移键控（MPSK）。

二相相移键控的数学表达式为

$$S(t) = A\cos\left[\omega_c t + \Phi(t)\right] \tag{6-24}$$

其中，$S(t)$为调制器的输出信号，A、ω_c、$\Phi(t)$分别为载波的幅度、角频率及瞬时相位角。$\Phi(t)$取值 0 或 π 取决于输入的二进制数字信息比特 1 或 0。

- 绝对相移键控（BPSK）：2PSK 采用未调制载波的相位作为参考基准来确定相位的取值，即直接利用载波相位的绝对值来传送数字信息。

设二进制数字序列为$\{b_k\}$，载波相位$\Phi(t)$的取值为：$b_k = 0$，$\Phi(t) = \pi$；$b_k = 1$，$\Phi(t) = 0$。则 BPSK 信号为

$$S(t) = m(t)\,A\cos\omega_c t \tag{6-25}$$

式中，$m(t)$取值为：$b_k = 0$，$m(t) = -1$；$b_k = 1$，$m(t) = 1$。

BPSK 调制器的原理框图如图 6-8 所示。

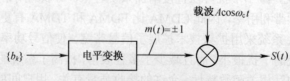

图 6-8 BPSK 调制器的原理框图

- 差分相移键控（DPSK）：它是以前一比特的载波相位作为基准来确定其相位的取值，利用前后两个相邻比特的载波相位的差来传送数字信息。DPSK 是相移键控的非相干形式，不需要在接收端有相干参考信号。非相干接收机实现容易，在无线通信系统中被广泛使用。DPSK 的原理框图如图 6-9 所示。

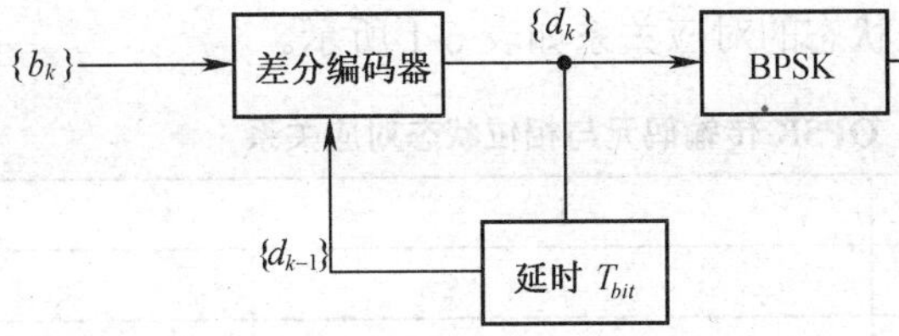

图 6-9 DPSK 调制器的原理框图

设二进制数字序列为$\{b_k\}$，差分编码后的序列为$\{d_k\}$，载波相位为$\Phi(t)$，T_{bit}为传输 1bit 信息所占的时长。差分编码器的作用是将绝对二进制序列变换成相对二进制序列，差分编码规则如下：

$$d_k = d_{k-1} b_k \oplus \bar{d}_{k-1} \bar{b}_k \tag{6-26}$$

载波相位$\Phi(t)$的取值为：$d_k = 0, \Phi(t) = \pi; d_k = 1, \Phi(t) = 0$。因此 DPSK 信号为

$$S(t) = m(t)\, A \cos \omega_c t \tag{6-27}$$

式中，$m(t)$取值为：$d_k = 0, m(t) = -1; d_k = 1, m(t) = 1$。

② 四相相移键控（QPSK）

QPSK 在一个调制符号中传输 2 个比特，它的带宽效率比 BPSK 高 1 倍。QPSK 载波的相位是 4 个间隔相等的值，如：0、π/2、π和 3π/2，每一个相位值对应唯一的一对信息比特。

QPSK 信号可表示为

$$S(t) = \sum_k g(t - KT_s) \cos[\omega_c t + \psi_k] \tag{6-28}$$

式中，$g(t)$为基带波形，T_s为码元宽度，ψ_k为相位状态。

将$S(t)$化简合并可得：

$$S(t) = \sum_k [a_k \cos \omega_c t - b_k \sin \omega_c t] \tag{6-29}$$

式中，$a_k = g(t - kT_s)\cos\ \psi_k$，$b_k = g(t - kT_s)\sin \psi_k$，$a_k$和$b_k$称为双比特码元，分别为 I、Q 信道的数据流；$T_s = 2T_b$，$T_b$为比特宽度。因此四相正交相移键控（QPSK）信号可以看作是 2 路正交载波经 BPSK 调制后的信号迭加。

QPSK 调制器如图 6-10 所示，输入码元经串/并（S/P）转换电路后为两个支路，两支路的相位不同，互为正交，所以一路称为同相支路（I 支路），另一路称为正交支路（Q 支路），两路载波分别经过 2PSK 调制，并将调制后的信号相加。

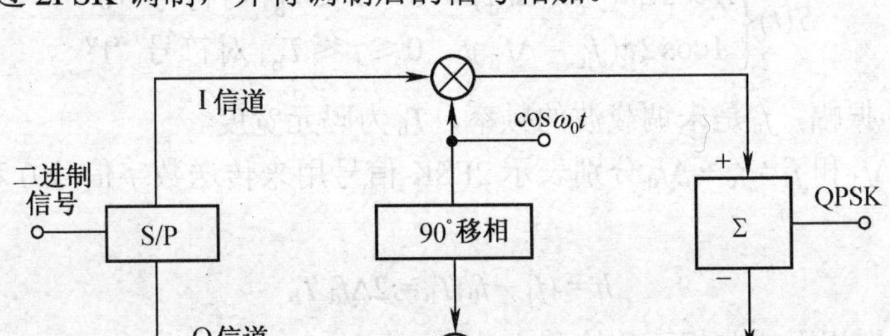

图 6-10 QPSK 调制器

串/并变换使 QPSK 的码元宽度为 2PSK 两倍，相应的 QPSK 的频带为 2PSK 的一半。也就是在同样带宽内 QPSK 可以传两倍于 2PSK 的数据，提高了频谱效率。

QPSK 的传输码元与相位状态的对应关系如表 6-1 所示。

表 6-1　QPSK 传输码元与相位状态对应关系

Q	I	ψ_k
1	1	π/4
0	1	−π/4
0	0	−3π/4
1	0	3π/4

下面介绍 QPSK 的两种变形调制技术。

- 交错 QPSK（OQPSK）：QPSK 信号的幅度非常恒定，但由于信号在低电压时的失真而在传输过程中会带来旁瓣再生，导致频谱扩展，为减少已调信号占用带宽的高频分量，可采用 OQPSK 调制。

OQPSK 是将 QPSK 信号中 I 路和 Q 支路错开一个输入码元宽度 T_b，每次信号跳变只发生在一条支路上，因此输出信号只有 0°、±90°3 种相位跳变，不可能出现 180°相位跳变。也就是通过频繁转换相位消除了 180°相位跳变，这样就使最大相位跳变比一般 QPSK 减少了一半，因此，可以降低 QPSK 信号中的高频分量，OQPSK 信号的频谱旁瓣低于 QPSK 信号的频谱旁瓣。

- π/4-QPSK：π/4-QPSK 也是 QPSK 的变形，其相位跳变为±π/4 和±3π/4。±3π/4 为最大相位跳变值，处于 QPSK 和 OQPSK 之间。与 QPSK 相比，π/4-QPSK 带限滤波后有较小的包络起伏，在非线性信道上有更优的频谱效率。π/4-QPSK 最吸引人的特性是它能够非相干解调，这使得接收机的设计大大简化。在多径扩展和衰落的无线信道中，π/4-QPSK 比 OQPSK 的性能更好。

（2）恒包络调制技术。不管调制信号如何改变，载波的幅度是恒定的，因此，许多实际的移动通信系统都使用非线性调制方法——恒包络调制技术。恒包络调制方案有 2FSK、MSK、GMSK、TFM 及 GTFM。

① 二相频移键控（2FSK）：在 2FSK 中，幅度恒定不变的载波信号的频率随着两个可能的信息状态 1 和 0 切换。

二相频移键控（2FSK）信号可表示为：

$$S(t)\begin{cases} A\cos 2\pi(f_c+\Delta f_d)t & 0\leqslant t\leqslant T_b,\text{对符号“0”} \\ A\cos 2\pi(f_c-\Delta f_d)t & 0\leqslant t\leqslant T_b,\text{对符号“1”} \end{cases} \tag{6-30}$$

式中，A 是载波的振幅，f_c 是未调载波的频率，T_b 为码元宽度。

若用 $f_0=f_c+\Delta f_d$ 和 $f_1=f_c+\Delta f_d$ 分别表示 2FSK 信号用来传送数字信号 0 和 1 的频率，则调制系数定义为

$$h=(f_1-f_0)T_b=2\Delta f_d\,T_b \tag{6-31}$$

2FSK 可以采用相干或非相干的检测方法。

② 最小频移键控（MSK）：MSK 是一种高效的调制方法，具有恒包络、频率利用率高、误码比特率低和自同步等特性，特别适合在移动通信系统中使用。

MSK 最大频移为数据比特率的 1/4，即它是调制系数为 0.5 的连续相位 FSK 也如此。

MSK 的数学表达式为

$$S(t) = A\cos[2\pi f_c t + \Phi(t)], \quad kT_b \leqslant t \leqslant (k+1)T_b \tag{6-32}$$

$$\Phi(t) = \frac{\pi u_k}{2T_b}t + \varphi_k$$

式中，T_b 为码元宽度，u_k 为第 k 个码元中的数据，φ_k 是为保证在 $t = kT_b$ 时，相位连续而加入的相位常数。

MSK 在第 k 个比特区间内，发送的频率分别为 $f_0 = f_c + 1/(4T_b)$ 和 $f_1 = f_c - 1/(4T_b)$，MSK 的调制系数 $h = (f_1 - f_0)T_b = 0.5$，MSK 在满足两载波信号相互正交的条件下，频差 $\Delta f = f_1 - f_0$ 最小，即调制系数也最小，最小频移键控就是指这种调制方式的频率间隔（带宽）是可以进行正交检测的最小带宽。因此调制系数为 0.5 的 FSK 称为最小频移键控（MSK）。

③ 高斯滤波最小频移键控（GMSK）：高斯滤波最小频移键控（GMSK）是指在 MSK 调制器前面加入高斯低通预调制滤波器的调制方式，如图 6-11 所示。在 GMSK 中，将调制的不归零（NRZ）数据通过预调制高斯脉冲成型滤波器，基带的高斯脉冲成型技术平滑了 MSK 信号的相位曲线，稳定了信号的频率变化，使得发射频谱上的旁瓣大大降低。采用 GMSK 方式可有效抑制 GMSK 信号的带外辐射，减少对相邻波道的干扰，能满足移动通信环境下对邻道干扰小于−60～−70dB 的要求。

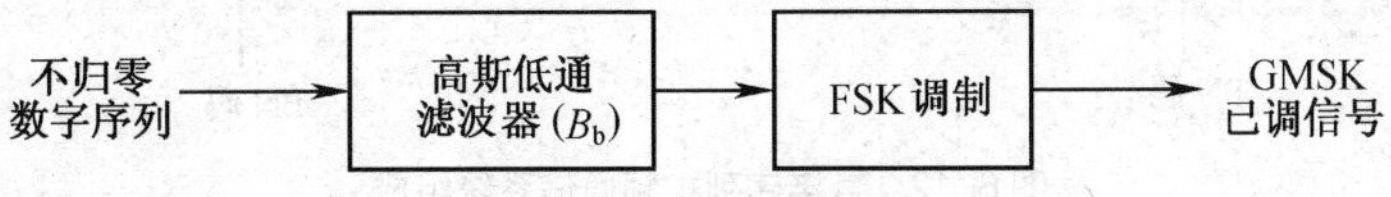

图 6-11　GMSK 调制器

除了上述两种数字调制技术外，还有线性和恒包络联合调制技术 MPSK、MQAM、MFSK 等。在未来移动通信系统中，正交频分复用（OFDM）技术、多载波码分多址（MC-CDMA）等调制技术也已受到人们的广泛关注。

2. 扩频调制技术

扩频通信是系统占用的频带宽度远远大于要传输的原始信号带宽，且与原始信号带宽无关。在发送端，频带的展宽是通过编码及调制（扩频）的方法来实现的，在接收端则用与发送端完全相同的扩频码进行相关解调（解扩）来恢复信息数据。

尽管扩频技术对于单个用户来讲，带宽效率很低，但扩展频谱的优点是使很多用户可以在同一频带中通信，在存在多用户干扰的环境中，扩频系统有很高的频谱效率。采用扩频调制方式特别适合于无线移动通信环境，因为它具有抗干扰和抗多径能力。

扩展频谱通信的理论基础是仙农（Shannon）公式：

$$C = W\lg_2\left(1 + \frac{S}{N}\right) \tag{6-33}$$

式中，C 为信道容量，单位为 bit/s；W 为带宽；S 为信号功率；N 为噪声功率。

从式（6-33）可以看出，对于给定的信号数据速率和噪声环境，其占用的带宽上升，则收信号所需的功率下降，此时发信号功率也可大大下降，对其他信号传输的干扰减少，甚至可以和其他信号共用一段无线频谱。

在扩频通信系统中，除需对所送的信息进行第 1 次调制处理外，还需对其调制频谱进行第 2 次调制，以达到扩展频谱的目的。按照频谱扩展方式的不同，扩频通信系统可分为直接序列扩频、跳频扩频、跳时扩频等几种基本形式。

（1）直接序列扩频。直接序列扩频（Direct Sequence Spread Spectrum，DSSS）是指在发信端直接用伪随机序列（Pseudo-Noise，PN）去扩展信号的频谱；在收信端，用相同的扩频码序列进行解扩，将展宽的频谱扩展信号还原成原始信息。DSSS 系统是最典型的扩频通信系统，广泛应用于CDMA系统中，通常简称直扩（DS）系统。

直接序列扩频系统的组成如图 6-12 所示。该系统采用了一组良好的伪随机码（PN 码），其自相关值接近于 0。该组伪随机码既用作用户的地址码，又用于加扩和解扩。这种系统没有单独的地址码组，而用不同的伪随机码来代替，使整个系统相对简单一些。但是，由于伪随机码组是准正交的，即码组内任意两个伪随机码的自相关值不为 0，各用户之间的相互影响不可能完全除掉，整个系统的性能将受到一定的影响。图 6-12 中 f_0 为载波，数字调制可以采用 2PSK 或 QPSK 等方式。

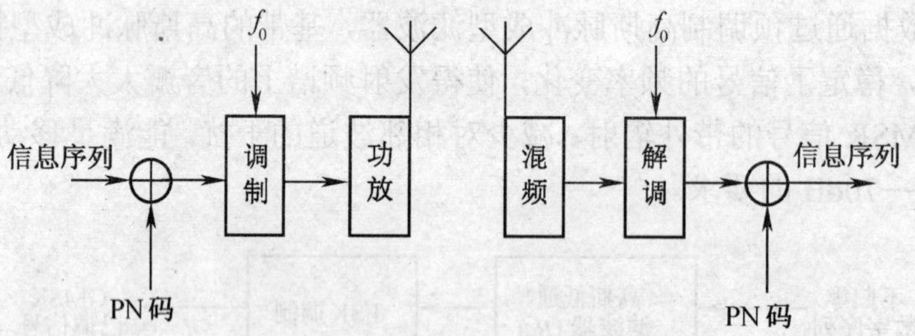

图 6-12　直接序列扩频通信系统组成

伪随机码即 PN 序列，也称为伪噪声码或伪噪声序列，是一种近似随机噪声的理想自相关特性的码序列。这种码序列具有良好的伪随机特性和相关特性，具有周期性且容易产生，在扩频通信中得到广泛应用。一般 PN 序列的周期越长，频谱越接近于噪声频谱，PN 序列的速率越高，频谱扩展的倍数越大。几乎所有的 PN 序列都用移位寄存器来产生，其中最大长度线性移位寄存器序列（简称 m 序列）成为直扩系统中常用的扩频序列，该序列是由多级移位寄存器或其他延迟元件通过线性反馈产生的最长码序列。

直接序列扩频过程可用图 6-13 说明。图中 T 表示信息序列的比特宽度，T_c 表示 PN 序列的比特宽度，它也是扩频输出序列的比特宽度，也称为码片宽度。信息序列 1bit 宽度内所包含的 PN 序列码片数 $N = T/T_c$，即为频谱扩展的倍数，典型应用时 T/T_c 之比为 10～10 000。

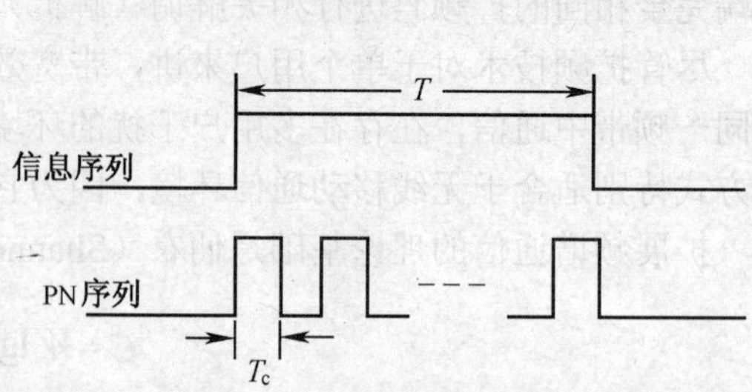

图 6-13　PN 序列的时间波形

（2）跳频扩频。跳频扩频（Frequency Hopping Spread Spectrum，FHSS）是指传输信号载波按照预定规律进行离散变化的通信方式，即通信使用的载波频率受一组快速变化的伪随机码控制而随机的跳变。跳频通信系统在常规通信系统中增加载频跳变能力，使整个工作频带加宽，大大提高通信系统的抗干扰能力；不存在直接扩频通信系统的远近效应问题；能多址工作和具有高的频带利用率；调制方式灵活，易于和现有常规通信体制兼容；跳频序列码速率低，通常情况下小于或等于信息数据速率。

FHSS 通信系统组成如图 6-14 所示。收、发信双方只要能保证时-频域上的调频顺序一致，就可以确保双方的通信可靠。在发信端，由码发生器产生的 PN 序列控制频率合成器的本振频率产生跳变，从而使混频器输出载波产生跳变，形成一个很宽的跳频带宽。跳频带宽等于载频数目与信道带宽之积。

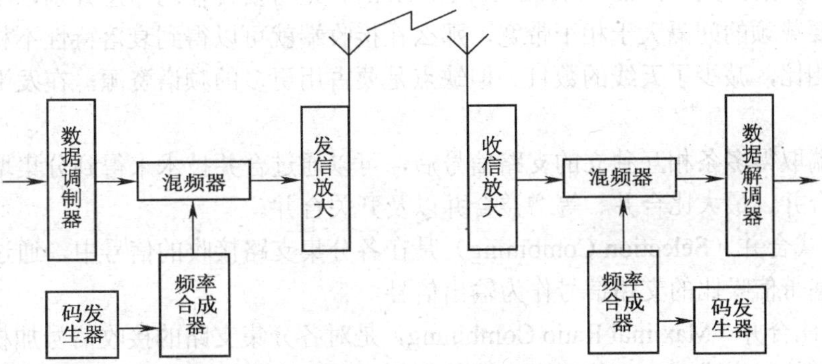

图 6-14　FHSS 通信系统组成

根据载波频率跳变的快慢，FHSS 系统又有慢跳频和快跳频系统之分。慢跳频指跳频速率低于信息比特速率；快跳频指跳频速率高于信息比特率。用于跳频控制的伪随机码，又称为跳频码，常用的跳频码有 M 序列和 R-S 序列等。

（3）跳时扩频。跳时扩频（Time Hopping Spread Spectrum，THSS）是指将时间按帧分成若干个时隙，由扩频码序列去控制帧内各个时隙的信号发射。由于用窄得多的时隙去发送信号，从而展宽了信号的频谱。

6.2.4　抗衰落技术

无线信道具有时变多径衰落特性，克服多径衰落的技术有跳频技术、信道的分集接收技术和自适应均衡技术。

1. 分集技术

分集技术（Diversity Techniques）就是利用多条具有近似相等的平均信号强度和相互独立衰落特性的信号路径来传输相同信息，并在接收端对这些信号进行合并（Combining），以便降低多径衰落的影响，改善传输的可靠性。分集技术可通过频域、时域、空域等方法来实现，具体包括空间分集、时间分集、频率分集等几种方法。

（1）空间分集。空间分集（Space Diversity）是在发端使用一副发射天线，接收端使用多副接收天线，并且接收端天线的间隔足够大（$d \geqslant \lambda/2$），从而保证各接收天线输入信号的衰落特性相互独立。采用分集接收合并技术使输出较强的有用信号，降低了传播因素的影响，由于深衰落不可能同时发生，分集便能把衰落效应降低到最小。

对空间分集而言，分集的支路数越大，分集效果越好。但当分集的支路数较大（$M>3$）时，分集的复杂性增加。

（2）时间分集。时间分集（Time Diversity）就是将给定的信号在时间上相隔一定的间隔重复传输多次，只要时间间隔大于相干时间，就可以得到多条独立的分集支路。由于相干时间是与移动台的运动速度成反比，因此，当移动台处于静止状态时，时间分集基本上不起作用。

Rake 接收分集是时间分集在宽带移动系统中的应用的一种形式，Rake 接收机通过多个相关检测器接收多径信号中各路信号，对它们同相处理后进行分集合成。Qualcomm CDMA系统利用基站和移动台的Rake接收机完成时间分集接收与合并，从而达到抗多径干扰的目的。

（3）频率分集。频率分集（Frequency Diversity）是将要传输的信息分别以不同的载频发射出去，只要载频的间隔大于相干带宽，那么在接收端就可以得到衰落特性不相关的信号。与空间分集相比，减少了天线的数目。但缺点是要占用更多的频谱资源，在发端需要多部发射机。

在接收端取得多条相互独立的支路信号后，可以通过合并技术来得到分集增益。合并技术有选择式合并、最大比合并、等增益合并以及开关合并。

① 选择式合并（Selection Combining）是在各分集支路接收的信号中，通过选择逻辑选取具有最高基带信噪比的支路信号作为输出信号。

② 最大比合并（Maximal Ratio Combining）是对各分集支路的接收信号加权，权值的大小与接收信号的强度成正比，然后进行同相合并。最大比合并的输出信噪比等于各路信噪比之和。这种方法的抗衰落特性是最佳的。

③ 等增益合并（Equal Gain Combining）是最大比合并的一种特殊情况，即将各支路信号先同相后相加，加权系数均取值为1。其性能仅次于最大比值合并，易于实现，所以等增益合并方法应用较多，多用于基站中。

④ 开关合并（Switched Combining）是监视接收信号的瞬时包络，即将两个支路信号的包络与预定的门限开关电平相比较，保持某个信号值，当其中一支路信号包络降低到门限开关电平以下时，转换到另一支路的较强信号上。

2. 自适应均衡技术

码间干扰是在移动无线信道中传输高速率数据的主要障碍，是由无线信道的时变多径传播引起的，采用自适应均衡技术可以克服码间干扰。均衡技术的目的就是根据信道的特性，按照某种最佳准则来设计均衡器的特性，使得经过信道传输后的收端信号与发端信号之间达到最佳匹配。因此，自适应均衡能够实时地跟踪移动通信信道的时变特性，自适应地进行补偿，使其接近不失真传输要求。

自适应均衡器通常包含两种工作模式，即训练模式和跟踪模式。训练模式时，发端发送一个已知的定长训练序列使均衡器迅速收敛，完成抽头增益的初始化；典型的训练序列是一个二进制伪随机信号或是预先指定的一串数据，紧跟在训练序列之后被传送的是用户数据。跟踪模式时，均衡的自适应算法根据误差信号调整抽头增益，改变滤波特性以适应信道的变化。

为了保证能有效地消除码间干扰，均衡器需要周期性地做重复训练。因为在数字通信中用户数据是被分为若干段放在相应的时间段中传送的。时分多址的无线通信系统特别适合于使用均衡器。

均衡的算法有多种，即最小均方误差算法（Least Mean Square Error，LMSE）、递归最小二乘法（Recursive Least Square，RLS）、快速递归最小二乘法（Fast RLS）、平方根递归最小二乘法（Square Root RLS）和梯度递归最小二乘法（Gradient RLS）等。

6.2.5 网络安全技术

由于无线接口是开放的，为了防止非法用户或设备经无线信道进行通信和防止通信信息被截取窃听，无线接入系统必须提供完备的网络安全功能，一般包括以下防范措施。

（1）对于接入网络的呼叫请求进行鉴权，判定用户身份的合法性。

（2）对移动台的用户识别码进行保护，即用经常变更的临时移动台识别码代替用户识别码。

（3）对无线信道上的用户数据和信令信息进行加密。

在 CDMA 数字蜂窝系统中，网络的用户鉴权和信息加密功能更加完善，以保障注册用户的权利和信息的安全性。下面简要介绍用户鉴权和数据加密的一些方法。

1. 用户鉴权

移动台通常在以下操作前进行鉴权。

（1）移动台做主叫。

（2）移动台做被叫。

（3）移动台位置登记、位置更新。

（4）基站要求鉴权。

以 GSM 移动通信系统鉴权过程为例，如图 6-15 所示，网络内的随机数发生器产生一个 128bit 的随机序列（RAND），经无线信道传送至移动台，移动台的用户卡（SIM 卡）进行 A_3 鉴权运算。此随机序列同时被送到网络内进行 A_3 鉴权运算。鉴权密钥 K_i 已分别存放在两处。SIM 卡算出的 32bit 符号响应 SRES′在网络端与网络给出的 SRES 相比较，相同时则提供网络服务。

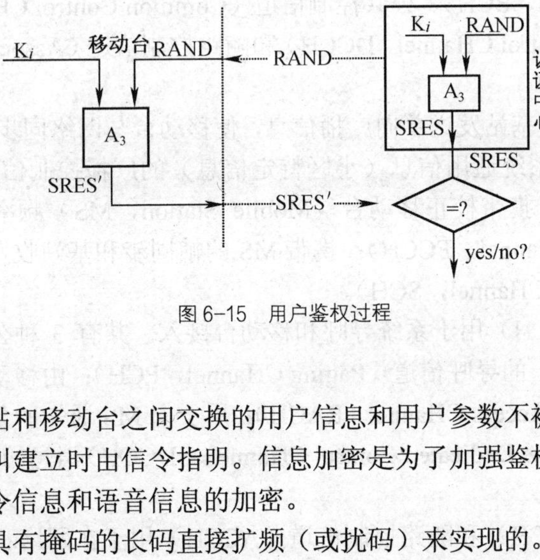

图 6-15 用户鉴权过程

2. 信息加密

信息加密是指基站和移动台之间交换的用户信息和用户参数不被截获或监听，用户信息是否需要加密可在呼叫建立时由信令指明。信息加密是为了加强鉴权过程，并保护用户的敏感信息，它包括对信令信息和语音信息的加密。

语音信息是通过具有掩码的长码直接扩频（或扰码）来实现的。

在 CDMA 系统中，采用通过和密钥的模 2 加进行码元置换的加密方法，需要一个随机密钥序列对应不同符号的密钥，这是一种序列加密方法。随机密钥序列是一种伪随机序列，通常是周期为 $2^{42}-1$ 的长码，长码经分频后，成为 64 个子码，所以，送入模 2 加法器进行数据扰乱的是每 64 个子码的第一个子码在起作用。收发双方使用同一伪随机序列（密钥），在接收方进行同样的模 2 加运算，即可恢复原始信息。

6.2.6 无线空中接口

移动终端与网络之间的接口为无线接口，是一个开放性的接口，它是保证不同厂家的移动台与不同厂家的系统设备之间互通的主要接口。无线接口自下而上分为3层：物理层（第一层）、数据链路层（第二层）和管理层（第三层）。

物理层完成编码、调制及各物理信道的扩频。在CDMA方式中，物理信道用不同的地址码区分。

数据链路层在移动台和基站之间建立可靠的数据传输通道，完成建立、维持及释放一个逻辑链路连接所必须的功能，包括流量控制、争先判决、序列控制，选择确认或不确认操作之类的通信方式，将通信数据插入发信数据帧或从收信帧中取出等。

管理层可进一步分为3个子层，即无线资源管理子层（Radio Resource Management，RRM）、移动管理子层（Mobile Management，MM）和连接管理子层（Connection Management，CM）：无线资源管理子层主要建立、改变和释放无线信道，包括无线信道的设置、分配、切换及性能监测等；移动管理子层主要支持用户的移动性，如跟踪漫游移动台的位置、对位置信息的登记、处理移动用户通信过程中连接的切换等，其功能是在移动台和移动交换中心间建立、保持及释放一个连接，管理由移动台启动的位置更新，以及加密、识别和用户鉴权等事务；连接管理子层支持一交换信息为目的的通信，由呼叫控制、补充业务、短消息业务组成。

以GSM系统为例，无线信道分为两类：业务信道（Traffic CHannel，TCH）和控制信道（Control CHannel，CCH）。业务信道（TCH）用于传送经编码和加密后的用户信息，包括语音或数据。控制信道（CCH）用于传送信令消息或同步数据，又称为信令信道，可分为广播信道（Broadcast CHannel，BCH）、公共控制信道（Common Control CHannel，CCCH）、专用控制信道（Dedicated Control CHannel，DCCH）和随路控制信道（Associated Control CHannel，ACCH）。

广播信道（BCH）供基站发送单向广播信息，使移动台与网络同步。共有3种广播信道：用于向移动台广播发送系统通用信息（小区特定信息）的广播控制信道（Broadcast Control CHannel，BCCH）；用于携带校正移动台（Mobile Station，MS）频率消息的频率校正信道（Frequency Corrected CHannel，FCCH）；携带MS的帧同步和基站收发信台的识别码信息的同步信道（Synchronous CHannel，SCH）。

公共控制信道（CCCH）用于系统寻呼和移动台接入。共有3种公共控制信道：用于寻呼（搜索）移动台（MS）的寻呼信道（Paging CHannel，PCH）；由移动台向系统申请入网的随机接入信道（Random Access CHannel，RACH）；用于向MS通知所分配的业务信道和独立专用控制信道（Stand-alone Dedicated Control CHannel，SDCCH）消息的接入允许信道（Access Given CHannel，AGCH）。

专用控制信道（DCCH）和随路控制信道（ACCH）用于在网络和移动台间传送网络消息以及在无线设备间传送低层信令消息。具体包括以下3种信道：独立专用控制信道（SDCCH）、慢速随路控制信道（Slow Associated Control CHannel，SACCH）和快速随路控制信道（Fast Associated Control CHannel，FACCH）。

当移动台进入某一小区时，首先收听广播控制信道信息（BCCH），并在自己的寻呼组搜索是否有寻呼信息。当发现有寻呼信息或移动台要拨打电话时，由随机接入信道（RACH）向网络申请接入，要求分配一专用信令信道。于是，系统在下行的接入允许信道（AGCH）上为移动台分配独立专用控制信道（SDCCH）。在专用控制信道上，移动台和网络间将进行鉴权和业务信道建立前的信令交换，此后，转入业务信道（TCH）。在SDCCH和TCH传送信息时，与之相对应的慢速随路信道（SACCH）主要用于传送测量信息，以便进行控制、定时提前和定时调整。在通话或传送数据过程中，有可能发生切换等活动，此时需要信令信息的快速传送，要占用快速随路控制信道（FACCH）。

6.3 3.5GHz 固定无线接入

固定无线接入（Fixed Wireless Access，FWA）是指业务节点到固定用户终端部分或全部采用了无线方式。固定无线接入系统的终端含有或不含有有限的移动性。固定无线接入是无线技术的固定应用，其工作频段可以为 450MHz、800/900MHz、1.5GHz、1.8/1.9GHz 或 3GHz 左右等。这里主要介绍 3.5GHz 固定无线接入。

6.3.1 系统参考模型

3.5GHz 固定无线接入参考模型如图 6-16 所示，是一种点到多点的结构。系统一般包括中心站、终端站和网管系统 3 大部分，特殊情况下在中心站和终端站之间可以通过接力站进行中继。通过 UNI 接口与终端站相接的用户可以是单个的用户终端设备（Terminal Equipment，TE），也可以是一个用户驻地网（Customer Premises Network，CPN）。

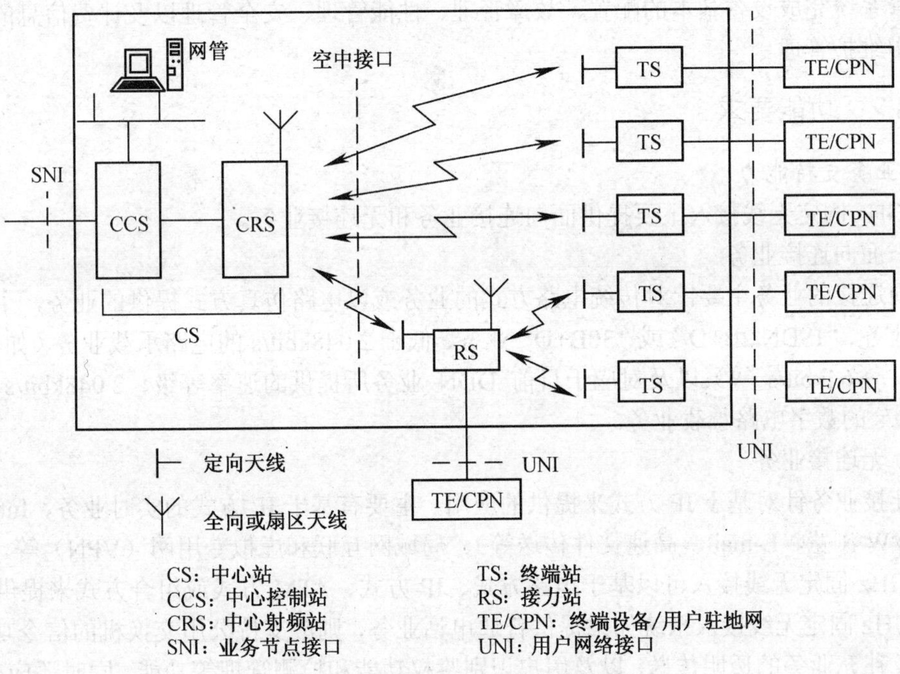

图 6-16 3.5GHz 固定无线接入参考模型

1. 中心站

中心站（Central Station，CS）从逻辑上可分为两个部分：中心控制站（Central Control Station，CCS）和中心射频站（Central Radio frequency Station，CRS）。中心控制站是业务汇聚部分，并提供到网络侧的接口；中心射频站是中心基带/射频收发设备。一个 CCS 可以控制多个 CRS。CCS 和 CRS 可以集成实现，也可以分立实现。

中心站所覆盖的服务区可以划分为多个扇区，CRS 天线一般使用扇区天线，每个 CRS

天线对应一个扇区，为扇区内的一个或多个终端站提供服务。而CCS可以将来自各个扇区不同用户的上行业务量进行汇聚复用，提交不同的业务节点：并将来自不同业务节点的下行业务量通过CRS分送至各个扇区的用户。

2. 终端站

终端站（Terminal Station，TS）置于用户驻地，为一个或多个用户设备提供电话、传真、数据调制解调器等终端的标准接口，并向用户终端透明地传送交换机所能提供的业务和功能。其射频收发设备和业务控制部分可以分立实现，也可以集成实现。

终端站使用小波束角定向天线，在上行方向上将来自用户终端或用户驻地网的业务适配、汇聚，通过无线链路传送到基站；在下行方向上提取本站业务，分配给用户终端。

3. 接力站

接力站（Relay Station，RS）作为系统实现的可选项，用以转发中心站和终端站之间的信号，以延长中心站和终端站之间的距离。一个接力站可服务于多个终端站，接力站天线可以采用扇区天线或小波束角定向天线。

接力站设备按同频转接接力站、基带转接接力站和中频转接接力站3种类型配置。基带转接接力站应具备基带再生功能，配置相应的附属单元后，应兼具终端站的功能。

4. 网管系统

网管系统完成设备基本的配置、故障管理、性能管理、安全管理以及计费信息的采集，实现集中维护管理。

6.3.2 功能要求

1. 业务支持能力

3.5GHz固定无线接入主要提供面向连接业务和无连接业务。

（1）面向连接业务

面向连接的业务主要针对传统电路方式的业务或以电路仿真方式提供的业务，主要有普通电话业务、“ISDN 2B+D”或“30B+D”业务、低于2 048kbit/s的电路承载业务（如64kbit/s子速率、*N*×64kbit/s 等）以及对应于目前 DDN 业务所提供的速率等级、2 048kbit/s 或高于2 048kbit/s的数字电路承载业务。

（2）无连接业务

无连接业务针对基于IP方式来提供的应用，主要有基于IP方式的实时业务、Internet接入（WWW浏览、E-mail、高速文件传送等）、局域网互联和虚拟专用网（VPN）等。

3.5GHz固定无线接入可以基于电路方式、IP方式、ATM方式或组合方式来提供上述业务。3.5GHz固定无线接入系统如果提供普通电话业务，则应支持公用交换机的信令功能、基本业务及补充业务的透明传送，以及用户识别鉴权功能和检测管理等功能，同时还应支持V5协议。V5协议可以终结在中心站，也可以终结在终端站。

2. 系统功能

（1）动态带宽分配

对于电路型业务，不需要设备具备动态带宽分配能力。对于分组型业务，带宽分配方式可分为静态和动态带宽分配两种。3.5GHz 固定无线接入在动态带宽分配能力上分为两个层次：同一中心站CRS所带的不同终端站之间的动态带宽分配；同一终端站中不同接口之间的动态带宽分配。

3.5GHz 固定无线接入系统均支持后者，即在同一终端站所带的不同用户之间实现动态带宽分配，资源共享。在电路业务与分组业务共享带宽的条件下，电路业务和分组业务的带宽通过静态分配来保证。

（2）用户业务能力

3.5GHz 固定无线接入系统终端站可带一个至多个用户。当所带用户数量为一个时，终端站的全部业务带宽能由该用户所独享，系统可支持的单用户最大业务速率至少能达到512kbit/s。在多个用户时，系统能根据用户业务需求或运营商的要求对用户所占用的业务带宽以及业务优先级别进行设定，并根据业务的优先级进行流量管理和控制，确保不同等级业务的 QoS。系统能监视用户业务信道，对用户业务流量和性能进行统计监测，可用于计费信息，并确保系统资源的合法使用。

（3）用户信息安全

3.5GHz 固定无线接入系统采用点到多点结构，下行方向上各终端站共享无线传输介质，因此，必须有效实现不同用户之间信息的隔离，以便解决用户信息安全性的问题。可采用用户鉴权方式保护用户信息，即在终端站登录网络时，采用安全检验机制，对用户身份进行验证，防止未注册用户接入系统；或是由于通信过程中链路中断，在恢复过程中进行用户鉴权。还可以采用数据加密和授权方式保护用户信息，提高安全性。

（4）发送功率调整

系统中心站、接力站和终端站具备发送功率可调的能力。对接力站和终端站来说推荐采用人工通过网管系统进行调整或实现自动发送功率控制（Automatic Transmission Power Control，ATPC）。

6.3.3 技术要求

1. 频率配置

（1）工作频段

FDD 双工方式固定无线接入系统目前的工作频段为：

终端站发射频段 3 400～3 430MHz；

中心站发射频段 3 500～3 530MHz。

同一波道发射频率和接收频率之间的射频频率间隔为 100MHz。

（2）波道配置

可采用的波道配置方案有 4 种，信道间隔分别为：1.75MHz、3.5MHz、7MHz 和 14MHz。

① 1.75MHz 信道间隔

1.75MHz 信道间隔中心频率如下：

$3398.625+1.75n(n = 1, 2, \cdots, 18)$MHz；

$3498.625+1.75n(n = 1, 2, \cdots, 18)$MHz。

相邻波道间隔为 I.75MHz，最近收发信道间隔为 70.25MHz（$17\times1.75+70.25 = 100$MHz）。

② 3.5MHz 信道间隔

3.5MH2 信道间隔中心频率：

$3397.75+3.5 n(n = 1, 2, \cdots, 9)$MHz；

$3497.75+3.5 n(n = 1, 2, \cdots, 9)$MHz。

相邻波道间隔为 3.5 MHz，最近收发信道间隔为 72MHz（$8\times3.5+72 = 100$MHz）。

③ 7MHz 信道间隔

7MHz 信道间隔中心频率：

$3396+7n(n=1, 2, 3, 4)$MHz；

$3496+7n(n=1, 2, 3, 4)$ MHz。

相邻波道间隔为 7MHz，最近收发信道间隔为 79 MHz（3×7+79=100MHz）。

④ 14MHz 信道间隔

14MHz 信道间隔中心频率：

$3392.5+14n(n=1, 2)$MHz；

$3492.5+14n(n=1, 2)$MHz。

相邻波道间隔为 14MHz，最近收发信道间隔为 86 MHz（14+86=100MHz）。

2. 接口要求

（1）业务节点接口

① 10Base-T/100Base-X 接口

业务节点接口（SNI）协议栈如图 6-17 所示。按照 RFC1042 或 RFC0894 的规定，将 IP 包封装到 IEEE 802.3 的帧格式或以太网的帧格式中。数据链路层应符合 IEEE 802.2，IEEE 802.3，DIX Ethernet Version 2.0 等标准的规定。物理层（10Base-T 或 100Base-TX 或 100Base-FX 接口）应支持全双工和半双工方式。

② 电路型接口

3.5GHz 固定无线接入系统可提供 2 048kbit/s 或 155.520Mbit/s 的业务节点接口。对 2 048kbit/s 接口的要求参见 ITU-T G.703《系列数字接口的物理/电气特性》。对 155.520Mbit/s 接口的要求参见 YDN099—1998《光同步传送网技术体制》。

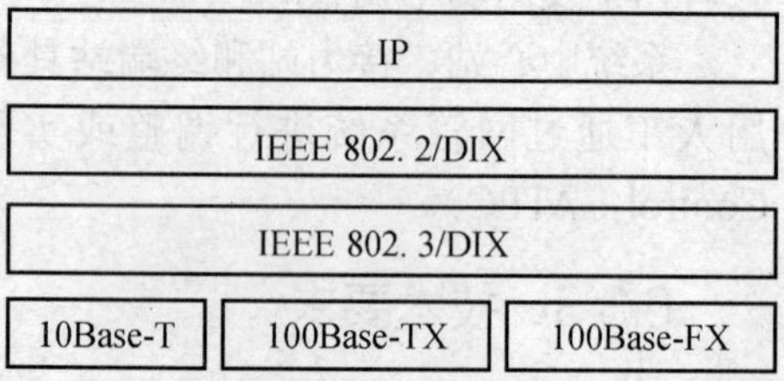

图 6-17 业务节点接口协议栈

③ ATM 接口

ATM 接口可采用 2 048kbit/s 和 155.520Mbit/s 两种接口之一。2 048kbit/s 接口应符合 ITU-T G.703《系列数字接口的物理/电气特性》的规定。155.520Mbit/s 电接口、155.520Mbit/s 光接口应符合 YD/T 976—1998《B-ISDN 用户网络接口（UNI）物理层规范》的规定。

④ V5 接口

对 V5.1 接口的规定参见 YDN 020—1996《本地数字交换机和接入网之间的 V5.1 接口技术规范》。V5.2 接口的规定参见 YDN021—1996《本地数字交换机和接入网之间的 V5.2 接口技术规范》。

（2）用户网络接口

① 10Base-T/100Base-X 接口

（同 SNI 接口）

② 电路型接口

3.5GHz 固定无线接入可提供 N×64kbit/s 或 2 048kbit/s 的用户网络接口（UNI），这些接口要求遵循 ITU-T G.703《系列数字接口的物理/电气特性》。

③ 其他数据接口

V.24 接口：当 DTE 或 DCE 与设备之间的速率不超过 20kbit/s 时，采用 V.24/V.28 接口。当 DTE 或 DCE 与设备之间的速率超过 20kbit/s 时，采用 V.24/V.11（V.10）接口，与数据或定时信号相关的电路和信号的电气特性符合 V.11，与控制电路相关的电路和信号的电气特性符合 V.10。

X.24 接口：当 DTE 与设备连接的速率不超过 1 984kbit/s 时，采用 X.24 接口。

V.35 接口：V.35 接口是机械特性，采用 IS02593（即 M34）接插件；电气特性上，对于时钟、数据信号（所谓快变信号）采用 ITU V.35 的附录规定的差分平衡双流特性的电平；握手信号采用 V.28 电平；功能和规程采用 V.24 建议。

ISDN 接口：ISDN BRA U 接口符合 ITU-T G.961《金属本地线上用于 ISDN 基本速率接入的数字传输系统》的规定。ISDN BRA S/T 接口应符合 ITU-T I.430《基本速率用户网络接口—第一层规范》的规定。ISDN PRA 接口的各项基本电气特性指标应满足 G.703 中关于 2 048kbit/s 的要求。

音频二线接口：3.5GHz 固定无线接入系统提供的音频二线接口应符合 YDN 065-1997《邮电部电话交换设备总技术规范书》或 YD/T1070-2000《接入网远端设备 Z 接口技术要求》的规定。

（3）网管接口

3.5GHz 固定无线接入的中心站设备具有汇聚终端站设备网管信息的功能，中心站设备与管理网的接口在逻辑上应独立于业务节点接口。

6.3.4 其他要求

1. 同步

这里主要讨论网络侧接口采用电路型接口或 ATM 接口的 3.5GHz 固定无线接入系统。其同步方式采用主从同步方式，可以有以下 3 种定时时钟。

外定时：从通信楼综合定时供给系统获得的定时时钟。同步接口可以为 2 048kbit/s 接口，该接口符合 ITU-T G.703《系列数字接口的物理/电气特性》的要求。

线路定时：系统从与之相连的业务节点线路上提取的时钟，并用于同步。当不能使用外定时方式时，采用线路定时。

内部时钟：系统具有自备振荡时钟，时钟等级为 4 级时钟，最低准确度为$\pm 50\times 10^{-6}$。

2. 设备要求

（1）工作方式

3.5GHz 固定无线接入系统为双工方式，在中心站与终端站之间点到多点的通信采用频分双工（Frequency Division Duplex，FDD）方式。

下行复用方式有 TDM、FDM 等；上行多址方式可采用 TDMA、CDMA 等。系统可采用各种下行复用、上行多址方式的组合。

（2）发射功率和功率容限

TDMA 系统：发射机最大输出功率不超过+35dBm；发射机输出功率容限为±1dB。

DS-CDMA 系统：发射机最大输出功率不超过+43dBm（信道间隔≥10MHz 时，为+46dBm）。

FH-CDMA 系统：发射机最大输出功率不超过+35dBm；发射机输出功率容限为±2dB。

（3）供电要求

中心站：中心站设备安装在机房时，可采用机房供电。当中心站在远端设置时，应能采用本地的标准电源供电（市电 220V：176～264V 单相交流）。工作电源为标称电压−48V 的直流电源。断电后，后备电池的容量应能提供大于 8 h 的工作时间；如需要支持更长时间，可再外加电池。如果中心站从物理上分为CCS和CRS两部分，CCS应具备对CRS馈电的能力。

终端站：终端站设备为本地供电，应能在标准电源下工作，并应有后备可充电电池。

接力站：对于基带转接接力站的要求参见对中心站的要求；对于同频转接接力站，要求配备备用电池。断电后，后备电池的容量应能提供不小于24 h的工作时间；如需要支持更长时间，可再外加电池。

6.4 无线ATM接入

6.4.1 无线ATM简介

随着现代通信技术的迅速发展，通信网络宽带化和通信业务个人化是发展的趋势。为支持人们对未来无线通信日益增长的需求，基于ATM的传输与交换技术是无线个人通信的较好解决方案，以下简称无线ATM（Wireless ATM，WATM）。无线ATM的总体目标是设计整体无线业务网络，以相对透明的、无缝的、有效的方式，提供无线业务，这种无线业务是基于光纤的ATM网的延伸。

1. 无线ATM的信元结构

典型的无线ATM信元结构如图6-18所示。每个信元增加了一个信元序列号作为无线ATM信元头，用来鉴别信元的连续性和重复性；在每个信元后增加了循环冗余校验（CRC）。这两个域只在无线链路中才有效，在有线链路中，进入ATM层前就被去掉。传统ATM信元有一个大的信头（5字节），这将引起传输效率的下降。在无线ATM中，为提高传输效率，传统的标准ATM信元头会被压缩成2～4字节，HEC也可以在传输的节点中移开，在成功接收后再插入。

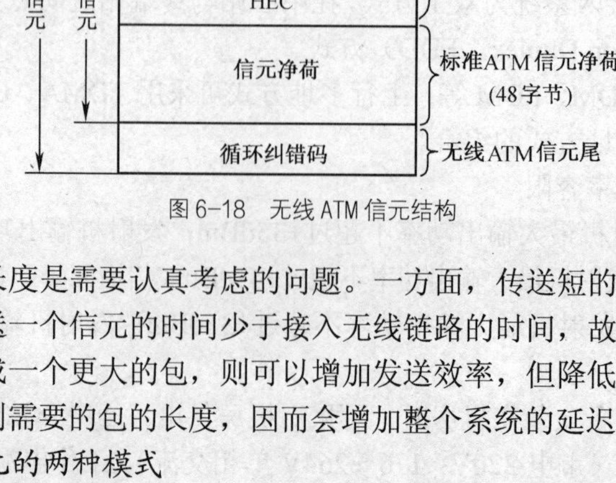

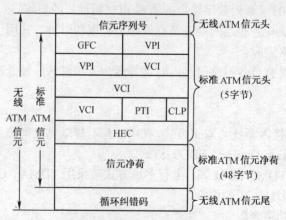

图6-18 无线ATM信元结构

无线ATM信元长度是需要认真考虑的问题。一方面，传送短的信元具有较好的抗衰落性能，但由于一般发送一个信元的时间少于接入无线链路的时间，故传输效率不高。另一方面，若在发送前封装成一个更大的包，则可以增加发送效率，但降低了可靠性；同时节点需要有缓冲区，直到达到需要的包的长度，因而会增加整个系统的延迟。

2. 无线ATM信元的两种模式

无线ATM可以使用两种模式，即封装模式和传统模式。在封装模式中，信元划分成组，使用无线 MAC 协议，如信道分配的载波侦听多址接入（Carrier Sense Multiple Access with Channel Assignment，CSMA/CA）发送。在传统模式中，如传统 ATM 模式一样，每次传送单个信元。

在用户设备上，两种模式的协议栈是一样的，都是通过相同的连接。但是，网络中的各种接口，如用户网络接口和网络节点接口的功能是不同的。ATM 适配层划分和重组数据，ATM 层执行信元复用、路由和信头生成和错误控制。在广播链路上，低于 ATM 适配层的协议统称为广播接入层（Radio Access Layer，RAL），RAL 控制空中接口的信息流。RAL 包括：媒质访问控制（MAC）层负责控制多个终端之间的资源共享；数字环路载波（Digital Loop Carrier，DLC）系统处理无线信道错误的影响；物理（PHY）层处理实际广播传输和接收。

传统模式不需要 ATM 适配层，只需要 ATM 层和物理层。传统模式减少了封装功能，但其传输效率不如封装模式。封装模式的缺点是有线/无线接口中的转换，对 ATM 协议是不透明的，并且缺乏 QoS 支持。传统模式的缺点是每个信元都要有额外的信元头。

3. 无线 ATM 的频率段选择

对无线 ATM 来说，选择一个频率段需要考虑带宽和连接性能。虽然在 2.4GHz 频率段有 83. 5MHz 带宽，可提供直到几十兆的速率，但是这个频段显得比较拥挤，因为 IEEE 802.11 无线局域网和微波都在这个频段。5GHz 频率段可以提供 300 MHz 带宽，而且其他工作在这个频率的系统相对较少，是一个比较理想的频率段。当未来要求更高的速率时，可能在 17 GHz 和 60GHz 频率段选择更宽的带宽。60GHz 频率段比较适合于多媒体应用，在这里可以寻找足够的带宽。在 60GHz 频段，空气吸收的传播损失很大，可以不考虑反射信号。这降低了信道干扰，蜂窝可以更小，在更短的距离实现频率复用，也可以使用低功率的发射机。

4. 无线 ATM 的差错控制机制

由于无线信道条件恶劣，因此，无线网络与有线网络相比，它的误码率更高，它的带宽较少和有更多的突发。无线网络协议也不能保证良好的性能。例如，传统 TCP 的阻塞避免算法在低丢包率的情况下性能最好，在无线环境下性能很差；TCP 隐含假定重发是网络阻塞的结果，切换期间的停顿可以由传输层认为是严重丢包，引起重发暂停，从而显著地降低了当时的传输速率，并且 TCP 需要长时间恢复传输速率，引起严重的性能恶化。这些问题可以通过由兼容 TCP 的基站处理本地重发，在较小带宽下处理丢包，可提高性能；另一种方法是让发送端明白处于无线链路下，一些包丢失不是由阻塞引起的。

由此可见，在无线 ATM 中，需要有很好的错误控制机制。如果综合使用 FEC（前向纠错编码）和 ARQ（自动反复重传），可以有效提高系统的 QoS。

FEC 一般使用纠错编码（如卷积码、块码等），更先进的可以使用格栅码或者 Turbo 码。信道编码最适合于纠错一个到两个错误比特，但在错误突发中，这些编码的性能急剧恶化。由于衰落信道中错误突发的特性，使用块码比卷积码更好。

由于接收端的信元容易丢失，单独使用 FEC 不能解决问题。在 ARQ 中，接收端采用纠错码检测错误，然后要求重发错误的数据包。在信道特性未知或难以预测的情况下，ARQ 是很有效的。它改善了信元丢失率，却引起信元更大的延迟。由于使用者的交互要求比较高，限制了 ARQ 重发的应用。一般情况下，对延迟没有严格要求的业务可以使用 ARQ。

5. 有待加强的领域

ATM 作为宽带广域网和局域网的标准系统，非常适合于提供多媒体业务及引入到蜂窝无线系统中。这样，基站就成为 ATM 的一个节点，与蜂窝系统进行无缝连接。无线 ATM 适合于许多形式的无线系统，如蜂窝系统、无线局域网（Wireless LAN）、无线本地环路（Wireless Local Loop，WLL）、无绳系统等。但是它难以达到光纤系统所具有的传输比特误码率（BER）性能，因而无线 ATM 必须有前向纠错（FEC）编码。ATM 由于没有考虑无线接入，需要在以下两个领域加强。

（1）ATM 移动性：主要是加强固定 ATM 网络设施，保证与移动用户之间的通信。需要考虑的问题主要是切换、位置管理、路由和网络管理等。无线 ATM 的移动功能应该独立于无线接入技术，不仅可以在 WATM 之间通信，也可以和其他无线系统相互工作。

（2）广播接入层：主要是加强空中接口协议，满足 ATM 的要求。

6.4.2 无线 ATM 网络技术基础

1. 无线 ATM 的传输方案

在选择基于无线 ATM 的传输方案时，必须考虑以下因素：灵活地分配带宽和进行业务类型的选择；有效地复接从突发数据到多媒体信源的多种业务；通过无线和有线网络提供端到端的宽带业务；现有的 ATM 交换设备可用于蜂窝小区间的交换；易于与 B-ISDN 连接。

在无线接入部分，采用信元中继或 ATM 信元透明传输的方式，可以最大限度地兼容 ATM 的协议框架。如图 6-19 所示，空中接口采用与 ATM 兼容的固定长度的信元中继方案，一个标准的 ATM 信元的净荷或其几分之一（即 48 字节、24 字节或 16 字节），作为无线 ATM 系统中的一个基本数据单元。同时，为了保证传输的可靠性，需要增加符合无线传输协议的信头和信尾。

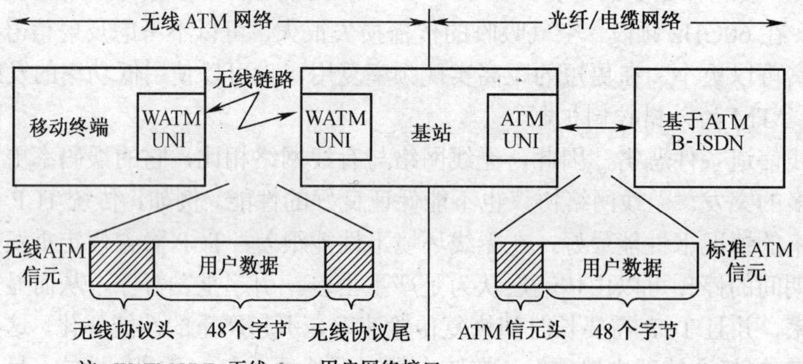

注：WATM UNI—无线 ATM 用户网络接口。

图 6-19 无线 ATM 信元的中继方案

2. 无线 ATM 的分层模型

无线 ATM 的基本思路是将标准 ATM 信元用于网络层功能，而且在无线链路上为无线信道特定的协议子层增加一个无线信头和信尾。在无线基站上，通过标准的 ATM 信令功能支持端到端的带有服务质量控制的 ATM 虚电路。

无线 ATM 通信网的协议分层模型是以 B-ISDN 协议参考模型为基础的，与网络的实现方案有密切的关系。无线 ATM 增加了与无线通信密切相关的无线物理层、媒质访问控制层（Media Access Control，MAC）和数据链路控制层（Digital Link Control，DLC）等子层，同时增加了相应的无线控制功能。与基于 ATM 技术的 B-ISDN 网络有良好的互通性，同时也支持多种业务的综合传输、多媒体业务的统计复用，最主要的是能支持用户的可移动性。无线 ATM 通信网的协议分层模型如图 6-20 所示。

在 ATM 层以下增加的各子层直接由无线信道决定，诸如呼叫建立、VCI/VPI 寻址、信元优先及流控指示等常规的 ATM 层业务和控制业务，都可直接用于移动环境。考虑到无线通信的特点，ATM 协议应作出相应的修改，以支持漫游、越区切换、广播以及无线信道服务质量（Wireless QoS，WqoS）等功能。

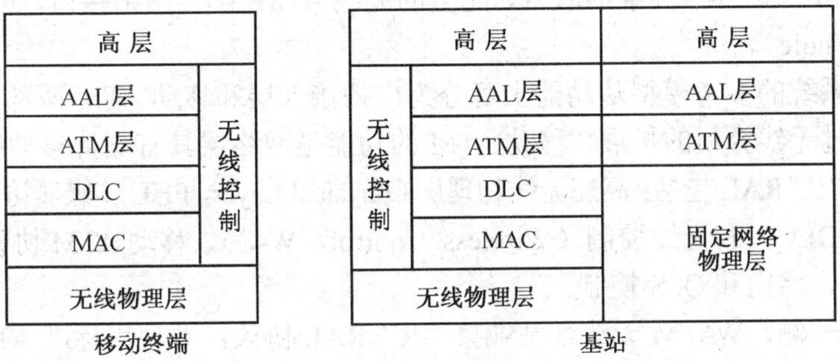

图 6-20 无线 ATM 通信网的协议分层模型

物理层最重要的功能是完成对信号的调制和解调，为了支持较高速率的多媒体业务，在物理层应采用高速、高效的调制/解调技术。媒质访问控制层（MAC）是支持多个终端设备共用无线信道所需要的。数据链路控制层（DLC）为 ATM 层提供透明的传输，完成对多媒体业务的差错控制。无线控制子层是支持无线接入层及其与 ATM 网络综合的控制面功能所需要的。

3. 无线 ATM 的参考模型

图 6-21 展示出了 ATM 论坛目前正在研究的一种无线 ATM 系统的基准参考模型。其主要组成部分有：WATM 终端（终端用户设备）、WATM TA（终端适配器，终端用户的无线 ATM 网络接口）、WATM 无线基站（到固定 ATM 网络的无线接口）、移动 ATM 交换机（具有移动性支持能力的接入交换机）、ATM 网络（标准的固定 ATM 网络）和 ATM 主机（标准的 ATM 终端用户/服务器设备）。包括两个平面：用户平面（Plane for User，U-Plane）和控制平面（Plane for Control，C-Plane）。在控制平面中，含有信令（SIG）和网络控制等信息，PNNI 代表专用网络-网络接口（Private NNI），SAAL 代表 ATM 适配层。

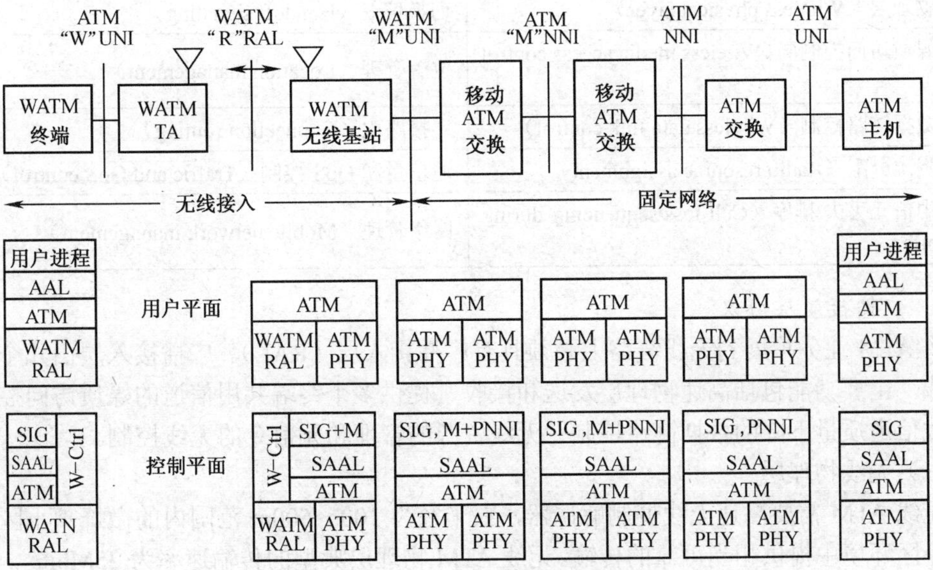

图 6-21 无线 ATM 系统的参考模型

图6-21中，“M”代表Mobile ATM。在固定网络中，移动ATM交换机之间的网络节点接口，表示为“M”NNI（NNI for Mobile），它们支持现有ATM NNI标准的移动性部分。用“R”代表广播接入层（Radio Access Layer，RAL），表示为“R”RAL（RAL for Radio）。“W”的含义是附加“M”和“R”标准的联合，完整的无线ATM用户-网络接口，可以表示为“W”UNI（UNI for Whole）。

无线ATM系统的参考模型从功能上可分为广播接入层和移动ATM两部分，广播接入层是ATM业务通过无线介质的扩展，移动ATM的功能是网络层具有支持移动终端的能力。广播接入层的协议“R”RAL包括：高速无线物理层（Physical Layer，PHL）、媒质访问控制（MAC）、数据链路控制（DLC）和无线控制（Wireless Control，W-C）。移动ATM协议包括越区切换控制、位置管理、路由和QoS控制。

在固定网络一侧，WATM无线基站端接“R”RAL协议，并使用标准ATM PHY和固定ATM网络接口。WATM无线基站不仅起ATM层桥接器的作用，还可结合交换功能共同处理多个无线设备和固定网络的接口。WATM无线基站使用“M”UNI控制协议，以便支持移动性ATM交换机接口。在移动交换机之间采用“M”NNI协议，同时使用标准的ATM NNI协议和其他ATM交换机进行连接。WATM终端和WATM终端适配器之间的接口采用“W”UNI，将移动性控制和无线接入合并到标准的ATM UNI中。

6.4.3 无线ATM协议

无线ATM标准化工作是由ATM论坛（ATM Forum，其网址是www.atmforum.com）和欧洲电信标准化机构（ETSI）的BRAN执行的。ATM论坛中的协议包括广播接入协议和移动ATM（MATM）协议扩展两组。这些协议列在表6-2中。

表6-2　ATM论坛中的协议

广播接入层（RAL）协议（Radio Access Layer Protocols）	移动ATM（MATM）协议扩展（Mobile ATM Protocol Extensions）
无线物理层（Wireless physical layer）	切换信令（Handoff signaling）
无线媒质访问控制层（Wireless media access control layer）	位置管理（Location management）
无线数据链路控制（Wireless data link control）	连接路由（Connection routing）
广播资源分配（Radio resource assignment）	通信量和QoS控制（Traffic and QoS control）
切换中信元丢失/排序（Cell loss/sequencing during handoffs）	网络管理（Mobile network management）

1. 广播接入层协议

将ATM业务扩展到无线链路上必须具有广播接入层（RAL）。广播接入层由几个协议子层构成，主要功能包括高速物理层发送和接收、提供多个终端共用信道的媒质访问控制、改善无线信道质量下降的数据链路控制、无线资源的管理和元信令的无线控制。

（1）无线物理层

无线ATM需要高速无线调制解调器，在半径为100～500m范围内的微蜂窝小区和微微蜂窝小区环境中提供相当可靠的传输。无线ATM物理层典型的传输速率为25Mbit/s，与ATM论坛作为物理层方案采用的25Mbit/s无屏蔽双绞线标准相当。25Mbit/s的数值是以每条虚通路上的持续比特率至少为 1～2Mbit/s 和峰值比特率为 5～10Mbit/s 的目标为基础的。除了高比特率工作以外，该调制解调器必须支持采用与传输短控制分组和 ATM 信元相一致的相对短报头的突发情况。

目前无线 ATM 物理层的主要调制方案有：移相键控/正交调幅（Qudrature Phase Shift Keying /Qudrature Amplitude Modulation，QPSK/QAM）、多载波正交频分复用（Orthogonal Frequency Division Multiplexing，OFDM）及扩频 CDMA。QPSK/QAM 需要较为复杂的均衡器；OFDM 不需要均衡，但存在复杂的频率变换。因为 OFDM 处于多载波工作状态，将会导致较大的比特传输时延。从容量和可靠性分析，扩频调制具有信号质量好、频谱利用率高等优点，但是在限定带宽的情况下，业务的峰值速率会受到限制。因此，需要研究高效扩频调制技术。

（2）无线媒质访问控制

无线媒质访问控制层的主要功能有媒质访问管理和数据封装等。首先需要选择物理信道，在这些信道上建立和释放连接；其次，将控制信息、高层的信息和差错控制信息复接或分接成适合物理信道传输的数据分组。在无线媒质访问控制层形成多种逻辑信道，为高层提供不同的业务服务。

由于无线链路的共享性和广播性，因此，需要研究支持多媒体业务的媒质访问控制（MAC）协议。MAC 协议的好坏直接影响到系统的性能、容量以及终端的复杂性等。无线 ATM 通信网将提供可用比特率（ABR）、可变比特率（VBR）、恒定比特率（CBR）以及与 QoS 控制有关的通用比特率等多种业务，为了支持这些业务必须有适合的 MAC 协议。选择 MAC 协议的关键因素是在保持相当高的无线信道效率的同时，以适当的 QoS 等级支持 ATM 业务类型。

较为典型的 MAC 协议有基于时分多址 TDMA 的动态预约多址访问协议和基于码分多址的访问协议 CDMA（如分组 CDMA、可变速率 CDMA 等）。

以多业务动态预约 TDMA（Multiservice Dynamic Reservation TDMA，MDR-TDMA）的访问协议为例，其原理如图 6-22 所示。将一个 TDMA 帧分为请求时隙和消息时隙，一个消息时隙传送一个无线 ATM 信元。消息时隙又进一步分为用于传输恒定比特率业务的固定分配部分和用于传输可变比特业务的动态分配部分。固定分配部分的边界可动态变化，若请求时隙的数目为 V，则在每一帧中固定分配部分的时隙数最多只能为 V。

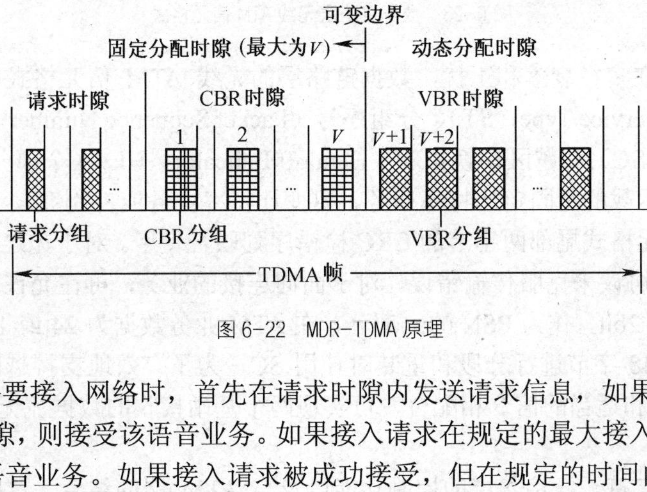

图 6-22 MDR-TDMA 原理

当有语音业务要接入网络时，首先在请求时隙内发送请求信息，如果被成功接受，同时存在 CBR 空闲时隙，则接受该语音业务。如果接入请求在规定的最大接入时延内未能被正确接受，则拒绝该语音业务。如果接入请求被成功接受，但在规定的时间内仍无空闲的 CBR

时隙，同样拒绝该语音业务。

当有数据业务要接入网络时，仍然在请求时隙内发送请求信息，如果被成功接受，则进入消息请求队列，等待分配时隙。如果在规定的时间内未能分配到时隙，该数据业务将被丢弃。如果在规定的时间内，预约请求未能成功传输，该数据业务也将被丢弃。

（3）无线数据链路控制

无线数据链路控制层是在信元发送到 ATM 网络层以前为减轻无线信道差错的影响所必需的。在 B-ISDN 中，由于采用光纤信道，不需要复杂的纠错方案。在无线 ATM 通信网中，由于采用无线信道，其误码率较光纤信道高出许多，强有力的差错控制方案成为无线 ATM 无线接入层中的一个非常重要的环节。可选用的差错控制方法有检错/重发协议和前向纠错协议。无线 ATM 信元头的差错保护，以及无线 ATM 与有线 ATM 信元头之间的格式转换，也将在数据链路层完成。

由于 TDMA 和 CDMA 的传输特性有差异，与之相对应的数据链路层也不相同。CDMA 系统采用不同的码字来区分不同的用户和连接。因此，对于采用 CDMA 体制的数据链路层，可以去掉 ATM 信元中有关连接的标识信息（如 VPI/VCI）。实际应用中，用一个码字对应一个连接，在高速并行传输时，用一组码字对应一个连接。对于 TDMA 数据链路层，必须保证 ATM 信元的透明传输。图 6-23 给出了一种典型的数据链路层无线 ATM 信元格式，它由 ATM 业务数据、压缩后的 ATM 信元头、无线 ATM 数据链路层的头和尾几部分组成。

从图 6-23 中可得知，为了减少开销，采用压缩的 ATM 信元头，它只包含了维持 ATM 协议所必须的虚信道标识、负荷类型、信元丢失优先级。ATM 业务数据长度为 48 字节或 48/*n* 字节。使用 48 字节可以最大限度的与标准 ATM 信元兼容；当选取 24 或 16 字节时，易于无线信道的可靠传输。当传输 8kbit/s 声码器输出的语音时，使用 ATM 业务数据长度为 24 或 16 字节的无线 ATM 信元，可以保持较高的信道利用率。

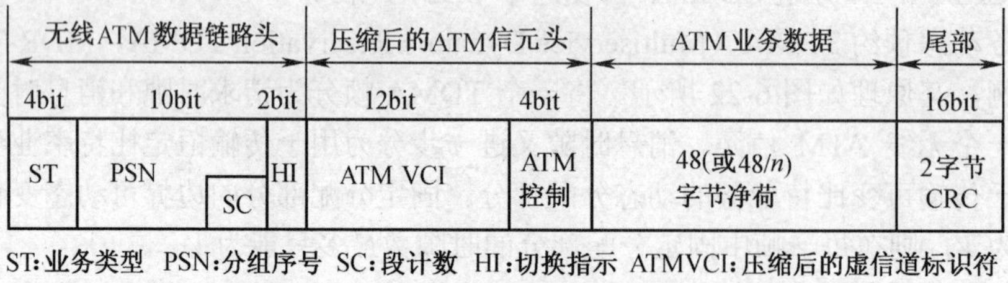

图 6-23　数据链路层无线 ATM 信元格式

无线信道中存在多径衰落和干扰，数据链路层的无线 ATM 信元格式中加上了头和尾。信头由业务类型（Service Type，ST）、分组序号（Packet Sequence Number，PSN）、分段计数（Segment Counter，SC）和越区切换指示（Handoff Indicator，HI）4 个部分组成。ST 表示当前无线 ATM 信元运载的是固定比特率业务、可变比特率业务或控制突发业务。PSN 主要用于差错控制，与信元格式尾部两字节的 CRC 检错序列联合使用。对于无连接的数据业务，使用 HDLC 差错恢复协议来克服传输错误。对于面向连接的业务，可在允许的时延内，进行限时重传。SC 长度是 2bit，作为 PSN 的一部分，在 ATM 业务数据为 24 或 16 字节时使用。在对标准 ATM 净荷 48 字节进行分段和重装时使用 SC。为了有效地支持越区切换的功能，增加了 2bit 的 HI，它和适当的信令相配合，可实现两个基站接收的数据流无缝连接。

（4）无线控制

无线控制子层支持无线接入层的控制功能以及与 ATM 网的结合。这些功能包括在无线物理层、媒质访问控制子层、数据链路控制子层的无线资源控制和管理功能中。该层的信令变换功能还可以完成无线链路和传统的ATM信令层、控制层之间的通路控制。

终端移动、切换控制和无线资源管理等功能也将在无线控制子层实现。还包括无线端口的终端验证/登记、功率测量/控制、切换指示/启动/证实、数据链路状态传送和中断处理。一个重要的无线控制功能是：为了以最少的信元丢失率实现平衡切换，将连接状态（包括数据链路缓冲、MAC等状态）从一个无线端口送到另一个无线端口。

2. 移动ATM协议扩展

移动ATM（MATM）用于固定ATM网络，以支持终端移动性的需要。移动ATM的主要功能是将用户的名字映射到其当前位置的位置管理；在用户终端移动时，进行动态的路由切换控制。移动ATM协议除了支持端到端的无线ATM业务外，还可以为现存的个人通信网、蜂窝和无线局域网应用提供互连。

（1）切换控制

切换是移动通信系统的一项重要功能，它是移动终端在移动过程中为保持与网络的持续连接而发生的波道切换技术，其含义是指正在信息传送的移动终端从一个小区移动到另一小区时，移动业务交换中心命令该移动终端从本小区的无线信道转接到另一个小区的无线信道上，以保持信息传送的连续性。在无线ATM和个人通信、蜂窝互连应用中动态地支持终端移动，这个过程包括终端或无线基站产生的一些虚信道切换。在切换过程中，尽量使盲区最小化及信元的丢失率最小，且等待的时间最短。

为了动态地重新选择从一无线端口到另一无线端口的虚信道，需对ATM网络信令和网络控制协议进行扩展，扩展的协议包括终端和无线端口启动虚信道的切换。虚信道可连接到不同的固定端点或移动端点。从一无线端口到另一无线端口的通道扩展可由路由实现，也可通过新的ATM交换机或端口重新建立虚信道子通道。图6-24所示为一个在无线ATM中的切换实例，从图中可看出，切换请求用来启动从一个基站到另一个基站的一组虚信道之间的信息传送。

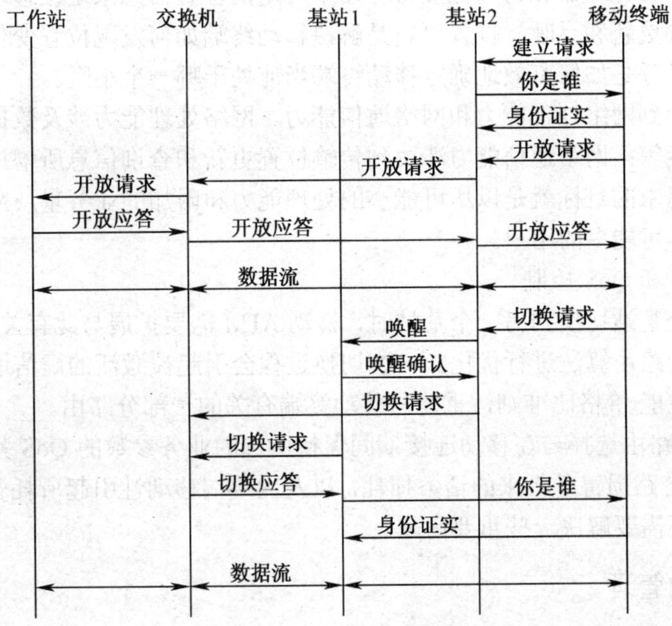

图6-24 无线ATM中切换控制实例

① 移动终端首先向基站 2 发送身份信息；基站 2 收到后，发出身份证实信息；移动终端向基站 2 证实身份；移动终端向基站 2 发出开放无线链路请求，基站 2 向交换机发出开放无线链路请求，交换机收到请求以后，向工作站发开放无线链路请求；然后工作站向交换机发开放应答。

② 交换机向基站 2、基站 2 向移动终端依次发开放应答的信息；随后在移动终端与基站 2、基站 2 与交换机、交换机与工作站之间都建立起了能够传输数据的链路。

③ 当移动终端变换位置，移动到基站 1 附近时，仍想保持与工作站之间数据链路的畅通，需要从基站 2 切换到基站 1。此时，移动终端向基站 2 发出切换请求；基站 2 收到请求以后，将向基站 1 发出唤醒信息，基站 1 被唤醒，发出唤醒确认信息；基站 1 和基站 2 都向交换机发出切换请求信息，交换机向基站 1 发出切换应答信息，此时切换完成；基站 1 向移动终端发出身份证实信息；移动终端向基站 1 证实身份，至此切换后的数据链路建立起来。

（2）位置管理

位置管理是网络支持终端移动的一般性能需要。在端到端的无线 ATM 环境，以及个人通信、蜂窝、无线局域网情况中需要位置管理的功能。位置管理在特定移动设备的“名字”和“路由指示符”之间提供了一种映像，用来定位当前端点，联系移动设备。在纯 ATM 环境中，映像对应于移动端点；在个人通信、蜂窝、无线局域网情况下，映像对应于与移动设备有关的当前 ATM 无线端口。

位置管理通常采用两层数据库，即归属位置寄存器和访问位置寄存器。一个网络中有一个归属位置寄存器，若干个访问位置寄存器。归属位置寄存器用来存储在该网络内注册的所有用户的信息；访问位置寄存器用来管理该网络中若干位置区域，不同的位置区域由一定数量的蜂窝小区组成。

位置管理包括两个主要任务：位置登记和呼叫转移。位置登记是在移动终端的实时位置信息已知的情况下，更新位置数据库和证实移动终端。呼叫转移是在有呼叫给移动终端的情况下，根据归属位置寄存器和访问位置寄存器中可用的位置信息来定位移动终端。与此相关的两个问题是位置更新和寻呼。位置更新是解决移动终端如何发现位置变化及何时报告它的当前位置问题；寻呼是如何有效地确定移动终端当前处于哪一个小区。

位置管理涉及到网络处理能力和网络通信能力。网络处理能力涉及数据库的大小、查询的频率和响应速度等；网络通信能力涉及到传输位置更新和查询信息所增加的业务量和时延等。位置管理所追求的目标就是以尽可能小的处理能力和附加的业务量，来最快地确定用户位置，以求容纳尽可能多的用户。

（3）路由选择和 QoS 控制

当用户从一个基站切换到另一个基站时，移动 ATM 需要扩展与此有关的路由选择算法，同时需要对现有的路由算法进行优化。一次切换过程会引起被激活的虚信道上原有路由的变化，根据恰当的性能/价格比准则，重建与移动终端有关的一部分路由。

移动 ATM 的路由选择与在移动连接期间保持所选的业务参数的 QoS 紧密相关。在移动 ATM 中，因时变链路损害所带来的话务损耗，以及因终端移动性引起所耗资源的移动，服务质量及话务控制还需要解决一些重要问题。

6.4.4 移动管理

ATM 是网状结构，多数 ATM 节点连接到多个节点。对于无线 ATM 来说，必须有移动服务器连接到 ATM 网络，来处理不同的控制层，即移动业务交换控制中心/基站控制器/归属位置寄存器（MSC/BSC/HLR）等。移动服务器可以充分利用网状结构的优点。本地呼叫可以在本地选路，同时，验证等功能可以单独选路到最近的数据库。因而，利用相对少数的移动服务器可以将蜂窝系统连接到 ATM 网络上。

当移动台漫游或者网络状态变化时，可能需要无线链路从一个基站切换到另一个基站。无线链路上的切换与传统技术类似，传统 ATM 并不支持虚电路建立后再重新选路，因此需要特别的技术来解决网络层次上的切换。在基站控制器（Base Station Controller，BSC）上控制一组基站，这组基站的所有连接都将通过同一个 BSC，这些基站之间的切换比较简单，BSC 控制信元流，并且安排到基站的选路。在不同的 BSC 之间的选路比较复杂。当 ATM 信元非周期性传输时，并不知道一条路径上的信元何时通过每个节点。在切换中，建立新路径、清空缓冲区、前向或重新选路信元以及校正固定和无线网络会带来延迟，并且可能导致信元丢失，或者使信元传输顺序错乱，或者重复出现相同的信元。在不同业务中这些现象不一定相同，但是降低了 QoS，使系统性能下降。无线 ATM 网络的移动管理主要建立在 3 个重新选路技术上，即信元前向切换、虚连接树切换和动态重新选路。

1. 信元前向切换技术

信元前向切换技术是在切换开始前，建立一条新的从当前基站到切换后将使用基站（即目标基站）的路径；切换完成后，原基站到目标基站的路径拼接上原先使用的路径，也就是把路径延长到目标基站。这样路径会越来越长，当传输和等待延迟不能满足要求时，新基站来的信元只有当所有原来基站的等待信元全部被发送后才能发送，以保证信元正确的顺序，因而，需要比较多的缓冲区和带来较大的延迟。经过几次切换后，信元要经过冗长的路径，并且可能在一些线段中重复经过。图 6-25 所示为信元前向切换图，链路 A 是第一次切换加入的虚连接，链路 B、C、D 是第二次切换加入的虚连接。Bahama 方法是它的改进方法，这种方法定期地更换为优化路径。Bahama 方法不要求移动服务器，但是要求基站有一定的智能。

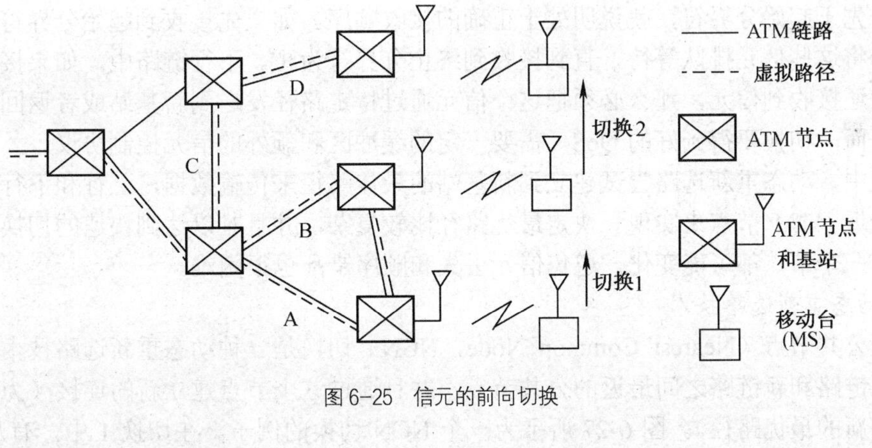

图 6-25 信元的前向切换

2. 虚连接树切换技术

虚连接树切换技术就是用虚连接树来控制一组基站的切换，它先建立一个虚的 ATM 网络层次图，路由连接通过中心点。一个 ATM 移动服务器充当根节点，在它范围下所有的基站（BS）的连接都要通过它。切换由移动台（MS）控制和执行，而移动服务器负责切换中业务的连续。当MS要求连接时，移动服务器建立它树下各基站的连接，被称为虚树枝（Virtual Branch，VB）。任何情况下只有一个虚树枝为一个MS传输数据。MS选择要切换的基站，并且当一个空闲虚树枝接收一个上行信元时，移动服务器能探知。下行链路信元就转发给适宜的虚树枝和新基站。虚连接树切换如图6-26所示。虚树枝VB1是初始时的链路，第一次切换后，变成虚树枝VB2，经过第二次切换后，变成虚树枝VB3。由于每次连接都需要建立到每个基站的VB，需要预约非常大数目的路径，这就不能满足QoS要求。如果虚连接树小，那么VB就少，但是会增加树间的切换。有时还需要和虚连接树之外的基站连接，也需要其他技术来处理切换。这可以通过动态建立虚连接树来改善性能。

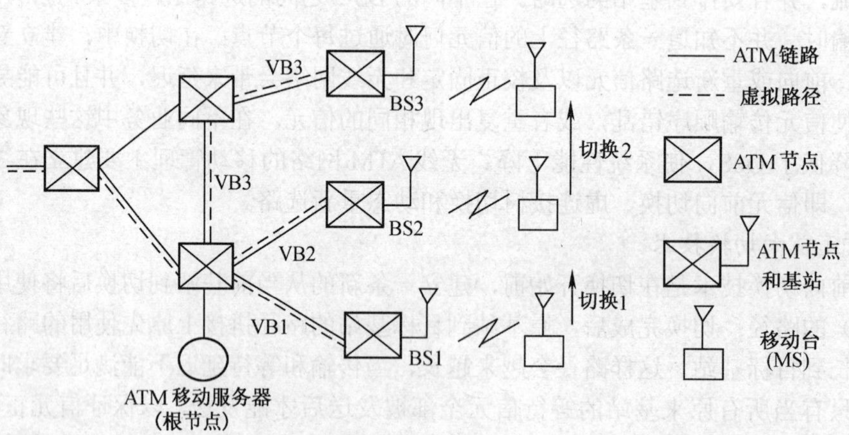

图6-26 虚连接树切换

需要特别说明的是，切换中，可能出现信元的顺序错乱或者信元丢失。上行链路中，新基站发送的信元可能比原基站发送的信元先到达根节点；下行链路中，信元可能已经选路到原基站还没有发送，而MS已经切换到新基站。可以使用切换分界符来解决这个问题。切换中，MS发送一个起始分界符到新VB，发送一个终止分界符到旧VB。上行链路中，如果终止分界符先于起始分界符，就说明处于正确的接收顺序。如果先接收到起始分界符，那么移动服务器将这些信元排队等待，直到接收到终止分界符为止。下行链路中，如果接收到终止分界符后还接收到信元，那么必须把这个信元通过特定路径发送到新基站或者返回到移动服务器。因而，切换要得到好的QoS，需要一定的缓冲区和额外的信元控制协议。

切换中，动态重新选路尝试建立到新基站的最佳路径来传输数据，上行和下行路径通常都通过最近ATM节点来实现。决定最优路径比较复杂，并且难以达到快速的切换。由于路径在任何一个节点都可能变化，避免信元丢失和顺序错乱也很困难。

3. 动态重新选路技术

最近公共节点（Nearest Common Node，NCN）切换是一种动态重新选路技术，它是基于寻找现链路和新链路之间最近的公共节点，并且通过这个节点建立新的连接（为呼叫切换建立一条新的最优路径）。图6-27所示为一个NCN切换的例子。在切换1中，有从BS1到BS2的直接链路，因此链路A就直接加到原路径，BS1就是NCN。对于切换2，节点B是NCN，路径重新选路。NCN重新选路使用区域管理器，区域管理器管理一组BS，并且有邻近区域地址的查找表。根据业务类型的不同，NCN路由协议有一些不同。重要的是，NCN方法假定传输时延相对于空中接口的时延影响很小（这些假定得符合实际的网络）。

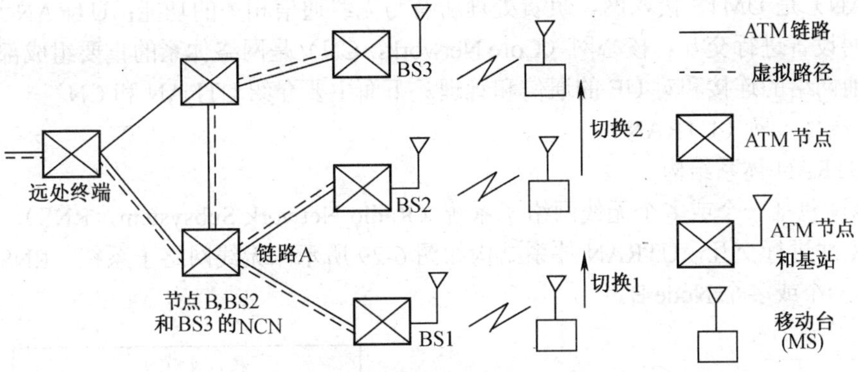

图6-27 最近公共节点切换

对有实时要求的连接来说，接收到切换请求时，原区域管理器检查是否有到新区域管理器的直接连接。如果有，一个区域管理器就作为一个锚点，并建立连接；直到切换确定，两条路径都保持连接。如果没有直接链路，区域管理器发送一个切换起始信息，这个起始信息包含两个区域管理器到原处终端的地址。每个沿路的节点检查自己是否为NCN，如果找到了NCN，就建立从NCN到新基站的路径，这样就完成了切换。下行链路信息选路到两个基站，直到得到链路确定的消息，这些信息由与MS正在通信的基站提供。MS使用时间序列消息丢弃所有重复的信息。上行链路中，MS送信元到其中一个基站，并且依次将它们传送到区域管理器中。

非实时业务有一些不同。当切换开始时，两个基站缓存下行链路信息直到切换完成。如果原基站缓冲区非空，那么数据送到新基站，重新排列后送到新路径。上行链路数据缓存起来，直到切换结束，以保证信元的完整性和序列性。切换完成后，信元的传输速度增加，以便清空缓冲区。由于实时业务不太需要较长缓冲的场合，但是可以容忍一些错误，而非实时的数据业务对信元丢失等错误很敏感，却可以容忍一定的时延，因而NCN路由技术提供了可接收的复杂度和链路的有效利用。使用NCN的优点是可以在不同的网络结构中进行切换。

6.5 宽带码分多址接入

宽带码分多址（Wideband Code Division Multiple Access，WCDMA）是由3GPP具体定义的3G（第3代移动通信系统）标准，是3G的3种主流传输制式之一；另外两种标准分别是CDMA2000和TD-SCDMA。在世界范围内，WCDMA已经成为被广泛采纳的标准，限于教材篇幅，本节就重点介绍WCDMA接入技术。

6.5.1 WCDMA网络体系结构

通用移动通信系统（UMTS）通常包括3部分，分别是核心网（Core Network，CN）、通用地面无线接入网（Universal Terrestrial Radio Access Network，UTRAN）和用户终端设备（User Equipment，UE），如图6-28所示。用户终端设备（UE）由移动设备（The Mobile Equipment，ME）和用户身份识别（The UMTS Subscriber Identity Module，USIM）两个组成部分，主要包括射频处理单元、基带处理单元、协议栈模块和应用层软件模块等；UE通过Uu接口与网络设备进行数据交互，为用户提供电路域和分组域内的各种业务功能，包括普通语音、数据通信、移动多媒体和Internet应用（如E-mail、WBFCJ浏览和FTP等）。通用地面无线接入网（UTRAN）是 UMTS 接入网，负责处理所有与无线通信相关的功能；UTRAN 通过 Iu 接口与核心网设备进行交互。核心网（Core Network，CN）是网络体系的重要组成部分，主要负责与其他网络的连接和对 UE 的通信和管理。下面主要介绍 UTRAN 和 CN。

1. 无线接入网（UTRAN）

（1）UTRAN 体系结构

UTRAN 包括一个或多个无线网络子系统（Radio Network Subsystem，RNS），它们通过 Iu 接口与 CN 进行交互，UTRAN 体系结构如图 6-29 所示。无线网络子系统（RNS）包括一个 RNC 和一个或多个 Node B。

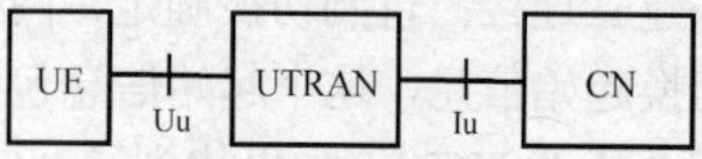

图 6-28　UMTS 系统结构

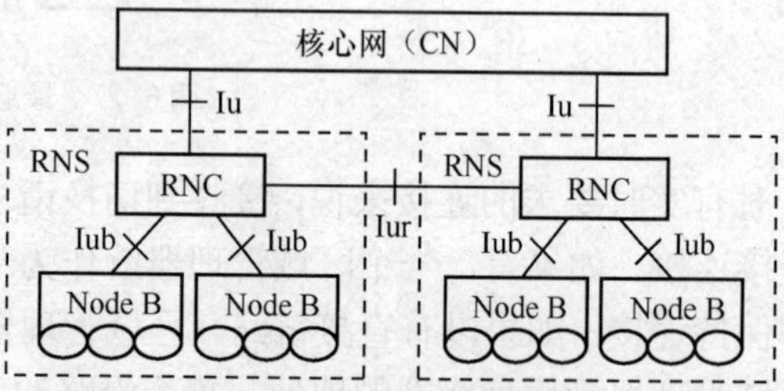

图 6-29　UTRAN 体系结构

① Node B 即 WCDMA 系统的基站，包括无线收发信机和基带处理部件，由 RF 收发放大、射频收发系统（TRX）、基带部分（BB）、传输接口单元和基站控制部分 5 个逻辑功能模块构成。Node B 通过标准的 Iub 接口和 RNC 互连，主要完成 Uu 接口物理层协议的处理，具体包括扩频、调制、信道编码及解扩、解调和信道解码，还包括基带信号和射频信号的相互转换等功能，支持 TDD/FDD 两种双工方式。

② 无线网络控制器（Radio Network Controller，RNC）负责控制其管辖范围内的无线资源。它通过 Iu 接口与核心网相连，移动台和 UTRAN 之间的 RRC 协议在此终止。它在逻辑上对应 GSM 网络中的基站控制器（BSC）。RNC 之间通过 Iur 接口进行通信，Node B 与 RNC 通过 Iub 接口连接。

如果在一个移动台与 UTRAN 的连接中用到了超过一个无线网络子系统（RNS）的无线资源，那么各相关 RNC 有两个独立的逻辑功能：服务 RNC 和漂移 RNC。服务 RNC（Serving Radio Network Controller，SRNC）管理 UE 和 UTRAN 之间的无线连接，它是对应于该 UE 的 Iu 接口（Uu 接口的终止点）；无线接入承载的参数映射到传输信道的参数是否进行越区切换和开环功率控制等基本的无线资源管理都是由 SRNS（服务无线网络子系统）中的 SRNC 来完成的，一个与 UTRAN 相连的 UE 有且只能有一个 SRNC。漂移 RNC（Drift Radio Network Controller，DRNC）是除了 SRNC 以外 UE 所用到的其他 RNC 的统称，它们控制着 UE 使用的基站；如果需要，DRNC 可以进行宏分集合并和分裂；除非 UE 正在使用一条公共或共享传输信道，否则 DRNC 不对用户平面数据进行 L2 层处理，仅仅在 Iub 和 Iur 接口间为数据选择路由；一个用户可以没有，也可以有一个或多个 DRNC。

（2）WCDMA 系统主要接口

从图 6-28 和图 6-29 的 UMTS 网络系统构成和 UTRAN 功能结构示意图中可以看出，WCDMA 系统主要有 Iu、Iur、Iub、Uu、Cu 等接口。

① Iu 接口：是连接 UTRAN 和 CN 的接口，类似于 GSM 系统的 A 接口和 Gb 接口。Iu 接口是一个开放的标准接口，因此通过 Iu 接口相连接的 UTRAN 与 CN 可以分别由不同的设

备制造商提供。

② Iur 接口：是连接 RNC 之间的接口，是 UMTS 系统特有的接口，用于对无线接入网（RAN）中移动台的移动管理。例如当不同的 RNC 之间进行软切换时，移动台所有数据都是通过 Iur 接口从正在工作的 RNC 传到候选 RNC。Iur 是开放的标准接口。

③ Iub 接口：是连接 Node B 与 RNC 的接口，它也是一个开放的标准接口，因此通过 Iub 接口相连接的 RNC 与 Node B 可以分别由不同的设备制造商提供。

④ Uu 接口：是 WCDMA 的无线接口，UE 通过 Uu 接口接入到 UMTS 系统的固定网络部分，Uu 接口是 UMTS 系统中最重要的开放接口。

⑤ Cu 接口：是用户身份识别卡（USIM）和移动设备（ME）之间的电气接口，Cu 接口采用标准接口。

2. 核心网（CN）

（1）核心网体系结构

UMTS 核心网是建立在 GSM 核心网基础上，使用了与 GSM/GPRS 定义相同的核心网体系结构，对 GSM/GPRS 定义的核心网进行了一些加强。虽然从 GSM 网络发展到 WCDMA 网络代表着无线接入技术的巨大进步，但是 UMTS 的核心网在 3GPP 的 R99 规范中并没有发生太大的变动，核心的结构源自 GSM 核心网。R99 是 UMTS 的第 1 个协议规范集，3GPP 协议 R99 版本网络体系结构的示意图如图 6-30 所示，核心网设备包括电路交换域设备和分组交换域设备，电路交换（CS）域主要设备包括 MSC/VLR 和 GMSC；分组交换（PS）域主要设备包括 SGSN 和 GGSN；无线接入网设备包括 UE 和 RNS。

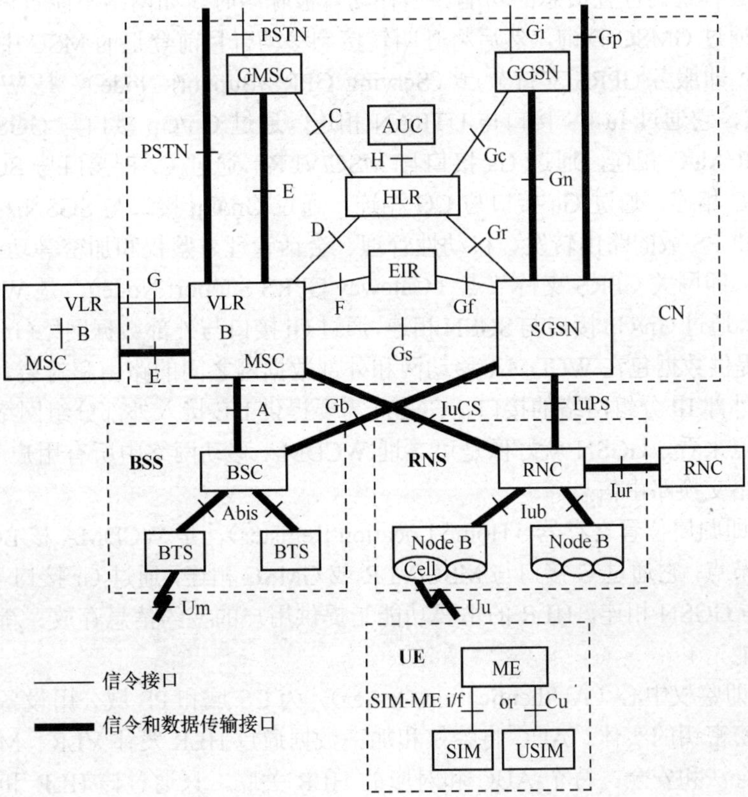

图 6-30 3GPP 协议 R99 版本网络体系结构示意图

下面对核心网主要功能实体分别进行介绍。

① MSC：即移动业务交换中心（Mobile-service Switching Center），是 WCDMA 核心网 CS 域功能节点，MSC 为电路域特有的设备，用于连接无线系统（包括 BSS 和 RNS）和固定网。MSC 完成电路型呼叫所有功能，如控制呼叫接续，管理移动台在本网络内或与其他网络（如 PSTN/ISDN/PSPDN 和其他移动网等）的通信业务，并提供计费信息。MSC 通过 Iu-CS 接口与 UTRAN 相连，通过 PSTN/ISDN 接口与外部网络（PSTN 和 ISDN 等）相连，通过 C/D 接口与 HLR/AUC 相连，通过 E 接口与其他 MSC/VLR、GMSC 或 SMC 相连，通过 CAP 接口与 SCP 相连，通过 Gs 接口与 SGSN 相连。MSC/VLR 的主要功能是提供 CS 域的呼叫控制、移动性管理、鉴权和加密等功能。

② VLR：即访问位置寄存器（Visitor Location Register），为电路域特有的设备，存储着进入该控制区域内已登记用户的相关信息，为移动用户提供呼叫接续的必要数据。通过 B 接口与 MSC 相连。当 MS 漫游到—个新的 VLR 区域后，该 VLR 向 HLR 发起位置登记，并获取必要的用户数据：当移动台漫游出控制范围后，需要删除该用户数据，因此可把 VLR 看做一个动态数据库。

③ GMSC：即网关移动业务交换中心（Gateway Mobile-services Switching Center），是 WCDMA 移动网 CS 域与外部网络之间的网关节点（可选功能节点），它通过 PSTN/ISDN 接口与外部网络（PSTN、ISDN 和其他 PLMN）相连，通过 C 接口与 HLR 相连，通过 CAP 接口与 SCP 相连，其主要功能是完成 MSC/VLR 功能中的呼入呼叫的路由功能及与固定网等外部网络的网间结算功能。GMSC 是电路域特有的设备，GMSC 作为系统与其他公用通信网之间的接口，还具有查询位置信息的功能。当移动台被呼叫时，如网络不能查询该用户所属的 HLR，则需要通过 GMSC 查询，然后将呼叫转接到移动台目前登记的 MSC 中。

④ SGSN：即服务 GPRS 支持节点（Serving GPRS Support Node），是 WCDMA 核心网 PS 域功能节点，它通过 Iu-PS 接口与 UTRAN 相连，通过 Gn/Gp 接口与 GGSN 相连，通过 Gr 接口与 HLR/AUC 相连，通过 Gs 接口与 MSC/VLR，通过 CAP 接口与 SCP 相连，通过 Gd 接口与 SMC 相连，通过 Ga 接口与 CG 相连，通过 Gn/Gp 接口与 SGSN 相连。SGSN 的主要功能是提供 PS 域的路由转发、移动性管理、会话管理、鉴权和加密等功能。

⑤ GGSN：即网关 GPRS 支持节点（Gateway GPRS Support Node），是 WCDMA 核心网 PS 域功能节点，通过 Gn/Gp 接口与 SGSN 相连，通过 Gi 接口与外部数据网络（Internet/Intranet）相连。GGSN 提供数据包在 WCDMA 移动网和外部数据网之间的路由和封装。GGSN 的主要功能是提供同外部 IP 分组网络的接口，GGSN 需要提供 UE 接入外部分组网络的关口功能。从外部网的观点来看，GGSN 就好像是可寻址 WCDMA 移动网络中所有用户 IP 的路由器，需要同外部网络交换路由信息。

⑥ HLR：即归属位置寄存器（Home Location Register），是 WCDMA 核心网 CS 域和 PS 域共有的功能节点，它通过 C 接口与 MSC/VLR 或 GMSC 相连，通过 Gr 接口与 SGSN 相连，通过 Gc 接口与 GGSN 相连。HLR 的主要功能是提供用户的签约信息存放、新业务支持和增强的鉴权等功能。

⑦ AUC：即鉴权中心（AUthentication Center），为 CS 域和 PS 域公用设备，是存储用户鉴权算法和加密密钥的实体。AUC 将鉴权和加密数据通过 HLR 发往 VLR、MSC 和 SGSN，以保证通信的合法和安全。每个 AUC 和对应的 HLR 关联，只通过该 HLR 和外界通信。通常，AUC 和 HLR 结合在同一物理实体中。

⑧ EIR：即设备识别寄存器（Equipment Identity Register），为 CS 域和 PS 域共用设备，存储着系统中使用的移动设备的国际移动设备识别码（IMEI）。

⑨ RNC：即无线网络控制器（Radio Network Controller），类似于 GSM 网络中的基站控制器（Base Station Controller，BSC），与 GSM 无线基站子系统 BSS 相对应。一个 RNC 和与之相连的各个节点 B（Node B）一起构成厂一个所谓的 3GPP 无线基站子系统 RNS。各个无线网络控制器（RNC）则可以通过一种接口相互连接起来，这种接口被称为 Iur 接口。引入这种 Iur 接口的目的是为了支持 RNC 之间的可移动性，支持与不同 RNC 相连的节点 B 之间的软切换。

（2）核心网版本演进

① R4 版本

3GPP 协议 R4 版本的基本网络体系结构图如图 6-31 所示。与 R99 版本相比，R4 版本中 PS 域的功能实体 SGSN 和 GGSN 没有改变，与外界的接口也没有改变；电路交换域（CS）域的功能实体仍然包括有 MSC，VLR，HLR，AUC 和 EIR 等设备，相互间关系也没有改变。主要区别在于：R4 版本核心网 CS 域引入了软交换网络，把 R99 版本 CS 域中的 MSC 分解为 MSC 服务器（MSC Server）和媒体网关（Media Gateway，MGW）两个功能实体，实现呼叫控制与承载的分离，这种分离结构实现了语音交换的分组化。MGW 受 MSC Server 的控制，并可以被放置在远离 MSC Server 的位置处；电路交换呼叫的控制信令存在于 RNC 和 MSC Server 之间，而媒体路径则存在于 RNC 和 MGW 之间。

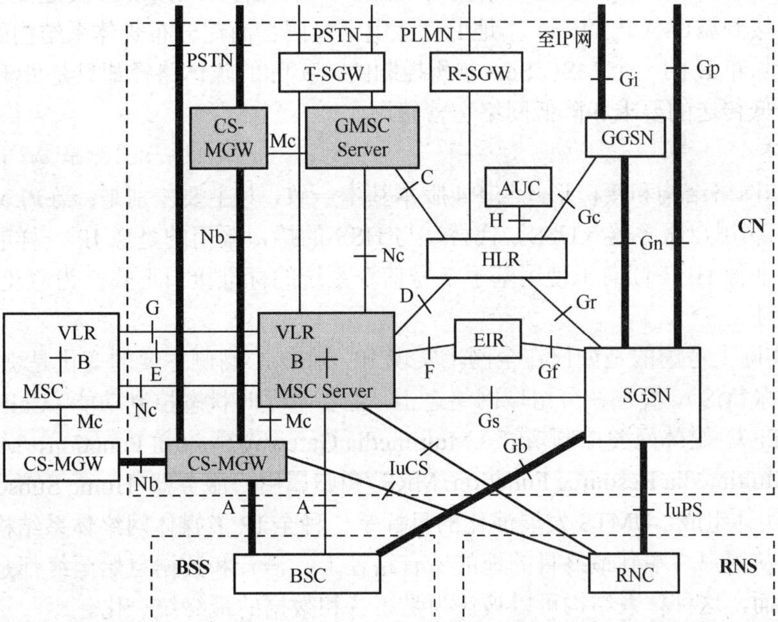

图 6-31 3GPP 协议 R4 版本网络体系结构图

- MSC 服务器

MSC 服务器 MSC Server 包含着一个标准 MSC 的移动性管理和呼叫控制逻辑电路，MSC Server 终接用户-网络信令，并将其转换成网络-网络信令。MSC Server 也可包含 VLR 以处理移动用户的业务数据和 CAMEL 相关数据。MSC Server 可通过接口控制 MGW 中媒体通道的属于连接控制的部分呼叫状态。

- 媒体网关

媒体网关 MGW 包含交换矩阵，提供媒体流的处理。MGW 是 PSTN/PLMN 的传输终接点，并且通过 Iu 接口连接核心网和 UTRAN。MGW 可以是从电路交换网络来的承载通道的终接点，也可是分组网来的媒体流（如 IP 网中的 RTP 流）的终接点。在 Iu 上，MGW 可支持媒体转换、承载控制和有效载荷处理，可支持 CS 业务的不同 Iu 选项（基于 AAL2/ATM，或基于 RTP/UDP/IP）。

R4 版本核心网与独立运营分组交换干线网和电路交换干线网两个干线网相比，可以节省大量的投资和运营费用，主要表现在以下一些情况。一是当需要在远端将一个呼叫切换到另一个网络（如 PSTN）情况时，则可在远端配置另外—个媒体网关（MGW）和一个对其进行控制的入口网关移动业务交换中心（GMSC Server），该媒体网关将分组打包语音转换成标准 PCM（脉冲编码调制），以便于向 PSTN 进行传送，这样在语音到达与 PSTN 接口的那个媒体网关之前就不必转换到 64kbit/s，仍然以空中接口内的语音数据传输速率（如 12.2kbit/s）传输，从而可以为主干网节省大量的带宽资源（当两个媒体网关距离很远时，这种节省尤为明显）。二是在许多情况下，一个 MSC Server 还可以同时用来提供一个 GMSC 服务器的功能，一个媒体网关（MGW）也可以具有同时与无线接入网（RAN）和 PSTN 接口的能力，因而，来自和去往 PSTN 的呼叫可以在本地进行切换，这同样可以大大节省通信资源。三是当某个 RNC 位于城市 A 内、但由城市 B 内的一个 MSC 所控制时，若城市 A 内的一个用户要进行一次本地电话呼叫，在非分布式体系结构的情况下，呼叫需要从城市 A 传送到城市 B，然后再传回来，连接到城市 A 内的一个本地 PSTN 电话号码；而在分布式体系结构的情况下，呼叫仍是由处于城市 B 的一个 MSC Server 所控制的，实际的媒体路径却只是处于城市 A 内，这样就可以降低传送的要求和降低网络运营费用。

② R5 版本

R5 版本的网络结构和接口形式与 R4 版本基本一致，其主要差别是：当 PLMN 包括 IMS 时，HLR 被归属用户服务器（HSS）代替，与 HSS 的接口采用的是像 IP 一样的基于分组的传输方式，而非像 HLR 倾向于使用基于 7 号信令系统的标准接口形式。为避免重复，R5 版本不再详细描述。

R5 阶段实际上考虑的是如何在全网上实现 IP，在核心网侧主要的变化是引入了 IP 多媒体子系统（简称 IMS），叠加在分组域网络之上，主要由呼叫状态控制功能（Call State Control Function，CSCF）、媒体网关控制功能（Multimedia Gateway Control Function，MGCF）、多媒体资源功能（Multimedia Resource Function，MRF）和归属用户服务器（Home Subscriber Server，HSS）等功能实体组成。UMTS 发展演化的目标是一种全 IP 多媒体网络体系结构，如图 6-32 所示。由于在从用户终端到最终目的地的所有路径上，语音和数据自始至终都是以同一方式进行处理，因而，这种体系结构可以被认为是语音和数据的最终统一化。

下面就简要介绍 IMS 各实体功能是如何实现和如何为 UMTS 增加支持多媒体业务的。

- 呼叫状态控制功能

呼叫状态控制功能 CSCF 的主要功能是对来自和发往用户终端的多媒体会话的建立、保持和释放进行管理（包括了翻译和路由选择等）。SIP 是移动台和 CSCF 之间、CSCF 和 CSCF 之间、CSCF 和 MGCF 之间以及 CSCF 和应用服务器之间有关信令方面的协议，在呼叫控制中发挥了核心作用，它可以看做电路域（CS）语音通话中移动交换中心的信令部分和控制部分，同时它还能支持多媒体会话。

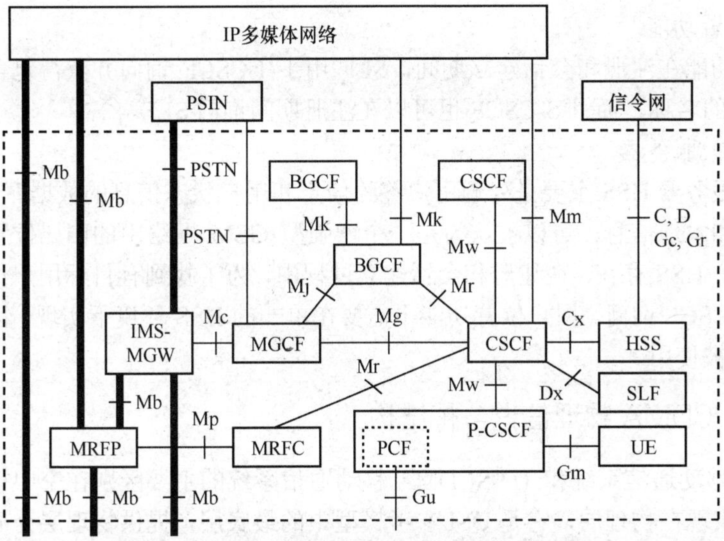

图 6-32 IP 多媒体子系统实体配置图

CSCF 利用 P-CSCF、S-CSCF、I-CSCF 等形式来实现其呼叫控制功能。作为代理 CSCF（P-CSCF）充当了一个代理服务器/登记服务器的作用，P-CSCF 是 IP 多媒体核心网子系统（IMS）内的第一个接触点（移动台和 IMS 最初的连接点），接受请求并进行内部处理或在翻译后接着转发。作为提供服务的 CSCF（S-CSCF），可以用于会话控制，维持网络运营商支持该业务所需的会话状态。作为询问 CSCF（I-CSCF），是运营网络内关于所有到用户的 IMS 连接的主要接触点（网络中各个移动台的有关 IMS 信令的一个主要的连接点），用于所有与该网络内签约用户或当前位于该网络业务区内漫游用户相关的连接。

- 媒体网关控制功能

媒体网关控制功能 MGCF 的主要功能包括负责控制适于媒体信道连接控制的呼叫状态部分，与 CSCF 的通信，根据来自传统网络的入局呼叫的路由号码选择 CSCF，执行 ISUP 与 IMS 网络呼叫控制协议间的转换，并能将其所收到的频段信息转发给 CSCF/IMS-MGW。

当会话的一端为 IMS 用户，而另一端是 PSTN 用户时，这时与 PSTN 互通需要 4 个新的功能实体：MGCF、IMS 媒体网关（IMS-MGW）、信令网关和 BGCF。IMS-MGW 能够支持媒体转换、承载控制和有效负荷的处理，并能提供支持 UMTS/GSM 传输媒体的必需资源，完成在两端用不同格式编码的媒体信号的翻译。信令网关提供在基于 SIP 和基于 ISUP 信令之间应用级的信令翻译，完成传输级的基于 IP 的和基于 SS7 的信令翻译功能。中断网关控制功能（BGCF）支持 PSTN 与 PS 域之间的呼叫。MGCF 控制 IMS 媒体网关，并与 S-CSCF 进行通信。BGCF 识别网络和网络中的 MGCF，并确定进入 PSTN 的位置。

- 多媒体资源功能

多媒体资源功能 MRF 是一种会议电话会议功能，它被用来支持像多方呼叫（Multi-Party Calling）和会聚式会议电话业务（Meet-Me Conference）这样的服务。多媒体资源功能处理器（MRFP）和多媒体资源功能控制器（MRFC）支持多方多媒体会议，并能体现媒体资源（例如，语音提示功能）的实际能力。MRFC 负责控制 MRFP 中的媒体流资源，解释来自应用服务器和 S-CSCF 的信息并控制 MRFP。MRFP 负责控制 Mb 参考点上的承载，为 MRFC 的控制提供资源，产生、合成并处理实际的媒体流。

- 服务位置功能

服务位置功能在注册和会话建立期间，SLF 用于 I-CSCF 询问并获得包含所请求用户特定数据的 HSS 的名称，而且 S-CSCF 也可以在注册期间询问 SLF。

- 归属用户服务器

归属用户服务器 HSS 主要是处理用户签约信息和用户状态信息的数据库，它存储用户签约的业务信息和本地信息，可以被认为是一个增强型 GSM 网络中的归属位置寄存器。因为在网络中有几个 HSS 存在，在注册和会话建立过程中，为了找到有目标用户信息的 HSS，用户位置功能被 CSCF 询问。用户位置功能不需要在单一的 HSS 环境下实现，因为 CSCF 知道哪一个 HSS 会被使用。

6.5.2 WCDMA 物理信道与帧结构

WCDMA 移动通信系统和 TD-SCDMA 移动通信系统的主要区别在空中接口的无线传输技术上，主要表现在物理层，它是 OSI 参考模型中的最底层，提供物理层介质中比特流传输所需要的所有功能。在 WCDMA 系统中，数据包总是以帧结构的形式进行传输的，每个无线帧为 10ms，被分成 15 个时隙（在码片速率 3.84 Mchip/s 时为 2 560chip/slot）。一个物理信道定义为一个码（或多个码），采用一个特定的载频、扰码、信道化码（可选的）、开始和结束时间（有一段持续时间）来定义。根据传输方向和用途的不同分为上行专用物理信道、上行公共物理信道、下行专用物理信道和下行公共物理信道。

1. 上行专用物理信道

专用物理信道（DPCH）包括专用物理数据信道（DPDCH）和专用物理控制信道（DPCCH）。上行 DPDCH 用于传输专用传输信道（DCH），在每个无线链路中可以有 0、1 或几个上行 DPDCH。上行 DPCCH 用于传输层 1 产生的控制信息，包括支持信道估计以进行相干检测的已知导频比特、发射功率控制指令（TPC）、反馈信息（FBI）和一个可选的传输格式组合指示（TFCI）等。TFCI 将复用在上行 DPDCH 中不同传输信道的瞬时参数通知给接收机，并与同一帧中要发射的数据相对应起来。在每个层 1 连接中有且仅有一个上行 DPCCH。DPDCH 和 DPCCH 在每个无线帧内是 I/Q 码复用的。

图 6-33 为上行专用物理信道的帧结构，其中参数 k 决定了每个上行 DPDCH/DPCCH 时隙的比特数，它与物理信道的扩频因子 SF 有关，$SF=256/2^k$。上行 DPDCH 扩频因子的变化范围为 256 到 4，DPCCH 的扩频因子一直等于 256，即每个上行 DPCCH 时隙有 10 个比特。

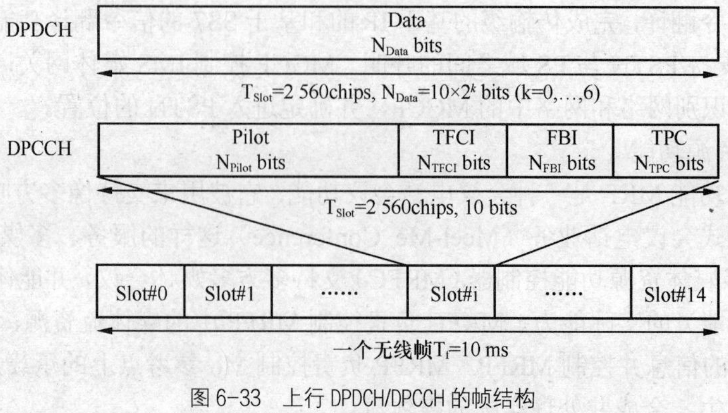

图 6-33　上行 DPDCH/DPCCH 的帧结构

上行专用物理信道（DPCH）可以进行多码操作。当使用多码传输时，几个并行的 DPDCH 使用不同的信道化码进行发射，但每个连接只有一个 DPCCH。

上行 DPDCH 开始发射前的一段时期，上行 DPCCH 所发射的上行 DPCCH 功率控制前缀被用来初始化一个专用传输信道（DCH）。功率控制前缀的长度是一个高层参数 Npcp，由网络通过信令方式给出。

除了正常的传输模式之外，还有另外一种模式就是压缩模式。在该压缩模式下，每帧所发送的时隙会比正常模式下少 2～3 个，以便空出时间来进行切换测量。

2. 上行公共物理信道

（1）物理随机接入信道

物理随机接入信道 PRACH 用来传输 RACH 的消息。随机接入信道的传输是基于带有快速捕获指示的时隙 ALOHA 方式的。UE 可以在一个预先定义的时间偏置开始传输，表示为接入时隙。每 2 帧有 15 接入时隙，间隔为 5 120 码片。当前小区中哪个接入时隙可用，是由高层信息给出的。

PRACH 的发射包括—个或多个长为 4096 码片的前缀和一个长为 10ms 或 20ms 的消息部分。PRACH 的前缀部分长度为 4 096 码片，是对长度为 16 码片的一个特征码（Signature）的 256 次重复。总共有 16 个不同的特征码。

PRACH 的消息部分和上行 DPDCH/DPCCH 相似，但控制部分只有 TFCI 和 Pilot 两项。数据部分包括 10×2^k 个比特（$k = 0$、1、2、3），分别对应的扩频因子为 256、128、64 和 32。导频比特数为 8，TFCI 比特的总数为 $15 \times 2 = 30$ 比特。

（2）物理公共分组信道

公共分组信道（CPCH）的传输是基于带有快速捕获指示的 DSMA-CD（Digital Sense Multiple Access-Collision Detection）方法。UE 可在一些预先定义的与当前小区接收到的广播信道（BCH）帧边界相对的时间偏置处开始传输，接入时隙的定时和结构与 RACH 相同。

CPCH 随机接入传输包括一个或多个长为 4 096 chips（码片）的接入前缀（A-P）、一个长为 4 096chips 的冲突检测前缀（CD-P）、一个长度为 0 时隙或 8 时隙的 DPCCH 功率控制前缀（PC-P）和一个可变长度为 $N\times$ 10ms 的消息部分。

物理公共分组信道 PCPCH 前缀部分和 PRACH 的前缀部分类似。

PCPCH 消息部分包括最多 N_Max_frames 个 10 ms 的帧（N_Max_frames 为一个高层参数），其数据和控制部分是并行发射的。数据部分包括 10×2^k 比特（k=0、1、2、3、4、5、6），分别对应于扩频因子 256、128、64、32、16、8 和 4。

3. 下行专用物理信道

在一个下行 DPCH（下行 DPDCH/DPCCH）内，专用数据在层 2 以及更高层产生，它与层 1 产生的控制信息（包括已知的导频比特、TPC 指令和一个可选的 TFCI）以时间复用的方式进行传输发射的，如图 6-34 所示，其中，参数 k 确定了每个下行 DPCH 时隙的总比特数，它与物理信道的扩频因子有关，即 $SF=512/2^k$，扩频因子的变化范围为 512 到 4。

下行链路可以使用多码发射，即一个编码合成传输信道（CCTrCH）可以映射到几个并行的使用相同扩频因子的下行 DPCH 上。在这种情况下，层 1 的控制信息仅放在第一个下行 DPCH 上。在对应的时间段内，属于此 CCTrCH 的其他下行 DPCH 将发射 DTX 比特。当映射到不同的 DPCH 的几个 CCTrCH 发射给同一个 UE 时，不同 CCTrCH 映射的 DPCH 可使用不同的扩频因子。

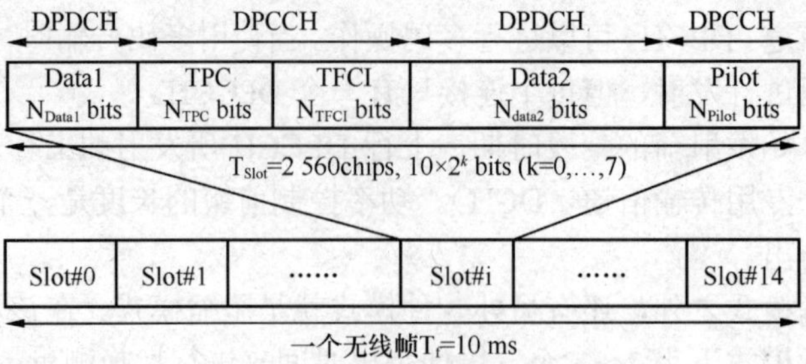

图 6-34 下行 DPDCH/DPCCH 的帧结构

4. 下行公共物理信道

（1）公共导频信道

公共导频信道 CPICH 为固定速率（30kbit/s，SF=256）的下行物理信道，用于传送预定义的比特/符号序列。CPICH 的帧结构如图 6-35 所示。在小区的任意—个下行信道上使用发射分集（开环或闭环）时，两个天线使用相同的信道化码和扰码来发射 CPICH。在这种情况下，对天线 1 和天线 2 来说，预定义的符号序列是不同的。

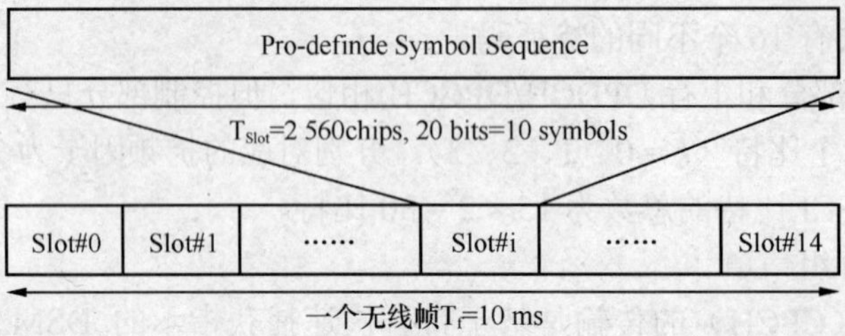

图 6-35 CPICH 的帧结构

CPICH 又分为基本公共导频信道（P-CPICH）和辅助公共导频信道（S-CPICH），它们的用途不同，区别仅限于物理特性。P-CPICH 为下列信道提供相位参考：SCFI、P-CCPCH、AICH、PICH、AP-AICH、CD/CA-ICH、CSICH 和传送 PCH 的 S-CCPCH。S-CPICH 信道可以作为只传送 FACH 的 S-CCPCH 信道和/或下行 DPCH 的相位基准。如果是这种情况，高层将通过信令通知 UE。

（2）基本公共控制物理信道

基本公共控制物理信道 P-CCPCH 为一个固定速率（30kbit/s，SF=256）的下行物理信道，用于传输 BCH；与下行 PDPCH 的帧结构的不同之处在于没有 TPC 指令，没有 TFCI，也没有导频比特：在每个时隙的前 256chips 内，P-CCPCH 不发射。在这段时间内，将发射同步信道（SCH），其帧结构如图 6-36 所示。

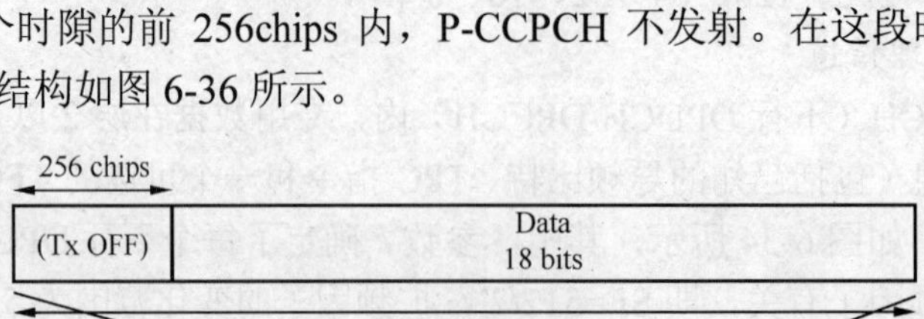

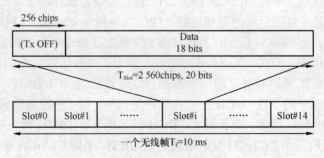

图 6-36 P-CCPCH 的帧结构

（3）辅助公共控制物理信道

辅助公共控制物理信道 S-CCPCH 用于传送 FACH 和 PCH，其帧结构如图 6-37 所示，参数 k 确定了每个下行 S-CCPCH 时隙的总比特数，它与物理信道的扩频因子 SF 有关，$SF=256/2^k$。扩频因子 SF 的范围为 256 到 4。

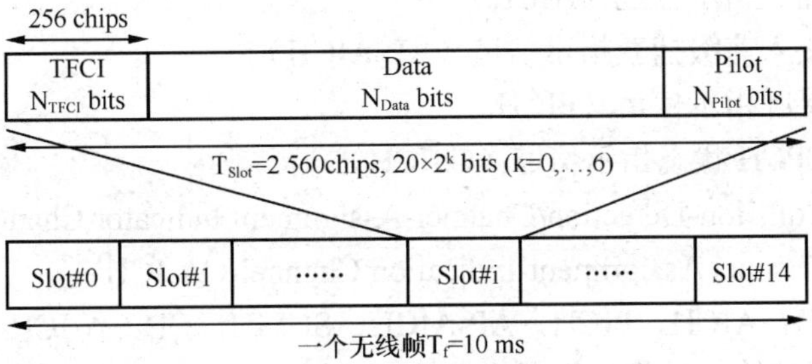

图 6-37 S-CCPCH 的帧结构

FACH 和 PCH 可以映射到相同的或不同的 S-CCPCH。如果 FACH 和 PCH 映射到相同的 S-CCPCH，它们可以映射到同一帧。CCPCH 和下行 PDPCH 的主要区别在于 CCPCH 不采用内环功率控制。P-CCPCH 和 S-CCPCH 的主要区别在于传送速率和发射方式两个方面：P-CCPCH 采用预先定义的固定速率，在整个小区内连续发射；S-CCPCH 可以通过包含 TFCI 来支持可变速率，可以采用与专用物理信道相同的方式以一个窄瓣波束的形式来发射（仅仅对传送 FACH 的 S-CCPCH 有效）。

（4）同步信道

同步信道（SCH）是一个用于小区搜索的下行链路信号。SCH 包括两个子信道：基本同步信道（P-SCH）和辅助同步信道（S-SCH）。P-SCH 包括一个长为 256 码片的调制码，每个时隙发射一次。在系统中，每个小区的 P-SCH 是相同的。S-SCH 重复发射一个有 15 个序列的调制码，每个调制码长为 256 码片，与 P-SCH 并行进行传输。

（5）物理下行共享信道

物理下行共享信道（PDSCH）用于传送下行共享信道（DSCH）。一个 PDSCH 对应于一个 PDSCH 根信道码或下面的一个信道码。PDSCH 的分配在一个无线帧内进行，基于一个单独的 UE。在一个无线帧内，通用地面无线接入网（UTRAN）可以在相同的 PDSCH 根信道码下，基于码复用，给不同的 UE 分配不同的 PDSCH。在同一个无线帧中，具有相同扩频因子的多个并行的 PDSCH，可以被分配给一个单独的 UE。在相同的 PDSCH 根信道码下的所有 PDSCH 都是帧同步的。在不同的无线帧中，分配给同一个 UE 的 PDSCH 可以有不同的扩频因子。PDSCH 允许扩频因子的范围为 256 到 4。

传输信道至物理信道的映射关系如下：

传输信道　　　　物理信道

DCH —— 专用物理数据信道（DPDCH）
　　　 专用物理控制信道（DPCCH）

RACH —— 物理随机接入信道（PRACH）

BCH —— 基本公共控制物理信道（P-CCPCH）

CPCH —— 物理公共分组信道（PCPCH）
　　　 公共导频信道（CPICH）

FACH ——— 辅助公共控制物理信道（S-CCPCH）
PCH
DSCH ——— 物理下行共享信道（PDSCH）
同步信道（SCH）
捕获指示信道（AICH）
接入前缀捕获指示信道（AP-AICH）
寻呼指示信道（PICH）
CPCH 状态指示信道（CSICH）
Collision-Detection/Channel-Assignment lndicator Channel(CD/CA-ICH)
Channel Assigrnnent-Indication Channel(CA-ICH)

其中，对于 SCH，AICH，PICH，AP-AICH，SCISH，CD/CA-ICH 和 CA-ICH，不承载任何传输信道的数据传输，只作为物理层的控制使用。

6.5.3 WCDMA 无线接口协议

1. 无线接口协议结构

无线接口协议的作用是建立、重新配置和释放无线承载业务，可分为物理层（Physical Layer，L1）、数据链路层（Data Link Layer，L2）和网络层（Network Layer，L3）3 层，其中第 2 层又可分为媒质接入控制（MAC）、无线链路控制（RLC）、分组数据汇聚（PDCP）和广播/组播控制（BMC）等多个协议子层。

无线接口协议整体结构如图 6-38 所示，该图只包括了在 UTRAN 中可见的协议。

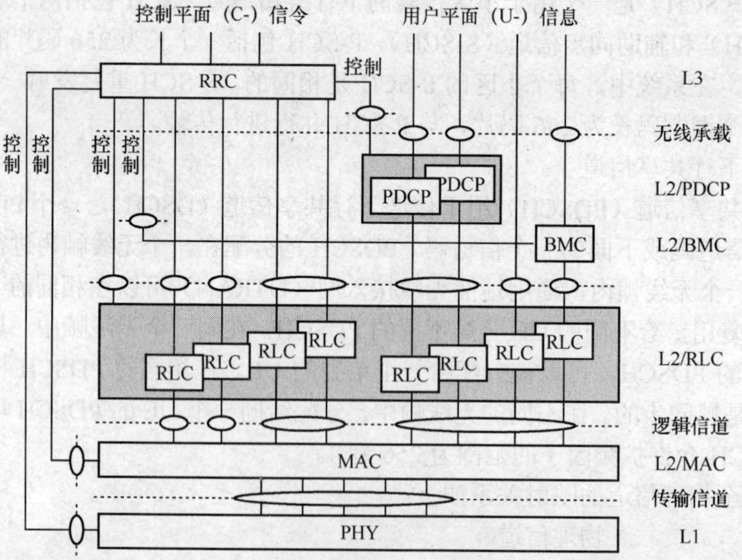

图 6-38 WCDMA 无线接口协议整体结构

2. 媒质接入控制协议

（1）MAC 功能

媒质接入控制 MAC 子层位于物理层之上，它使用物理层提供的传输信道并通过逻辑信道与上层交互数据。其功能主要包括：

① 逻辑信道与传输信道间映射；

② 根据瞬时源速率为每个传输信道选择合适的传输格式（TF）；

③ UE 数据流之间的优先级处理，通过动态调度为不同 UE 进行优先级处理；

④ 为公共传输信道处理业务复用，把高层来的 PDU 复用成在公共/专用信道上传输的传输块后发送给物理层，或者把从物理层来的传输块解复用成高层的 PDU；

⑤ 业务量测量，将对应传输信道的数据量与 RRC 设置的门限相比较，如数据量太高或太低，MAC 就发送一个检测报告给 RRC 层；

⑥ 在 RRC 层的命令下，MAC 层执行公共传输信道和专用传输信道之间的切换；

⑦ RACH 发送的接入服务级别选择；

⑧ 加密处理。

（2）MAC 子层的协议实体

MAC 子层包含以下 3 个实体：MAC-b、MAC-c/sh 和 MAC-d。

MAC-b 是广播信道（BCH）的控制实体，在每个 UE 中有一个 MAC-b 实体，在 UTRAN 的每个小区中有一个 MAC-b 实体。

MAC-c/sh 是公共信道和共享信道的控制实体，在每个使用共享信道的 UE 中有一个 MAC-c/sh 实体，在 UTRAN 的每个小区中有一个 MAC-b 实体。

MAC-d 是分配给 UE 的专用信道的控制实体，在每个 UE 中有一个 MAC-d 实体。

3. 无线链路控制协议

（1）RLC 功能

无线链路控制 RLC 子层位于 MAC 子层之上，其功能如下所述。

① 数据分段和重组：将不同长度的高层 PDU 进行分段重组为负载单元（PU），此 PU 在后面的处理中被分为 RLC PDU。如果高层来的 PDU 大于业务要求的负载单元，那么对其进行分割，否则重组。

② 级联：如果 RLC SDU 中的内容不能填满整数个 RLC PDU，就把下一个 RLC SDU 的第一个分段与当前 RLC SDU 最后一个分段进行级联构成 RLC PDU。

③ 填充：当传输的数据不能填满给定 RLC PDU 的大小而且不能应用级联时，剩下的部分用填充比特填满。

④ 用户数据的传输：RLC 支持确认模式、非确认模式和透明模式 3 种数据传输模式。

⑤ 纠错：RLC 通过确认模式下的重传功能提供纠错。

⑥ 顺序传输高层 PDU：为采用确认模式传输的数据提供顺序发送的功能。如果没有使用这项功能，系统支持乱序发送。

⑦ 复制检测：检测收到的 RLC PDU 复制，确保合成的高层 PDU 只向上层提交一次。

⑧ 流量控制：此功能使得接收 RLC 实体可以控制对端的发送。

⑨ 序列检查：此功能用于非确认模式，保证重组 PDU 的完整性，并且在 RLC PDU 被重组到 RLC SDU 中时，通过检查 RLC PDU 中的序列号，提供检测错误的 RLC SDU 的方法。错误的 RLC SDU 将被丢弃。

⑩ 协议错误检测与恢复：此功能检测并恢复在 RLC 操作中的错误。

另外还有用于确认模式和非确认模式的加密功能，防止非法获取数据。

（2）数据传输的操作模式

RLC 层各实体由 RRC 配置，其数据传输的操作模式分为 3 种：透明模式（Tr）、非确认模式（UM）和确认模式（AM）。

透明模式的数据传输不加入任何协议开销，对于错误的PDU可以丢弃或标错。流媒体业务一般采用这种模式。

非确认模式的数据传输不使用重传协议，如果发生传输错误则根据配置给PDU打上标记或者丢弃。VoIP业务和小区广播业务等就是使用非确认模式。

确认模式的数据传输在RLC层应用自动重传机制用于纠错，如果PDU传输错误，收端将会要求发端重传，如果RLC不能正确传输数据时（达到最大重传次数或传输超时），RLC将通知上层，同时将该PDU丢弃。电子邮件下载等分组类型业务就使用确认模式。

4. 分组数据汇聚协议

分组数据汇聚PDCP子层只存在于用户平面，位于RLC子层之上，用于分组域（PS Domain）业务。PDCP的主要目标是用一种标准的RLC接口，在无论是何种用户数据类型和结构的情况下都能保证低层（RLC、MAC和物理层）公用。例如，来自UE的分组数据传输可以用IPv4或者IPv6，PDCP子层只需要根据用户情况使用两个协议中的一个，但下层都使用完全相同的RLC和底层，甚至在引进新的协议时，希望同样的无线接口也能支持它们。

PDCP的主要功能如下所述。

① 分别在接收与发送实体对IP数据流执行头压缩和解压缩（Header Compression and Decompression）功能。头压缩协议专用于特定的网络层、传输层或高层协议的组合，如TCP/IP和RTP/UDP/IP。每一个PDCP协议及其参数都由高层配置。

② 用户数据类型适配，把非接入层送来的PDCP-SDU转发到RLC层或相反。

③ 为无线承载（RB）维护一个序列号，支持无损的SRNC重定位。

高层通过控制接入点（PDCP-C-SAP）对PDCP进行配置。根据RB的特性及RLC模式，每一个PDCP实体与一个或两个（上、下行）RLC实体相联系。每一个PDCP实体使用0、1或多个头压缩类型。

5. 广播/组播控制协议

广播/组播控制BMC子层只存在于用户平面，位于PDCP子层之上，它只用于广播/组播业务。

BMC支持小区广播功能，这类似于GSM中的小区广播功能，可使小区中的所有用户都能够接收到广播信息，例如交通警告和天气预报。

6. 无线资源控制协议

在空中接口协议中，最重要的部分是无线资源控制（RRC），RRC可以认为是空中接口的全面管理者，因为它负责管理无线资源，包括决定哪些资源应该分配给某特定用户，可以看出，所有来自或发往用户的控制信令都要通过RRC，这一点是必须做到的。只有这样，来自用户或网络的请求信息才能被正确分析，无线资源才能合理地分配。而且，在RRC和每一个其他层之间存在一个控制接口。由RRC执行或控制的部分功能包括系统信息广播、在UE和网络之间的最初信令连接建立、对UE的无线电承载的分配、测量报告、移动管理，以及服务质量控制（QoS）等。

RRC子层通过Tr-SAP、DC-SAP和GC-SAP向高层提供公共控制、通告和专用控制业务，RRC层有以下一些功能实体。

① 路由功能实体（Routing Function Entity，RFE）：处理高层消息到不同的移动管理/连接管理实体（UE侧）或不同的核心网络域（UTRAN侧）的路由选择。

② 广播控制功能实体（Broadcast Control Functional Entity，BCFE）：处理广播功能，用于发送一般控制接入点（GC-SAP）所需要的RRC业务。

③ 寻呼及通告功能实体（Paging and Notification Control Function Entity，PNFE）：控制对还未建立RRC连接的UE进行寻呼，用于发送通告接入点（Nt-SAP）所需要的RRC业务。

④ 专用控制功能实体（Dedicated Control Function Entity，DCFE）：处理一个特定UE的所有功能，用于发送专用控制接入点（DC-SAP）所需要的RRC业务。

⑤ 共享控制功能实体（Shared Control Function Entity，SCFE）：控制PDSCH和PUSCH的分配，使用低层Tr-SAP和UM-SAP提供的服务。

⑥ 传输模式实体（Transfer Mode Entity，TME）：处理RRC层内不同实体和RLC提供的接入点之间的映射。

6.6 其他无线接入技术

无线接入技术在本地网中的重要性正在日益突出，越来越多的通信厂商和电信运营部门积极地提出和使用各种各样的无线接入方案，针对家庭宽带网络、小区和城域网络、协同网络管理、智能传输系统等特定商业应用涌现出来的多种新型无线技术，为无线通信市场的提供商以合理的成本建立强健、可靠的无线宽带业务接入提供了选择。下面就简单介绍Wi-Fi、WiMax、Ad hoc、无线Mesh网络、ZigBee等无线接入技术。

6.6.1 Wi-Fi接入技术

Wi-Fi（Wireless Fidelity的缩写）中文译为“无线保真技术”，原指IEEE802.11b标准，随着IEEE802.11a、IEEE802.11e、IEEE802.11g等标准的陆续出现，Wi-Fi也就成了IEEE802.11系列标准的统称。其实，Wi-Fi就是一种短距离的无线宽带接入技术，Wi-Fi上网可以简单的理解为无线上网，实际上就是把有线网络信号转换成无线信号，使用无线路由器供支持Wi-Fi技术的电脑、手机、平板电脑等接收。一般Wi-Fi信号接收半径约95米，但会受到墙壁等障碍物的影响，实际距离会小一些。

Wi-Fi网络主要有站点、无线介质、接入点和分布式系统四个组成部分，如图6-39所示。站点（Station，STA）是网络最基本组成部分，如电脑、手机、PAD等移动终端；无线介质（Wireless Medium，WM）提供信息传输通道；接入点（Access Point，AP），既有普通站点的身份，又有接入到分布式系统的功能，通常也将AP称为网络桥接器；分布式系统（Distribution System，DS）用于连接不同的基本服务单元。分配系统使用的媒介逻辑上和基本服务单元使用的媒介是截然分开的，尽管它们物理上可能会是同一个媒介（例如同一个无线频段）。Wi-Fi无线网络的组网方式较为简单，由AP和无线网卡即可组成一个无线网络，将能搜索到Wi-Fi网络的地方称为热点区域，任何一个装有无线网卡的终端进入Wi-Fi覆盖区域均可以通过AP来无线高速接入互联网。

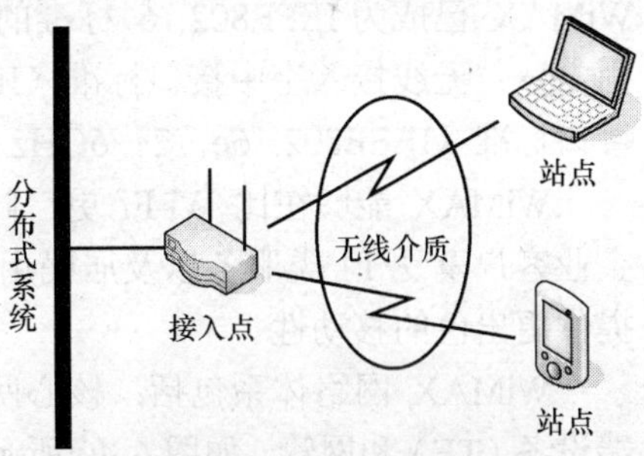

图6-39 Wi-Fi网络的组成结构

Wi-Fi接入的关键技术主要包括物理层调制技术、MAC层的分布式协调技术以及QoS技术。物理层调制技术中，调制扩频技术正成为主流，而多载波调制技术由于其优越的传输性能成为人们关注的新焦点。MAC 层的分布式协调技术，类似于 CDMA/CD，利用载波监听机制，适用于分布式网络，可传输具有突发性和随机性的普通分组数据，支持无竞争型实时业务及竞争型非实时业务。Wi-Fi 可以给业务提供集成服务（IntServ）和区分服务（DiffServ）两种 QoS 模式。

近几年，Wi-Fi 在人们生活中迅速普及，尤其是无线路由器的广泛使用，促进了无线网络的发展。Wi-Fi 接入技术在宽带应用上作为高速有线接入技术的重要补充已得到人们的认可。尽管 Wi-Fi 技术传输的无线通信质量还有待提高，数据安全性也比蓝牙差一些，但传输速度非常快，其中 IEEE802.11b 最高速度为 11Mbit/s，IEEE802.11a 与 IEEE802.11g 的最高速度可达 54Mbit/s，符合个人和社会信息化的需求。Wi-Fi 最主要的优势还在于无线连接，不需布线，因此可以不受布线条件的限制，非常适合移动办公用户的需要，并且由于发射信号功率低于 100mW（低于手机发射功率），因此，Wi-Fi 上网相对也是安全健康的。

Wi-Fi 的频段在世界范围内是无需任何电信运营执照的（现在多用的 IEEE802.11b 与 IEEE802.11g 设备使用是免许可频段），在频率资源上不存在限制，因此，基于 Wi-Fi 的无线设备提供了一个世界范围内可以使用的、费用极其低廉且数据带宽极高的无线空中接口。现在，Wi-Fi 的覆盖范围在国内越来越广泛，很多区域都有 Wi-Fi 接口，因此，很容易使用我们的掌上设备高速接入互联网。用户可以在 Wi-Fi 覆盖区域内快速浏览网页，随时随地接听拨打电话，或者进行其他一些基于 Wi-Fi 的宽带数据应用，如流媒体、网络游戏等功能，而无需担心速度慢和花费高的问题。除了网络以外，其应用正在被拓展到更为广泛的领域：被集成于电脑、PDA、手机等设备中，还将被集成进诸如打印机、DVD、游戏机、MP3 等产品中，使这些设备的功能进一步得到增强。

6.6.2 WiMAX 接入技术

WiMAX 是 World Interoperability for Microwave Access 的缩写，其中文含义是全球微波接入互操作性，是一项基于 IEEE 802.16 标准的宽带无线接入城域网（BWA-MAN）技术，是针对微波频段和毫米波频段提出的一种新的空中接口标准。其主要目标是在城域网一点对多点的多厂商环境下，提供一种可有效互操作的宽带无线接入手段。随着 WiMAX 论坛的推广，WiMAX 已成为 IEEE802.16 标准的代名词，根据是否支持移动性，IEEE802.16 标准可分为固定宽带无线接入空中接口标准（IEEE802.16d，2～66GHz 频段）和移动宽带无线接入空中接口标准（IEEE802.16e，2～6GHz 频段）。

WiMAX 能够在比 Wi-Fi 更广阔的地域范围内提供“最后一千米”宽带连接，由此支持企业客户享受 T1 类服务以及居民用户拥有相当于线缆 xDSL 的访问能力，并为高速数据应用提供更出色的移动性。

WiMAX 网络体系包括：核心网、用户基站（SS）、基站（BS）、接力站（RS）、用户终端设备（TE）和网管，如图 6-40 所示。WiMAX 连接的核心网络通常为传统交换网或因特网，WiMAX 提供核心网络与基站间的连接接口，但 WIMAX 系统并不包括核心网络。基站（BS）提供用户基站（SS）与核心网络间的连接，通常采用扇形/定向天线或全向天线，可提供灵活的子信道部署与配置功能，并根据用户群体状况不断升级扩展网络。用户基站（SS）属于基站的一种，提供基站与用户终端设备间的中继连接，通常采用固定天线，并被安装在屋顶上；基站与用户基站间采用动态适应性信号调制模式。接力站（RS）通常是在点到多点体系结构中用于提高基站的覆盖能力，也就是说充当一个基站和若干个用户基站（或用户终端设备）间信息的中继站；接力站面向用户侧的下行频率可以与其面向基站的上行频率相同，也可以采用不同的频率。网管系统用于监视和控制网内所有的基站和用户基站，提供查询、状态监控、软件下载、系统参数配置等功能。WiMAX 系统定义了用户终端设备（TE）与用户基站间的连接接口，提供用户终端设备的接入。

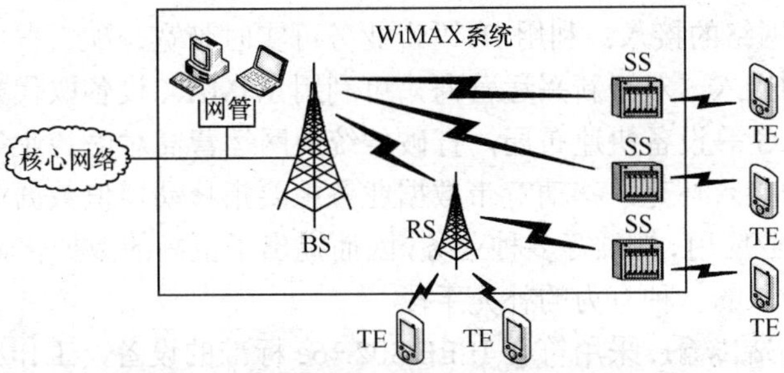

图 6-40 WiMAX 网络的组成结构

WiMAX 采用一系列先进技术，即使在链路状况最差的情况下，也能提供可靠的服务。WiMAX 在物理层采用 4G 移动通信主流技术的正交频分复用（OFDM），大大提高了传输距离和带宽速率；在天线技术上采用自适应天线阵（AAS）、多入多出（MIMO）和空时编码（STC）等增强型天线技术，使得 WiMAX 能实现非视距（NLOS）传输；在数据链路层采用混合重传（HARQ）、自适应编码（AMC）技术，减少到达网络层的信息差错，可大大提高系统的业务吞吐量。这些措施都提高了 WiMAX 的无线数据传输性能。

相较于其他无线通信技术，WiMAX 具有以下几方面的优势。

（1）更远的传输距离。在视距条件下 WiMAX 能实现 50 千米范围的无线通信距离；在非视距条件下通过蜂窝布网，其单小区覆盖面积仍是其他 3G 基站设备的数倍，只需少数基站建设就能实现全城覆盖。

（2）更高的容量和灵活的信道宽度：WiMAX 的一个基站可以同时接入数百个远端用户站，并能在信道宽度和连接用户数量之间取得平衡，其信道宽度由 1.5MHz 到 20MHz 不等。

（3）更高速的无线宽带接入。在理想条件下使用 20MHz 系统带宽采用 64QAM 调制方式进行通信，WiMAX 能提供的最高接入速度为 75Mbit/s。在实际应用场景中，5MHz 系统带宽也能达到 15Mbit/s 的速度。

（4）更完善的“最后一千米”网络接入方式。作为一种无线城域网技术，WiMAX 技术既可以将 Wi-Fi 热点连接到互联网，也可以作为 xDSL 等有线接入方式的无线扩展，实现“最后一公里”的宽带接入。

（5）能提供基于 QoS 的无线多媒体通信服务。由于 WiMAX 相比于 Wi-Fi 具有更好的可扩展性和安全性并支持不同的服务等级，从而能够实现电信级的多媒体通信服务管理。

（6）保密性更好：支持安全传输，并提供鉴权与数字加密等功能。

WiMAX 的主要不足有：一是从标准来看，WiMAX 技术不能支持用户在移动过程中的无缝切换；二是从技术特点来看，WiMAX 不是一个移动通信系统的标准，还只是一个无线城域网的技术，不适合单独组网进行运营。WiMAX 阵营把解决这个问题的希望寄托于未来的 802.16m 标准上，该标准的进展情况还存在不确定因素。

WiMAX 论坛给出了 WiMAX 技术的固定、游牧、便携、简单移动和全移动 5 种应用场景定义，目前的应用模式主要有以下场景。

（1）固网宽带业务的接入：采用符合 IEEE 802.16d 标准的设备，工作频段根据标准规定和国家的频率划分可以为 3.5GHz 频段，载波带宽为 3.5MHz。主要可分为家庭宽带接入和商企等大客户接入。网络不支持小区间的用户数据的切换。终端设备的形式为固定安装在室内的或可携带的调制解调器形式。

（2）用作 NGN 网络的接入：利用 IP 语音业务可实时带宽分配、占用空中无线资源少的特点进行语音业务的接入。对于新兴运营商，可利用 WiMAX 设备取代光缆和铜缆，在客户端配合 IAD、综合 AG 等设备快速布局，打破传统固网运营商对语音业务的垄断。

（3）数据业务的接入补充：移动宽带数据业务主要指移动增值数据业务，包括移动互联网、消息类、游戏、企业应用、视频等多种业务，因而提出了更高的数据传输带宽需求，WiMAX 可以作为数据业务接入的一种有力的补充手段。

（4）移动网络基站传输：采用符合 IEEE 802.16e 标准的设备，工作频段在 6GHz 以下，WiMAX 移动应用模式面向个人用户，提供支持切换和 QoS 机制的无线数据接入业务。其网络架构同 WLAN、3G 无线接入网络相似，可以通过蜂窝组网方式覆盖较大区域。如针对我国城域网建设的实际情况，可建立采用 WiMAX 接入技术的宽带 SDH 城域网。

针对 WiMAX 技术的特点，2007 年 10 月，联合国国际电信联盟（ITU）已批准 WiMAX 无线宽带接入技术成为无线通信设备的全球标准，继 WCDMA、CDMA2000、TD-SCDMA 之后全球第 4 个 3G 标准，这为 WiMAX 技术在全球范围的推广和应用提供了更好的技术保障和信心支持。

6.6.3 Ad hoc 接入技术

Ad Hoc 源于拉丁语，意思是“为某种目的设置的，特别的”意思。IEEE 802.11 标准委员会采用“Ad hoc 网络”一词来描述这种特殊的自组织对等式多跳移动通信网络，因此，Ad Hoc 网络也称为自组织网络，是一种无需固定网络作为支撑的自创造、自组织和自管理的网络形式。相对于传统的蜂窝网，由于 Ad Hoc 网络具有组网快速灵活、抗毁性强、成本低廉等优点，特别适用于军事、抢险救灾、电子教室等领域。

在 Ad Hoc 网络中，当两个移动主机在彼此的通信覆盖范围内时，它们可以直接通信。如果两者相距较远，超出了移动主机的通信覆盖范围，则需要通过它们之间移动主机的转发才能实现。因此，在 Ad Hoc 网络中，主机同时还是路由器，担负着寻找路由和转发报文的工作；但由于每个主机的通信范围有限，路由一般都由多跳组成，数据通过多个主机的转发才能到达目的地，故 Ad Hoc 网络也被称为多跳无线网络。

Ad Hoc 网络有 3 种不同的接入方式：一是通过不同 Ad Hoc 网络间的互连，可以向位于多个分散地理位置上的工作小组或移动用户提供协同通信和信息共享能力；二是在 Ad Hoc 网络和有线网络（包括 Internet 和 X.25 网络等）、无线网络（如蜂窝网络和无线局域网）互连时，Ad Hoc 网络通常作为一个末端子网使用，这种互连方式主要用于满足 Ad Hoc 网络的移动终端访问有线网络资源的需要；三是可以利用现有网络（如 Internet 和 X.25 网络等）作为信息传输系统，将位于不同地理位置的 Ad Hoc 网络通过隧道方式组成一个更大的“虚拟” Ad Hoc 网络。

Ad hoc 网络有两种结构：平面结构和分级结构。平面结构（又称对等式结构）中所有节点的地位平等，原则上不存在瓶颈，因此比较健壮。其缺点是可扩充性差，每一个节点都需要知道到达其它所有节点的路由，维护这些动态变化的路由信息需要大量的控制消息。分级结构中网络被划分为簇，每个簇由一个簇头和多个簇成员组成，这些簇头形成了高一级的网络；在高一级网络中，又可以分簇，再次形成更高一级的网络，直至最高级。在分级结构的网络中，簇成员的功能比较简单，不需要维护复杂的路由信息，这大大减少了网络中路由控制信息的数量，因此具有很好的可扩充性。由于簇头节点可以随时选举产生，分级结构也具有很强的抗毁性。分级结构的主要缺点是维护分级结构需要节点执行簇头选举算法，簇头节点可能会成为网络的瓶颈。因此，当网络的规模较小时，可以采用简单的平面式结构，而当网络的规模增大时，应采用分级结构。

Ad Hoc 网络作为一种新的组网方式，具有以下特点。

（1）无中心和自组织性

Ad Hoc 网络采用无中心结构，网络中没有绝对的控制中心，所有的节点地位平等，是一个对等式网络，各节点通过分层的网络协议和分布式算法协调彼此的行为。节点可以随时加入和离开网络，任何节点的故障不会影响整个网络的运行，具有很强的抗毁性。相对常规通信网络而言，其最大的特点就是可以在任何时刻任何地方，不需要现有的信息基础网络设施的支持，便能自行构建并形成一个自由移动的通信网络。

（2）动态变化的网络拓扑结构

移动节点能够以任意可能速度和任意模式移动，并且可以随时关闭，加上无线信道之间的相互干扰、天气以及环境等综合因素的影响使网络拓扑结构不断发生变化，而且变化的方式和速度都是不可预测的。在网络拓扑中，这些变化主要体现在节点和链路的数量和分布的变化。

（3）多跳共享广播信道

传统的共享广播式信道是一跳共享的。而在 Ad Hoc 网络中，广播信道是多跳共享的，一个节点的发送，只有其一跳相邻节点可以听到。因此，节点间的通信可能要经过中间节点的多次转发才能到达目的节点。

（4）有限的主机能源

移动节点一般是一些便携式移动设备，如 PDA、笔记本或掌上电脑等。为了便于移动，节点的能源主要由电量有限的电池提供。当电池能量耗尽，节点就完全失效，从而会影响整个网络的性能和效率。因此，Ad Hoc 网络具有能量有限的特点，系统设计时需考虑节能因素，如何节省电源、延长工作时间是个突出问题。

（5）有限的传输带宽

无线 Ad Hoc 网络采用无线传输技术作为底层通信手段，其相对于有线信道具有较低的容量，并且由于多路访问、多径衰落、噪声和信号干扰等多种因素，使得移动节点的实际带宽小于理论上的最大带宽值。

（6）网络的分布式特性

在 Ad Hoc 网络中没有中心控制节点，主机通过分布式协议互联。一旦网络的某个或某些节点发生故障，其余的节点仍然能够正常工作。

（7）有限的物理安全

Ad Hoc 网络是一种无线方式的分布式结构，比固定网络更易受到安全威胁。这些安全性的攻击包括主动入侵、被动窃听、电子欺骗和拒绝服务等攻击手段，因此需特别考虑信道加密、抗干扰、用户认证等安全措施。

Ad Hoc 网络的特性决定了其管理上比有线网络复杂许多，由于网络拓扑的动态变化，要求网络管理也是动态自动配置；而且要考虑到移动节点本身的限制，例如，能源有限、链路状态变化和有限的存储能力等，因此，需要为 Ad Hoc 网络设计专门的协议和技术，主要包括物理层自适应技术、信道接入技术、路由技术、广播和多播技术、安全技术、网络管理技术和服务质量（QoS）保证等。

最初 Ad hoc 主要应用在军事领域，因其特有的无需架设网络设施、可快速展开、抗毁性强等特点，它成为数字化战场通信的首选技术。如 WSN（无线传感器网络）的核心技术就是将分散在各处的传感器组成 Ad hoc 网络，以实现传感器之间以及与控制中心之间的通信。此外，在发生了地震、水灾等灾难打击后，各种固定的通信网络设施可能被全部摧毁或无法正常工作，Ad hoc 网络可以作为无线接入网，提供迅速的组网能力。在本地范围内，笔记本和掌上型电脑可以采用 Ad hoc 方式在会议中发布和共享信息。Ad hoc 网络的接入技术极具发展前途，最近几年无线移动 Ad hoc 网络已成为通信领域的一个研究热点。

6.6.4 无线 Mesh 网络接入技术

无线 Mesh 网络（Wireless Mesh Network，WMN），也称“无线网格网”或“多跳（multi-hop）网络”，是基于 IP 接入的新型宽带无线移动网络。不同于传统的无线局域网（WLAN）中的单跳网络结构（每个客户端均通过一条与 AP 相连的无线链路来访问网络），在无线 Mesh 网络中，任何无线设备节点都可以同时作为 AP 和路由器，网络中的每个节点都可以发送和接收信号，每个节点都可以与一个或者多个对等节点进行直接通信。

无线 Mesh 网络是一种高容量、高速率的分布式网络，在网络拓扑上，它与移动 Ad hoc 网络相似，但网络大多数节点基本静止不移动，不用电池作为动力，拓扑变化较小；在单跳接入时，无线 Mesh 网络可以看成是一种特殊的 WLAN。由于具有较高的可靠性、较大的伸缩性和较低的投资成本，无线 Mesh 网络被称为廉价的“Last mile”（最后一千米）宽带接入方案。

与传统的交换式网络相比，无线 Mesh 网络去掉了节点之间的布线需求，但仍具有分布式网络所提供的冗余机制和重新路由功能。如果要添加新的设备，只需要简单地接上电源，就可以自动进行自我配置，并确定最佳的多跳传输路径；而且添加或移动设备时，网络能够自动发现拓扑变化，并自动调整通信路由，以获取最有效的传输路径。

无线 Mesh 网络中各站点间通过多跳无线连接形成网状拓扑，按站点的功能可分为 Mesh 路由器、Mesh 终端和 Mesh 网关 3 类。Mesh 路由器（Mesh Router）是具有路由功能的 Mesh 站点，构成无线 Mesh 网络的骨干层网络，负责终端的接入和数据的转发。Mesh 终端（Mesh Client）是用户直接使用的设备，通过 Mesh 路由器访问 Internet；某些 Mesh 终端也具有路由功能，在特殊情况下能够为其它不能直接接入无线 Mesh 网络的终端用户提供路由转发。Mesh 网关（Mesh Gateway）是无线 Mesh 网络与有线网络的连接点，提供路由和网关功能；无线 Mesh 网络中可以有多个网关，数据流可以选择通过最合适的网关来获得与有线网络之间的通信。无线 Mesh 网络的关键技术主要包括路由选择技术、自适应调制技术、动态资源分配技术、隐藏终端/暴露终端处理技术和网络可靠性技术等。

无线 Mesh 网络作为接入网的优势主要有以下几点：

（1）快速部署和易于安装。安装 Mesh 节点无需复杂的配置，用户可以很容易增加新的节点来扩大无线网络的覆盖范围和网络容量。在无线 Mesh 网络中，不是每个 Mesh 节点都需要有线电缆连接，Mesh 的设计目标就是将有线设备和有线接入点（AP）的数量降至最低，因此大大降低了成本和建设时间。

（2）非视距传输。利用无线 Mesh 技术可以很容易实现非视距（NLOS）配置，在室外和公共场所有着广泛的应用前景。接入点（AP）接收无线信号，然后再将接收到的信号转发给无法实现直接接入的 AP，按照这种方式，用户数据能够自动选择最佳路径不断从一个 AP 跳转到另一个 AP，并最终到达无直接接入的目标网络。

（3）高可靠性。Mesh 网络比单跳网络更加可靠，因为它不依赖于某个单一节点的性能。由于每个节点都有一条或几条传送数据的路径，如果最近的节点出现故障或者受到干扰，数据包将自动路由到备用路径继续进行传输，整个网络的运行不会受到影响。

（4）结构灵活。在单跳网络中，设备必须共享 AP，如果几个设备要同时访问网络，就可能产生通信拥塞并导致系统的运行速度降低。而在多跳网络中，设备可以通过不同的节点同时连接到网络，因此，几个设备要同时访问网络时不会导致系统性能的降低。Mesh 网络还提供了更大的冗余机制和通信负载平衡功能，每个设备都有多个传输路径可用，网络可以根据每个节点的通信负载情况动态地分配通信路由，从而有效地避免了节点的通信拥塞，解决了目前单跳网络并不能动态地处理通信干扰和接入点的超载问题。

（5）高带宽。无线通信的物理特性决定了通信传输的距离越短就越容易获得高带宽，因此选择经多个短跳来传输数据将是获得更高网络带宽的一种有效方法，而这正是 Mesh 网络的优势所在。无线 Mesh 网络的链路带宽为 54Mbit/s，通过使用 Turbo 模式，无线链路带宽可高达 108Mbit/s，为大规模的无线宽带使用提供了高带宽基础。

（6）覆盖效果好。从目前无线电频谱分配结果来看，低端的频谱占用越来越密集，因此未来无线通信系统如果需要更大的连续或对称频谱，将不得不寻求在更高的频段进行传输。由于无线信号在高频段将衰减得更快，在相同的发射功率情况下，每一个基站的覆盖范围将变得更小；在城市高楼林立的情况下，由于大楼遮挡等原因很容易导致的无线信号覆盖困难，而 Mesh 网络拓扑结构超越了传统无线网桥的点到点、点到多点的拓扑结构，从而解决了城市范围内无线网络部署中存在的建筑物等阻挡物的影响。

表 6-3 是 Wi-Fi、WiMAX、Ad Hoc 和 WMN 4 种技术的对比，无线 Mesh 网络作为未来无线城域网核心网的最理想方式之一，极有可能挑战 3G 技术，是构建 B3G/4G 的潜在技术之一，也是迄今为止一种建立大规模移动 Ad hoc 网络的可行性技术。

表 6-3　四种技术的对比

	Wi-Fi	WiMAX	Ad Hoc	无线 Mesh 网络(WMN)
覆盖范围	在半径为 100m 的范围内性能最佳；增加接入点或使用高增益天线可有效扩大覆盖范围	7~10km 的典型蜂窝覆盖范围内性能最佳；最大可达 50km；无隐蔽节点问题	由网络布置的范围决定	不同的网络结构有不同的覆盖距离，可以从无线局域网的覆盖距离延伸到无线城域网的覆盖距离
传输速率	IEEE802.11b 最高速度为 11Mbit/s，IEEE802.11a 与 IEEE802.11g 的最高速度为 54Mbit/s	WiMAX 能提供的最高接入速度为 75Mbit/s。在实际应用场景中，5MHz 系统带宽也能达到 15Mbit/s 的速度	提供多种速率传输，最高速度为 54Mbit/s，但其移动节点的实际带宽小于理论上的最大带宽值	无线 Mesh 网络的传输速率可达到 54Mbit/s

续表

	Wi-Fi	WiMAX	Ad Hoc	无线 Mesh 网络(WMN)
服务质量	依赖于 802.11e 标准，可应用于语音、音频、视频、交互式多媒体、无仲裁的点对点通信和视频会议。可提供综合服务和区分服务的 QoS 服务模型	WiMAX 可以提供面向连接的、具有完善 QoS 保障的电信级服务，满足用户的各种要求	Ad Hoc 网络已由传输少量数据信息扩展到多媒体信息，Ad Hoc 网络中的 QoS 保证是系统性问题，不同层都要提供相应的机制	WMN 支持多种业务，包括视频业务、VoIP 类业务与因特网业务。QoS 保证方法包括综合服务模型、区分服务模型等
应用环境	室内环境最佳	室外环境最佳（树林、建筑物用户间隔较分散时皆可用）；为智能天线与 Mesh 技术提供标准支持	组网快速灵活、抗毁性强、成本低廉等优点，特别适用于军事、抢险救灾、电子教室等领域	可以与其他无线技术进行无缝连接，诸如传统无线局域网、卫星接入网、蜂窝网、传感器网络等。WMN 主要作为因特网或宽带多媒体通信业务的接入，应用于市政、安全、救灾等众多领域

6.6.5 ZigBee 技术

ZigBee 技术是一种面向自动控制的低速率、低功耗、低价格的无线网络方案，属于短距离无线通信技术，由 ZigBee 联盟和 IEEE802.15.4 工作组共同制定的通信协议标准，被命名为“ZigBee”，其物理层和 MAC 层协议是 IEEE802.15.4 协议标准，网络层和应用层则由 ZigBee 技术联盟制定，应用层的开发应用可根据用户自己的需求进行开发利用。

ZigBee 网络层支持多种网络构型，网络中的节点可以按其功能分为不同的设备类型。ZigBee 规范确定了 3 种设备类型：ZigBee 协调器、ZigBee 路由器和 ZigBee 终端设备。每个网络都必须包含一台 ZigBee 协调器，它负责网络的建立和维护，以及网络运行参数的设置，包括选择信道和唯一网络标识符。路由器作为设备之间的中继器来进行通信，能够扩展网络的覆盖范围；终端设备则只具有应用功能，只能加入到已经建立的网络，不具有路由功能。

ZigBee 可以采用 3 种组网方式：星状网络、树状网络和网状网络。星状网络为主从结构，一个网络包含一个网络协调器和最多可达 65 535 个的从节点，网络协调器必须是全功能设备（Full Function Device，FFD），由它来负责网络的建立和维护，其他终端设备节点直接与协调器进行通信。在网状和树状网络中，ZigBee 协调器负责启动网络并选择确定的网络关键参数，网络可以通过 ZigBee 路由器进行扩展。在树状网络中，路由器使用分级的路由策略在网络中传送数据和控制信息，使用 IEEE802.15.4 标准中提到的基于信标的通信方式。网状网络完整的支持点到点通信，网络中的路由节点负责信息的转发，并根据 Ad Hoc 路由协议来优化最短和最可靠的路径。

ZigBee 技术具有以下一些特点。

（1）功耗低：ZigBee 设备的发射功率仅为 0～3.6dBm，约 lmW，根据采集的数据分析，设备可自动调整设备的发射功率，采用休眠模式，可有效降低低功耗。

（2）成本低：ZigBee 模块的成本在 3 美元左右，且 ZigBee 协议是免专利费的。

（3）时延短：通信时延和从休眠状态激活的时延都非常短，标准搜索设备时延为 30ms，休眠激活的时延是 15ms，活动设备信道接入的时延为 15ms。由于 ZigBee 采用随机接入 MAC 层，且不支持时分复用的信道接入方式，因此不能很好地支持一些实时业务。

（4）组网和路由性能：由一个主节点管理若干子节点，最多一个主节点可管理 254 个子节点；同时主节点还可由上一层网络节点管理，最多可组成 65 000 个节点的大网。由于不需同步，节点加入网络和重新加入网络的过程很快（1s 以内甚至更快）。ZigBee 支持可靠性很高的网状网的路由，可以布置范围很广的网络，并支持多播和广播特性。

（5）可靠性高：物理层采用了扩频技术，能够在一定程度上抵抗干扰。MAC 层采用完全确认的数据传输模式，每个发送的数据包都必须等待接收方的确认信息，传输过程中出现问题后重发。MAC 层的 CSMA 机制使节点发送前先监听信道，可以起到避开干扰的作用。当 ZigBee 网络受到外界干扰而无法正常工作时，整个网络可以动态的切换到另一个工作信道上。

（6）安全性好：ZigBee 提供了基于循环冗余校验（CRC）的数据包完整性检查功能，支持鉴权和认证，采用了 AES-128 的加密算法，各个应用可以灵活确定其安全属性。

（7）数据速率比较低：ZigBee 工作在 20～250 kbit/s 的较低速率，分别提供 250 kbit/s（2.4GHz）、40kbit/s（915 MHz）和 20kbit/s（868 MHz）的原始数据吞吐率，只能满足低速率传输数据的应用需求。

（8）传输距离比较近：相邻节点间的传输距离一般介于 10～100 m 之间，标准距离为 75m，在增加 RF 发射功率后，可增加到 1～3 km。如果通过路由和节点间通信的接力，传输距离将可以更远。

ZigBee 的出现也不是用来竞争其他的短距离无线通信技术，只是为了能够结合其他无线技术，使网络无处不在，不仅在各行各业的工作中具有极高的应用价值，在我们未来的日常生活的领域中也能广泛应用。如果有设备成本低、设备体积小、传输数据量小、放置较大电源设备不方便、电力支持不充足、通信范围大、用于监测控制的网络等要求时，我们可以考虑采用 ZigBee 技术来实现网络。

ZigBee 的应用正在日益扩展，尤其是随着物联网的发展，ZigBee 在包括智能家居、医疗护理、环境生态观测、公路交通、学校管理、远传抄表等方面得到广泛应用。由于各个方面的制约，ZigBee 技术的大规模商业化应用还有待时日，但其已经显示出了非凡的应用价值，相信随着微电子、计算机等相关技术的发展和推进，功能一定会越来越强大，并且得到更广泛的应用。但是，我们还应该清楚地认识到，基于 ZigBee 技术的无线网络才刚刚开始发展，它的技术、应用都还不成熟，因此我们应该抓住时机，加大投入力度，推动整个 ZigBee 技术行业的发展。

目前，各项技术的不同特点决定了它们可以适用的不同领域。无线通信技术以及相关协议标准都已发展成熟。随着科技的不断进步，通信技术的不断革新，适用性更强、更经济的技术将不断涌现，各种技术的不断发展与互相融合最终形成一种无缝覆盖的统一性网络将是网络无线接入技术的发展方向。

复习思考题

1．如何理解无线电波传播中的反射、衍射和散射？

2．为了模拟多径衰落信道，通常需要用哪些描述参数？并解释之。

3．什么是平坦衰落和频率选择性衰落？

4．无线接入基本技术所涉及的内容主要有哪些？

5．什么是信源编码？主要可以分为哪几类？

6．如何理解RPE-LTP（规则脉冲激励长时预测）编码？

7．什么是信道编码？信道编码中的常用码型主要有哪些？

8．线性调制和恒包络调制的根本区别是什么？它们分别包含哪些技术？

9．扩频通信的理论依据是什么？扩频通信系统主要有哪几种基本形式？

10．克服多径衰落的技术主要有哪些？应如何理解？

11．什么是固定无线接入？3.5GHz固定无线接入系统由哪几部分组成？

12．什么是无线ATM？无线ATM通信网的协议分层模型如何？

13．广播接入层的主要功能是什么？

14．移动ATM的主要功能是什么？

15．无线ATM网络的移动管理主要是建立在哪些技术上的？

16．简述移动终端从一个基站（基站1）变换到另一个基站（基站2）时，其数据传输信道的切换控制过程。

17．WCDMA系统主要有哪些接口？各接口的作用如何？

18．WCDMA系统中MSC主要功能是什么？在R99和R4版本中，MSC有什么区别？

19．WCDMA系统中，GMSC的主要功能是什么？如何与其他相关部件连接？

20．WCDMA系统中，SGSN、GGSN的主要功能是什么？如何与其他相关部件连接？

21．WCDMA系统中，R5阶段在核心网侧的主要变化是什么？主要包含哪些功能实体？

22．WCDMA（R5）系统中，呼叫状态控制功能（CSCF）的作用是什么？其具体功能是通过什么形式来实现的？

23．WCDMA（R5）系统中，媒体网关控制功能（MGCF）的主要功能是什么？

24．简述WCDMA系统中的上行专用物理信道的帧结构？

25．简述WCDMA系统中的下行专用物理信道的帧结构？

26．解释DPDCH、DPCCH、PRACH、CPICH、CCPCH的中文含义和作用？

27．WCDMA无线接口主要分为哪几层？主要使用了哪些协议？

28．对于无线资源控制（RRC）协议来说，主要包含哪些功能实体？各有什么作用？

第7章 接入网接口技术

本地交换机通常以模拟连接方式连接模拟用户线，随着光纤和数字用户传输系统的引入，继续使用模拟连接将会增加 A/D 变换次数，这样不但增加传输损耗，也很不经济。数字业务的发展要求从用户终端设备（TE）至本地交换机（LE）之间应具有透明数字连接，也就是要求交换机提供数字用户接入能力，为此开发了本地交换机用户侧数字接口，统称为 V 接口。1988 年版的 ITU-T 建议 Q.52 中规范了 V1～V4 接口，但其中 V1、V3 和 V4 接口都专用于 ISDN，而不支持非 ISDN 接入。由于不同厂家的 ISDN 交换机的实现方式不完全相同，其接口的标准也难以达到国际化。V2 接口虽然支持一般的一次群、二次群数字业务的接入，但在具体的使用中，其通路类型、通路分配方式和信令规范都取决于具体的应用，这样就必然会影响多供应商环境下对 LE 和接入网（AN）的开发，而不能充分发挥数字技术，限制了它的经济性。

为了适应 AN 范围内多种传输媒介、多种接入配置和业务的需要，希望有标准化的 V 接口能同时支持多种类型的用户接入。20 世纪 90 年代初，美国贝尔通信研究所（Bellcore）把交换机与接入设备间模拟连接改变为标准化的数字连接，解决了过去模拟连接传输性能差、设备费用高、数字业务发展难等问题。国际电信联盟电信标准化部（ITU-T）于 1994 年 1 月召开了 V5 新型接口规范研讨会，第 13 研究组分别于 1994 年 1 月和 1994 年 11 月通过 V5.1 和 V5.2 接口的建议，随后又着手进行速率为 STM-1 的 V5 接口和适应于支持 B-ISDN 的 V5 接口的研究。我国相应的 V5 接口标准经过多次评审和修改，于 1996 年 10 月由电信总局发布，同年 12 月由原邮电部颁布并在 1997 年 3 月起实施。

7.1 V5 接口的构成

V5 接口是一个在接入网中适用范围广、标准化程度高的新型数字接口，对于设备的开发应用、各种业务的发展和网络的更新起着重要作用。

7.1.1 V5 接口的接入模型和支持业务

1. 接入模型

V5 接口是一种标准化的、完全开放的接口，是专为接入网发展而提出的本地交换机（LE）和接入网（AN）之间的接口，目前主要用来支持窄带电信业务。根据接口容纳的数目（接口速率）和接口有无集线功能，V5 接口主要有两种形式，即 V5.1 与 V5.2。

V5.1 接口由一条单独的 2.048Mbit/s 链路构成，本地交换机（LE）与接入网（AN）之间可以配置多个 V5.1 接口。V5.1 支持以下接入类型：PSTN 接入、64kbit/s 的综合业务数字网（ISDN）基本速率接入（Base Rate Access，BRA），以及用于半永久连接的、不加带外信令的其他模拟接入或数字接入。这些接入类型都由指配的承载通路来分配，用户端口与 V5.1 接口内的承载通路指配有固定的对应关系，即 V5.1 接口不含集线能力。V5.1 接口使用一个 64kbit/s 时隙传送公共控制信号，其他时隙传送语音信号。

V5.2 接口可以由 1～16 条并行 2.048Mbit/s 链路构成。它除了支持所有 V5.1 接口接入类型以外，还支持 ISDN 基群速率接入（Primary Rate Access，PRA）。这些接入类型都具有灵活的、基于呼叫的承载通路分配方式，即 V5.2 接口具有集线能力。V5.2 接口还支持多链路运用的链路控制协议和保护协议。原则上，V5.1 是 V5.2 的一个子集，可通过指配而升级为 V5.2。

对于 V5 接入模型的讨论，不考虑在接入模型中采用哪种接入技术，而只限于与 V5 接口有关的内容，它的基本结构如图 7-1 所示。

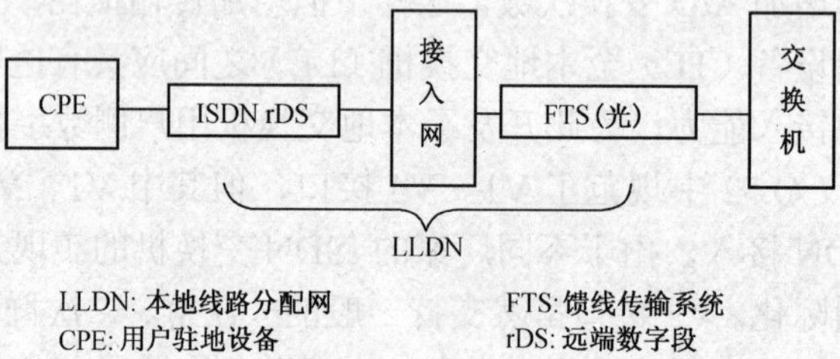

图 7-1 V5 接入模型

在图中，本地线路分配网（Local Line Distribution Network，LLDN）包括了除接入网以外的从交换机延伸到用户驻地设备（Customer Premises Equipment，CPE）的部分，其中接入网由 V5 接口定义，而延伸部分还包括馈线传输系统（Feed line Transmission System，FTS）和远端数字段（remote Digital Section，rDS）。

接入网中的 FTS 允许将接入网的前端放在远离交换机的地方。当采用 SDH 环时，可将 ADM 复用器同时设置在交换机的一侧和接入网的另一侧，这样接入网的接入范围就得到了延伸。

如果考虑将 FTS 包含在接入网中，就需要建一个两级接入网，第一级是在交换机和各种远端之间传输业务净荷；第二级在远端和终点之间传送较少量的净荷，也可借助于复杂的光纤传输系统将整个传输合为一级，此时该系统应具有到远端的多种路由选择功能，以保证其安全性，并具有到达各远端这一大范围内的远距离运行能力。这样 FTS 的功能就可以包含在接入网中，而图 7-1 中单独的 FTS 功能块就不存在了。图中有可能在 ISDN 用户的 CPE 和接入网之间存在 rDS 部分，在大多数情况下无需 rDS，因为这部分功能已包括在接入网中。rDS 最初用于对 ISDN 开发的数字段（DS），从功能上包括了交换机中的 ISDN 线路终端及到远端 NT1 的相应数字传输形式，它不作为接入网的一部分进行独立管理，而是受控于交换机。

2. 支持业务

V5.2 接口支持的业务如图 7-2 所示。V5 接口支持如下接入类型。

（1）公用电话交换网（PSTN）接入。

（2）ISDN 基本接入（ISDN-BRA 或 ISDN-BA），NT1 可综合在 AN 内或与 AN 分离。

（3）ISDN 一次群接入（ISDN-PRA），NT1 可综合在 AN 内或与 AN 分离。

（4）用于半永久连接、不加带外信令的其他模拟接入或数字接入。

（5）永久租用线业务，由于永久线业务网络旁通，因此 V5 接口没有影响。

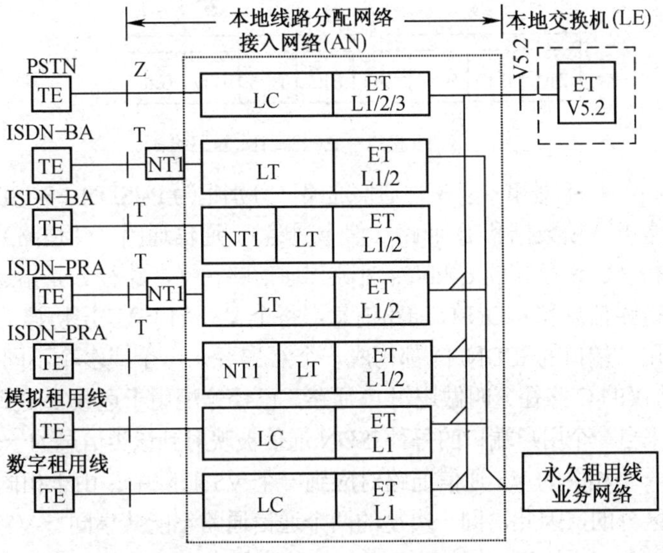

图 7-2　V5.2 接口支持的业务

V5 接口的选用原则主要取决于电信运营部门提供给用户的业务类型以及享用各业务的比例。从技术方面出发，在选用 V5 接口类型时应考虑以下原则。

（1）数据租用线业务比较高的用户地区，由于数据租用业务不需要集线，可采用 V5.1 接口。

（2）对于普通传统电话业务（POTS）的情况，不必采用 V5 接口，可以使用现有的远端模块。但当引入 ISDN 业务时，需增加复用器，将 POTS 与 ISDN 业务分开，或设置 ISDN 模块来提供 ISDN 业务，这些都将增加投资。因此，从长远的角度看，应使用 V5 接口。

（3）对于用户业务密度比较高的地区，倾向于采用 V5.2 接口，发挥其集线功能；对于用户业务密度低的地区，则倾向于采用 V5.1 接口。

（4）对于 HFC 接入设备和无线本地环路（WLL）倾向于采用 V5.2 接口。

7.1.2　V5 链路及时隙结构

一个 V5.1 接口只具有一个 2.048Mbit/s 链路，而在一个 V5.2 接口上则有 1～16 个 2.048Mbit/s 链路。两种接口的 2.048Mbit/s 链路通常被分成 32 个时隙，其中 0 时隙用作帧定位（见图 7-3）。一个 V5.1 接口能支持多达 30 个 PSTN 端口（或 15 个 ISDN 基本接入端口）；而 V5.2 接口由于支持业务的集中和时隙的动态分配功能，一个 V5.2 接口能支持几千个端口。无论是 V5.1 还是 V5.2 都可在同一条 2.048Mbit/s 链路上同时支持 PSTN 和 ISDN 端口。

V5 接口有许多不同的通信协议，包括内务处理通信协议（控制、链路控制、承载通路控制及保护）和呼叫控制通信协议（用于 PSTN 和 ISDN）。呼叫控制协议和 V5 控制协议用于 V5.1 和 V5.2 接口，但其他的内务处理协议只用于 V5.2 接口。

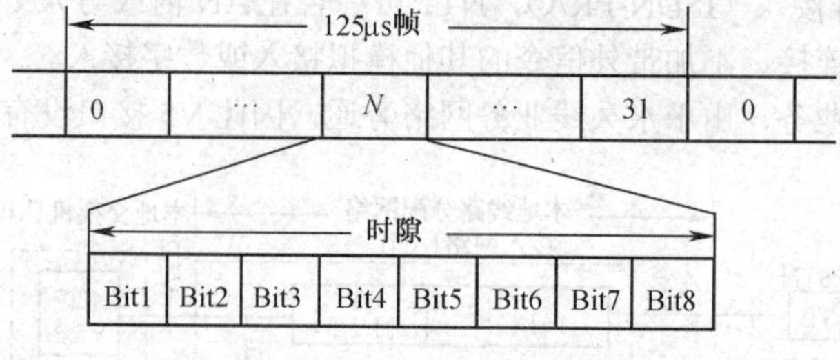

图 7-3 V5 接口中 2.048Mbit/s 链路格式

ISDN 通信分为 p 型、f 型和 s 型 3 种通信通路（分别记为 P-ISDN、F-ISDN 和 S-ISDN），它们分别对应于分组数据、帧数据和 D 通路（信令通路）。通信通路（C 通路）是指 V5 接口上指配用来运载通信路径（C 路径）的 64kbit/s 时隙。通信路径（C 路径）是指运载 V5 接口第三层协议的第二层数据链路信息和 ISDN D 通路信息。每个 V5 接口第三层协议的第二层数据链路信息和一个或者多个用户端口的 ISDN D 都构成一个 C 路径。一个或多个不同类型 C 路径的组合（不包括用于保护协议的 C 路径）叫做逻辑 C 通路。已经分配用于运载 C 通路的 64kbit/s 时隙又称为物理 C 通路。来自一个用户端口的每种 ISDN 通信被映射到该类信息的一个公共通信通路上，而且每个通路都有一个相关的 V5 通信通路对应到一个 V5 时隙中。由于相同类型的通信通路是利用不同的时隙来区分的，因此，同一类型的两个通信通路不能共享同一 V5 时隙。

与 ISDN 通信通路不同，内务处理协议总是共享同一 V5 时隙，即第一个 2.048Mbit/s 链路的第 16 时隙。PSTN 呼叫控制协议也只用一个时隙，但随着用户端口数的增加或 ISDN D 通路业务量的增加，为使额外的带宽分配给呼叫控制，PSTN 呼叫控制协议和 ISDN 通信通路均不去分享内务处理协议所使用的时隙。

1. V5.1 接口

对 V5.1 而言，只有一个 S-ISDN 通信通路（信令通路），对应唯一的 V5 时隙；而这个 V5 时隙可以与其他通信协议或不同类型的 ISDN 通信通路共享，也可以不与它们共享。许多不同的 P-ISDN（分组数据）和 F-ISDN（帧中继）通信通路使用多达 3 个时隙。如果所有的通信通路只使用一个时隙时，由于控制协议的使用，这个时隙一定是第 16 时隙。

如果 V5.1 接口仅支持 PSTN 用户端口，则最多提供 2 个物理通信通路，通过指配分配。如果 V5.1 接口支持 ISDN 用户端口也同时支持 ISDN 和 PSTN 用户端口，则最多可提供 3 个通信通路。V5.1 接口的 2.048Mbit/s 链路 TS16 首先分配为通信通路，如果有需要分配更多的通信通路，依次为 TS15 和 TS31。

当需要两个时隙用来通信时，它们是第 16 和第 15 时隙。控制协议一定用第 16 时隙，显然其他通信通路中至少有一个用第 15 时隙，具体安排如表 7-1 所示。例如，两个时隙上可能都是 F-ISDN 通信通路，也可能都是 P-ISDN 通信通路。PSTN 信令协议和 S-ISDN 协议通信通路可能各自占用第 16 时隙或第 15 时隙。

表 7-1　两个通信时隙时 V5.1 接口的分配情况

	控　制	PSTN	S-ISDN	F-ISDN	P-ISDN
A-TS16	√				
B-TS15		√			
A-TS16	√	√	√		
B-TS15				√	√

当需要 3 个时隙用来通信时，它们是第 16、15 和 31 时隙。控制协议必定还用第 16 时隙，PSTN 信令协议和 S-ISDN 通信通路可能各自占用第 16、15 或 31 时隙（见表 7-2）。

表 7-2　　3 个通信时隙时 V5.1 接口的分配情况

	控　制	PSTN	S-ISDN	F-ISDN	P-ISDN
A-TS16	√	√	√		
B-TS15				√	
C-TS31				√	√
A-TS16	√				
B-TS15				√	√
C-TS31			√		

2. V5.2 接口

V5.2 接口只有一条链路时，C 通路的分配方式与 V5．1 接口时完全一样，以便与 V5.1 接口完全兼容。V5.2 接口使用多条 2.048Mbit/s 链路时，根据需要将定义主链路和次链路。主链路是多链路 V5.2 接口中的一个 2 048kbit/s 链路，其 TS16 为用于运载内务处理通信协议的通信通路。在 V5.2 接口初始化时，主链路 TS16 运载 V5 接口第三层协议（控制协议、链路控制协议和 BCC 协议）的第二层数据链路信息和 ISDN D 通路信息。次链路的 TS16 用于运载内务处理通信协议的通信通路，并作为主链路 TS16 的备用通信通路。V5.2 接口上的主链路和次链路中的 TS16 总是物理 C 通路。因此，V5.2 接口与 V5.1 接口除了在 2.048Mbit/s 链路的数目上不同以外，还有 3 个主要方面不同（见表 7-3）：一是 V5.2 接口支持附加的内务处理协议，它与控制协议共享同一时隙；二是 V5.2 有附加的备用时隙以提高通信的安全性；三是 V5.2 较 V5.1 的 S-ISDN 通信通路多，ISDN 的呼叫控制不需局限在一个 V5 时隙中。

表 7-3　　V5.2 通信时隙

时　隙	主 链 路	次 链 路	其 他 链 路
TS15	任选	任选	任选
TS16	内务处理协议	内务处理协议	任选
TS31	任选	任选	任选

对于 16 条链路的 V5.2 接口，理论上最大可分配的通信通路可达 48 个。在 V5.2 接口上有多条链路时，需要将主链路的 TS16 和次链路的 TS16 用作内务处理通信协议的通信通路。其他链路通信通路的一般分配过程如下所述。

① 其他链路的 TS16。

② 如果还需要，则一个链路的 TS15。

③ 如果还需要，则相同链路的 TS31。

④ 如果还需要，则按②③所述，继续分配下一个链路的 TS15，然后为 TS31。

上述分配过程重复进行，直到所有链路的 TS15、TS31 全部被分配。

附加内务处理协议对通信通路分配到时隙会产生间接的影响，因为它们减少了控制协议占用空闲时隙的容量。由于附加协议的存在，呼叫控制通信共享相同时隙的可能性很小，特别是当它们被大量使用时。由于所有的内务处理协议能有效地分配到一个通信时隙上，因此附加内务处理协议的引入，并没有对协议分配到时隙产生直接的影响。

与附加时隙分配至通信通路相似，备用通路的使用也会产生类似的影响。它的主要影响是增加了与通信有关的时隙数目。对 V5.1 接口引起的改变是，备用方式使得一个通信通路要与多个时隙保持有动态联系，如果有一条专用链路上发生故障，可倒换到不同链路上去。

7.2 V5 接口的体系结构

7.2.1 V5 接口的分层模型

V5 接口包含 OSI 七层协议的下三层：物理层（第一层）、数据链路层（第二层）和网络层（第三层）。

物理层中每个 2.048Mbit/s 接口链路的电气和物理特性应符合 G 703，功能和规程要求符合 G 704 和 G 706。实现循环冗余检验功能，包括在 CRC 复帧中使用 E 比特作 CRC 差错报告，使用 Sa7 比特实现链路身份识别功能。

数据链路层也称 LAPV5（Link Access Protocol of V5 interface），仅对通信通路（C 通路）而言。LAPV5 分为两个子层，即封装功能子层（LAPV5 Enveloping Function，LAPV5-EF）和数据链路子层（LAPV5 Data Link，LAPV5-DL）。LAPV5-EF 为 LAPV5-DL 信息和 ISDN 接入的 D 通路信息提供封装功能。LAPV5-DL 完成 Q.921 中规定的多帧操作规程，以及数据链路监视、传送 AN 和 LE 间的第三层协议实体的信息。

网络层功能是协议处理功能。V5 接口可以支持下面几种协议：PSTN 信令协议、控制协议（公共控制和用户端口控制）、承载通路控制（Bearing Channel Control，BCC）协议、保护协议和链路控制协议。后 3 种协议仅适用于 V5.2 接口。

7.2.2 V5 接口的物理层

V5 接口的物理层主要实现接入网（AN）与本地交换机（LE）的物理连接，采用了广泛应用的 2.048Mbit/s 数字接口，中间加入了透明数字传输链路。

每个 2.048Mbit/s 接口链路的电气和物理特性均应符合 ITU-T 建议 G.703，即采用三阶高密度双极性码（High Density Bilateral code with 3 level，HDB3 码），可以采用同轴 75Ω或平衡 120Ω接口方式。关于抖动性能，接口的输入抖动按照 G.823 建议对低 Q 时钟恢复的要求，输入接口能够容忍接收信号的最大允许抖动。输出抖动则应符合高 Q 时钟的要求，从而使得 V5 接口的实现与网络中采用不同 Q 值的时钟恢复电路无关，也与附加的数字链路无关，便于 V5 接口在接入网中应用。

V5 接口物理层帧结构应符合 ITU-T 建议 G.704 和 G.706，每帧由 32 个时隙（Time Slot，TS）组成，其中 TS0 作为帧开销，主要用于帧定位和 CRC-4 校验。32 个时隙分 3 种：帧定位（TS0）、通信通路（TS16、TS15、TS31）和承载通路。TS16、TS15 和 TS31 可以作为通信通路（C 通路）用于传送 PSTN 信令、ISDN 的 D 通路信息以及控制协议信息。没有指配给通信通路（C 通路）的其他时隙可作为承载通路，用于透明传送 ISDN 的 B 通路或 PSTN 中按 PCM 编码的 64kbit/s 语音信息。

7.2.3 V5 接口的数据链路层

V5 接口的第二层是仅对逻辑 C 通路而言的。为便于支持不同的业务类型，基于 LAPD（Link

Access Protocol of D-channel）规程的C通路的第二层，分为两个子层，即封装功能子层（LAPV5-EF）和数据链路子层（LAPV5-DL），用于将不同的信息灵活地复用到C通路上，处理AN与LE之间的信息传递。另外，AN的第二层功能还包括一个AN帧中继子层，用于支持ISDN D通路信息。

LAPV5-EF为ISDN接入的D通路信息和LAPV5-DL信息提供封装和帧传送功能，其帧结构和协议与高级数据链路控制（High-level Data Link Control，HDLC）相似，包括标志符、封装功能地址、信息和FCS（Frame Check Sequence）校验等功能。V5接口中所有ISDN用户口都由封装功能地址（0～8175）来标识，从8176～8191范围内的地址为保留值，用于第二层实体向第三层提供数据链路服务。

LAPV5-DL包含在LAPV5-EF帧结构的信息字段中，提供多帧操作的建立与释放规程，多帧操作中信息传送的规程以及数据链路层监视功能，完成接入网设备和本地交换机之间相应的第三层协议实体的信息传送。数据链路地址与封装功能地址包含相同的信息，其中8176～8180的地址分别用于指示V5接口第三层的5个协议，即PSTN信令协议、控制协议、BCC协议、保护协议和链路控制协议。在V5接口上的PSTN信令承载从AN至LE的PSTN信令内容（如线路占用、拨号数字等），以及LE至AN的消息（如反极性、计费等）。所有PSTN用户端口由V5接口中用唯一的编号来标识。

LAPV5-DL包括以下功能。

① 在C通路上提供一个或多个数据链路连接，数据链路连接之间是利用包含在各帧中的数据链路地址来加以区别的。

② 帧的分界、定位和透明性，允许在C通路上以帧形式发送一串比特。

③ 顺序控制，以保持通过数据链路连接的各帧的次序。

④ 检测一个数据链路连接上的传输差错、格式差错和操作差错。

⑤ 根据检测到的传输差错、格式差错和操作差错进行恢复。

⑥ 把不能恢复的差错通知管理实体。

⑦ 流量控制。

接入网帧中继（AN-FR）的主要功能是将ISDN端口相关的ISDN D通路帧，在第二层进行统计复用送到V5接口的C通路上，以及将从V5接口C通路上接收到的帧分路到ISDN D通路上。在第二层内，各子层之间的通信是由映射功能来完成的。AN帧中继、映射和封装功能如图7-4所示。

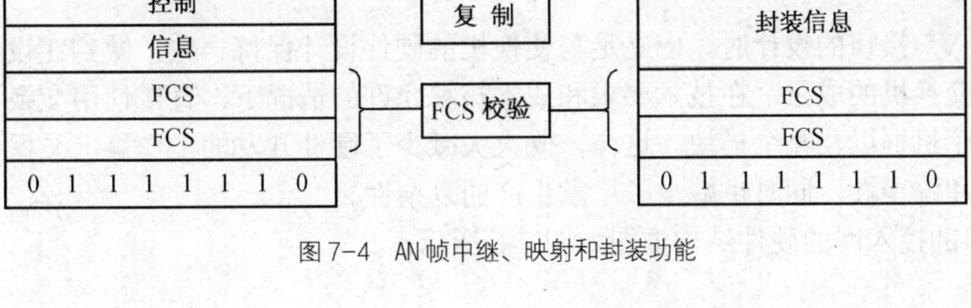

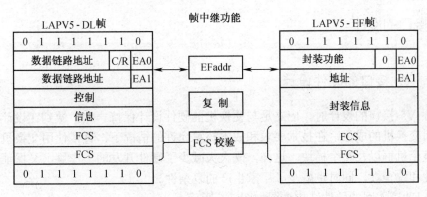

图7-4　AN帧中继、映射和封装功能

接入网帧中继过程为：

① 帧定界、帧同步及透明传输；

② 利用ISDN第二层的地址字段进行复用和分解；

③ 帧检查，以确保在比特插入前和删除之后帧的完整性；

④ 检查无定界帧或过短的帧；

⑤ 在无二层帧发送时，插入HDLC的标志；

⑥ 检测传输差错。

7.2.4 V5接口的网络层

V5接口规程中所有的第三层协议都是面向消息的协议。第三层协议消息的格式是一致的，每个消息应由协议鉴别语、第三层地址、消息类型等信息单元和视具体要求而定的其他信息单元组成。它们使用相同的协议鉴别语，协议鉴别语信息单元用来区分对应于V5接口第三层协议之一的消息，并使用同一V5数据链路连接的对应于其他协议的消息。第三层地址信息单元用来在发送或接收消息的V5接口上识别第三层实体。消息类型信息单元用来识别消息所属的协议和所发送或接收的消息的功能。消息格式如图7-5所示，各信息单元规定如下所述。

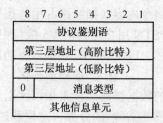

8 7 6 5 4 3 2 1	
协议鉴别语	
第三层地址（高阶比特）	
第三层地址（低阶比特）	
0	消息类型
其他信息单元	

图7-5 V5接口第三层协议消息格式

（1）协议鉴别语信息单元：长度为1字节，其统一编码为“01001000”，用来标识V5接口第三层协议，以便与将来可能在同一V5接口数据链路连接上出现的其他第三层协议相区别，允许今后开发新的第三层协议。

（2）第三层地址信息单元：是每个第三层协议消息的第二部分，由2字节构成，用于在V5接口上发送或接收消息时识别第三层协议实体，在不同的第三层协议中，其编码根据各协议具体规定来确定。

（3）消息类型：是每个第三层协议消息的第三部分，长度为1字节，用来标识消息所属的协议和所送消息的功能。

（4）其他信息单元：根据各协议的具体规定，由不同的信息单元组成。根据消息的语义和不同的应用可分为必选信息单元和任选信息单元。它们对各个协议来说是特定的，分别由第三层协议来定义。

7.3 V5接口的设计

7.3.1 V5接口的硬件设计

在进行V5接口的设计时，应立足与交换机的硬件设计保持一致，做到在设计过程中首先考虑使用交换机的成果，在技术要求和成本核算允许的情况下，直接使用交换机的电路、电路板、整个机框以及整个模块。这样，既大大减少了硬件开发的工作量，又保证了与交换机的兼容性和统一性，同时也减少了厂家生产的复杂性。

V5接口的接入网的硬件结构框图如图7-6所示。

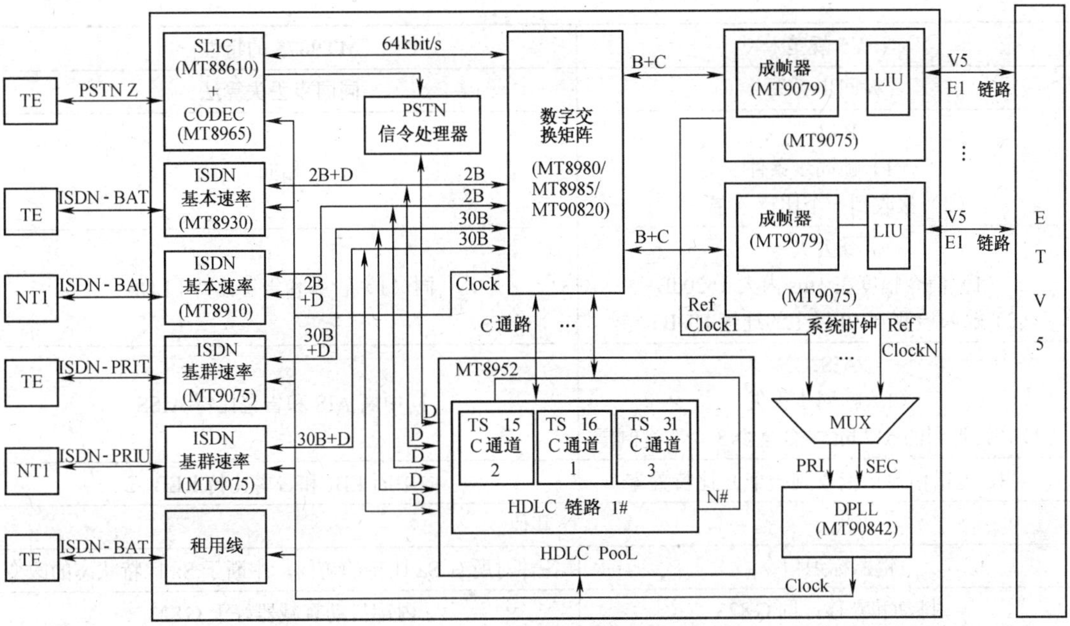

图 7-6 V5 接口的硬件结构框图

1. 本地交换机接口

AN 和本地交换机（LE）之间的物理层接口，由一个或最多 16 个 2.048Mbit/s E1 链路组成。E1 接口由成帧器和线路接口两部分组成。成帧器支持 G 704 和 G7.06 的所有第一层的要求；线路接口单元（LIU）用于驱动物理线路，如双绞线或同轴电缆。

MT9075 为一种单 E1 接口，综合了成帧器和 LIU，其主要特性包括：数据链路接入、告警、中断、环回和诊断，特别适合用在 V5 中。表 7-4 列出了 V5 接口在物理层和数据链路层的一些需求以及 MT9075 所能支持的特性。

表 7-4　　V5 规范及 MT9075 的特性

V5 规范	MT9075 的特性
事件和故障报告	
运行的信令（正常帧，无 RAI）	中断 T2I 和状态比特 T2
非运行的条件	中断 T1I 和状态比特 T1
信令丢失	管脚 LOS 和告警比特 LLOS
帧同步丢失	中断 SYNI，告警比特/同步和 LBP 计数器
接收 RAI	中断 RAII 和告警比特 SAIS
接收 AIS	中断 AISI 和告警比特 AISS
CRC 块接收差错	中断 CRCI 和告警比特 CRCS1/2
CRC 差错信息	中断 EBI 和状态比特 REB1/2
内部故障	
事件和信令检测算法	
正常帧	同成帧算法

续表

V5 规范	MT9075 的特性
帧同步丢失	同同步丢失算法
RAI： （1）帧同步条件 （2）接收到一个比特 A 置 1	相同
信令丢失： （1）信令幅度在 1ms 内大于 20dB （2）输入检测到 10 以上的连续 HDB3 零	同（1）管脚和告警比特 LLOS
AIS： （1）帧同步丢失 （2）在接收到的 512 bit 中含至少 3 个二进制零	同中断 AIS 和告警比特 AISS
CRC 差错信息：接收到一个 E 比特置零	同中断 EBI 和告警比特 REB1/2
其他	
链路标识信令	各种对所有 Sa 比特的访问，中断于 Sa 比特状态的改变
抖动和漂移：同 G.823	内部抖动衰减器好于 G.823
环回：远端环回	6 个环回功能

内嵌的抖动衰减器包括一个 DPLL（Digital Phase-Locked Loop）和数据 FIFO（First In First Out），有几种运行方式适合于不同条件。图 7-7（a）所示为线路同步方式下的运行情况，时钟与接收到的数据流同步。2.048Mbit/s 时钟 E2o 是从接收到的数据中提取的，由 FIFO 来减轻抖动，并送入 DPLL 作为参考。DPLL 随后产生新的时钟。在紧急情况下，由于链路故障使 E2o 丢失，DPLL 自动返回到空转方式。图 7-7（b）和（c）所示为系统总线同步方式。在系统总线同步方式中，用户可根据抖动源的位置选择，将抖动衰减器放到任一个发送路径或接收路径，通常认为抖动是由物理传输介质引入的，因此，抖动衰减器置于接收路径上。

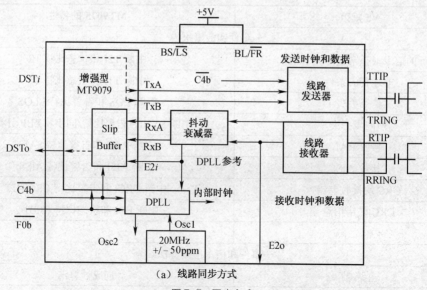

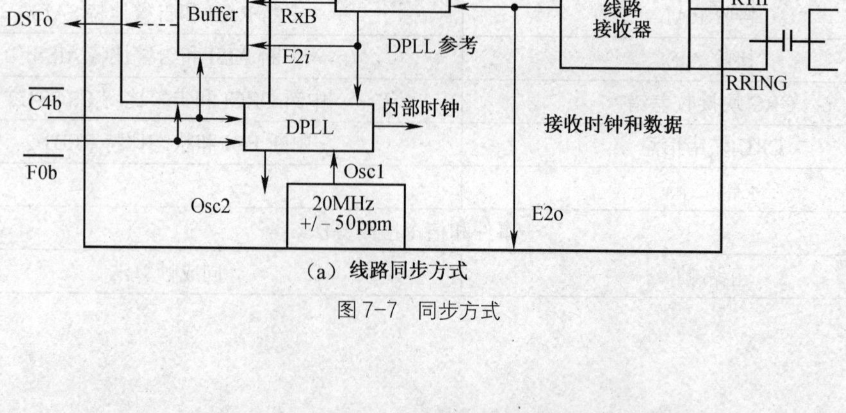

（a）线路同步方式

图 7-7　同步方式

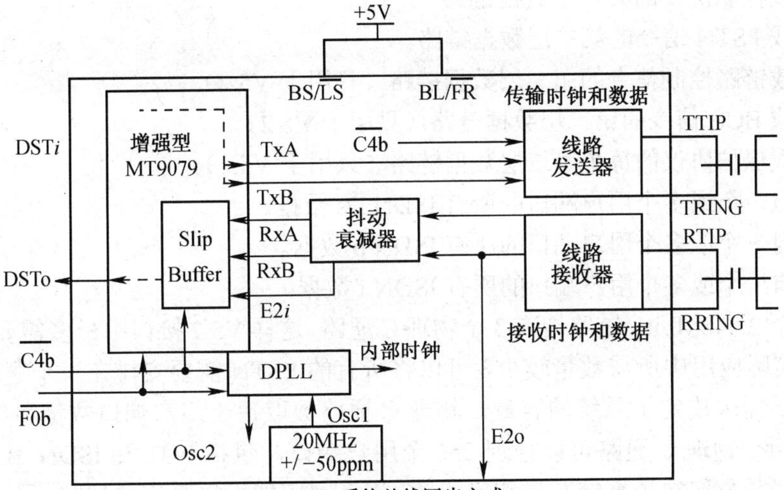

（b）系统总线同步方式 1

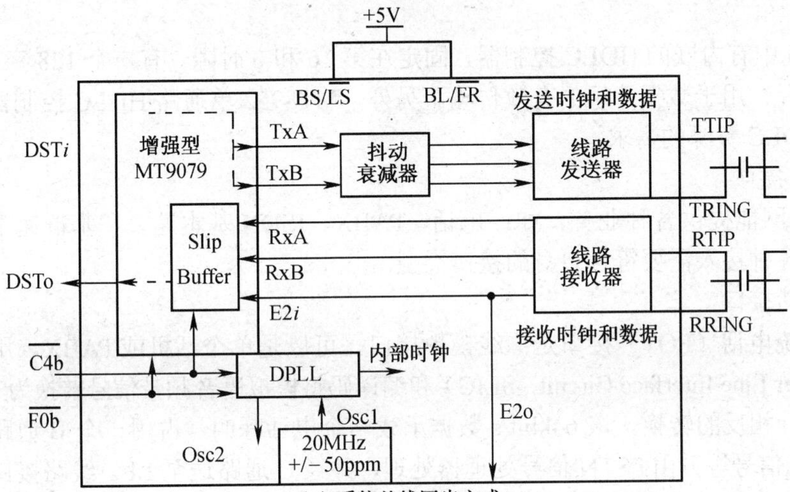

（c）系统总线同步方式 2

图 7-7 同步方式（续）

2. 交换矩阵

交换矩阵是接入网的核心，负责选路、集中和传播各种类型的数据，包括承载通路、C 通路或其他消息通路。交换矩阵还作为 V5 保护协议的一部分，当发生链路故障时，为保持业务，将逻辑 C 通路重新选路到任何可用的物理 C 通路上去。

交换矩阵的大小主要取决于 V5.2 接口中使用的 2.048Mbit/s 链路的数量以及集中比。当所有 16 条链路都使用时，交换矩阵的最小尺寸为 512×512。如果集中比为 4:1，则交换矩阵扩展为 2 048×2 048。通常，V5.1 中用 512×512 的交换矩阵，如 MT8985，V5.2 中用 2 048×2 048 的交换矩阵，如 MT90820。

3. 数据链路层控制

在 V5 接口中，2.048Mbit/s 链路上的 64kbit/s 时隙可用于 B 通路和 C 通路。在每个 2.048Mbit/s 链路上至少有 3 个时隙，第 15、16 和 31 时隙，允许用作物理 C 通路。C 通路专门用于运载以下信息类型，这些信息类型属高级数据链路控制（HDLC）协议。

（1）运载控制协议的第二层数据链路。

（2）运载 PSTN 信令的第二层数据链路。

（3）运载链路控制信令的第二层数据链路（只用于 V5.2）。

（4）运载 BCC 信令的第二层数据链路（只用于 V5.2）。

（5）运载保护协议的每个第二层数据链路（只用于 V5.2）。

（6）来自一个或多个用户端口的所有 ISDN Ds 数据。

（7）来自一个或多个用户端口的所有 ISDN p 数据。

（8）来自一个或多个用户端口的所有 ISDN f 数据。

由于每个 2.048Mbit/s 链路留有 3 个物理 C 通路，这样 V5.2 接口中最多需要 48 个 HDLC 控制器。在实际应用中所需数量较少，可以将所有的 PSTN 需要安排在一个逻辑 C 通路上。HDLC 的资源需求决定了系统的容量。物理 C 通路数取决于用户端口数量和类型。通常情况下一个或两个物理 C 通路可以处理 256 个用户端口，包括 POT 和 ISDN BA。系统中的 HDLC 控制器数量取决于系统容量和模块数。接入网应能根据系统的扩容，灵活增加 HDLC 控制器。

MT9075 中有内嵌的 HDLC 控制器，固定在第 16 和 0 时隙。有一个 128 字节的 FIFO 发送和接收路径，用于数据分组的有效传输。另外，MT8952 单通路 HDLC 控制器可以用于满足附加的 HDLC 资源的需求。

4. 用户接口

V5 接入网能提供各种业务，如：电话、PABX、ISDN 基本速率和基群速率到不同类型的租用线。各种接入需要符合自身的接口类型。

（1）电话接口

普通传统电话（POT）接口是二线模拟接口，可以是单个话机或 PABX。用户线接口电路（Subscriber Line Interface Circuit，SLIC）和编译码将模拟语音频带信号转换为 64kbit/s PCM 数据，或进行相反的转换。该 64kbit/s 数据承载一个电话呼叫，占用一个 B 通路。监视信号（如：摘/挂机信号等）由 PSTN 信号处理器处理，并经 C 通路送至 LE。线路接口的设计主要考虑因素有线路阻抗、网络平衡及传输损耗等。通常认为 POT 用户端口的传输损耗，与直接连到 LE 上的用户端口传输损耗相同。MT8816 可满足 AN 的各种应用。

（2）ISDN-BRI

随着数字业务需求的增加，ISDN 基本速率接口（ISDN-BRI）的应用越来越广泛。若要将 ISDN 终端设备直接连到接入网（AN），则需在接入网侧设置一个标准的 S 接口，以提供在四线平衡线路上“2B+D”数据格式的全双工传输。所有的 D 通路都被选路至 HDLC，并被分组，由帧中继层形成 C 通路。在 ISDN 网络终端（NT1）接入的情况下，需一个 U 接口，在一对双绞线上传送 2B+D 数据帧。MT8930 和 MT8910 分别作为 S 接口和 U 接口。

（3）ISDN-PRI（只适用于 V5.2）

ISDN 基本速率接口（ISDN-BRI）所支持的数据速率为 144kbit/s，其带宽显然不适合于图像或多媒体用户。同时，V5.2 接口可拥有 16 条 2.048Mbit/s 链路，能支持很高速率的数据业务。因此，在 V5.2 接入网中增加了 ISDN 基群速率业务。ISDN 基群速率接口（ISDN-PRI）在一个 2.048Mbit/s 链路上运载“30B+D”数据格式，其中第 16 时隙留作 D 通路数据。MT9075 能满足这些要求。

（4）租用线路

V5 支持模拟和数字租用线路。模拟租用线接口与前述 POT 接口相同；数字租用线接口采用

G.703 建议中规定的 64kbit/s DS0 格式。ISDN 基本和基群接入中的 B 通路也可用于租用线业务。

7.3.2 V5 接口的软件设计

1. 软件总体结构

V5 程序由以下模块组成，各个模块之间的关系如图 7-8 所示。

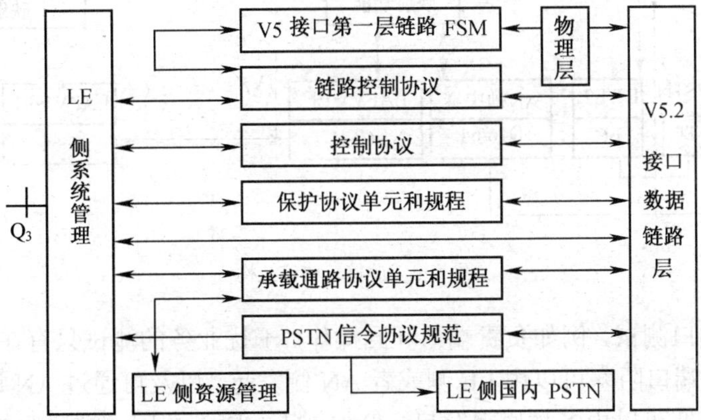

图 7-8 V5 程序模块间的关系

（1）数据链路封装模块（对应 V5 数据链路封装子层）。

（2）数据链路模块（对应 V5 数据链路子层）。

（3）控制协议模块，包括 PSTN 用户端口状态的状态机、PSTN 端口控制协议状态机、重新指配状态机和公共控制协议状态机。

（4）链路控制协议模块，包括链路控制协议状态机和链路控制状态协议 L3 状态机。

（5）承载通路控制协议模块。

（6）保护协议模块。

（7）PSTN 信令协议模块。

（8）V5 系统管理模块。

（9）V5 资源管理模块。

2. V5 接口部分第三层协议的设计

V5.1 包含两个协议：PSTN 信令协议和控制协议。V5.2 接口涵盖了 V5.1 接口的两个协议，还有另外三个协议：承载通路控制（BCC）协议、保护协议和链路控制协议。

V5 接口的协议结构如图 7-9 所示。

（1）控制协议

控制协议由用户端口控制协议和 V5 接口公共控制协议两部分组成。用户端口控制协议规定了用户端口的阻塞控制和激活控制，具体内容包括 ISDN 基本速率接入（BRA）用户端口控制、ISDN 基群速率接入（PRA）用户端口控制和 PSTN 用户端口控制。V5 接口公共控制协议规定了 V5 接口重新指配和重新启动的实现。

控制协议实体的主要功能是监测用户的状态，实现 AN 和 LE 之间的有关控制消息的传递，以及完成变量和接口 ID 的核实以及解除用户端口阻塞等功能。无论是 PSTN 用户端口，还是 ISDN 用户端口，其用户端口状态指示是基于 AN 和 LE 之间职责分离为原则的，只有那些与呼叫控制相关的用户端口状态信息才可以通过 V5 接口，并影响 LE 中的状态变化。

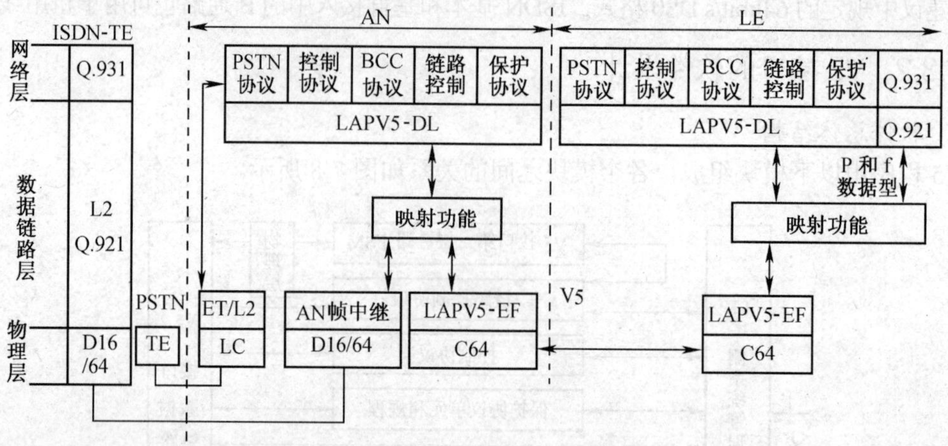

图 7-9　V5 接口协议结构

由 AN 负责端口测试，例如负责端口环回操作。干扰业务的测试只有在端口处于“阻塞”情况下才能进行。端口阻塞可以由 LE 侧或者 AN 侧发起，以及可通过 AN 请求并得到 LE 的允许进行。端口阻塞可以由多种原因发起，例如用于故障、关闭该端口业务等。

（2）PSTN 信令协议

PSTN 信令协议的主要功能是建立用户端口状态与 LE 中的国内标准信令协议有限状态机之间的联系，并由 LE 来完成用户线的呼叫控制。对于 PSTN 信令，接入网的功能是透明传送模拟用户端口的大多数线路信令，经过 V5.1 接口送给本地交换机。

V5 接口上的 PSTN 信令协议基本上是一个激励协议，它不控制 AN 中的呼叫规程，而是在 V5 接口上传送有关模拟线路状态的信息。V5 接口的 PSTN 规程需要与 LE 中的国内协议实体一起使用，如图 7-10 所示。FE（Function Entity）是功能实体，可作为事件处理。LE 负责呼叫控制、基本业务和补充业务的提供。AN 应有国内信令规程实体，并处理与模拟信令识别时间、时长及振铃电路等有关的接入参数。LE 中的国内协议实体，它既可用于与 LE 直接相连的用户线，也可用于控制通过 V5 接口连接的用户线上的呼叫。

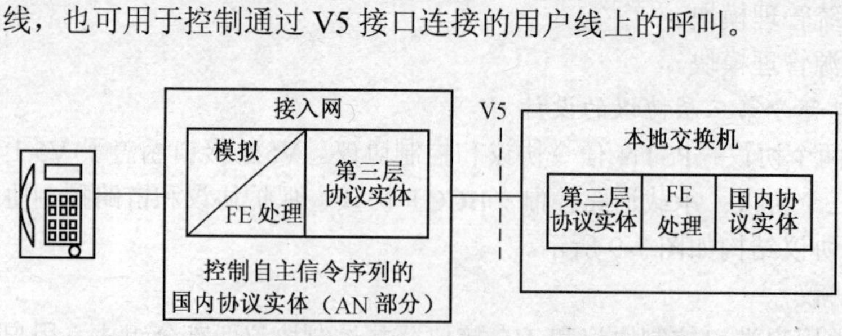

图 7-10　PSTN 用户端口功能模型

（3）承载通路控制协议

V5.2 接口的承载通路控制（BCC）协议主要是用来将一特定链路上的承载通路分配给用户端口，从而实现 V5.2 接口的承载通路和用户端口的动态连接，并实现 V5 接口的集线功能。

BCC 协议允许 V5.2 接口承载通路由各自独立的进程分配和解除分配，主要包括分配进程、解除分配进程和审计进程。BCC 协议根据呼叫或 LE 管理的控制使用分配进程，规定 AN

和 LE 之间的交互操作，用来向一个特定的用户端口分配 V5.2 接口上一定数量的确定链路、时隙的承载通路。解除分配进程和上述的分配进程相反，用来释放用户端口和承载通路的连接。另外，BCC 协议采用审计进程来检查 V5.2 接口上一个承载通路的路由以及在用户端口处的后续连接。LE 利用审计功能获得 AN 侧某个承载通路的连接信息。

V5.2 接口应具有支持以下 3 种类型承载通路连接的能力。

① LE 内和 V5.2 接口上基于呼叫的交换连接，以支持 PSTN 和 ISDN 的可交换业务，并在 AN 内具有话务集线能力。

② 在 LE 内基于呼叫的交换连接，但在 V5.2 接口上和 AN 侧为预连接，在 AN 内不集线，以支持 PSTN 和 ISDN 的可交换业务。这类连接用于高话务量线路，例如，PABX 线路、不允许呼叫阻塞的紧急业务线路。

③ 在 LE 和 AN 内建立的半永久连接，以支持半永久租用线路业务。

V5.2 接口中的 BCC 协议具有如下一些功能。

① 为 LE 提供请求 AN 在指定的 AN 用户端口和指定的 V5.2 接口时隙之间建立和释放连接的方法。

② BCC 协议实体为 V5.2 接口上的每一次呼叫（接续呼叫、预连接呼叫或半永久呼叫）提供一组独立的进程，用来控制承载通路的分配和解除分配，BCC 支持多时隙的成组分配和解除分配。

③ BCC 协议实体提供审计功能，LE 侧利用此功能获得 AN 侧某个承载通路的连接信息（与之连接的用户端口标识等）。

④ BCC 协议状态机支持多个 V5.2 接口的承载通路控制处理。

⑤ 每次呼叫的 BCC 参考号码对应 BCC 协议状态机中的一个进程，BCC 参考号码与 BCC 协议实体的进程之间的对应关系由 BCC 协议实体建立和撤销。

另外，BCC 协议只支持 AN 用户端口和 V5.2 接口之间的连接，不支持内部交换（用户端口到用户端口的连接）。

BCC 参考号码由资源管理生成，其值可由 LE 或 AN 侧的资源管理程序随机生成，也可顺序产生。

（4）保护协议

保护协议的功能就是提供对所有活动 C 通路（正在运载逻辑 C 通路的物理 C 通路）的保护，在出现故障（主要是 2.048Mbit/s 链路故障）时，把逻辑通信通路（逻辑 C 通路）切换到其他物理通信通路（物理 C 通路）上，从而维持各种协议的 C 路径，极大地提高了 V5.2 接口的可靠性。

用于保护协议的 C 路径，应当始终指配在主链路和次链路的第 16 时隙，并且不能被保护机制所切换。控制协议、链路控制协议和 BCC 协议 C 路径应当指配在主链路的第 16 时隙，次链路的第 16 时隙用于控制协议、链路控制协议和 BCC 协议 C 路径的保护。

每一个由多条 2.048Mbit/s 链路构成的 V5.2 接口应具有保护组 1，如果指配，则具有保护组 2。在 LE 和 AN 中都应提供 C 路径到逻辑 C 通路的映射，从而得到物理 C 通路的映射，如图 7-11 所示。

保护组 1 总是由主链路和次链路的 TS16 组成。这样，以下固定的数据用于保护组 1：主链路 C 通路数 $N1=1$，次链路 C 通路数 $K1=1$。

如果指配 V5.2 接口还可具有保护组 2，$N2$ 为指配的逻辑 C 通路数，则按照如下方式指

配一组 $K2$ 条的备用 C 通路数：

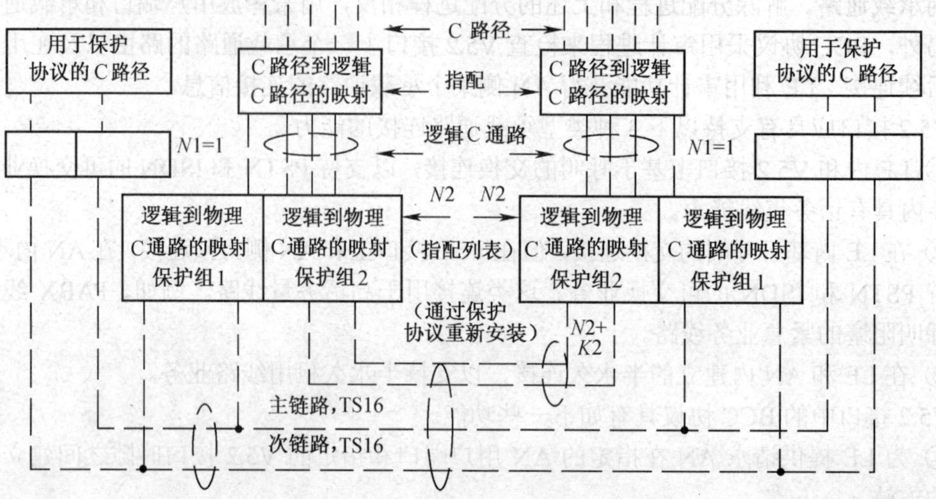

图 7-11 C 路径到逻辑 C 通路、到物理 C 通路的映射

$$1 \leqslant K2 \leqslant 3；且 1 \leqslant N2 \leqslant (3 \times L-2-K2)$$

其中，L 是 V5.2 接口中 2.048Mbit/s 链路的条数。$3 \times L$ 为最大物理 C 通路数。选择 $K2$ 时，应等于或大于 V5.2 接口的任一单个 2.048Mbit/s 链路上物理 C 通路的最大数量。这一规则保证了在单个 2.048Mbit/s 链路出现故障时，所有活动 C 通路都能够被保护。

保护协议的消息在主、次链路的 TS16 广播传送，应根据发送序号和接收序号来识别消息的有效性，是最先消息还是已处理过的消息等。

切换可由 LE（LE 管理）发起，也可由 AN（AN 管理）发起，两者的处理流程有所不同。保护协议中使用序列号复位规程实现 LE 和 AN 双方状态变量的对齐。

（5）链路控制协议

链路控制协议的主要功能包括：物理层的事件及故障报告、链路身份标识和 2.048Mbit/s 链路的闭塞与协调的解除闭塞。

V5.2 接口可由多条 2.048Mbit/s 的链路组成，因此，需要有一个特定的链路 ID 识别和链路阻塞功能，这些功能通过链路控制协议完成，具体功能如下。

① 2.048Mbit/s 链路的第一层链路状态和相关的链路身份标识。

② 对链路进行阻塞和解除阻塞。

③ 通过链路身份标识核实链路的一致性。

④ 链路控制功能之间的协调。

⑤ 在两侧功能协调时，用于 AN 和 LE 之间通信的链路控制协议。

V5.2 接口链路控制协议规程与第一层链路相关。当检测出任一条链路故障时，将由 LE 决定进行链路阻塞，释放该链路上用于业务的可交换连接，并在同一 V5.2 接口的其他链路上重建半永久连接和 AN 预定义连接。若该链路上运载有通信通路（C 通路），应用保护协议将逻辑通信通路（逻辑 C 通路）切换到其他正常链路上。当故障恢复后，要核实链路身份标识（链路 ID）的一致性，并在 AN 和 LE 两侧协调解除阻塞，启动链路重新工作。

从 AN 到 LE 存在两种不同类型的阻塞请求，即可延迟的和不可延迟的阻塞请求。解除闭塞时，AN 和 LE 两端必须协调。

AN可以申请不可延迟的阻塞请求，是否接受阻塞请求由LE决定。如果该链路运载活动C通路，LE管理将应用保护协议把逻辑C通路切换到备用的物理C通路。然后，LE将释放该链路上所有可交换连接，在同一V5.2接口的其他链路上重建半永久和AN预定的连接，然后向AN发送“阻塞请求”。如果不能实现逻辑C通路保护，LE向AN发送“解除阻塞指示”来拒绝这个请求。

AN也可以申请可延迟的阻塞请求，LE接收到该消息后，禁止该链路上所有未分配的承载通路用于进一步分配，并等待到所有承载通路（分配用于即时业务）被解除分配之后，LE进行逻辑C通路、半永久和AN预定的连接的保护。完成上述过程后，LE向AN发送“阻塞指示”。

当不可延迟的阻塞请求被LE拒绝，而且从AN来看，这个链路阻塞是紧急和必要的，AN能够立即阻塞V5.2接口上的链路。

3. V5接口AN侧的软件设计

（1）设计思想

为了减少软件设计的工作量，同时使软件维护方便，AN侧的软件设计可采用面向对象的方法。首先将软件划分为功能块和功能状态，不同的功能及功能状态就定义为有限状态机；然后利用有限状态机（如承载通路控制协议有限状态机类、链路控制协议有限状态机类和保护协议有限状态机类等）来开展软件设计。

（2）多任务调度策略

V5.2接入网系统有10个功能实体（FE）。每一个功能实体可看作是一个有限状态机，对于每个呼叫，BCC功能实体和PSTN功能实体各自为其创建一个自身的自动机实例，在多呼叫的情况下，为了实现多呼叫的并发处理，必须对多个有限状态机实例进行并发调度。

对于每个功能实体，都可设置一个足够长的FIFO队列来存放待处理的消息。而处理机的控制权和消息驱动的原则，是分时派发给各功能实体的各有限状态机的。即当前优先级最高的在FIFO队列的队首，将在下一次消息派发时获得处理机的控制权。

AN侧软件的总体结构如图7-12所示。任务调度需设计一个队列类和一个双向链表类，采用线程方式进行调度。

① 队列类

队列有简单队列和复杂队列两种类型。简单队列是先进先出队列（FIFO），用于PSTN-Q；复杂队列则在任意位置可插入和可删除。

② 双向链表类

双向链表类用于时间队列和超时队列。双向链表示意图如图7-13所示。

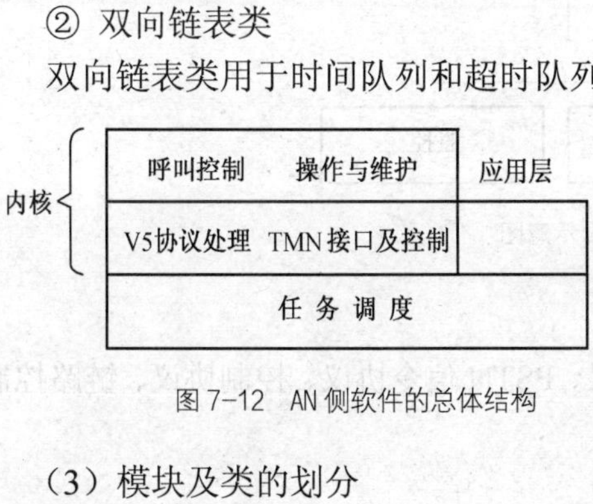

图7-12 AN侧软件的总体结构

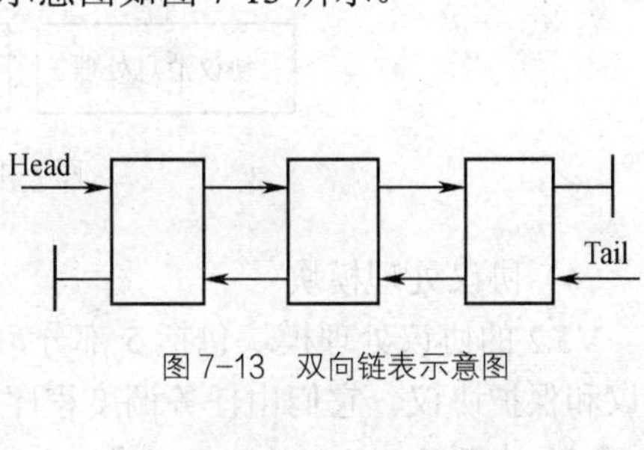

图7-13 双向链表示意图

（3）模块及类的划分

模块分层示意图如图7-14所示。呼叫中有3个平面被激活，即呼叫控制平面、协议处理平面和连接控制平面。连接控制平面的功能是（面向硬件）接收和分配本平面所收到的内部消息和协议消息，并将这些消息打包或拆包。协议处理平面的功能是为呼叫控制平面解释和翻译协议信息。呼叫控制平面的功能是处理与呼叫有关的处理控制块。

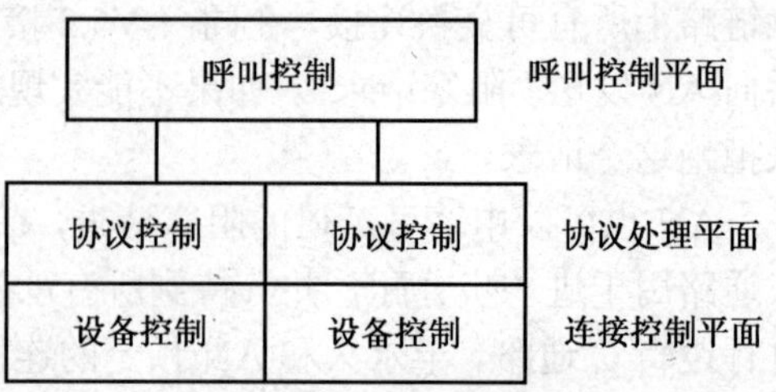

图 7-14　模块分层示意图

如图 7-15 所示，连接控制平面分为 6 类，即信令类、协议类、监控类、服务功能类、管理类和消息类。信令类完成接收及分配本平面所收到的内部消息和协议消息。协议类完成打包和拆包。监控类完成监视功能。服务功能类提供最基本的操作，其他类可以通过多重继承的方法从中继承所需要的基本操作。管理类提供定时器、初始化及指配等操作。消息类完成信令类的主要功能，它主要包括收/发内部及协议消息，调用协议类完成消息的打包/拆包的功能。

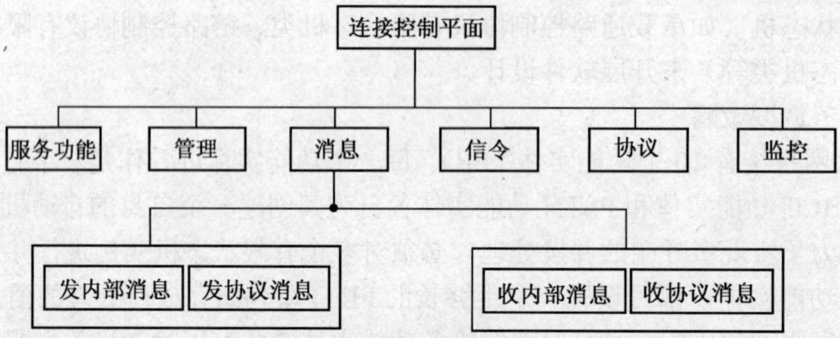

图 7-15　连接控制平面示意图

如图 7-16 所示，协议处理平面分为 3 类，即协议消息处理类、协议类和监控类。协议消息处理类完成解释、分配本平面所收到的 V5.2 消息。协议类完成打包和拆包。监控类完成监视功能。

图 7-16　协议处理平面示意图

（4）协议处理模块

V5.2 的协议处理模块包括 5 部分，即 BCC 协议、PSTN 信令协议、控制协议、链路控制协议和保护协议。它们由任务调度程序激活。

（5）中断

按不同任务性质，系统采用了 4 种中断方式，即定时器中断（每 8ms 扫描用户摘挂机）、

V5 信令通路中断、SV-BUS 中断和串口中断。

7.4 VB5 接口简介

欧洲电信标准化协会（ETSI）在定义了 V5（V5.1 和 V5.2）接口标准的基础上，于 1995 年开始对宽带接口进行标准化研究，称为 VB5 接口（目前包括 VB5.1 和 VB5.2 接口）。ITU-T 于 1997 年提出了 VB5.1 的标准 G.967.1，1998 年提出了 VB5.2 的标准 G.967.2。

7.4.1 VB5 接口的基本特性

1. VB5 接口功能特性

宽带 VB5 接口规范了接入网（AN）与业务节点（SN）之间接口的物理及协议要求。VB5 接口的功能如图 7-17 所示。

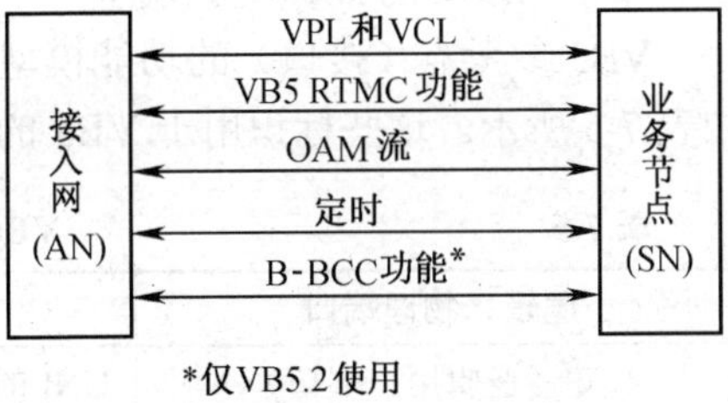

图 7-17 VB5 接口功能

（1）虚通路链路和虚信道链路

VB5 支持用户平面（用户数据）、控制平面（用户到网络信令）、管理平面（元信令、RTMC 功能）信息的 ATM 层功能。这些信息可以承载于虚信道链路（Virtual Channel Link，VCL）上，虚信道链路又可以在虚通路链路（Virtual Path Link，VPL）上运载。在 VB5 参考点，接口具有灵活的虚通道链路（VPL）分配和虚信道链路（VCL）分配功能。

（2）实时管理平面协调功能

利用 VB5 参考点的专用协议——实时管理平面协调（Real Time Management Coordination，RTMC）协议，在 AN 和 SN 之间通过交换时间基准管理平面信息来实现管理平面的协调，包括同步和一致性。

（3）宽带承载通路连接控制功能

该功能使 SN 即时地根据协商好的连接属性（如业务量鉴别语和 QoS 参数），请求 AN 建立、修改和释放 AN 中的虚信道（VC）链路，实现有限的 SNI 带宽支持多个 UNI。

（4）OAM 流

提供了与层相关的操作管理与维护（OAM）信息的交换。OAM 信息流既可以存在于 ATM 层，也可以存在于物理层。

（5）定时

该功能为比特传输、字节同步和信元定界（即信元同步）提供所需的定时信息。

2. VB5 参考点模型

（1）VB5 参考点的参考模型

VB5 接口作为宽带接入网的业务节点接口，按照 ITU-T 的 B-ISDN 体系，采用以 ATM 为基础的信元方式传递信息，并实现相应的业务接入。VB5 接口规定了接入网（AN）和业务节点（SN）之间接口的物理、程序及协议要求。如图 7-18 所示为 VB5 参考点的接入结构，在接入网侧包含用户端口功能（UPF）、ATM 连接功能以及业务端口功能（SPF）。在业务节点侧包含业务端口功能（SPF）和专用业务功能。

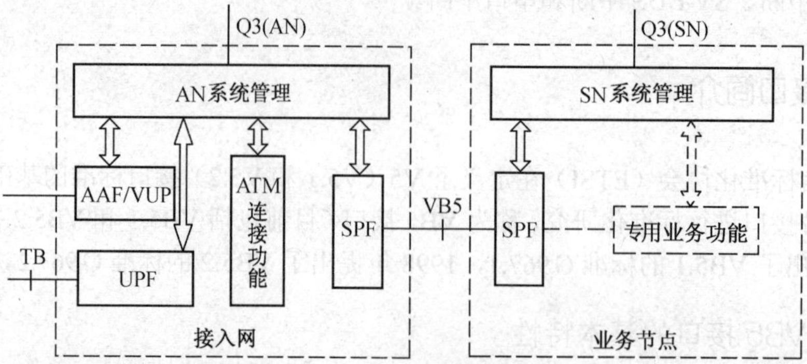

图 7-18 VB5 参考点的参考模型

（2）VB5 参考点的功能模型

VB5 参考点（接口）的功能模型需要某些附加的术语对 VP（Virtual Path）群进行标识，如表 7-5 所示。这些标识用于 VB5 的协议和管理模型。

表 7-5 **VB5 特定的逻辑和物理端口**

逻辑、物理端口	规 定
LUP（逻辑用户端口）	UNI 的一组 VP 或与单个 VB5 相关的虚拟用户端口（VUP）
PUP（物理用户端口）	UNI 处与物理层功能相关的传输汇聚功能
LSP（逻辑业务端口）	VB5 参考点的一组虚通路
PSP（物理业务端口）	VB5 参考点与传输汇聚功能相关的物理层功能

VB5 参考点的功能模型如图 7-19 所示，它是由参考模型得到的，并将用户端口功能分为物理和逻辑用户端口功能，以及将业务端口功能分为物理和逻辑业务端口功能。

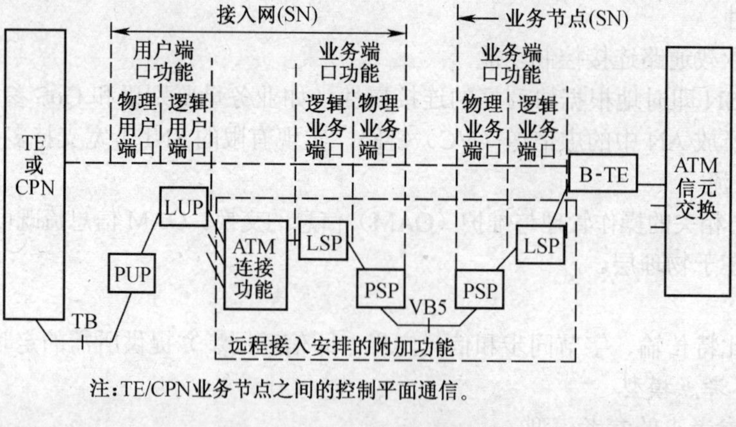

注：TE/CPN业务节点之间的控制平面通信。

图 7-19 VB5 参考点的功能模型

① 物理用户端口

物理用户端口（Physical User Port，PUP）由与 UNI 上的一个传输汇聚功能相关的物理层功能组成。PUP 在 SN 侧不存在。

② 逻辑用户端口

逻辑用户端口（Logical User Port，LUP）由与单个 VB5 参考点相关的 UNI 上的一组 VP

组成。一个 LUP 与 SN 中的 B-TE 相逻辑关联，其配置管理功能必须与业务节点（SN）相协调。

③ 物理业务端口

物理业务端口（Physical Service Port，PSP）由位于 VB5 参考点处的与单个传输汇聚功能相关的物理层功能组成。PSP 同时存在于 AN 侧和 SN 侧。在一般情况下，如果 AN 和 SN 之间是基于 ATM 的传输网，则在 AN 侧的 PSP 和在 SN 侧的 PSP 之间不存在一一对应关系。

④ 逻辑业务端口

逻辑业务端口（Logical Service Port，LSP）由在 VB5 参考点处的一组虚通路（VP）组成。LSP 同时位于 AN 和 SN 侧，并存在一一对应关系。

通过使用扩展的 VP 寻址机制，在 NNI 处允许每个 SNI 最多可连接 16 个物理接口；在 UNI 处允许每个 SNI 最多可连接 256 个物理接口。

3. VB5 支持的接入类型

VB5 接口提供宽带和窄带 SNI 的综合接入能力，它支持 ITU-T I.435 建议所定义的下列 B-ISDN 用户接入，这些用户接入具有通用 UNI 的特性。

（1）155.52Mbit/s 和 622.08Mbit/s 的基于 SDH 或基于信元的 B-ISDN 接入。

（2）1.544Mbit/s 和 2.048Mbit/s 的基于 PDH 的 B-ISDN 接入。

（3）51.84Mbit/s 或 25.6Mbit/s 的 B-ISDN 接入。

为了提供从窄带接入网到宽带接入网的融合功能和适应已有业务节点的安排，按照 ITU-T G.902 建议的综合方案，VB5 接口也支持已规范（V5.1 和 V5.2）的窄带接入。

除了 B-ISDN 用户和窄带用户接入以外，VB5 接口还支持下列非 B-ISDN 用户接入。

（1）不对称/多媒体业务的接入，例如 VOD。

（2）广播业务的接入。

（3）LAN 互连功能的接入。

（4）通过 VP 交叉连接可以支持的接入。

按照 B-ISDN 的原则，通过 VB5 参考点的远端接入应支持交换的、半永久点到点和点到多点的连接。该接口提供单媒体或多媒体类型的面向连接和无连接的按需、预留和永久业务。

VB5 接口的技术规范不规定各种技术要求在 AN 内的实施过程，即不限制任何技术要求方法。而且，VB5 接口也不要求接入网支持上述的全部用户接入类型。

VB5 接口的技术规范不对 SN 内或通过 VB5 连接至 SN 的任何系统或设备进行定义。所以，该接口的技术规范仅描述接口的特性。

4. VB5 接口的应用

VB5 接口的基本应用如图 7-20 所示，它表示了 VB5 接口的两种应用。应用 1（见图 7-20（a））是 AN 不经传送网与 SN 直接连接。应用 2（见图 7-20（b））包含有传送网。传送网包括位于 AN 和 SN 设备之间的附加设备。如果 AN 侧的 SNI 和 SN 侧的 SNI 不在同一位置，如局间应用的情况，则 AN 和 SN 的远端连接要由传送网来提供。AN 和 SN 之间的传送网不改变 VB5 参考点的消息内容和结构。从管理的角度来看，AN 和 SN 之间的传送网与 AN 和 SN 分离，通过与 TMN 相连的专门接口来管理。从实施的角度来看，AN 和 SN 之间的传送网可以是中继连接、数字段、SDH 复用设备加数字段、数字段加 SDH 交叉连接设备或数字段加 B-ISDN VP 交叉连接设备等多种情况。

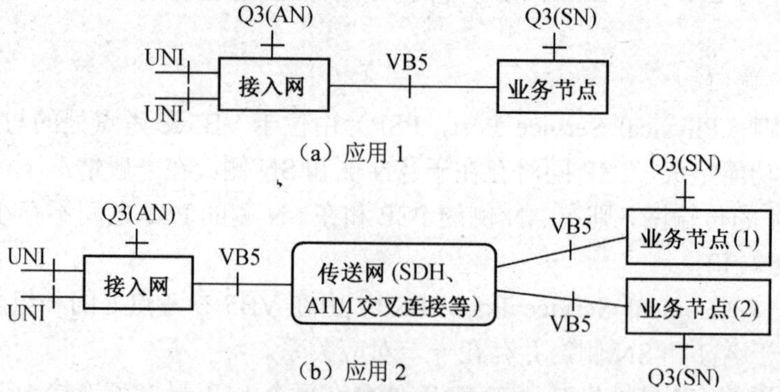

图 7-20 VB5 的基本应用

AN 和 SN 可以有多个 VB5 接口。由于 VB5 在 VP 层定义，统一物理链路可以支持多个 VB5 接口。

VB5 接口的关键特性是综合窄带接入类型，允许将窄带（PSTN 和 ISDN）接入与宽带接入综合到一个接入网。因此，VB5 接口为逐步从基于电路方式的窄带接入到基于 ATM 方式的宽带接入提供了过渡手段。

窄带接入（使用电路方式）和 B-ISDN 宽带接入业务在 ATM 层复用，通过 ATM 的电路仿真功能来传送。基于 ATM 的集合信息流通过 VB5 接口来传送。

7.4.2 VB5 接口的协议配置

VB5 接口是 ATM 业务节点的标准化接口，其接口协议配置包含物理层、ATM 层、高层接口和元信令。

1. 物理层

VB5 接口在一个或多个 TC（传输汇聚）层上运载 ATM 层信息，因此，在物理层规定了 ATM 映射的情况。即使在单 TC 层的情况下，VB5 接口也可在不同物理介质上运载，不同介质的信息流通过物理层的功能汇聚到一个单 TC 层上。另外，物理层还支持在单 TC 层中的多个 VB5 接口，此时，可在 AN 和 SN 之间使用 VP 交叉连接。

VB5 接口的物理层可以根据应用情况进行选择，表 7-6 所示为物理层的一些可选的例子。在进行物理层选择时，要注意以下几个问题。

表 7-6 **VB5 接口物理层选择**

应　用	局　内				局　间	
数字系列	PDH	SDH			SDH	
介质	电 G.703	电 G.703	光 G.957 局内		光 G.957	
线路速率	E3	STM-1	STM-1	STM-4	STM-1	STM-4
特性						
最大跨度	100m		2km		15km	
介质类型	同轴电缆		1 310nm-G.652-每方向一纤			
段	无 OH	SDH G.707 SOH				
路径	G.832	VC4 G.707 POH				

续表

应　用	局　内			局　间
ATM 映射	G.804	在 SDH VC4 中 ATM 信元 遵循 G.707		
保护				
段保护	无		1+1	
路径保护	无	1+1		

（1）接口的拓扑结构和转移能力

VB5 参考点上的接口在物理层是点对点的，即只需一对收发设备。转移能力是针对 VB5 参考点上的每个物理接口定义的，即它是传输汇聚子层规范的一部分。

（2）传输汇聚功能的最大数

在 VB5 参考点的信息流是通过一个或几个传输汇聚功能来运载的。VB5 参考点能容纳的传输汇聚功能的最大数是由 VPCI 域的选址容量和 VP 的最大数这两个因素决定的。在 RTMC 协议中 VPCI 域的选址容量（16bits），决定了 SNI 所允许的 VPC 的最大数（65 535）；在一般的配置情况下，当采用 NNI VPI 域的最大范围（12bits），在 SNI 上允许最多 16 个传输汇聚功能。

（3）定时

在通常情况下，发送器锁定到来自网络时钟的定时。AN 可采用 VB5 参考点上的物理层的定时信息与网络时钟同步。相关的运行和维护过程（即故障检测和连续性动作，定时状态通信）是属于相关物理层标准的一部分。

（4）OAM

有关物理层的操作管理与维护（OAM）过程遵循 ITU-T I.610 建议，对应的运行功能遵循 ITU-T I.432 建议。

（5）保护

在 VB5 中没有专门的保护机制，因为在物理层（如 SDH 的段保护机制）和/或 ATM 层都有保护机制。

（6）传输路径标识

VB5 接口的物理层可以提供一种嵌入式的传输路径标识方法，不需要提供任何附加的标识机制。

（7）物理层使用的预分配信元头

预分配的信元头值在 ITU-T 建议 I.361 中规定。

2. ATM 层

用户信息和与连接相关的信息（如用户到网络的信令）以及 OAM 信息（在 ATM 层或在高层）由 VC 链路和 VP 链路中的 ATM 信元来运载。

信元头的格式和编码以及 ATM 层使用的预分配信元头，遵循 ITU-T I.361 中 NNI 规范。根据网络的条件，CLP（信元丢失优先级）置为“1”的信元比 CLP 置为“0”的信元优先丢弃。含 RTMC 协议虚电路连接（VCC）的虚通路连接（VPC）以及含 B-BCC VCC 的 VPC，不运载任何用户数据或用户信令业务量。ATM 层中基于 F4 和 F5 OAM 流的 OAM 原理在 ITU-T I.610 建议中规定。

3. 高层接口

在用户平面中，对于基于 ATM 的接入，ATM 层以上的层对接入网是透明的。为支持非

B-ISDN 的接入类型，由于这种接入类型不支持 ATM 层，因此，要在接入网中提供 ATM 适配层（AAL）功能。

用户到网络的信令以及相关的过程属于 CPE（用户设备）、AN 和 SN 的控制平面的功能。在 CPE 上的用户到网络的信令，在接入网中被透明地处理，对等实体在 SN 中。为支持一些非 B-ISDN 的接入，AN 还需有 B-UNI 信令。在 VB5.2 中，SN 的连接接纳控制（Connection Access Control，CAC）/资源管理功能是通过 B-BCC 与 AN 中的对等实体进行通信的，VB5.2 参考点上的信令 VCC 是半永久性连接的。

为了管理使用 VB5 接口的 AN/SN 配置，需要协调在 AN 和 SN 之间的管理平面的功能。目前存在有非实时管理和实时管理两种协调。非实时管理协调是通过 TMN 和网元的 Q3 接口来实现的。实时管理协调（RTMC）通过专门的协议来支持的。RTMC 功能和相关的过程属于 AN 和 SN 的面管理功能。

VB5 接口上的 VPL/VCL 的建立总是通过 AN 和 SN 的管理平面的功能来实现的。

VB5 的 RTMC 协议将采用信令 ATM 适配层（SAAL），遵循 ITU-T 建议 I.363.5、Q.2210 和 Q.2130。

4. 元信令

宽带元信令和相关的各种程序用于 CPE（用户设备）、AN 和 SN 的管理平面功能，应用于 CPE 的宽带元信令在接入网内是透明的，在业务节点（SN）内有对等实体。为支持某些专门的非 B-ISDN 接入，接入网（AN）也可以使用宽带元信令。

在 VB5.1 参考点，B-ISDN 的用户元信令将在 VB5.1 参考点处分配信令的虚信道链路（VCL），这些链路在用户端口或虚用户端口和 SN 之间透明地处理。元信令 VCC 是 VB5.1 的一部分并在 VB5.1 参考点承载。符合 VB5.1 的接入网可与其他宽带元信令系统一起在 CPE 和 SN 处使用，并透明地通过接入网。

7.4.3 VB5 接口的连接类型

VB5 接口支持 A、B、C、D 及 E5 类宽带 AN 连接类型，如表 7-7 所示。

表 7-7　　　　宽带 AN 连接类型

连接类型	等　级	配　置	支持的接入类型	描　述	支　持
A 类	VP 或 VC	ptp 或 ptm	B-ISDN	在 UNI 和 SN 之间的连接	VB5.1/VB5.2
B 类	VP 或 VC	ptp	—	在 AN 和 SN 之间的网络间内部连接，以支持 RTMC 功能和 B-BCC 功能	VB5.1/VB5.2
C 类	VP	ptp 或 ptm	B-ISDN	在 UNI 和 SN 之间的连接	VB5.2
D 类	VP 或 VC	ptp 或 ptm	非 B-ISDN	在虚用户端口和 SN 之间的连接	VB5.1/VB5.2
E 类	VP	ptp 或 ptm	非 B-ISDN	在虚用户端口和 SN 之间的连接	VB5.2

注：ptp 表示点到点；ptm 表示点到多点。

1. A 类连接

A 类宽带接入网连接的建立、释放和维护都是由指配（即管理平面功能）来完成的，并支持由接入网提供连节点功能的情况，分为 A 类 VP 宽带接入网连接和 A 类 VC 宽带接入网连接两种，如图 7-21（a）和图 7-21（b）所示。

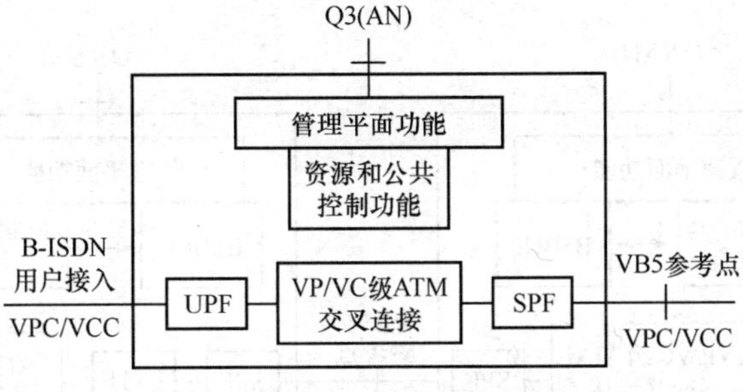

（a）A类VP/VC点对点宽带AN连接

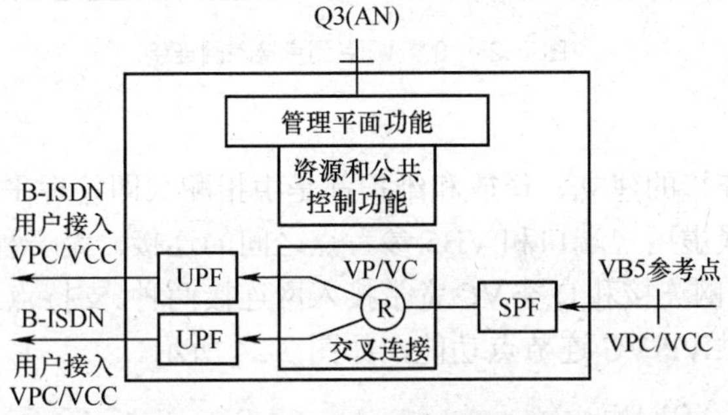

（b）A类VP/VC点对多点宽带AN连接

图 7-21　A 类 VP/VC 宽带 AN 连接

A 类 VP 宽带 AN 连接支持点对点和单向点对多点 VP 链路的应用。这里，AN 提供 VP 连节点的功能（如 VPI 值的翻译）以及信元复制功能。

A 类 VC 宽带 AN 连接支持点对点和单向点对多点 VC 链路的应用。这里，AN 提供 VC 连节点功能（如 VCI 值的翻译和 VPI 值的预分配）以及信元复制功能。

2. B 类连接

B 类宽带接入网连接的建立、释放和维护都是由指配（即管理平面功能）来完成的，并支持点对点 VP 连接（B 类 VP）和点对点 VC 连接（B 类 VC）功能，这里，接入网和业务节点提供连接端点功能（即分别终结 VPC 和 VCC），如图 7-22 所示。

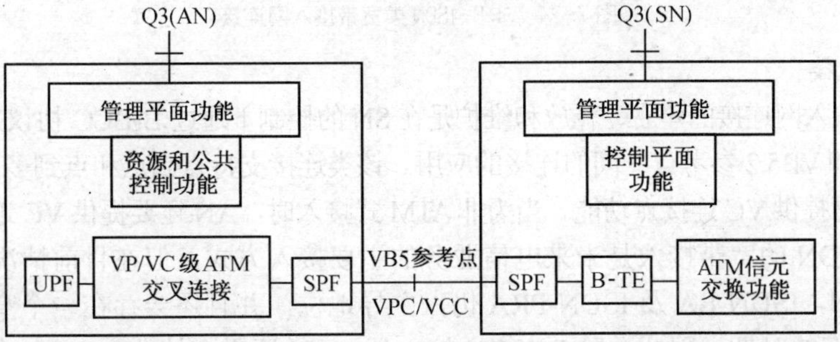

图 7-22　B 类宽带接入网连接

3. C 类连接

C 类 VC 宽带接入网连接的建立、释放和维护都是在 SN 的控制下通过 B-BCC 协议来完成的，支持接入网提供连节点功能处的连接应用。C 类 VC 宽带接入网连接支持点到点和单向点到多点 VC 链路的应用，如图 7-23 所示。

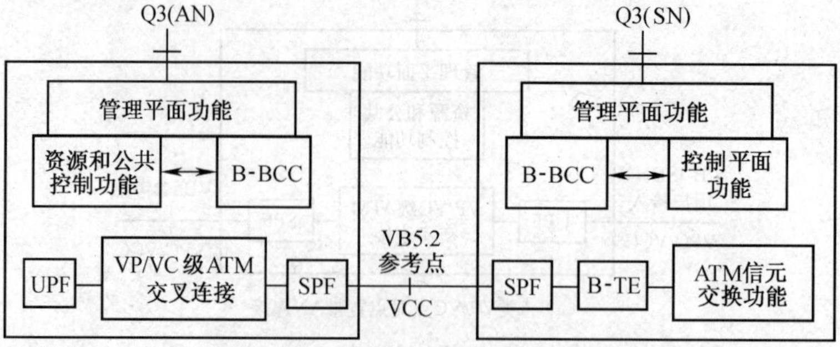

图 7-23 C类VC点到点接入网连接

4. D类连接

D类宽带接入网连接的建立、释放和维护都是由指配（即管理平面功能）来完成的，并支持在电路仿真功能或虚用户端口和VB5参考点之间的连接，是一种非B-ISDN连接类型。分为D类VP宽带接入网连接和D类VC宽带接入网连接两种。支持点对点和点对多点VP/VC链路，这里接入网提供VP/VC连节点功能，如图7-24所示。

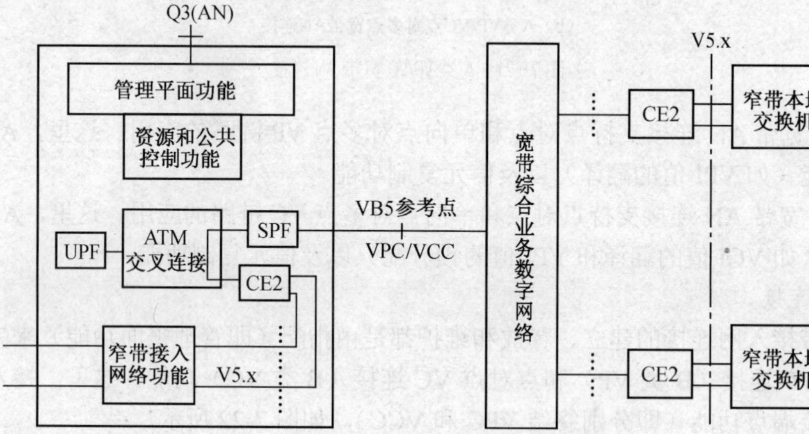

图 7-24 非B-ISDN类宽带接入网连接

5. E类连接

E类宽带接入网连接的建立、释放和维护是在SN的控制下通过B-BCC协议来完成的，支持在虚用户端口和VB5.2参考点之间的连接的应用。该类连接支持点到点和点到多点VC链路的应用，这里接入网提供VC连接点功能。当为非ATM式接入时，AN还要提供VC连接端点功能。

标准B-ISDN的宽带接入是未来电信业务的主要接入方式，但在目前情况下，各种窄带接入，如PSTN，ISDN-BA及ISDN-PRA仍占主导地位，并且还会存在一个窄带和宽带在同一接入网上共存的时期。因此，除B-ISDN接入外，AN还需支持非B-ISDN接入类型。

非B-ISDN接入类型可分为两组，即基于ATM的接入和非ATM式接入。

（1）基于ATM的接入

用于支持基于ATM的非B-ISDN接入的AN附加功能称作“接入适配功能”，如图7-25所示。这些功能在用户平面、控制平面和管理平面中都要用到。在接入适配功能和保留的基于ATM的接入网功能的边界上可加入一个或多个虚拟用户端口（VUP）。

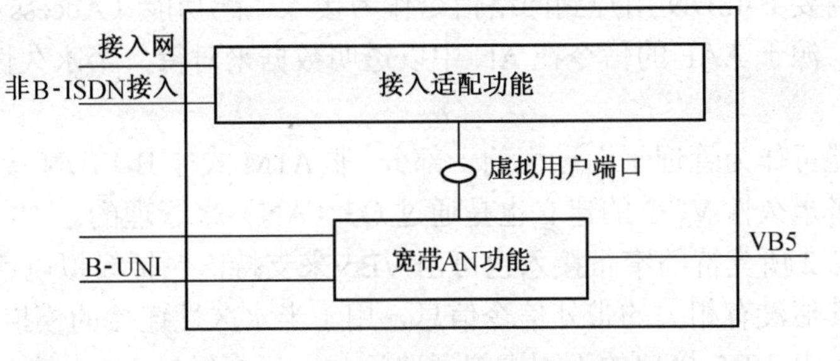

图 7-25 基于 ATM 的非 B-ISDN 接入的模型

在用户平面中，若非 B-ISDN 接入采用 ATM 技术，对 VB5 参考点没有影响。AN 只了解 UNI 的物理层，另外，在 VB5 参考点上不传递与物理层相关的信息。

在控制平面中，非 B-ISDN 支持虚通路，基于 ATM 的接入可以是即时式或半永久性。即时式 VC 连接可以通过 B-ISDN 用户网络信令或在 UNI 上的其他方式来分配。这里，控制平面需要接入适配功能，这些接入适配功能将产生 B-ISDN 用户到网络信令。当 CPE 终端不具有 B-ISDN 用户到网络信令能力时，可用 VUP 的概念来支持 CPE 上的终端。或者，这种终端可支持专门的信令协议，以触发在 AN 中的 B-ISDN 用户到网络信令能力。为支持半永久性 VC 连接，只有管理平面的功能。

接入适配功能可作为管理平面过程的一部分存在。基于 ATM 的非 B-ISDN 接入是通过 Q3（AN）接口来管理的，半永久性 VCC 的建立也是通过 Q3（AN）来管理的。

（2）非 ATM 式接入

为支持非 ATM 式非 B-ISDN 接入，需在 AN 中增加相应的功能，也称作“接入适配功能”。该功能在用户平面中需要，另外，在控制平面和管理平面中需要适配功能。

如图 7-26 所示为非 ATM 式非 B-ISDN 接入中用户平面的功能和协议架。与 B-UNI 接入相比，非 ATM 式接入需要在接入网中执行 AAL 功能，该 AAL 为标准的类型。其他的功能要根据接入网的类型来定，被称作是“专用接入功能（Special Access Function，SAF）”。在 VB5 接口级，来自非 ATM 式接入的业务量通过 VC 来支持，相关的 VCC 终结于接入适配功能，其他连接端点可位于 SN 或网络中。

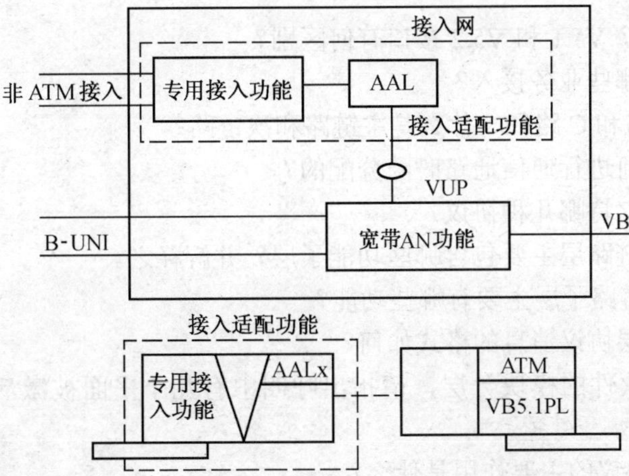

图 7-26 非 ATM 式接入的用户平面功能和协议架

支持来自非 ATM 式接入的用户平面的 VC，可以是即时式或半永久性的。对于即时式

VCC，在 AN 中需要 B-ISDN 用户到网络信令作为接入适配功能（Access Adaption Function，AAF）的一部分。源于 AAF 的信令在 AN 中以透明数据来对待。半永久性 VCC 只包含管理平面功能。

接入适配功能可作为管理平面过程的一部分。非 ATM 式非 B-ISDN 接入是通过 Q3（AN）接口来管理的，半永久性 VCC 的建立也是通过 Q3（AN）来管理的。

由 V5.1 和 V5.2 所支持的窄带接入也可由 VB5 来支持，包括模拟电话接入、ISDN-BA、ISDN-PRA 以及其他没有相关的带外信令信息，用于半永久性连接的模拟或数字接入，其基本原理是每种接入由 VB5 接口的不同虚拟通路运载。每个经过 VB5 接口运载的 V5.1 和/或 V5.2 接口，将包含它所规定的全组协议，包括帧格式。

7.4.4 VB5 接口的协议

RTMC 是指 VB5 的实时管理协调功能。RTMC 协议提供了在接入网和业务节点之间管理平面的协调（包括同步和一致性），用于在 AN 和 SN 之间交换时间基准的管理平面信息，主要包括与管理活动有关的管理、与故障发生有关的管理、LSP ID 的确认、接口重置过程和 VPCI 一致性检查功能。

B-BCC 系统结构给出了支持 VB5.2 参考点上 B-BCC 消息通信的功能实体，B-BCC 协议是 AN 和 SN 之间的另一种实时协调功能。B-BCC 功能为 SN 提供了请求 AN 在 AN 中建立一个承载通路连接的手段，该连接可以是点到点连接或点到多点连接。这里的承载通路连接包括在用户端口的 VC 链路、在业务端口的 VC 链路和它们之间对应的 VC 链路。当有足够的资源可提供时，AN 就接受这个连接请求，否则就拒绝该连接请求。B-BCC 功能还为 SN 提供了请求 AN 对 AN 中一个承载通路连接资源的释放，以及为 SN 提供了修改 AN 中已建立的承载通路连接的业务量参数的请求。除此之外，B-BCC 功能提供了重置资源的手段，即在 B-BCC 的控制下使资源接入空闲条件。自动拥塞控制用户监视、限制或减少在 AN 中同时被处理的连接请求数。VB5.2 参考点包括在 AN 和 SN 中启动和再启动 B-BCC 协议实体的过程。

复习思考题

1．何谓 V5 接口？V5.1 和 V5.2 接口有何区别？

2．V5 接口支持哪些业务接入？

3．什么是 C 通路和 C 路径？什么是主链路和次链路？

4．V5 接口是如何进行通信通路时隙分配的？

5．V5 接口主要支持哪几种协议？

6．V5 接口数据链路层主要包含哪些功能子层？并解释之。

7．LAPV5 数据链路子层主要有哪些功能？

8．V5 接口第三层协议消息的格式如何？

9．根据 AN 侧软件的模块分层，请指出呼叫中有几个平面被激活？各平面的功能是什么？

10．PSTN 信令协议的主要作用是什么？

11．控制协议的主要作用是什么？

12．链路控制协议的主要作用是什么？

13．BCC 协议的主要作用是什么？其支持哪几种进程？

14．BCC 协议支持的承载连接有哪几种？

15．保护协议的主要作用是什么？

16．VB5 接口支持哪些接入类型？

17．VB5 接口支持哪 5 类宽带 AN 连接类型？

第8章 接入网网管技术

8.1 网络管理的概念

网络管理（简称网管）系统是网络的重要组成部分，网络的正常运行需要相应的网管系统提供支撑。网络管理是对网络进行监视、统计，并采取措施对网络行为和资源进行控制。网络管理不仅能确保网络的安全性、可靠性，还可以提高网络设备的利用率，改进网络性能，提高网络的运行效益。

电信管理网（Telecommunications Management Network，TMN）是国际电信联盟 ITU-T 提出的网络管理系统化的概念，是用于电信网和电信业务管理的有组织的体系结构。而接入网作为通信业务网，是整个电信网的一部分，接入网的管理在 TMN 的管理范围之内。因而，本章首先介绍 TMN 的基本概念，然后介绍接入网网管的概念，接下来讲述接入网网管的管理功能，最后简单介绍接入网网管系统的应用。

8.1.1 TMN 的基本概念

1. TMN 的定义

对于电信管理网（TMN）的概念一般分为两种含义：一是与信令网、传输网等并列的实现电信网管理的一种支撑网；二是指遵循 ITU-T 等国际组织制定的 TMN 相关标准，针对确定范围（如接入网）的电信网络 OAM（运营管理与维护）和提供的管理网络，是整个管理支撑网的子网。在 ITU-T 标准、规范不断发展完善的同时，为适应新的电信管理的要求，出现了许多按照 TMN 轮廓构造的网络管理系统，称之为基于 TMN 的网络管理系统。接入网的网管系统就是基于 TMN 的网络管理系统。

TMN 的应用领域非常广泛，涉及电信网及电信业务管理的许多方面，从业务预测到网络规划；从电信工程、系统安装到运行维护、网络组织；从业务控制和质量保证到电信企业的事务管理，都是它的应用范围。可由 TMN 管理的比较典型电信设备的例子如下。

（1）公用网和专用网（包括 ISDN、移动网、专用电话网、虚拟专用网及智能网）。

（2）TMN 本身。

（3）传输终端（如复用器、交叉连接、通道变频设备及 ADM 等）。

（4）数字和模拟传输设备（如电缆、光纤、无线及卫星等）。

（5）恢复系统。

（6）数字和模拟交换机。

（7）计算机主机、前端处理器、集群处理器及文件服务器。

（8）电路交换和分组交换。

（9）信令终端和系统（如 SP，STP 及实时数据库）。

（10）承载业务及电信业务。

（11）PBX 接入及用户终端。

（12）ISDN 用户终端。

（13）相关的支持系统（如数字同步网）。

目前，TMN 及其相关的接口标准日益完善，它在电信网上的应用也越来越普遍，其主要原因有下列两点。

（1）从不同厂商引进的通信新设备和新技术可以由集中的操作中心进行最佳的管理。这样，可使为数不多的专家和技术人员得到系统的最佳支持。

（2）越来越多的国家已经认识到多厂商竞争环境的益处。要想在购买电信设备时做到经济有效，就需要网络设备和操作系统供应商之间在设备管理方面进行竞争。同时，在取消了电信垄断后，也形成了业务的有效竞争。

2. TMN 的体系结构

TMN 网络管理系统采用开放的网络体系结构，提供一系列标准协议和信息接口，支持网管系统的互操作性，并支持各类型运行系统之间、运行系统与电信设备之间的互连互通。TMN 的体系结构可以划分为 4 个基本部分，即物理结构、功能结构、信息结构和逻辑分层结构。从规划和设计的角度，这 4 个部分可以彼此分离，下面分别讲述。

（1）TMN 物理结构

如图 8-1 所示，TMN 网管系统由一系列物理实体组成，包括网元（NA）、运行系统（OS）、Q 适配器（QA）、工作站（WS）、数据通信网（DCN）、协调设备（MD）和管理接口。这些物理实体（包括接口）描述了 TMN 的物理结构。

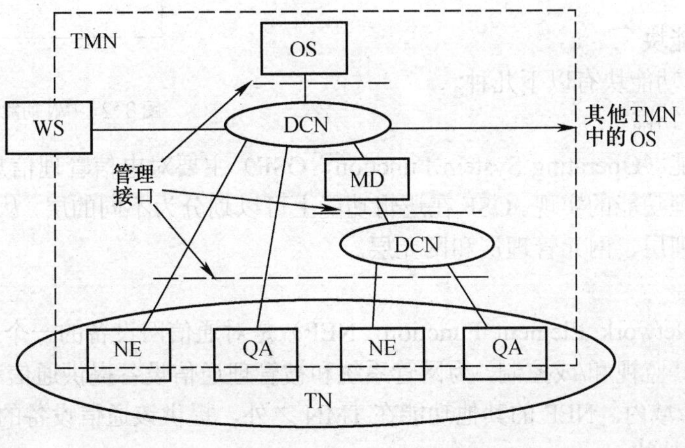

图 8-1　基于 TMN 的开放网络体系结构

① 网元

网元（Network Element，NE）由电信设备（或者是其中的一部分）和支持设备组成，如多路复用、交叉连接和交换等。它为电信用户提供相应的网络服务功能。

② 运行系统

运行系统（Operating System，OS）也即网管系统，实际上是一种大型的管理网络资源的系统程序，用于处理监控电信网的管理信息。

③ Q 适配器

Q 适配器（Q Adapter，QA）是完成 NE 或 OS 与非 TMN 接口适配互连的设备。网元（NE）和 Q 适配器（QA）都是电信网（Telecommunications Network，TN）的组成部分，TN 是被管理的通信网。

④ 工作站

工作站（Work Station，WS）为管理人员进入 TMN 提供入口，管理人员通过 WS 进行各种业务操作，参与管理网络。简单的 WS 如键盘和显示器，复杂的可以是具有智能处理的可视终端。

⑤ 数据通信网

数据通信网（Data Communication Network，DCN）为 TMN 内其他物理实体提供数据通信手段，主要实现 OSI 参考模型的下三层功能，可以由专线、分组交换网、ISDN 或局域网构成。

⑥ 管理接口

管理接口是支持网管互操作的标准接口，在 TMN 体系结构中，各物理实体间存在一系列标准接口（如 Q 接口等）。

⑦ 协调设备

协调设备（Mediation Device，MD）主要完成 OS 与 NE 之间的协调功能。

（2）TMN 功能结构

TMN 功能结构从逻辑上描述 TMN 内部功能分布，包括一组 TMN 功能块和相关参考点，如图 8-2 所示。

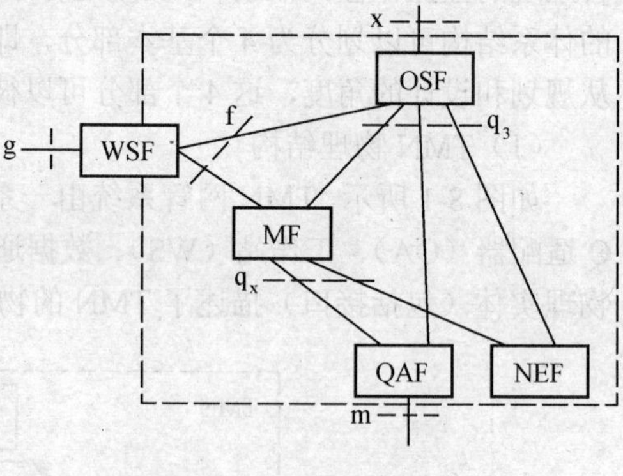

图 8-2　TMN 功能块与参考点

① TMN 功能块

TMN 的基本功能块有以下几种。

- 运行系统功能

运行系统功能（Operating System Function，OSF）主要对电信管理信息进行处理以便支持和控制电信管理功能的实现。OSF 在逻辑功能上可以划分为不同的层，从上至下为事务层、业务层、网络管理层、网元管理层和网元层。

- 网元功能

网元功能（Network Element Function，NEF）是对通信网设备的一个抽象，它与 TMN 进行通信以便受其监视和/或控制，为网管系统和被管理通信设备提供通信和支持功能，这部分功能属于 TMN 域内。NEF 的其他功能在 TMN 之外，提供该通信设备的通信功能。

- Q 适配器功能

Q 适配器功能（Q Adapter Function，QAF）用来将那些不具备标准 TMN 接口的 NEF 和 OSF 连至 TMN，其功能是进行 TMN 接口与非 TMN 接口（即专用接口）间的转换。

- 协调功能

协调功能（Mediation Function，MF）在 OSF 与 NEF（或 QAF）之间传递信息，起协调

作用。它按 OSF 的要求，对来自 NEF（有时为 QAF）的信息进行适配、滤波和压缩处理；否则，让大量的原始信息直接进入 OSF 将导致其过载。MF 既可以在一个单独的设备中实现，也可以作为网络单元（NE）的一部分实现，这取决于具体应用的要求。MF 有 5 类主要处理功能：第 1 类涉及信息模型间的信息转换，诸如信息模型的翻译等；第 2 类涉及高层协议的互通，包括连接的建立和协调、通信内容的维护等；第 3 类涉及数据处理，包括数据的集中、收集、格式化和翻译等；第 4 类涉及决策过程，包括工作站接入、门限设置、数据选路由、安全、故障区段的定位测试、电路选择和测试接入以及电路测试分析等；第 5 类是数据存储，包括数据库存储、网络配置、设备识别以及存储器备用等。MF 还可以级联起来应用。

在小规模网中，也可以由网络层 OSF 直接与 NEF 和/或 MF 进行通信。各层 OSF 尽管逻辑功能不同，但其总目标都是为了形成一个具有强大处理能力的智能中心，来提供 TMN 服务。

- 工作站功能

工作站功能（Work Station Function，WSF）为网管管理人员提供一种与 TMN 交互的手段，管理人员通过 WSF 使用 TMN 的网络管理功能。其功能包括终端的安全接入和注册、识别和确认输入、格式化和确认输出、支持菜单、屏幕、窗口和分页、接入 TMN、屏幕开发工具（诸如屏幕配置的开发和修改）、维护屏幕数据库及用户输入编辑（退格、删字符和复原）等。

- 数据通信功能

TMN 利用数据通信功能（Data Communication Function，DCF）作为交换信息的手段，其主要作用是提供信息传送机制。DCF 可以提供选路、转接和互通功能，涉及 OSI 参考模型的下三层功能。它可以由公用电话网、公用电路数据网、公用分组数据网（X.25）、专用线、ISDN、LAN、SS7 或 DDN 等支持。DCF 是通过 DCN 来实现的。

② 参考点

参考点是表示两个功能块之间进行信息交换的概念上的一个点，可以映射为物理结构中的接口。TMN 有 3 类不同的参考点，即 q 参考点、f 参考点和 x 参考点。

q 参考点用来连接 OSF、QAF、MF 和 NEF。连接 NEF 和 MF、QAF 和 MF 以及 MF 和 MF 的参考点叫 q_x 参考点，而将连接 NEF 和 OSF、QAF 和 OSF、MF 和 OSF 以及 OSF 和 OSF 的参考点叫 q_3 参考点，凡是进入 OSF 的数据，均要经过 q_3 参考点。

f 参考点指通过数据通信功能（DCF）连接 OSF、MF 及 WSF 的参考点。在 f 参考点要进行 TMN 内部数据格式与适合人机界面的数据格式转换。

x 参考点指连接 TMN 和别的管理型网络（或其他 TMN）的参考点。

上述参考点为 TMN 内部参考点，还有两类与 TMN 有关但不属于 TMN 的参考点：g 参考点和 m 参考点。

g 参考点指用来连接网管系统工作人员和工作站的参考点，处于 TMN 之外。

m 参考点指连接 QAF 和非 TMN 管理实体的参考点，也处于 TMN 之外。

要注意参考点是不同功能块之间概念上的信息交换点，只有当互连的功能块分别嵌入不同的设备时，这些参考点才成为具体的接口。

（3）TMN 信息结构

TMN 信息结构是建立在面向对象的方法上的，主要用来描述功能块之间交换的不同类型的管理信息。TMN 信息结构给出了将 OSI 系统管理原则和 ITU-T 建议 X.500 中的号码簿原则应用于 TMN 原则中的基本原理，它的主要内容包括信息模型、组织模型、共享管理知识、TMN 命名和寻址。

① 信息模型

对于孤立的单个系统并不需要信息模型，只需将其传送的信息按那个特定系统所规定的方式表示即可。但是，当同样的信息必须嵌入两个以上不同的系统时，则由于具体实现上的限制或设计和结构上的选择等原因，同一信息每次出现时可能略有不同。这样，为了实现不同系统间的兼容，需要将信息所包含的概念（意义）用一种独立于这个概念实际实现方法的手段来表征，即需要进行“信息模型化”。

信息模型就是对网络资源及其所支持的管理活动的抽象表示。它精确地规定可以用什么消息（即信息的内容）来管理所选择的目标（语法），以及这些消息的意思（语义）。因而，信息模型实际上是一种规定管理系统和被管理对象之间接口的手段，是 TMN 接口规范的核心内容之一。由于对象具有继承性，使对象类的属性和操作可以共享，则大大减少程序设计和程序的重复性。

信息模型通常是采用面向对象的方法和实体关系的方法来处理管理对象及其关系。

- 管理对象

把具有相同属性（数据成员）和相同操作的对象定义为同一对象类，该对象类可以是另一对象类的子类。子类除了有自己的特殊属性和特性之外，还继承其隶属的上级对象类（父类）的全部属性和特性。对象类的某一特定对象成为对象实例，不同的管理对象类可以组织成对象类树，以显示继承等级关系。管理对象（Managed Object，MO）就是指被管理系统内资源的抽象代表，而资源可以泛指一切被管理的物理或逻辑对象。典型的物理资源有电信系统、设备及有关部件（例如接口板等），典型的逻辑资源有通信协议应用程序和网络服务等。管理对象由其属性、施加的管理操作、对管理操作响应的行为以及由对象发出的通知等进行规定。每一管理对象都有唯一名称，其命名规则是将管理信息树上上级对象的名称结合起来导出下级对象的名称，在网络管理国际标准文本中称其为命名约束（Name Binding）。

- 面向对象的方法

所谓面向对象的方法，就是采用一套正式的符号和词汇对所描述的对象进行组织、分类和抽象概括。它是把软件看成一系列离散的对象集合，对象中既包括数据结构也包括行为，从而实现数据和操作的一体化。面向对象的方法使得对象对于外部世界具有完备性和封闭性，即对象的各种独立的外部性质与内部实现的细节分离，防止由于程序的依赖性而带来频繁修改软件的影响。

- 实体关系

实体关系可以将两个对象的属性结合在一起，这种关系可以用一系列正交关系规则来进行描述。例如，包含（一个对象可以包含另一对象）、终结（两个逻辑对象之间的逻辑关系）、链接（两个物理对象间的物理连接）、管理（两个对象间的管理关系）和列表（对象间的点到多点关系）。

② 组织模型

组织模型主要用来描述管理进程担任控制角色（管理者）和被控角色（代理）的能力以及管理者和代理之间的相互关系。管理者的任务是发送管理命令和接收代理回送的通知；代理的任务是直接管理有关的管理目标、响应管理者发来的命令，并回送反映目标行为的通知给管理者。管理者和代理的关系不是一一对应的，一个管理者可以与多个代理进行信息交换，一个代理也可以与多个管理者进行信息交换。如图 8-3 所示，具体描述了管理者、代理和管理对象之间的基本关系。

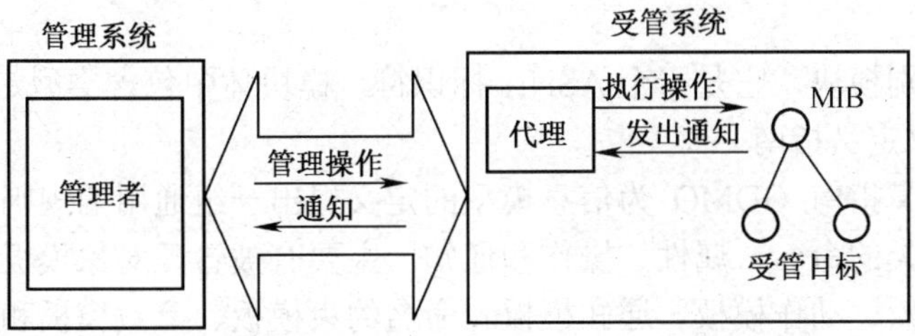

图 8-3 管理者、代理与管理对象之间的关系

在图 8-3 中，管理信息库（Management Information Base，MIB）是开放系统里被管对象的集合，是开放系统内的信息。通信网络的各种资源可以是物理资源，如交换机、传输设备、机架及电路板等，也可以是逻辑资源，如软件、号码、日志及报警门限等。上述资源均被抽象为管理对象（MO）。因此，网络管理系统并不直接对资源进行管理，而是对 MO 进行管理。通过 OSI 管理协议，可以改变或影响这些信息。它并不意味着信息的物理或逻辑的任何存储形式，如何去实施是本地的事情。TMN 中所有管理对象的规定都存储在一个分离的管理信息库中，有关 TMN 实体的配置和功能的规定也存在上述管理信息库中。

③ 共享管理知识

两个系统要能够互通，必须使用同样的协议和 TMN 功能，具有公共的管理对象、对象实例和命名约束，即具有同样的共享管理知识（Share Management Knowledge，SMK）。信息交换的开始，需要进程能够确保互通接口使用同样的共享管理知识（SMK），这可以通过协商过程确定。

④ TMN 命名和寻址

通过 TMN 命名和寻址方案对同一 TMN 内或不同 TMN 之间的不同通信对象进行识别和定位。目前，可选用 X.500 号码簿服务来支持 TMN 互通的命名和寻址要求。

综上所述，信息模型的基本作用是将网络资源转换为概念上的管理对象（MO），并规定 MO 的类别、属性、通知及动作等管理参数。通常采用抽象语法标记 1（Abstract Syntax Notation One，ASN.1）和被管理对象定义指南（Guiding Definition of Managed Object，GDMO）来建立信息模型。每一管理对象实例可以通过命名约束来对其命名，采用抽象语法标记 1（ASN.1）提供一种一致的方法来规定 MO 类别、属性、动作和通知。同时，有关信息模型的管理信息均存储在管理对象信息库（MIB）中，被管理对象定义指南（GDMO）以模板的方式，通过 ASN.1 的数据表达形式创建 MIB，并且利用 GDMO 建模可以在计算机上将其映射为某种程序语言（如 C、C++等）。

① 抽象语法标记 1

抽象语法标记 1ASN.1 以独立的特定表示方式，定义数据结构（类型）和数据内容（值），目的是提出一个已定义的而又不确定的表示值的记法。在 GDMO 中，ASN.1 被用来描述被管理对象的数据形式。

ASN.1 的数据类型分为简单类型和结构类型，结构类型由简单类型来构成。ASN.1 模块的一般格式如下：

〈模块名〉：：=
BEGIN
模块体
END

模块名用于识别模块，它是一个 ASN.1 标识符，模块体中包含类型定义和值分配。

② 被管理对象定义指南

被管理对象定义指南 GDMO 为信息模型的定义提出一组通用的规则，该规则以一种模板的方式表示对象类的命名、属性、操作和通知。主要有被管理对象模板、特征组模板、属性模板、属性组模板、动作模板、通知模板、命名约束模板、参数模板和行为模板。在每种模板的定义中主要包括以下几个部分。

- 一个模板从一个模板标签（Template-Label）开始，后跟一个模板关键字（Template-Name）。
- 一个模板包含一个或多个构成单元，每个构成单元具有一个构成名（Contruct-Name），并可能带有构造变量（Contruct-Argument），依据具体构造的不同，构造变量又有可能包含数个元素。
- 应用模板的每一个实例，要声明一个唯一的模板标签，通过这个模板标签，该实例又可以被其他模板所引用。
- 在一个模板中，若存在“注册为（Registed As）”的构造单元，则要为以此模板注册的实例指定一个对象标识符（Object InDication，OID）值。对象标识符（OID）是一个全局唯一的标识符。

另外，为了简化模板结构，可在模板体外定义支持产生式。这个支持产生式可被模板中的定义引用，也可被其他的支持产生式引用。其形式如下：

Support Productions（支持产生式）

〈Definition-Lable〉→〈Syntatic-Definition〉（定义标签→语法定义）

其中的语法定义使模板中的定义得到扩展。支持产生式的形式为：

引用类型→〈模块名〉.〈类型名〉

引用值→〈模块名〉.〈值名〉

其中，模块名为 ASN.1 模块名，类型名为 ASN.1 定义的类型名，值名为 ASN.1 定义的值名。

（4）TMN 逻辑分层结构

为了处理电信管理的复杂性，ITU-T 提出了 TMN 的五层模型，将管理功能分为逻辑层，每一逻辑层反映管理的某一特定方面。TMN 的逻辑分层结构描述了这些层之间的相互关系，而每一层都有相应的功能实体来完成各层功能，如图 8-4 所示。

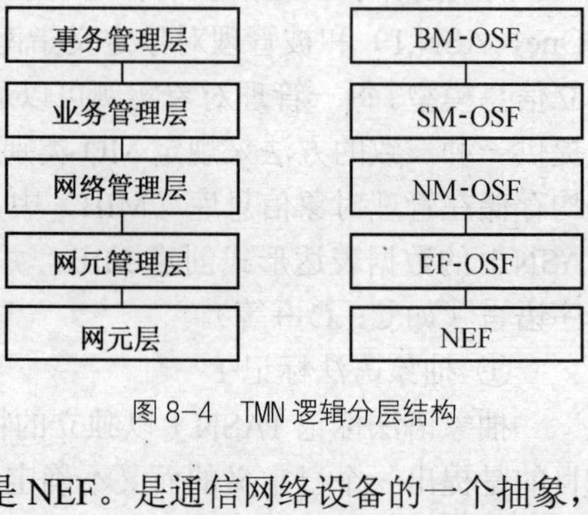

图 8-4 TMN 逻辑分层结构

① 网元层

网元层（Network Element layer）对应的功能实体是 NEF。是通信网络设备的一个抽象，它仅提供通信设备的有关信息，接收上一层网管系统 EM-OSF 的管理命令，不具备任何网管系统的管理功能。

② 网元管理层

网元管理层（Network Element Management layer）直接行使对个别网元的管理职能，其对应功能实体是 EM-OSF。其主要功能是控制和协调单个网络单元；为上面的网络管理层与下面的网元之间进行通信提供网关（协调）功能；维护涉及网元的统计数据、记录和其他有关数据。EM-OSF 是网管系统的基础，上层的网络管理功能都要经由 EM-OSF 分解成对单个网元的管理。

③ 网络管理层

网络管理层（Network Management layer）对所管辖区域内的所有 NE 行使管理职能，即对组成网络的各个网元之间的关系进行管理，对应功能实体是 NM-OSF。NM-OSF 通过 EM-OSF 对网络进行管理，它将网络级的操作分解成对 EM-OSF 的操作命令，由 EM-OSF 控制和协调 NE 的活动；提供、中止或修改网络能力；就网络性能、使用和可用性等事项与上面的上层功能实体进行交互。

④ 业务管理层

业务管理层（Service Management layer）对应的功能实体是 SM-OSF。它对由 NE 集合成的通信业务网所提供业务进行管理，SM-OSF 将业务级的管理操作分解成网络级的管理操作，由下层的 NM-OSF 完成网络级管理。如果一项业务只和一个网络有关，管理该业务的 SM-OSF 只和管理该网络的 NM-OSF 相连；如果一项业务和若干网络有关，管理该业务的 SM-OSF 需要和管理若干网络的各 NM-OSF 相连。SM-OSF 可与最高的事物管理层的功能实体进行交互，它较少涉及网络的物理特性，而着重在网络提供的逻辑服务功能上。

⑤ 事务管理层

事务管理层（Business Management layer）是最高的逻辑功能层，对应的功能实体是 BM-OSF。它负责总的服务和网络方面的事物，主要涉及经济方面。不同网络运营者之间的协议也在这一层达成。该层负责设定目标任务，往往需要最高层管理人员的介入。

3. TMN 接口

TMN 提供一系列支持网管互操作的标准接口，简化了多厂家设备互通的问题，这是 TMN 的关键之一。标准接口需要对协议栈以及协议所携带的消息作出统一的规定。

功能结构中的参考点可以映射为物理结构中的接口（见图 8-2）。通常，Q 接口对应 q 参考点。Q 接口又分为 Qx 接口和 Q3 接口，其中 Qx 接口互连 MD 和 MD、NE 和 MD、QA 和 MD 以及 NE 和 NE（其中至少有一个 NE 含 MF 功能），而 Q3 接口则将 MD、QA、NE 和 OS 经 DCN 与 OS 互连。在传统的 PDH 系统中，Qx 接口往往只含 OSI 参考模型的下三层功能，因而适于连接像复用器和线路系统一类较简单的设备，其协议栈可以选择原 CCITT 建议 G.773 中的 A1 或 A2 协议栈，前者是面向连接方式的，而后者是面向无连接方式工作的（局域网技术）。Q3 接口具备全部七层功能，适于像交换机和 DXC 这样复杂的设备，其协议栈也在 Q.811 和 Q.812 中选择。

F 接口对应于 f 参考点，它可以将远端工作站经 DCN 连至 OS 或 MD。G 接口对应 g 参考点，而 X 接口对应 x 参考点。通常 X 接口对安全性的要求要高于 Q 接口。

下面着重介绍 Q3 接口。

Q3 接口是电信管理网（TMN）中最重要的接口之一，它是 q_3 参考点在物理结构中的映射，是互连 NE 和 OS、QA 和 OS、MD 和 OS 及 OS 和 OS 的接口。OS 通过 Q3 接口才能与同一 TMN 中的其他结构件互通信息。

采用管理者和代理的概念，则在 Q3 接口两端的实体分别为管理者（Manager）和代理（Agent），如图 8-5（a）所示。管理者为应用程序服务，在收到应用程序的管理命令后，将管理命令发给代理，代理响应管理命令，并回送反映目标行为的通知给管理者。管理者与代理之间通过通信实体交换信息。

通信实体可由 OSI 参考模型来描述，Q3 接口由通信协议栈、网络管理协议和管理信息模型 3 部分组成，如图 8-5（b）所示。其中，通信协议栈处于 OSI 参考模型中应用层的下层和低 6 层，网络管理协议位于应用层的上层。

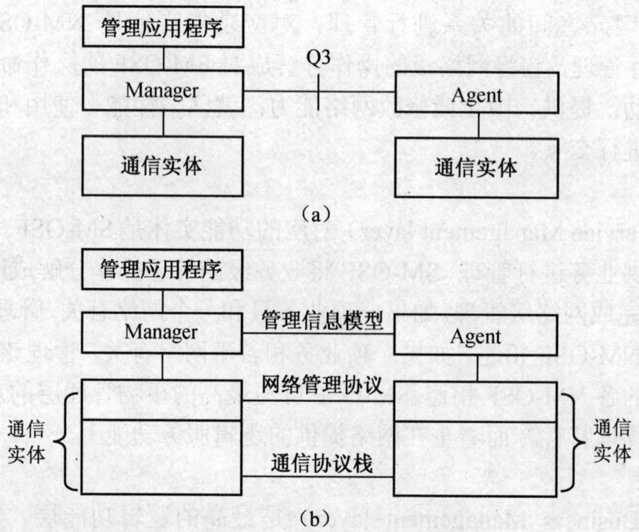

图 8-5 Q3 接口概念及组成

（1）通信协议栈

通信协议栈是 Q3 接口的通信协议，ITU-T 定义了 8 种通信协议，如图 8-6 所示的是 OSI 满栈、TCP/IP Based 和 ATM AAL5 Based 3 种通信协议栈的示意图。

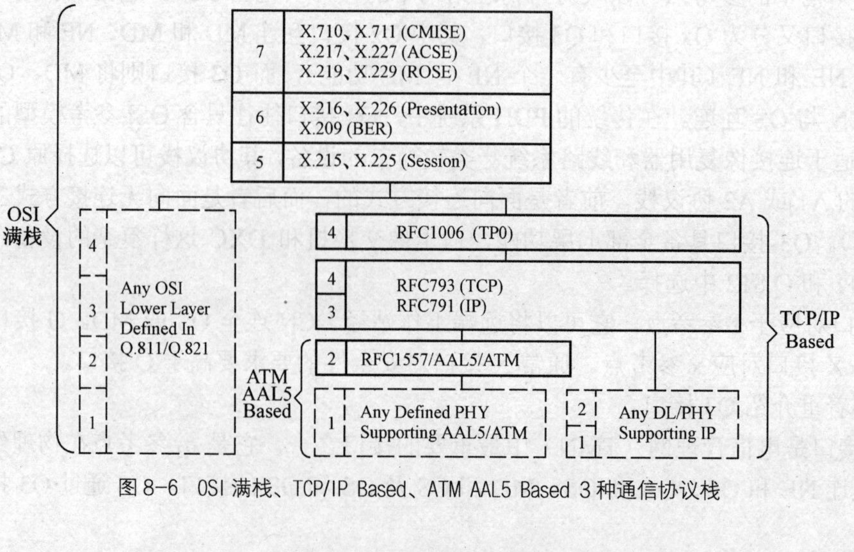

图 8-6 OSI 满栈、TCP/IP Based、ATM AAL5 Based 3 种通信协议栈

（2）网络管理协议

CMIP和FTAM是Q3接口的两类网络管理协议。

① 公共管理信息协议

公共管理信息协议（Common Management Information Protocol，CMIP）是用于目标控制的管理协议，定义了管理者与代理之间的消息，该消息用于改变和读取MIB中的目标，通过公共管理信息服务元素（Common Management Information Service Element，CMISE）来传送消息。

公共管理信息协议（CMIP）的应用环境如图8-7所示。管理系统与受管者之间的交互信息的内容，由公共管理信息服务元素（CMISE）中的原语定义。CMISE提供服务的对象是管理对象（MO）。

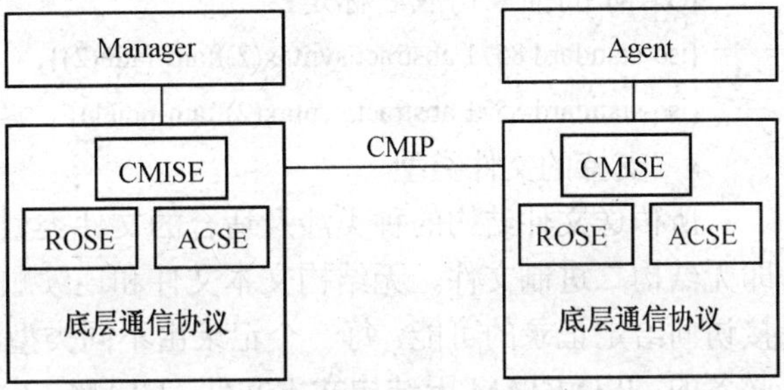

图8-7 CMIP的应用环境

CMISE主要提供下列服务原语。

M-cancel-get：终止查询信息。请求取消以前请求过的但当前尚未完成的M-get服务。

M-event-report：生成受管对象向管理者发送的报告。

M-get：查询信息。请求从对等实体获取一个或多个被管理对象的属性值。

M-set：改变一个属性的值。请求对等实体修改一个或多个被管理对象的属性值。

M-action：引用一个受管对象的操作。请求对等实体在一个或多个被管理对象上执行动作。

M-create：在管理信息树（Management Information Tree，MIT）中创建一个受管对象的实例。

M-delete：在管理信息树（MIT）中删除一个受管对象的实例。

远端操作服务元素（Remote Operation Service Element，ROSE）提供PDU（协议数据单元）的传输控制服务，包括启动、结果、拒绝和出错等。

连接控制服务元素（Associated Control Service Element，ACSE）提供PDU的连接服务，包括建立、终止（释放）和中断等。

② 文件传送访问和管理

文件传送访问和管理（File Transfer Access＆Management，FTAM）定义一系列标准文件格式，是有关文件服务标准的总称。FTAM符合于ISO 8571[15-18]中的服务定义和协议规范，有如下特点。

- 支持不同系统之间的文件操作。FTAM在文件的传送和处理方面与系统无关，即文件的传输对用户而言是透明的，用户无须了解通信双方所采用的文件系统和文件格式。这是它优于FTP（文件传输协议）之处。
- FTAM信息模型基于虚文件和虚文件存储器。
- FTAM是面向连接的协议。

FTAM可以通过以下几个方面进行描述。

- 服务框架

必备的文件服务类是文件传送类。在文件传送类中，必备的功能单元有核心功能单元、读写功能单元、有限的文件管理功能单元和群组合功能单元。在内部文件服务中，恢复功能单元和可选的重新开始功能单元。

- 协议框架

文件协议的功能单元相当于以上描述的所支持服务的功能单元。所保留的功能单元和与它们相联系的PDU在此省略。

这个文件协议假定在会话层服务框架的功能单元中描述的会话服务，恢复或重新开始功能单元则意味着除次同步会话服务之外还有再同步会话服务。

- 抽象句法

FTAM的抽象句法名称是：

{iso-standard 8571 abstract syntax(2)ftam-fadu(2)}；

{iso-standard 8571 abstract syntax(2)ftam-pci(1)}。

- 支持的文件类型

所传送文件结构的种类涉及适合的文件类型的使用。主要保留使用3种类型的文件结构，即无结构二进制文件、无结构文本文件和连续顺序文件（是由一顺序记录所组成的，没有直接访问给定记录的可能，每一个记录由不同类型的字段所组成）。因此，至少3种文件类型是必备的：ISO FTAM无结构文本文件（FTAM．1）、ISO FTAM无结构二进制文件（FTAM．3）和NBS顺序文件（NBS-6）。

在作为由无结构约束集约束的ISO 8571-2[16]中定义，FTAM分级文件模型允许FTAM.1和FTAM.3。

在作为由顺序约束集约束的ISO 8571-2[16]中定义，FTAM分级文件模型允许NBS-6。

- FTAM服务的安全支持

对于X接口，支持验证的安全服务是必备的。对于Q_3接口，对这些服务的支持是可选的。应使用在ACSE中规范的验证功能单元支持验证服务。在X接口上所实际使用的机制待定。在TMN中对FTAM服务的安全支持待定。

（3）管理信息模型

要使网络管理系统通过Q3接口，有效地管理接入网中的各类软件和硬件设备，需要将网络资源抽象为管理对象（MO），并利用管理对象定义指南GDMO来定义和描述管理对象（MO），建立信息模型。

在面向对象的信息模型中，管理对象（MO）由属性、通知、动作和行为4个方面的特征来描述。每一个MO都有它特定的属性、通知、动作和行为。属性用来描述MO相应资源的性质，对属性的操作就相当对相应资源进行管理；通知用来在MO相应资源发生变化时上报网管系统（OS）的有关信息；动作是网管系统（OS）要求网元（NE）执行的一种原子操作。一旦网元（NE）被抽象为管理对象，就为网管系统（OS）管理网元（NE）提供了依据。在OSI管理系统中建立管理信息库（MIB），每一个管理对象连同它们的属性数据以标准格式存储于管理信息库中。

对管理对象的定义可按照下面3个步骤来进行。

① 在管理对象类中，识别类的结构和继承关系，分析管理对象类的特点来明确对象类之间的继承关系。

② 利用GDMO来设计和规范MO的语法结构，根据管理对象定义的一般准则来对每一个MO定义它们的属性、通知、操作和行为。

③ 设计一个通用的管理信息树（MIT）结构，包含在树上的每一个分量都由MO实例代替。对于每一个MO，识别它的属性并形成唯一的相对独立的名字。利用CMISE中CREATE原语在MIT上创造MO实例。动态MO在网络运行期间可以创建和删除。

8.1.2 接入网网管的基本概念

接入网是整个电信网的一部分，是一个多层次、多范围的网络，综合了有线、无线等各种传送技术。从网络管理角度考虑，接入网是最复杂的网络系统之一。

1. 接入网网管的管理范围

接入网网管的管理范围主要集中在3个方面。

（1）一般的网络管理

一般的网络管理包括接入网的配置管理和性能管理，如各种类型接口的管理和传送部分的管理。

（2）设备的集中管理

设备的集中管理是对接入网中使用的各种设备进行故障管理，保证设备的使用寿命，特别是对远端小容量设备的管理（包括电源和环境等）。

（3）对保证业务质量的支持

通过和其他业务管理系统的互连，对保证业务质量提供支持，和接入网网管需要互连的业务网管理系统有112集中受理系统、号线管理系统、营业处理前台系统（和可重配置的专线业务有关）、采用接入网作为桥接方式的业务网的网管系统等。

2. 物理结构和功能结构

接入网网管系统的功能体系结构基于TMN的功能体系结构，包括OSF、NEF和WSF 3种功能实体。其中，NEF和WSF采用标准配置。对于OSF，由于接入网中设备的特点与接入特性和传输技术密切相关，因此，运行系统功能实体（OSF）可以分成端口及核心功能—运行系统功能实体（PCF-OSF）、传送功能—运行系统功能实体（TF-OSF）和调度管理功能实体（CO-OSF）3个部分来实现。它们的相互关系以及与接入网中各功能实体的相互联系如图8-8所示。

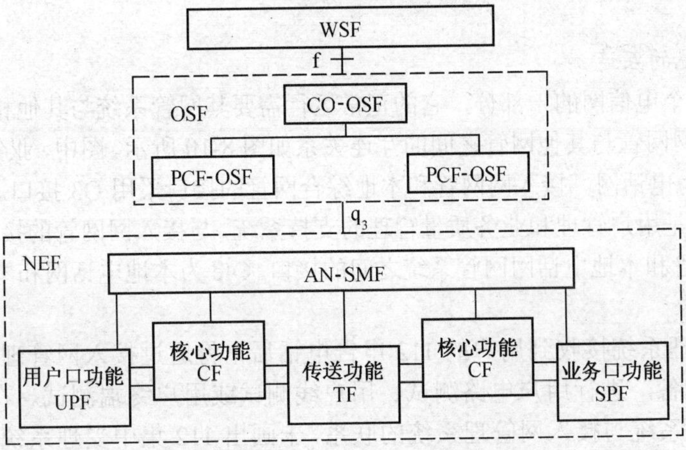

图8-8 接入网网管功能体系结构

PCF-OSF对AN中的UPF、SPF和CF进行管理的运行系统功能实体，基本功能是对SNI，

UNI 及其支持的业务进行管理，主要包括 SNI 的配置、UNI 的配置以及 UPF/SPF/CF 的故障和性能管理。

TF-OSF 对 AN 中的 TF 进行管理，基本功能是对功能实体 TF 进行配置、性能和故障方面的管理。其功能和 TF 使用的具体技术（如 PON、SDH 及 DLC 等）有关。

由于 PCF-OSF 和 TF-OSF 是两个独立的管理功能，且与接入技术密切相关，它们的协调是通过 CO-OSF 来完成的。CO-OSF 独立于具体的接入技术，从全网的角度对接入网内不同功能实体间的相互关系或故障告警进行适当调度和协调。例如，当接入网设备告警，TF-OSF 和 PCF-OSF 都不能单独确定故障发生的位置，就需要 CO-OSF 来进行进一步的分析和调度处理。

在 AN-SMF 中包括 MCF、Q_{AN} 代理和 MIB，AN-SMF 是 TMN 的代理，也是 AN 功能（如 UPF、CF 等）的管理者。TF 是为 AN 中不同地点之间公用承载通路的传送提供通道。如果 TF 采用光纤传输技术来实现，相应的 TF-OSF 只管理接入网中光纤传输系统，则该功能结构就是光纤用户网网管功能结构。

3. 网络管理协议

接入网网管系统的网络管理协议采用 CMIP，CMIP 有关的概念在前面已做介绍。

接入网管理系统使用的数据通信网，为了保证其可靠性，采用双平面结构，其中一个平面的数据通信网为主用，另一个为备用，数据通信网可以是 X.25、DDN 等，其概念如图 8-9 所示。为了提高适应性，在接入网网管中采用了以下 3 种不同的通信协议栈：OSI 协议栈及两种 TCP/IP 协议栈。

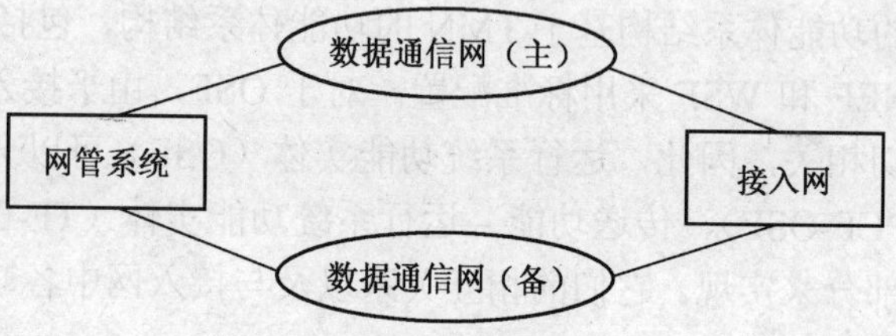

图 8-9 网管系统使用的数据通信网

4. 网管系统的互连

接入网是整个电信网的一部分，它的正常运行需要其网管系统与其他相关的网管系统保持一致性，接入网网管与其他网管之间的互连关系如图 8-10 所示。图中，业务节点接口（SNI）为 V5，业务网为电话网，接入网网管和本地综合网管的接口采用 Q3 接口。112 受理系统和号线管理系统都是用户管理和业务质量管理的支持系统，与接入网网管的接口为 Qca 和 Qra。Qta 为接入网网管和本地电话网网管系统之间的接口。Qle 为本地电话网和本地电话网网管系统之间的接口。

112 集中受理系统接收到用户的 112 申告电话后，将通过接入网管理系统阻塞用户端口，启动测试设备，进行用户电路测试、用户线测试或用户终端测试。在图 8-10 中只画出 112 集中受理系统与接入网管理系统的联系，未画出 112 集中受理系统与其他系统之间的联系。

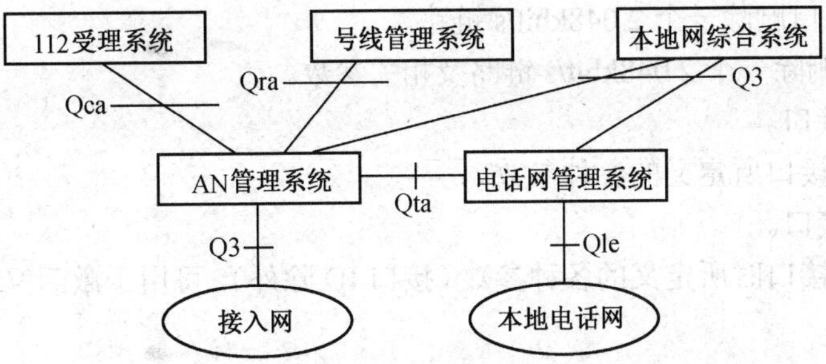

图 8-10 网管系统间的互连关系

8.2 接入网网管的管理功能

接入网网管系统提供的基本网络管理功能有配置管理、故障管理、性能管理、安全管理和计费管理。配置管理与接入网的网络拓扑结构和系统结构有关，主要负责系统内传送能力的供给、修改和中止。故障管理功能包括故障监测与报告、保护切换和故障定位与恢复。性能管理功能包括C通路的性能监测和日志管理。安全管理涉及系统工作和退出工作安排中信息的完整性，同时也与允许谁接入系统及其资源以及允许接入到什么程度有关，其主要功能包括防止未经授权接入设备、对未经授权的ONU试图接入系统的检测、OLT和ONU之间传输的安全保证以及对未经授权的光信号偷录的检测等。

8.2.1 PCF-OSF 支持的管理功能

端口及核心功能—运行系统功能（PCF-OSF）支持的管理功能是对SNI、UNI及其支持的业务进行管理，主要包括SNI的配置、UNI的配置、UPF/SPF/CF的故障和性能管理及安全管理。

1. 配置管理

配置管理功能分为SNI接口（V5接口）配置、用户端口配置、设备配置和环境监控配置。

（1）V5接口配置

① 插入一个V5接口需定义的配置参数如下。

- V5接口标识。
- 用作C通路的时隙。
- 本V5接口支持的协议版本（V5.1或V5.2）。
- 组成该接口的链路（V5.1为1条，V5.2为1～16条）。
- 若为V5.2，定义主、次链路。
- 定义与该接口相关的用户端口。
- 指配变量。

② 插入一个2 048kbit/s链路到V5.2接口需定义的配置参数如下。

- 要插入的2 048kbit/s链路标识。
- 用作C通路的时隙。
- 指配变量。

③ 从V5.2接口删除一个2 048kbit/s链路。

从V5.2接口删除一个2 048kbit/s链路及相关参数。

④ 删除V5接口。

删除插入V5接口所定义的各种参数。

⑤ 修改V5接口。

修改插入V5接口时所定义的各种参数（接口ID除外），可用于激活V5接口任一侧的指配改变。

⑥ 读取V5接口。

读取插入V5接口时所定义的各种参数，可用于读取V5接口另一侧的接口ID和指配变量等。

⑦ 从V5.1接口升级到V5.2接口。

删除仅与V5.1接口有关的参数，插入与V5.2接口有关的参数，完成升级。

（2）用户端口配置

① 插入一个用户端口需定义的参数如下。

- 用户的目录号（E164号码）。
- 分配端口地址（PSTN端口的第三层地址、ISDN端口的封装功能地址）。
- 分配端口类型（PSTN接入、ISDN基本接入或ISDN一次群接入等）。
- 分配端口特定参数（如ISDN的接入数字段、PSTN的特性等）。

PSTN的特性指直拨电话、公用电话、专用测试电话、保密线路等。

② 删除一个用户端口。

删除插入用户端口时定义的各种参数。删除时，用户端口应处于阻塞状态。

③ 修改一个用户端口。

可用于对用户端口阻塞/去阻塞，也可修改除端口地址以外的参数。在修改用户端口参数时，用户端口应处于阻塞状态。

④ 建立用户端口与V5接口的连接的操作。

- 为用户端口分配一个可用的V5接口。
- 为用户端口分配承载通路（仅对V5.1而言）。
- 为用户端口的PSTN信令分配V5接口C通路。
- 为用户端口的ISDN D_S数据分配V5接口C通路。
- 为用户端口的ISDN分组数据分配V5接口C通路。
- 为用户端口的ISDN帧方式数据分配V5接口C通路。

⑤ 解除用户端口与V5接口的连接。

释放建立连接时定义的各种参数。

⑥ 读取用户端口。

读取插入用户端口时所定义的各种参数以及与V5接口建立连接后的参数。

（3）设备配置

① 增加一个设备需要定义的参数如下。

- 设备标识符。
- 设备是否可替换。
- 设备的类型。

- 设备的序列号。
- 用户指定的设备名称（可选）。
- 设备所在的地理位置（可选）。
- 生产者名称（可选）。
- 相关的设备标识。

② 删除一个设备。

删除增加设备时所定义的各种参数。

③ 修改设备属性。

修改增加设备时定义的各种参数（设备标识符除外）。

④ 查询设备属性。

查询增加设备时定义的各种参数。

（4）环境监控配置。

对远端接入网设备所处环境的监控参数进行配置，设置环境监控的各个方面的监控范围或阈值，包括：温度、湿度、电压、电流、电池及气压等。另外，还可以设置响应动作，即当有关环境方面的告警报上来后，指定应当采取的措施。

2. 故障管理功能

故障管理功能提供故障监测、故障上报、保护切换以及故障定位与恢复等。

（1）故障监测和上报

当接入网（AN）发生故障（设备故障、环境故障或通信故障）时，及时监测并把故障告警信息上报管理系统，管理系统应当能够接收到故障告警通知，并进行分析和统计，进一步激发故障定位和恢复测试，启动保护切换。

告警报告采用了 X.733 中定义的通信告警通知（Communication Alarm Notice，CAN），通知中包括一组与报告事件相关的标准参数，如事件源、事件类型、事件起因及严重程度等。与 V5 接口相关的告警报告的参数如下述。

① 事件类型有以下几种。

Communication Alarm Type：通信告警类。与点到点传送信息的过程相关。

QoS Alarm Type：业务出错告警类。与业务质量的降低相关。

Processing Error Alarm Type：处理出错告警类。与软件或处理故障相关。

Equipment Alarm Type：设备告警类。与设备故障相关。

Environmental Alarm Type：环境告警类。与设备所处的环境条件相关。

② 可能原因：标识产生告警的原因。

③ 告警级别：分为 6 个级别，即严重告警、重大告警、次要告警、警告告警、不确定和已清除。

④ 所监测的属性：告警所要监测的管理对象的属性及其在告警时的值。

⑤ 附加信息：如告警状态、相关的日志 ID 及被挂起的对象等。

（2）保护切换

保护切换仅对 V5.2 而言。

保护切换可由网元（NE）自主地进行，称为自主的保护切换。AN 的保护切换请求要送到 LE，由 LE 发出切换命令，切换的结果向两侧的网管系统报告。

网管系统也可命令 NE 进行保护切换，但只能作用于保护组 2。

AN 侧的管理系统启动保护切换时，只可进行一种切换（人工切换）。人工切换指的是将一条活动C通路切换到一条备用C通路，该保护切换动作的参数应指明要切换的逻辑C通路，还可指明优选的目标物理 C 通路（只能是备用的 C 通路）。

切换失败的通知（包括自主切换和人工切换的通知）应当指出失败原因。失败原因包括没有可用的备用 C 通路、目标物理 C 通路处于非工作状态、没有指配目标物理 C 通路、不能进行保护切换、所请求的分配已存在以及目标物理 C 通路已经有逻辑 C 通路等。

（3）故障定位与恢复

管理系统从网元（NE）收到故障信息后，初始化故障定位过程，并从这些过程中获取相关信息。将出错的接口设备或用户端口设备用正常设备替换，重新启动 V5 接口。在重装发生故障的部件前，将需要重装的部件先进行测试及测量，最后，将阻塞的 V5 接口或用户端口恢复正常。

3. 性能管理功能

性能管理是为了维持一定的业务质量，以满足用户的要求。主要功能有监测、分析、诊断、优化及控制。通过采集 SNI 接口的各种通路的流量数据，为网络性能和业务质量分析提供原始数据，并根据算法分析 SNI 接口的性能和质量。

V5 接口性能管理功能包括通信通路承载通路的性能监测、线路监测和日志管理。

（1）通信通路承载通路的性能监测

① 数据采集功能

数据采集功能定义 NE 中采集各种性能管理数据的能力，如：

- 设定性能管理数据采集时间间隔（15min）；
- 挂起/恢复性能管理数据采集；
- 性能管理数据复位；
- 定义性能管理数据采集计划；
- 读取性能管理数据。

② 数据存储功能

数据存储功能为可选功能，定义 NE 存储每一个被监测实体的性能管理历史数据的能力，同时，NE 也可存储不同实体的概括及统计数据。功能包括：

- 定义性能管理历史数据采集时间段；
- 查询性能管理历史数据；
- 删除性能管理历史数据。

③ 门限值管理功能

门限值管理功能为可选功能，NE 向网管系统通知门限值溢出。包括定义性能管理门限值和报告性能管理门限值溢出两项功能。

④ 数据报告功能

数据报告功能为可选功能，NE 在规定的时间内，或在网管系统的请求下向网管系统报告性能管理数据。该功能包括请求性能管理数据、报告性能管理数据和允许/禁止性能管理数据报告 3 个方面。

对于用户接入网的管理，采集网管系统起始/终止有关通信通路以及承载通路话务量的测量数据，以监测通信通路和承载通路当前的负载。对承载通路的话务量数据进行采集只针对 V5.2 接口。

承载通路的话务量采集的数据包括：

- 为始发呼叫/终止呼叫分配的承载通路数；
- 始发/终止呼叫占用的承载通路的总持续时间；
- 承载通路处于工作状态的总次数；
- 为外来呼叫分配的不成功的承载通路数；
- 为本地呼叫分配的不成功的承载通路数。

通信通路（C 通路）话务量采集的数据包括：

- 由于任何原因而处于非工作状态的 C 通路数；
- 由于远端阻塞而处于非工作状态的 C 通路数；
- 由于近端阻塞而处于非工作状态的 C 通路数；
- 一个 C 通路处于非工作状态的总次数；
- 一个 LAPV5 帧中传送或接收的 8 位组数。

（2）线路测试

在接入网侧提供的线路测试功能包括用户电路测试、用户线路测试和用户终端测试。

用户电路测试包括拨号音测试、馈电电压测试及回路电流测试等。

用户线路测试指线路的电气指标测试包括：

① 测试用户线路交/直流电压值（AB 间、A 与地间、B 与地间）；

② 测试用户环路直流电流值（AB 间）；

③ 测试用户环路电阻值（AB 间）；

④ 测试用户线路绝缘电阻值（AB 间、A 与地间及 B 与地间）；

⑤ 测试用户线路电容值（AB 间、A 与地间、B 与地间）；

⑥ 测试用户线路阻抗（AB 间、A 与地间、B 与地间）；

⑦ 测试用户环路噪声（可选）。

用户终端测试包括对被测用户振铃、测试用户话机的拨号功能、向用户送蜂鸣音等。

对 ISDN 的测试还包括 NT1 环回测试和对 LT 的测试等。

（3）日志管理

与性能管理相关的大量的原始数据需要进行过滤，以得到管理所需的信息，这一过滤功能可通过鉴别器来控制。经过过滤后的数据存放在日志中，对日志的管理由日志管理功能来完成。管理者可以控制日志的操作包括：

① 创建日志实例；

② 删除日志实例；

③ 修改日志的参数；

④ 挂起/恢复日志；

⑤ 删除并查询日志记录。

4. 安全管理功能

安全管理功能是通过访问控制策略和规则等来保证管理应用程序和管理信息不被无权限地访问和破坏。

（1）定义访问请求者的访问权限

该功能是为了确保访问请求者只能在自己的权限范围内执行管理操作。对于不同请求者定义不同层次的访问权限，如有的用户可以读写一些特定的属性；而有的用户只能读不能写；

有的用户可以访问一些被管对象；有的用户可访问另外一些被管对象等。总之，对于访问的限制可以定义在管理对象一级、对象的属性一级、属性的值一级，以及与该对象或属性相关的操作一级上。

（2）保护管理信息不被无权限地使用

访问请求者发来的请求要送到访问控制决策功能作出决策后，由访问控制前向功能执行该决策：如果可以访问，则把请求送到目的地，否则访问控制前向功能作出相应处理。在请求送到目的地之前，经过访问控制决策功能和访问控制前向功能的处理，就保证了管理信息的安全性。

（3）保护管理信息不被传送到无权限的接受者

管理对象的某些信息会通过事件报告（Event Report）给用户（网管系统用户），被动接收的用户也有权限问题。为了保护信息不被传送到无权限的接收者，需要在事件前向鉴别器（Event Forward Discriminator，EFD）中定义接收者的权限。

8.2.2 TF-OSF 支持的管理功能

传送功能—运行系统功能实体（TF-OSF）对 AN 中的 TF 进行管理，基本功能是对功能实体 TF 进行配置、性能和故障方面的管理。根据 TF 采用的设备不同（如 PON、SDH 或 DLC 等），TF-OSF 的功能有所不同。

1. 对 SDH 的管理功能

在接入网中引入 SDH 技术有许多优越性：SDH 可以为大型企事业用户提供理想的网络性能和高质量高可靠业务；SDH 可以增加传输带宽，改进网管能力，简化维护工作；SDH 的固有灵活性可以更快更有效地满足用户的业务需求。

SDH 管理包括配置管理、故障管理、性能管理及安全管理。具体又分为网元管理层和网络管理层。

（1）网元管理层

① 配置管理

SDH 网元的配置：包括虚容器的配置，支路单元、支路单元组的配置，管理单元、管理单元组的配置，光/电物理接口的配置，以及再生段、复用段的配置等。

SDH 网元层负荷结构的配置：该功能通过对负荷结构的改变配置各种 SDH 的适配功能。

SDH 网元层复用段的保护配置：支持 1+1 或 m:n 保护倒换功能，支持可恢复的和不可恢复的倒换功能，且保护倒换参数可以修改、删除或查询。需要进行保护倒换时，可实施手工保护倒换或强制性保护倒换。当发生了保护倒换事件时，管理系统接收到网元发来的通知，并作相应的显示。另外，在 1:n 或 m:n 的倒换方式下，管理系统可以设置保护资源的倒换优先级。

SDH 网元层连接监视功能：SDH 连接监视功能用来监视配置独立于终端功能的高阶通道负荷和低阶通道负荷。

支持定时源优先级的选择。

② 故障管理

接收设备上报的故障告警信息，对告警信息进行存储，并进行故障定位和恢复测试。

③ 性能管理

请求、挂起或恢复被监视实体采集性能数据的能力。

收集设备采集的误码性能参数数据，并对收集来的数据进行存储和分析。

设置性能监视门限值。

支持近端或远端环回测试功能。

④ 安全管理

安全管理主要是保证管理应用程序和管理信息不被无权限地访问和破坏。

未经授权的人不能访问管理系统，具有有限授权的人只能访问相应授权部分。

对所有试图访问受限资源的申请进行监视和实施控制。

（2）网络管理层

网络管理层的主要管理对象是通道。

① 配置管理

网络管理层的配置管理涉及SDH网络的实际拓扑结构，包括通道指配和保护倒换指配。通道指配是指通道的建立、修改、查询和删除。保护倒换指配是指路由保护表的管理，保护通道的建立、修改和查询；可实施通道保护倒换，即当网络中出现导致通道不能正常工作的故障时，对通道进行重新配置和路由恢复。

② 故障管理

网络层故障管理对通道的运行情况进行监视，对通道出现的故障进行处理，包括故障的监视、过滤、定位、校正和存储。

故障监视：对通道进行监视，出现通道故障时进行显示。

故障过滤：对接收到的故障告警进行相关性分析，并进行过滤。

故障定位：在故障过滤的基础上，将出现的故障定位到具体的通道上。

故障校正：在故障定位的基础上，恢复由于故障而受影响的业务。

故障存储：对出现的各种故障进行存储，以便进行检索、删除和报告。

故障管理功能的实现需要故障管理的各项子功能之间相互协调，也需要配置管理的支持（如实施保护倒换功能）。

③ 性能管理

性能管理是对通道的各种性能数据进行采集、存储和分析，并给出分析结果。

④ 安全管理

网络层安全管理是用来保证网络层管理应用程序和网络层管理对象不被无权限地访问和破坏。

2. 对PON的管理功能

PON是一种采用光无源器件作分路器的纯无源光网络，主要用于居民住宅用户和小型企事业用户。对PON传输功能的管理包括传输系统的管理和设备子系统的管理。

PON的传输系统由OLT（光纤线路终端）和ONU（光纤网络单元）的收发设备电路和光/电电路及各种形式的光纤、光分路器、光滤波器和光时域反射仪或线夹式光功率计组成。PON的设备子系统包括OLT和ONU的机架、机框、光分路器的机壳以及机架机框的供电设备等。由于关于设备的管理对象类的定义是通用的，且实现UPF，SPF，CF和TF等各功能的设备可能是同一个设备。因此，设备子系统的管理可以在PCF-OSF中实现，也可在TF-OSF中实现。在8.2.1小节的PCF-OSF管理功能中已描述了对设备的管理，这里不再赘述。

对PON传输系统的管理功能如下。

（1）配置管理

① OLT 和 ONU 之间带宽分配的配置。

② ONU 的初始化。

③ ONU 状态的维护。

④ OLT 的交叉连接配置。

⑤ 环回测试的配置。

⑥ 利用线夹式光功率计实现 ONU 识别。

⑦ 需要时，在不同 PON 间倒换 OTDR。

（2）故障管理

故障管理接收 NE 上报的故障告警信息，并对故障信息进行诊断测试，最终定位并恢复故障。在对 PON 传输系统的管理中，主要监视如下故障信息：

① 与 ONU 通信联络的丢失；

② 传输系统在 OLT 失效的监视；

③ 过量误码的监视；

④ 传输段层的诊断测试；

⑤ 通过例行测试发现光系统（如光纤、光分路器或光滤波器等）的故障和 PON 性能的劣化。

（3）性能管理

性能管理是对系统的误码性能或延时等进行持续不断的监视；并进行自动例行测试，对数据进行分析、处理，给出性能指标。

（4）安全管理

PON 传输系统的安全管理主要包括：

① 对未经授权的 ONU 试图接入系统的检测；

② OLT 和 ONU 之间传输的安全保证；

③ 禁止一切未经授权的对信息的阅读、生成、修改或删除。

8.2.3 调度管理功能

由于 PCF-OSF 和 TF-OSF 是两个独立的管理功能，且与接入技术密切相关，它们之间的协调应当由处于它们上层的一个调度管理功能来完成。调度管理功能（CO-OSF）是独立于具体的接入技术的；它是从被管理的全接入网的角度，对接入网不同网元间的组网结构或故障告警进行调度和协调的。

（1）当接入网设备发出故障告警信息（如误码性能水平降低），且不能确定是哪一部分出现故障时，就需要调度管理功能来进行分析和进一步调度处理，分析是光传输系统的故障还是 CP、UPF 等部分的故障或是用户终端的故障等，以最终定位故障。

（2）根据 PCF-OSF 和 TF-OSF 收集来的不同的性能数据进行统计、分析，得出接入网宏观的网络性能指标。

（3）向上层网络管理系统（如本地网网络管理系统）提供统一的 Q3 接口。

需要说明的是调度管理功能完成了部分网络管理层的功能，但它并不是严格意义上的网络层管理功能，它与网络层管理功能有以下区别。

（1）网络管理层 OSF 与网元管理层 OSF 之间的管理接口是标准的 Q3 接口，且定义有网络管理层的信息模型；而调度管理功能OSF与PCF-OSF或TF-OSF之间没有标准的Q3接口，也没有定义信息模型。

（2）网络管理层OSF可以对不同接入网的管理系统进行协调和控制，而调度管理功能（CO-OSF）的作用范围较小，只是协调或调度本接入网内PCF-OSF和TF-OSF之间的功能。

（3）网络管理层OSF与调度管理功能OSF之间最大的区别在于网络管理层OSF可以配置端到端的连接，在不同的网元间建立链路，形成一个统一的、完整的网。而调度管理功能OSF不能够进行端到端的链路配置，它的功能只是一种协调或调度功能，而没有配置功能。

8.3 应用举例

通过前面对TMN基本概念的介绍，可知要建立完善的符合TMN标准的接入网网管系统，必须采用Q3接口标准。但由于各种原因，要实现符合TMN原则的Q3接口，还有一定的难度，要求投入较大的开发力量，需要的开发周期长。而目前国内的接入网建设正在迅速发展，中国电信批准入网的第一批接入网设备包括国内外9家厂商的10种产品，已在网上运行。这些设备的日常维护和操作都离不开网管系统的协同工作，但由于有些具有国家标准网管（国家标准为Q3或Qc）接口，有些则不具备国家标准网管接口，因此，目前只能由各厂家自行管理，随着接入网建设规模的扩大，急需统一的接入网网管系统与接入网建设同步发展。从目前情况来看，采用一个既省时间又经济的过渡方案和一个基于TMN标准的方案是合理的。

下面以ZXA10中兴综合接入网系统为例介绍异种机的网管系统配合。

1. 具有标准Q3接口

如果异种机厂商具有国家标准的Q3接口协议栈和信息模型，则可以直接和中兴ANMS互连，纳入中兴网管系统，如图8-11所示。

2. 具有标准Qc接口

如果异种机厂商具有国家标准的Qc接口，可以通过前置机转换成Q3接口和中兴ANMS互连，纳入中兴网管系统，如图8-12所示。

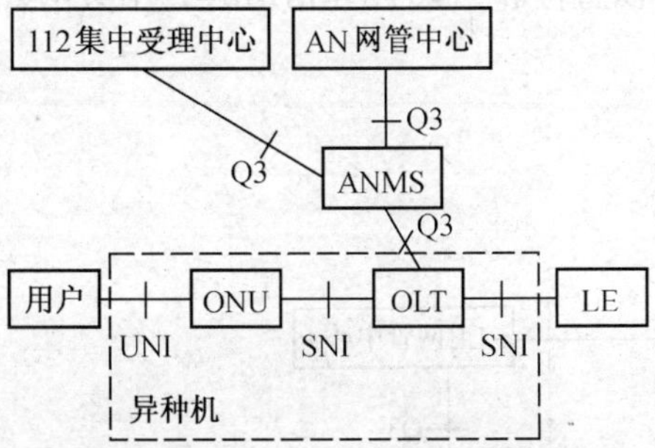

图8-11 具有Q3接口的异种机网管

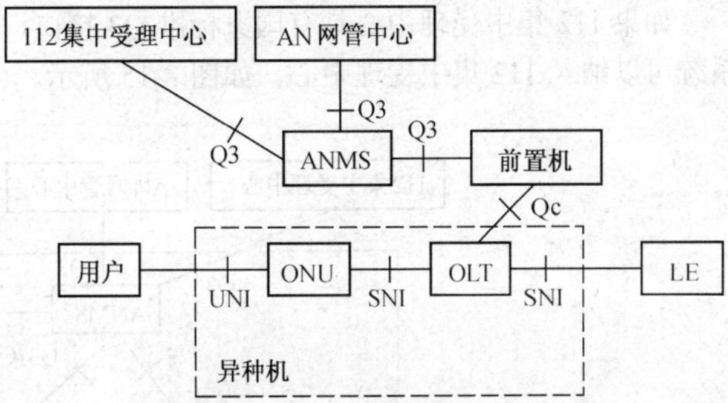

图8-12 具有Qc接口的异种机网管

3. 不具有标准Q接口

如果异种机厂商不具有国家标准的接口，可以通过前置机转换成Q3接口和中兴ANMS互连，纳入中兴网管系统，如图8-13所示。

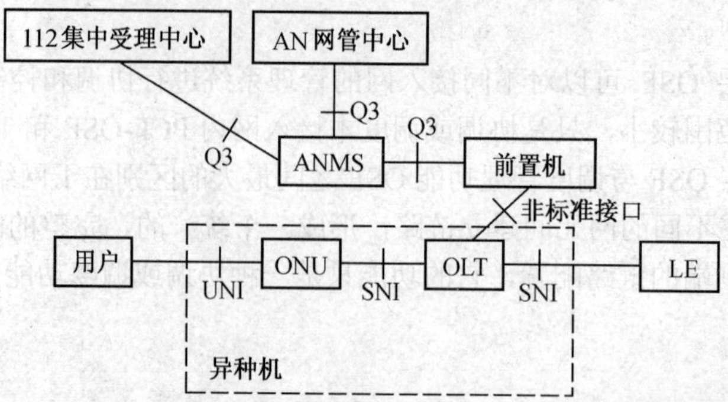

图 8-13　不具有标准接口的异种机网管

4. 不具有标准Q接口112集中受理中心

如果 112 集中受理中心不具有国家标准接口，可以通过前置机转换成 Q3 接口和中兴 ANMS 互连，中兴网管系统可以纳入 112 集中受理中心，如图 8-14 所示。

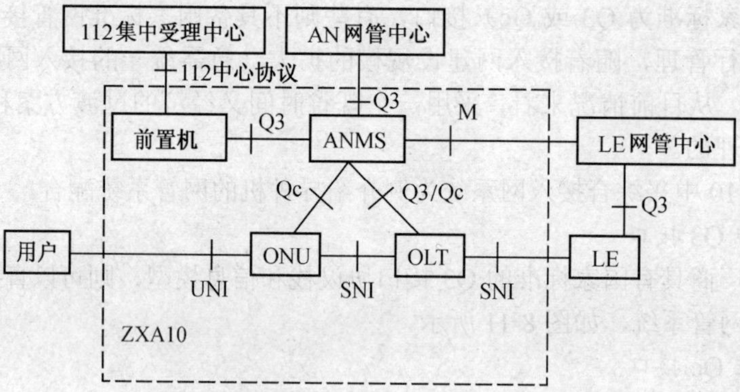

图 8-14　不具有标准接口的 112 受理中心的网管接入

5. 具有标准Q3接口112集中受理中心

如果 112 集中受理中心具有国家标准 Q3 接口，可以直接和中兴 ANMS 互连，中兴网管系统可以纳入 112 集中受理中心，如图 8-15 所示。

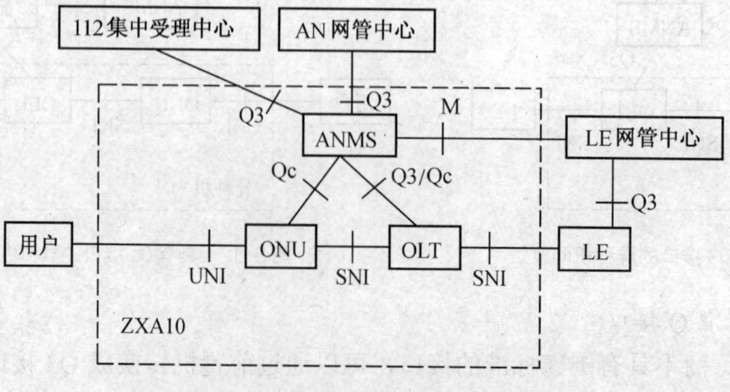

图 8-15　具有标准接口的 112 受理中心的网管接入

6. 不具有标准接口的 AN 网管中心

如果 AN 网管中心不具有国家标准接口，可以通过前置机转换成 Q3 接口和中兴 ANMS 互连，中兴网管系统可以纳入 AN 网管中心，如图 8-16 所示。

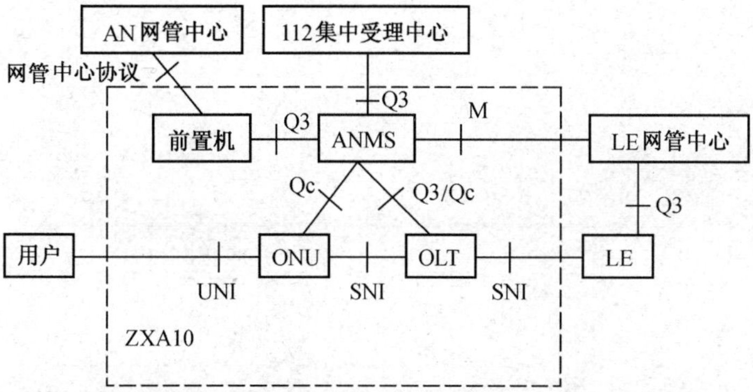

图 8-16　不具有标准接口的 AN 网管中心的网管接入

7. 具有标准 Q3 接口的 AN 网管中心

如果 AN 网管中心具有国家标准 Q3 接口，可以直接和中兴 ANMS 互连，中兴网管系统可以纳入网管中心，如图 8-17 所示。

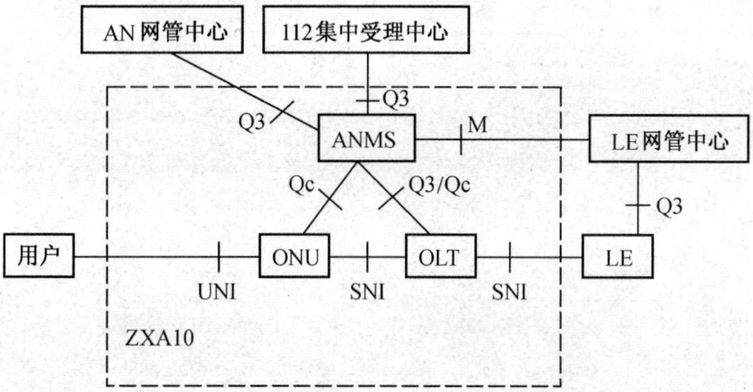

图 8-17　具有标准接口的 AN 网管中心的网管接入

复习思考题

1. 什么是网络管理？
2. 电信管理网（TMN）一般有哪两种含义？
3. TMN 的体系结构由哪几部分构成？
4. TMN 功能结构包含哪些基本功能块？
5. 根据 TMN 功能结构，请指出参考点及其作用。
6. 什么是管理对象？什么是信息模型？
7. TMN 物理结构和逻辑结构如何？

8．何谓 Q_3 接口？它有何作用？

9．CMIP、CMISE、ROSE、ACSE 和 FTAM 分别指什么？

10．V5 接口的接入网网管功能主要包含哪些方面？

11．以 ZXA10 为例，说明异种机间的互连互通问题是如何解决的？

附录 英文缩写对照表

英文缩写	英文全称	中文含义
AAA	Authentication, Authorization and Accounting	认证授权计费
AAL	ATM Adaptation Layer	ATM 适配层
AAF	Access Adaption Function	接入适配功能
ABR	Available Bit Rate	可用（可提供的）比特率
ACCH	Associated Control CHannel	随路控制信道
ACSE	Associated Control Service Element	连接控制服务元素
ADM	Add/Drop Multiplexer	分插复用器
ADSL	Asymmetric Digital Subscriber Line	不对称数字用户线（回路）
AF	Adaptation Function	适配功能
AGCH	Access Given CHannel	接入允许信道
AICH	Acquisition Indicator Channel	捕获指示信道
AIS	Alarm Indication Signal	告警指示信号
AMPS	Advanced Mobile Phone Service	先进移动电话业务
AN	Access Network	接入网
ANSI	American National Standard Institute	美国国家标准学会
AON	Active Optical Network	有源光网络
AP	Access Point	接入点
APON	ATM Passive Optical Network	ATM 无源光网络
ARP	Address Resolution Protocol	地址解析协议
ARQ	Automatic Repeat reQuest	自动反复重传
ASN.1	Abstract Syntax Notation One	抽象语法标记 1
ATM	Asynchronous Transfer Mode	异步转移模式
ATU-C	ADSL Transceiver Unit-Central Office side	局端 ADSL 传输单元
ATU-R	ADSL Transceiver Unit-Remote side	远端 ADSL 传输单元
AUC	AUthentication Center	鉴权中心
AWG	American Wire Gauge	美国线规
BCC	Bearing Channel Control	承载通路控制
BCCH	Broadcast Control CHannel	广播控制信道

BCFE	Broadcast Control Functional Entity	广播控制功能实体
BCH	Broadcast CHannel	广播信道
BER	Bit Error Ratio	比特差错率
BMC	Broadcast/Multicast Control	广播/组播控制
BPI	Base line Privacy Interface specification	基本保密接口规约
BRA	Base Rate Access	基本速率接入
BRI	Base Rate Interface	基本速率接口
BS	Base Station	基地站
BSC	Base Station Controller	基站控制器
CAC	Connection Access Control	连接接纳控制
CAN	Communication Alarm Notice	通信告警通知
CAP	Carrierless Amplitude & Phase modulation	无载波幅度相位调制
CATV	Cable TeleVision/Community Antenna TeleVision	有线电视
CBR	Constant Bit Rate	恒定比特率
CCCH	Common Control CHannel	公共控制信道
CCH	Control CHannel	控制信道
CCPCH	Common Control Physlcal Channel	公共控制物理信道
CCS	Central Control Station	中心控制站
CCTrCH	Coded Composite Transport Channel	编码合成传输信道
CDMA	Code Division Multiple Access	码分多址
CDV	Cell Delay Variation	信元迟延变化
CEBus	Customer Electrical Bus	客户电子总线
CELP	Code Excited Linear Prediction	码激励线性预测
CF	Core Function	核心功能
CL	Circuit Layer	电路层
CLIP	Call Line Identity Presence	主叫线识别显示
CM	Connection Management	连接管理
CMB	Cable Modem Business	大型商务电缆调制解调器
CMIP	Common Management Information Protocol	公共管理信息协议
CMISE	Common Management Information Service Element	公共管理信息服务元素
CMP	Cable Modem Personal	个人用户电缆调制解调器
CMW	Cable Modem Workgroup	小型企业电缆调制解调器
CN	Core Network	核心网
CO	Central Office	中心局
CPCH	Common Packet ChanneI	公共分组信道
CPE	Customer Premises Equipment	用户前端设备
CPICH	Common Pilot Channel	公共导频信道
CPN	Customer Premises Network	用户驻地网
CRC	Cyclical Redundancy Check	循环冗余检查

CRS	Central Radio frequency Station	中心射频站
CS	Central Station	中心站
CSCF	Call State Control Function	呼叫状态控制功能
CSICH	Channel Status Indicator Channel	信道状态指示信道
CSMA/CA	Carrier Sense Multiple Access with Channel Assignment	载波侦听多址接入/信道分配
CSMA/CD	Carrier Sense Multiple Access with Collision Detection	载波侦听多址接入/碰撞检测
DBA	Dynamic Bandwide Allocation	动态带宽分配
DBR	Dynamic Bandwide Report	动态带宽报告
DBRu	Dynamic Bandwide Report—upward	上行动态带宽报告
DBS	Digital Broadcast Satellite	数字直播卫星
DBS	Direct Broeadcast Saiellite	直接广播卫星
DCCH	Dedicated Control Channel	专用控制信道
DCFE	Dedicated Control Function Entity	专用控制功能实体
DCF	Data Communication Function	数据通信功能
DCN	Data Communication Network	数据通信网
DDI	Direct Dial In	直接拨入
DDN	Digital Data Network	数字数据网络
DHCP	Dynamic Host Configuration Protocol	动态主机配置协议
DLC	Digital Loop Carrier	数字环路载波
DLC	Digital Link Control	数据链路控制
DMT	Discrete MultiTone	离散多音频
DMUL	DeMULtiplexer	分路器
DOCSIS	Data Over Cable System Interface Specification	电缆数据系统接口规范
DP	Distributing Point	用点线
DPCCH	Dedicated Physical Control Channel	专用物理控制信道
DPCH	Dedicated Physical Channel	专用物理信道
DPDCH	Dedicated Physical Data Channel	专用物理数据信道
DRAM	Dynamic Random Access Memory	动态随机存储器
DRNC	Drift Radio Network Controller	漂移 RNC
DS	Distribution System	分布式系统
DSL	Digital Subscriber Line	用户线
DSLAM	Digital Subscriber Loop Access Multiplexer	数字用户环路接入复用器
DSP	Digital Signal Processor	数字信号处理器
DSSS	Direct Sequence Spread Spectrum	直接序列扩频
DWDM	Dense WDM	密集波分复用
DXC	Digital Cross Connect Equipment	数字交叉连接设备
EC	Echo Cancellation	回波抵消
EDFA	Erbium Doped optical Fiber Amplifier	掺铒光纤放大器

EDGE	Enhanced Data rate for GSM Evolution	GSM 演进增强型数据速率
EFD	Event Forward Discriminator	事件前向鉴别器
EIR	Equipment Identity Register	设备识别寄存器
EoVDSL	Ethernet over VDSL	基于 VDSL 的以太网
EPON	Ethernet Passive Optical Network	以太网无源光网络
ETSI	European Telecommunications Standards Institute	欧洲电信标准学会
FACCH	Fast Associated Control Channel	快速随路控制信道
FACH	Forward Access Channel	前向接入信道
FCCH	Frequency Corrected Channel	频率校正信道
FCS	Frame Check Sequence	帧校验序列
FDD	Frequency Division Duplex	频分双工
FDI	Feed Distribution Interface	馈线分配接口
FDM	Frequency Division Multiplexing	频分复用
FDMA	Frequency Division Multiple Access	频分多址
FE	Function Entity	功能实体
FEC	Forward Error Correction	前向纠错
FFD	Full Function Device	全功能设备
FHSS	Frequency Hopping Spread Spectrum	跳频扩频
FIFO	First In First Out	先进先出
FP	Flexible Point	灵活点
FSAN	Full Service Access Network	全业务接入网
FSN	Full Service Network	全业务网络
FTAM	File Transfer Access＆Management	文件传送访问和管理
FTS	Feed line Transmission System	馈线传输系统
FTTB	Fiber To The Building	光纤到大楼
FTTC	Fiber To The Curb	光纤到路边
FTTH	Fiber To The Home	光纤到家
FTTN	Fiber To The Node	光纤到节点（邻里）
FTTO	Fiber To The Office	光纤到办公室
FTTZ	Fiber To The Zone	光纤到小区
FWA	Fixed Wireless Access	固定无线接入
GDMO	Guiding Definition of Managed Object	被管理对象定义指南
GEM	GPON Encapsulation Mode	GPON 封装模式
GGSN	Gateway GPRS Support Node	网关 GPRS 支持节点
GMSC	Gateway Mobile-services Switching Center	网关移动业务交换中心
GPON	Gigabit capable Passive Optical Network	吉比特无源光网络
GPRS	General Packet Radio Service	通用分组无线业务
GSM	Global System for Mobile communication	移动通信全球系统
GTC	GPON Transmission Convergence sublayer	GPON 传输会聚
HDB3	High Density Bilateral code with 3 level	三阶高密度双极性码

HDLC	High-level Data Link Control	高级数据链路控制
HDSL	High data rate Digital Subscriber Line	高比特率数字用户线
HDTV	High Definition TV	高清晰度电视
HEC	Header Error Control	标头差错控制
HEC	Hybrid Error Correction	混合纠错
HFC	Hybrid Fiber Coaxial	光纤/同轴混合
HI	Handoff Indicator	越区切换指示
HLR	Home Location Register	归属位置寄存器
HOA	Higher Order Assembler	高阶组装器
HOI	Higher Order Interface	高阶接口
HPA	Higher Order Path Adaptation	高阶通道适配
HPC	Higher Order Path Connection	高阶通道连接
HPT	Higher Order Path Termination	高阶通道终端
HSS	Home Subscriber Server	归属用户服务器
HTU-C	HDSL Transceiver Unit-Central Office side	局端 HDSL 收发器单元
HTU-R	HDSL Transceiver Unit-Remote side	远端 HDSL 收发器单元
IDV	Integrated Digital communication and Video	综合数字通信和视像
IEEE	Institute of Electrical and Electronics Engineers	电气与电子工程师协会
IGMP	Internet Group Management Protocol	Internet 组管理协议
IMS	IP Multimedia Core Network Subsystem	IP 多媒体子系统
IP	Internet Protocol	互联网络通信协议
IrDA	Infrared Data Association	红外数据协会
ISDN	Integrated Service Digital Network	综合业务数字网
ISI	Inter-Symbol Interference	码间干扰
ISP	Internet Service Provider	Internet 服务提供商
ITU-T	International Telecommunications Union-Telecommunications standardization section	国际电信联盟电信标准部
LAPD	Link Access Protocol of D-channel	D 通道链路接入协议
LAPV5	Link Access Protocol of V5 interface	V5 接口链路接入协议
LAR	Logarithm Area Ratio	对数面积比
LE	Local Exchange equipment	本地交换机
LLC	Logical Link Control	逻辑链路控制层
LLDN	Local Line Distribution Network	本地线路分配网
LMDS	Local Multipoint Distribution Service	本地多点分布业务
LMSE	Least Mean Square Error	最小均方误差算法
LOI	Lower Order Interface	低阶接口
LOS	Line Of Signal	视距
LOS	Loss Of Sight	信号丢失
LPA	Lower Order Path Adaptation	低阶通道适配
LPC	Linear predictive Coder	线性预测编码（器）

LPC	Lower Order Path Connection	低阶通道连接
LPT	Lower Order Path Termination	低阶通道终结
LSP	Logical Service Port	逻辑业务端口
LTP	Long Term Prediction	长时预测
LTU	Line Terminated Unit	线路终结单元
LUP	Logical User Port	逻辑用户端口
MAC	Media Access Control	媒质访问（接入）控制
MAP	Mirror Allocation Protocol	分配映射
MCNS	Media Cable Network System	多媒体电缆网络系统
MD	Mediation Device	协调设备
MDF	Main Distribution Frame	主配线架
ME	The Mobile Equipment	移动设备
MF	Mediation Function	协调功能
MFL	Multiple Frequency Laser	多频激光器
MGCF	Multimedia Gateway Control Function	媒体网关控制功能
MGW	Media Gateway	媒体网关
MIB	Management Information Base	管理信息库
MII	Medium Independent Interface	传输媒体无关接口
MIMO	Multi Input Multi Output	多输入多输出
MIT	Management Information Tree	管理信息树
MM	Mobile Management	移动管理
MO	Managed Object	管理对象
MPEG	Motion Picture Experts Group	活动图片研究组
MP-LPC	Multiple Pulse-LPC	多脉冲线性—预测编码
MRF	Multimedia Resource Function	多媒体资源功能
MS	Mobile Station	移动台
MSC	Mobile Switching Center	移动交换中心
MSN	Multiple Subscriber Number	多用户号码
MSPP	Multiple Service Providing Platform	多业务提供平台
MUL	MULtiplexer	复用器
NCN	Nearest Common Node	最近公共节点
NE	Network Element	网元
NEF	Network Element Function	网元功能
NI	Network Interface	网络接口
NIC	Network Interface Card	网络接口卡
NID	Network Interface Device	网络接口器件
N-ISDN	Narrow band-ISDN	窄带综合业务数字网
NIU	Network Interface Unit	网络接口单元
NOC	Network Operating Center	网络运行中心
NSP	Network Service Provider	网络服务提供商

NT	Network Termination	网络终端
NT1	Network Termination 1	网络终端1
NTU	Network Terminated Unit	网络终结单元
OAM	Operation Aministration and Maintenance	操作管理与维护
OAN	Optical Access Network	光接入网
OBD	Optical Branching Device	光分支器
OCDMA	Optical Code Division Multiple Access	光码分多址
ODN	Optical Distributing Network	光配线网络
ODT	Optical Distributing Terminal	光配线终端
OFDM	Optical Frequency Division Multiplexing	光频分复用
OFDM	Orthogonal Frequency Division Multiplexing	多载波正交频分复用
OID	Object In Dication	对象标识符
OMCI	Operation Management Communication Interface	操作管理通信接口
ONT	Optical Network Terminal	光网络终端
ONU	Optical Network Unit	光网络单元
OLT	Optical Line Terminal	光线路终端
OS	Operating System	运行系统
OSCM	Optical SubCarrier Multiplexing	光副载波复用
OSCMA	Optical SubCarrier Multiple Access	光副载波多址
OSDM	Optical Space Division Multiplexing	光空分复用
OSF	Operating System Function	运行系统功能
OTDM	Optical Time Division Multiplexing	光时分复用
OTDMA	Optical Time Division Multiple Access	光时分多址
OID	Object In Drcation	对象标识符
OWDM	Optical Wavelength Division Multiplexing	光波分复用
OWDMA	Optical Wavelength Division Multiple Access	光波分多址
PAM	Pulse Amplitude Modulation	脉冲幅度调制
PCH	Paging Channel	寻呼信道
PCN	Personal Communication Network	个人通信网
PCPCH	Physical Common Packet Channel	物理公共分组信道
PDCP	Packet Data Convergence Protocol	分组数据汇聚协议
PDH	Plesiochronous Digital Hierarchy	准同步数字序列
PDN	Premises Distribution Network	房屋分布网
PDSCH	Physical Downlink Shared Channel	物理下行共享信道
PDU	Protocol Data Unit	协议数据单元
PH	Packet Handler	分组处理器
PHI	Packet Handle Interface	分组处理接口
PICH	Page Indicator Channel	寻呼指示信道
PLI	Payload Length Indicator	净荷长度标识
PLOAM	Physical Layer OAM	物理层操作维护管理

PMD	Physical Medium Dependent sublayer	物理媒质关联子层
PN	Pseudo-Noise	伪随机噪声（或伪随机序列）
PNFE	Paging and Notification Control Function Entity	寻呼及通告功能实体
POH	Path OverHead	通道开销
PON	Passive Optical Network	无源光网络
POTS	Plain Old Telephone Service	普通电话业务
PPP	Point to Point Protocol	点到点协议
PRA	Primary Rate Access	基群速率接入
PRACH	Physical Random Access Channel	物理随机接入信道
PRI	Primary Rate Interface	基本速率接口
PSN	Packet Sequence Number	分组序号
PSPDN	Packet Switched Public Data Network	分组交换公用数据网
PSTN	Public Switched Telephone Network	公用电话交换网
PSP	Physical Service Port	物理业务端口
PTI	Payload Type Indicator	净荷类型标识
PUP	Physical User Port	物理用户端口
QA	Q Adapter	Q 适配器
QAF	Q Adapter Function	Q 适配器功能
QAM	Quadrature Amplitude Modulation	正交幅度调制
QoS	Quality of Service	服务质量
QPSK	Qudrature Phase Shift Keying	移相键控
RACH	Random Access Channel	随机接入信道
RAL	Radio Access Layer	广播接入层
RCSA	Radio Carrier Service Area	无线载波服务区
rDS	remote Digital Section	远端数字段
RF	Radio Frequency	无线频率（或称射频）
RFE	Routing Function Entity	路由功能实体
RFI	Radio Frequency Interference	无线频率干扰
RLC	Radio Link Control	无线链路控制
RLS	Recursive Least Square	递归最小二乘法
RM	Resource Management	资源管理
RMS	Request Mini-Slot	请求小时隙
RN	Remote Node	远端节点
RNC	Radio Network Controller	无线网络控制器
RNS	Radio Network Subsystem	无线网络子系统
RON	Radio Overlapping Network	无线重叠网
ROSE	Remote Operation Service Element	远端操作服务元素
RP	Radio Port	无线端口
RPE	Regular Pulse Excited	规则脉冲激励
RPE-LTP	Regular Pulse Excited-Long Term Prediction	规则脉冲激励-长时预测

RRM	Radio Resource Management	无线资源管理
RS	Relay Station	接力站
RSM	Removable Security Module	可拆卸安全模块
RSMI	RSM Interface specification	可拆卸安全模块接口规约
RSU	Remote Switching Unit	远端交换单元（模块）
RSVP	Resource reSerVation Protocol	资源预留协议
RT	Remote Terminal	远端设备
RTMC	Real Time Management Coordination	实时管理平面协调
SA	Security Alliance	安全联盟
SACCH	Slow Associated Control Channel	慢速随路控制信道
SAF	Special Access Function	专用（专门）接入功能
SAP	Service Access Point	服务访问点
SAR	Segmentation And Reassembly	分段和重装
SC	Segment Counter	分段计数
SCDMA	Synchronous CDMA	同步码分多址
SCFE	Shared Control Function Entity	共享控制功能实体
SCH	Synchronous Channel	同步信道
SCM	SubCarrier Multiplexing	副载波复用
SCMA	SubCarrier Multiple Access	副载波多址
SCTE	Society Cable Telecommunitions Engineers	电缆电信工程师协会
SDCCH	Stand-alone Dedicated Control Channel	独立专用控制信道
SDH	Synchronous Digital Hierarchy	同步数字序列
SDM	Space Division Multiplexing	空分复用
SDMA	Space Division Multiple Access	空分多址
SDRAM	Synchronous	同步
SDRAM	Synchronous Dynamic Random Access Memory	同步动态随机存储器
SDV	Switched Digital Video	交换型数字视像
SGSN	Serving GPRS Support Node	服务 GPRS 支持节点
SM	Serviec Module	服务模块
SMF	System Management Function	系统管理功能
SMK	Share Management Knowledge	共享管理知识
SN	Service Node	业务节点
SNAP	SubNetwork Attachment Point	子网联接点
SNI	Service Node Interface	业务节点接口
SNMP	Simple Network Management Protocol	简单网络管理协议
SNR	Signal Noise Ratio	信噪比
SOH	Section OverHead	段开销
SPF	Service Port Function	业务口功能
SRAM	Static Random Access Memory	静态随机存储器
SRNC	Serving Radio Network Controller	服务无线网络控制器

SRNS	Serving Radio Network Subsystem	服务无线网络子系统
SSI	Security System Interface specification	安全系统接口规约
SSMA	Spread Spectrum Multiple Access	扩频多址
SSRAM	Synchronous Static Random Access Memory	同步静态随机存储器
ST	Service Type	业务类型
STM	Synchronous Transport Module	同步传送模块
STM-1	Synchronous Transport Module 1	同步传送模块 1（155Mbit/s）
STM-4	Synchronous Transport Module 4	同步传送模块 4（622Mbit/s）
STM	Synchronous Transfer Mode	同步转移模式
STM	Synchronous Terminal Multiplexer	同步终端复用器
STS	Synchronous Transport Signal	同步传送信号
TACS	Total Access Communicaiton System	全接入通信系统
TC	Transmission Convergence sublayer	传输会聚
TCH	Traffic CHannel	业务信道
TCM	Trellis Code Modulation	格栅编码调制
TCP	Transmission Control Protocol	传输控制协议
TDD	Time Division Duplex	时分双工
TDM	Time Division Multiplexing	时分复用
TDMA	Time Division Multiple Access	时分多址
TE	Terminal Equipment	终端设备
TF	Transfort Function	传送功能
TFTP	Trivial File Transfer Protocol	简单（小）文件传送协议
THSS	Time Hopping Spread Spectrum	跳时扩频
TM	Terminal Multiplexer	终端复用器（设备）
TM	Transmission Media layer	传输媒质（介质）层
TME	Transfer Mode Entity	传输模式实体
TMN	Telecommunications Management Network	电信管理网
TN	Transit Network	转接网
TP	Transmission Path layer	传输通道层
TS	Terminal Station	终端站
TTF	Transport Terminal Function	传送终端功能
UCD	Up Channel Description	上行信道描述
UDP	User Datagram Protocol	用户报文协议
UE	User Equipment	用户终端设备
UNI	User Network Interface	用户网络接口
UMTS	Universal Mobile Telecommunication System	通用移动通信系统
UPF	User Port Function	用户口功能
USIM	The UMTS Subscriber Identity Module,	用户身份识别
UTRAN	Universal Terrestrial Radio Access Network	通用地面无线接入网
VB	Virtual Branch	虚树枝

VBR	Variable Bit Rate	可变比特率
VC	Virtual Channel	虚信道
VC	Virtual Circuit	虚电路
VC	Virtual Connection	虚连接
VCC	Virtual Circuit Connection	虚电路连接
VCL	Virtual Channel Link	虚信道链路
VDSL	Very high speed Digital Subscriber Line	甚高速数字用户线（回路）
VLAN	Virtual Local Area Network	虚拟专用局域网
VLANID	VLAN Indication	虚拟专用局域网标识符
VLR	Visitor Location Register	访问位置寄存器
VOD	Video On Demand	视频点播
VOIP	Voice Over IP/Video Over IP	IP 话音/IP 视频
VP	Virtual Path	虚通路
VPC	Virtual Path Connection	虚通路连接
VPL	Virtual Path Link	虚通路链路
VPN	Virtual Private Network	虚拟专用网
VSELP	Vector Sum Excited Linear Prediction	矢量和激励线性预测
VUP	Virtual User Port	虚拟用户端口
WCDMA	Wideband Code Division Multiple Access	宽带码分多址
WDM	Wavelength Division Multiplexing	波分复用
WDMA	Wavelength Division Multiple Access	波分多址
WiFi	Wireless Fidelity	无线保真
WiMAX	World Interoperability for Microwave Access	全球微波接入互操作
WLAN	Wireless Local Area Network	无线局域网
WLL	Wireless Local Loop	无线本地环路
WM	Wireless Medium	无线媒质（介质）
WMN	Wireless Mesh Network	无线 Mesh 网络
WPAN	Wireless Personal Area Network	无线个人域网
WS	Work Station	工作站
WSF	Work Station Function	工作站功能
WWW	World Wide Web	万维网
xDSL	x Digital Subscriber Loop	x 数字用户环路

参 考 文 献

1．陶智勇，周芳，胡先志．综合宽带接入技术．北京：北京邮电大学出版社，2002.

2．Albert Azzam, Niel Ransom. Broadband Access Technoligies.文爱军，等．北京：电子工业出版社，2001.

3．Walter Goralski.ADSL 和 DSL 技术．刘勇，等．北京：人民邮电出版社，2000.

4．郭士秋. ADSL 宽带网技术．北京：清华大学出版社，2001.

5．曲桦，李转年，韩俊刚．接入网及其 V5 接口．北京：人民邮电出版社，1999.

6．Dennis J. Rauschmayer，ADSL/VDSL 原理．杨威，等．北京：人民邮电出版社，2001.

7．刘元安，等．宽带无线接入和无线局域网．北京：北京邮电大学出版社，2000.

8．朱洪波，傅海阳，等．无线接入网．北京：人民邮电出版社，2000.

9．尤克，等．现代数字移动通信原理及实用技术．北京：北京航空航天大学出版社，2001.

10．孙青卉．移动通信技术．北京：机械工业出版社，2001.

11．钱宗珏，区惟煦，等．光接入网技术及其应用．北京：人民邮电出版社，1998.

12．韦乐平．接入网．北京：人民邮电出版社，1998.

13．吴承治，徐敏毅．光接入网工程．北京：人民邮电出版社，1999.

14．邱玲，朱近康，等．第三代移动通信技术．北京：人民邮电出版社，2001.

15．Tero Ojanpera, Ramjee Prasad．宽带 CDMA：第三代移动通信技术．朱旭红，卢学军，等．北京：人民邮电出版社，2001.

16．孟洛明，等．现代网络管理技术．北京：北京邮电大学出版社，1999.

17．陈建亚．现代通信网监控与管理．北京：北京邮电大学出版社，2000.

18．叶敏. ZXA10 综合接入网系统．北京：人民邮电出版社，1998.

19．杨世平，等. SDH 光同步数字传输设备与工程应用．北京：人民邮电出版社，2001.

20．唐雄燕．面向新型业务的宽带接入网．北京：人民邮电出版社，2011.

21．原荣．宽带光接入技术．北京：电子工业出版社，2010.

22．王卫东，等．第 3 代移动通信系统设计原理与规划．北京：电子工业出版社，2007.

23．方旭明，等．下一代无线因特网技术:无线 Mesh 网络．北京：人民邮电出版社，2006.

24．谢刚．WiMAX 技术原理及应用．北京：人民邮电出版社.

25．蒋昌茂，等．无线宽带 IP 通信原理及应用．北京：电子工业出版社，2010.

26．高峰，等．无线城市电信级 WiFi 网络建设与运营．北京：人民邮电出版社，2010.

27．张传福，等．网络融合环境下宽带接入技术与应用．北京：电子工业出版社，2010

28．李劼，等．无线宽带 IP 通信原理及应用．北京：电子工业出版社，2009.

29．陈林星，等．移动 Ad Hoc 网络．北京：电子工业出版社，2012.

30．无线龙，等．ZigBee 无线网络原理．北京：冶金工业出版社，2011.